高等院校机械类专业"互联网＋"创新规划教材

"十三五"江苏省高等学校重点教材（编号：2019－2－035）

工程材料及机械制造基础

主　编　郭永环　高　丽

副主编　李永国　沈那伟

主　审　姚可夫

北京大学出版社

PEKING UNIVERSITY PRESS

内 容 简 介

本书采用四个教学模块：模块 1 是材料及热处理，主要介绍了材料的种类与性能、材料的组织结构、铁碳合金相图、钢的热处理和常用工程材料；模块 2 是材料成形工艺，主要介绍了金属的液态成形、塑性成形和焊接成形；模块 3 是材料机械加工工艺，主要介绍了金属切削过程的基本规律、机床与刀具的基础知识和机械加工工艺过程的设计；模块 4 是综合案例，主要介绍了支撑架、汽车发动机的主要零部件、传动轴与轴套的选材、成形方式、热处理方法和零件的工艺编制。

本书可作为高等院校机械工程类和近机械工程类的各专业教材，也可作为相关工程技术人员的参考用书。

图书在版编目(CIP)数据

工程材料及机械制造基础/郭永环，高丽主编 . —北京：北京大学出版社，2021. 1
高等院校机械类专业 "互联网+" 创新规划教材
ISBN 978 - 7 - 301 - 31638 - 2

Ⅰ. ①工… Ⅱ. ①郭… ②高… Ⅲ. ①工程材料—高等学校—教材 ②机械制造—高等学校—教材 Ⅳ. ①TG

中国版本图书馆 CIP 数据核字(2020)第 179015 号

书 名	工程材料及机械制造基础
	GONGCHENG CAILIAO JI JIXIE ZHIZAO JICHU
著作责任者	郭永环　高　丽　主编
策 划 编 辑	童君鑫
责 任 编 辑	黄红珍
数 字 编 辑	蒙俞材
标 准 书 号	ISBN 978 - 7 - 301 - 31638 - 2
出 版 发 行	北京大学出版社
地 址	北京市海淀区成府路 205 号　100871
网 址	http://www.pup.cn　新浪微博：@北京大学出版社
电 子 邮 箱	编辑部 pup6@pup.cn　总编室 zpup@pup.cn
电 话	邮购部 010 - 62752015　发行部 010 - 62750672　编辑部 010 - 62750667
印 刷 者	北京溢漾印刷有限公司
经 销 者	新华书店
	787 毫米×1092 毫米　16 开本　21.5 印张　501 千字
	2021 年 1 月第 1 版　2024 年 8 月第 4 次印刷
定 价	59.00 元

前　　言

"工程材料及机械制造基础"课程与工程实践联系十分紧密，单纯的纸质教材不能将工程实践情景化，不便于学生理解和掌握教学中的重点和难点内容，同时单纯的纸质教材也受到了学生阅读习惯改变带来的挑战。为了充分利用"互联网＋"时代的有利资源，及时反映人才培养模式和教学改革的最新成果，编者依据我国高等教育的改革和发展，特别是依据基于工程教育专业认证体系的教学改革和发展的需要编写了本书。本书主要特点如下。

（1）本书集纸质版与互联网资源于一体。本书的每个章节都有与冷热加工现场相关的视频或动画，学生可以扫描纸质版上的二维码实现教学重点内容形象化、教学难点内容情景化、教学内容相关的前沿研究成果动态化。学生的学习过程不再是单纯地听和记忆，他们在课堂上就能"实践"工厂的知识，便于消化和理解教学中的知识点。学生做课后练习题时，同样可以通过扫描二维码对答案进行判定，及时了解自己对知识的掌握情况。虽然书中的二维码不会改变，但二维码链接的资源会不断补充、更新或者延伸。即实现了纸质教材的过去时与链接资源的现在时（链接资源是实时更新的）相结合。

（2）本书集模块化与综合案例于一体。本书设置了材料及热处理、材料成形工艺、材料机械加工工艺和综合案例四个符合教学规律和认知规律的教学模块。为了有效提高教学质量，培养学生的综合分析能力、实践能力和创新能力，教材专辟综合案例分析一章。

（3）本书集纸质版与数字化教学资源于一体。编写组会在本书出版后三个月内开发教辅资料，包括电子课件及教学改革的最新成果等网络课程教学资源。

参与本书编写的有江苏师范大学郭永环（编写第 1 章及 10.1 节）、范希营（编写第 9.5 节）及朱玉斌（编写第 9.1～9.4 节），上海海洋大学高丽（编写第 2～4 章及 10.2 节）及李永国（编写第 7～8 章），江苏科技大学沈那伟（编写第 5 章），东华大学白云峰（编写第 6 章）及齐齐哈尔大学高玉芳（编写 10.3 节），其中郭永环、高丽担任主编，李永国、沈那伟担任副主编，全书由郭永环、高丽负责统稿和定稿。

本书由全国材料类基础课程教学研究会理事长、北京市热处理学会理事长、清华大学姚可夫教授担任主审。姚可夫教授对本书提出了许多宝贵意见，编者在此表示衷心的感谢。在本书的编写过程中，编者申报了 2019 年教育部第二批产学合作协同育人项目，得到大汉控股集团有限公司的资助；还得到江苏师范大学"十三五"教材立项建设计划的支持；同时参考了大量的文献资料，在此，一并向有关单位及作者表示衷心的感谢。

限于编者的水平和经验，书中难免有欠妥和疏漏之处，敬请广大同行与读者批评指正，以便修正和完善。

编　　者

2020 年 9 月

【课程网址】

【资源索引】

目　　录

模块 1　材料及热处理

工程材料及机械制造基础

模块 2　材料成形工艺

模块 3　材料机械加工工艺

模块 4　综合案例

模块1

材料及热处理

第1章
材料的种类与性能

教学要点

1. 理解工程材料的种类。

2. 熟悉弹性极限、弹性模量、下屈服强度、抗拉强度、塑性、断后伸长率、断面收缩率、布氏硬度、洛氏硬度、维氏硬度、冲击韧度及疲劳强度等常见术语和基本概念。

3. 掌握布氏硬度、洛氏硬度、维氏硬度的测试与表示方法。

引言

材料是人类社会可接受的、能经济地制造有用器件或物品的固体物质，是人类生产与生活的物质基础，是社会进步与发展的前提。工程材料是在工程领域中所使用的材料，其种类繁多、性能各异，包括金属材料、非金属材料和复合材料，其中金属材料应用最广泛。本章主要介绍金属材料的力学性能。

1.1 工程材料的种类

工程材料是在各个工程领域中使用的材料。工程上使用的材料种类繁多，有许多不同的分类方法。按化学成分、结合键的特点，可将工程材料分为金属材料、非金属材料和复合材料三大类，如图 1.1 所示。

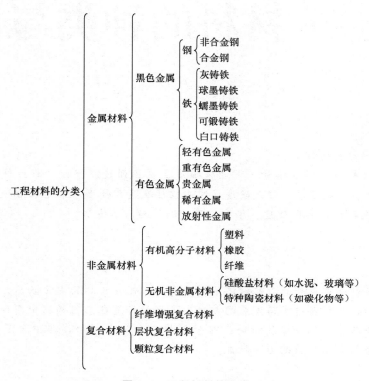

图 1.1 工程材料的分类

按用途，可将工程材料分为结构材料和功能材料。结构材料通常指工程上对硬度、强度、塑性及耐磨性等力学性能有一定要求的材料，包括金属材料、陶瓷材料、高分子材料及复合材料等。功能材料是指具有光、电、磁、热、声等功能和效应的材料，包括半导体材料、磁性材料、光学材料、电解质材料、超导体材料、非晶材料和微晶材料、形状记忆合金等。

按应用领域，可将工程材料分为信息材料、能源材料、建筑材料、生物材料和航空材料等。

1.2 工程材料的性能

在工程材料中，金属材料是现代工业、农业、国防及科学技术等各领域应用最广泛的工程材料，这不仅因为其材料来源丰富，生产工艺较简单且成熟，而且因为其某些性能大大优于某些非金属材料。通常所指的金属材料的性能包括使用性能和工艺性能。使用性能是指材料在使用过程中表现出来的性能，包括力学性能和物理性能、化学性能等。金属材料的使用性能决定了其应用范围、安全可靠性和使用寿命等。工艺性能是指材料对各种加工工艺的适应能力，包括铸造性能、锻压性能、焊接性能、切削加工性能和热处理工艺性能等。

材料在加工及使用过程中所受的外力称为载荷。根据载荷大小、方向和作用点是否随时间变化，可将载荷分为静载荷和动载荷。静载荷包括不随时间变化的恒载（如自重）和加载变化缓慢以致可以略去惯性力作用的准静载（如锅炉压力）。动载荷包括短时间快速作用的冲击载荷（如空气锤）、随时间做周期性变化的周期载荷（如空气压缩机曲轴）和非周期变化的随机载荷（如汽车发动机曲轴）。

1.2.1　静载荷下的力学性能

不同的金属材料表现出来的力学性能是不一样的。衡量金属材料在静载荷下的力学性能的主要指标有弹性、强度、塑性、硬度等。金属材料的强度、弹性与塑性一般可通过金属拉伸试验来测定。拉伸试验是在拉伸试验机上进行的。试验时，先将被测金属材料制成如图 1.2 所示的标准拉伸试样，然后在拉伸试验机上对试样的两端（图 1.2 中①、②部位）逐渐施加轴向载荷，直到试样被拉断为止。根据试样在拉伸过程中承受的载荷和产生的变形量之间的关系，即可测出该金属的拉伸曲线（图 1.3）并由此测定该金属的弹性、强度与塑性等性能指标。下面分别介绍金属材料的弹性、强度、塑性和硬度。

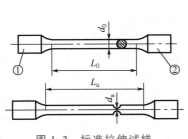

图 1.2　标准拉伸试样

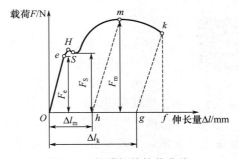

图 1.3　低碳钢的拉伸曲线

1. 弹性

（1）弹性定义

弹性是指材料受外力作用产生变形，当外力去除后能恢复其原来形状的性能。图 1.3 所示为低碳钢的拉伸曲线。它反映了金属材料在拉伸过程中经历了弹性变形、塑性变形和断裂三个阶段。从图 1.3 上可以看出，拉伸曲线 Oe 段为一直线，表明当载荷不超过 F_e 时，试样的伸长量与载荷成正比，完全符合胡克定律，试样处于弹性变形阶段。

为使曲线能够直接反映材料的力学性能，可用应力 R（试样单位横截面上的拉力，即 $4F/\pi d_0^2$）代替载荷 F，用应变 e（试样单位长度上的伸长量，即 $\Delta l/l_0$）代替伸长量

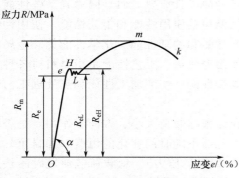

图 1.4 低碳钢应力-应变曲线

Δl。由此绘成的曲线，称为应力-应变曲线（图 1.4）。低碳钢的拉伸曲线与应力-应变曲线形状相同，仅是坐标的含义不同。

（2）弹性极限

弹性极限是指金属材料承受最大弹性变形时的应力，用符号 R_e（旧标准 σ_e）表示。

$$R_e = \frac{4F_e}{\pi d_0^2} \quad (\text{MPa})$$

式中　F_e——试样不产生塑性变形时的最大载荷（N）；

　　　d_0——试样的原始横截面直径（mm）。

（3）刚度

刚度是指材料受力时抵抗弹性变形的能力，其指标为弹性模量 E（单位为 GPa）。

弹性模量 E 为弹性范围内应力与应变的比值，即图 1.4 中 Oe 的斜率。弹性模量 E 表征材料产生弹性变形的难易程度。E 越大，产生一定量的弹性变形所需要的应力也越大，即越不容易产生弹性变形；反之，E 越小，越容易产生弹性变形。显然，在零件的结构、尺寸已确定的前提下，其刚度取决于材料的弹性模量，可以通过增加横截面面积或改变横截面形状来提高零件的刚度。

弹性模量主要取决于材料内部原子间的作用力（如晶体材料的晶格类型、原子间距等）。弹性模量除随温度升高而逐渐降低外，材料的其他强化手段（如热处理、冷热加工、合金化等）对弹性模量的影响较小。

【液压万能试验机】

2. 强度

强度是指材料在外力作用下抵抗变形和破坏的能力。

（1）屈服强度

如图 1.3 所示，当载荷超过 F_e 后试样除产生弹性变形外还将产生塑性变形。当载荷达到 F_S 时，试样开始产生明显的塑性变形，在拉伸曲线上出现了水平的或锯齿形的线段，这种现象称为屈服，应区分上屈服强度和下屈服强度。

如图 1.4 所示，上屈服强度是试样发生屈服而应力首次下降前的最大应力，用符号 R_{eH}（旧标准 σ_{sU}）表示。下屈服强度是指在屈服期间，不计初始瞬时效应的最小应力，用符号 R_{eL}（旧标准 σ_{sL}）表示。

$$R_{eL} = \frac{4F_{eL}}{\pi d_0^2} \quad (\text{MPa})$$

式中　F_{eL}——试样下屈服时的载荷（N）。

对于铸铁、镁合金等没有明显屈服现象的脆性材料，一般工程上把产生 0.2% 塑性变形时的应力值称为该材料的规定塑性延伸强度（图 1.5），用符号 $R_{p0.2}$ 表示（旧标准称规定塑性伸长应力 $\sigma_{p0.2}$）。

$$R_{p0.2} = \frac{4F_{0.2}}{\pi d_0^2} \quad (\text{MPa})$$

式中　$F_{0.2}$——试样产生 0.2% 塑性变形时所受的载荷（N）。

（2）抗拉强度

当载荷继续增加到某一最大值时，试样的局部截面缩小，产生"缩颈"（图 1.2 中 d_u）。由于试样局部截面的逐渐减小，载荷逐渐降低，当达到拉伸曲线上的 k 点（图 1.3）时，试样在缩颈处断裂。抗拉强度就是金属材料在拉断前所能承受的最大拉应力，其物理意义是最大均匀变形时的抗力，用符号 R_m（旧标准 σ_b）表示。

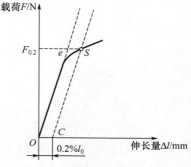

图 1.5　塑性延伸强度示意

$$R_m = \frac{4F_m}{\pi d_0^2} \quad (MPa)$$

式中　F_m——试样在拉断前所承受的最大载荷（N）。

3. 塑性

塑性是材料在静载荷作用下产生塑性变形而不破坏的能力。通常用断后伸长率 A（旧标准 δ）和断面收缩率 Z（旧标准 ψ）表示材料的塑性。

$$A = \frac{l_u - l_0}{l_0} \times 100\%$$

$$Z = \frac{S_0 - S_u}{S_0} \times 100\%$$

式中　l_u、S_u——试样断裂后的标距长度（mm）、横截面面积（mm^2）；

l_0、S_0——试样原始标距长度（mm）、横截面面积（mm^2）。

① 直径 d_0 相同时，材料的伸长率随标距长度 l_0 增加而减少。当 $l_0 = 5d_0$ 时，断后伸长率用 A（表示比例系数为 5.65 的比例标距测定的断后伸长率，旧标准 δ_5）表示；当 $l_0 = 10d_0$ 时，断后伸长率用 $A_{11.3}$（旧标准 δ_{10}）表示。显然 $A_{11.3} < A$。

② 通常以断后伸长率来衡量金属材料的塑性，$A > 5\%$ 的材料为塑性材料，$A < 5\%$ 的材料为脆性材料。$A > Z$ 时，无缩颈，为脆性材料表征；$A < Z$ 时，有缩颈，为塑性材料表征。用断面收缩率 Z 表示塑性比断后伸长率 A 更接近真实变形。

4. 硬度

硬度是指材料抵抗表面局部塑性变形的能力。一般来说，硬度高，耐磨性好，强度也较高。金属材料的硬度是在硬度计上测定的，常用的有布氏硬度法和洛氏硬度法，有时还用维氏硬度法。

（1）布氏硬度

布氏硬度的测试（图 1.6）：利用布氏硬度计（图 1.7），将一个直径为 D 的硬质合金球（现行标准取消了淬火钢球压头），在一定压力 F 下压入试样表面，并保持压力至规定时间后卸载，然后在带有刻度的显微镜下测得压痕直径 d，计算出压痕表面积，进而得到试样表面所承受的平均应力值，即为布氏硬度值 HBW。

$$HBW = \frac{2F}{g \pi D(D - \sqrt{D^2 - d^2})}$$

式中　F——压入载荷（N）；

d——压痕直径（mm）；

D——硬质合金球直径（mm）。

【布氏硬度
试验原理】

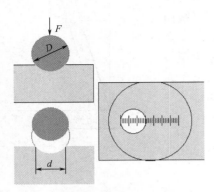

图1.6 布氏硬度测试示意图　　　　图1.7 布氏硬度计

布氏硬度的单位为 N/mm²，但习惯上只写数值而不标出单位，硬度值越高，表明材料越硬。布氏硬度的表示方法：硬度值写在符号 HBW 之前，符号之后按下列顺序用数值表示试验条件：①球体直径（mm）；②试验力（×9.8N）；③力保持时间（10～15s 不标注），如 550HBW5/600/20 表示用直径 5mm 硬质合金球在 600×9.8N 试验力的作用下保持 20s 测得的布氏硬度值为 550。

布氏硬度试验的优点：测量误差小，数据稳定。

布氏硬度试验的缺点：压痕大，不能用于太薄件、成品件及比压头还硬的材料。

由于测试过程相对费事，布氏硬度测试不适合于大批量生产的零件检验，适于测试退火、正火、调质钢，铸铁及有色金属的硬度。

材料的抗拉强度 R_m 与布氏硬度 HBW 之间的经验关系如下。

对于低碳钢：R_m（MPa）≈3.6HBW；

对于高碳钢：R_m（MPa）≈3.4HBW；

对于铸铁：R_m（MPa）≈1HBW。

（2）洛氏硬度

【洛氏硬度试验原理】

如图1.8所示，用顶角为 120°金刚石圆锥体或淬硬钢球（直径为 1/16″即 1.588mm）或硬质合金球（直径为 1.588mm 或 3.175mm，用硬质合金球做压头是现行标准新增加的内容）为压头，在规定的载荷下，垂直地分两步压入被测金属表面，经规定的保持时间后，卸除主载荷后，测量在初载荷（10×9.8N）下的残余压痕深度 h，由洛氏硬度计（图1.9）上的刻度盘上的指针直接指示出 HR 值。当载荷和压头一定时，所测得的压痕深度 $h=h_3-h_1$ 越大，表示材料硬度越低。但由于人们习惯数值越大硬度越高，为此，用一个常数 K（对 HRA 或 HRC，K 为 0.2；HRB，K 为 0.26）减去 h，并规定每 0.002mm 深为一个硬度单位。因此，洛氏硬度计算公式为

$$HRC(HRA)=100-\frac{h}{0.002}$$

$$HRB=130-\frac{h}{0.002}$$

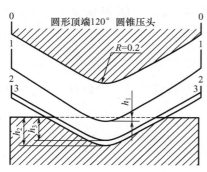

图 1.8　洛氏硬度（压头为金刚石圆锥）测试示意图　　图 1.9　洛氏硬度计

根据压头类型和主载荷（为总载荷与初载荷之差，初载荷为 **10×9.8N**）不同，分为 **A、B、C、D、E、F、G、H、K、N、T** 共 11 种标尺，常用的标尺为 **A、B、C** 三种，如表 1-1 所示。

表 1-1　洛氏硬度常用标尺

符号	总载荷×9.8N	压　头	测量范围（HR）	应　用
HRA	60	金刚石圆锥	20～95（>67HRC）	硬质合金、淬火工具钢、浅层表面硬化钢
HRB	100	1.588mm 球（钢球或硬质金球）	10～100（<20HRC）	软钢、铜铝合金、可锻铸铁
HRC	150	金刚石圆锥	20～70	淬火钢、调质钢、深层表面硬化钢

注：① 当金刚石圆锥表面和顶端球面是经过抛光的且抛光至沿金刚石圆锥轴向距离顶端至少 0.4mm 时，试验适用范围可延伸至 10HRC。
②当采用钢球压头试验时，应在原符号后面加字母"S"；当采用硬质合金球压头时，应在原符号后面加字母"W"；而采用金刚石圆锥压头时，则不用附加任何符号。例如，B 标尺、硬质合金球压头测定的洛氏硬度值为 60，应表示为"60HRBW"。

　　洛氏硬度试验操作简便、迅速，效率高，可以测定软、硬金属的硬度；压痕小，可用于成品检验，但由于压痕小，测量组织不均匀的金属硬度时，重复性差，而且不同的硬度级别测得硬度值无法比较。

　　（3）维氏硬度

　　如图 1.10 所示，用夹角为 136°的金刚石四棱锥体压头，在规定载荷 F 作用下压入试样表面，保持一定的时间后卸除载荷，测

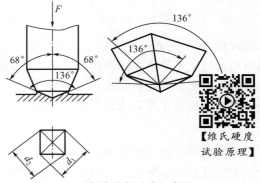

【维氏硬度试验原理】

图 1.10　维氏硬度测试示意图

出压痕对角线长度 d_1 和 d_2，进而计算出压痕的表面积 A，最后通过查表或计算求出压痕表面积上的平均压力，以此作为被测试金属的硬度值，用符号 HV 表示，如 640HV。

维氏硬度试验测量准确，应用范围广（硬度从极软到极硬），可测成品与薄件；但试样表面要求高，费工，常用于测量薄件、镀层、化学热处理后的表层等。

在一定条件下各种硬度存在经验换算关系。例如在 $200 \sim 600$HBW，1HRC≈ 10HBW；在小于 450HBW 时，1HBW≈ 1HV。

1.2.2 动载荷下的力学性能

【冲击试验】

【冲击试验示意图】

衡量金属材料动载荷下力学性能的主要指标有冲击韧度和疲劳强度等。

1. 冲击韧度

冲击韧度是指材料抵抗冲击载荷作用而不破坏的能力。冲击韧度通常采用摆锤式冲击试验机测定。如图 1.11 所示，测定时，一般是将带缺口的标准冲击试样缺口背向摆锤冲击方向放在试验机的两支座上，然后把质量为 m 的摆锤提升到 h_1 高度，摆锤下落时将试样一次冲断后上升到 h_2 高度，并以试样缺口处单位截面面积上所吸收的冲击功 KU（试样为 U 型缺口）或 KV [试样为 V 型缺口，$KV=mg(h_1-h_2)$] 表示冲击韧度 α_{KV}。

$$\alpha_{KV}=\frac{KV}{A} \quad (\text{J/cm}^2)$$

式中 KV——冲断试样所消耗的冲击功（J）；
A——试样缺口处的截面面积（cm^2）。

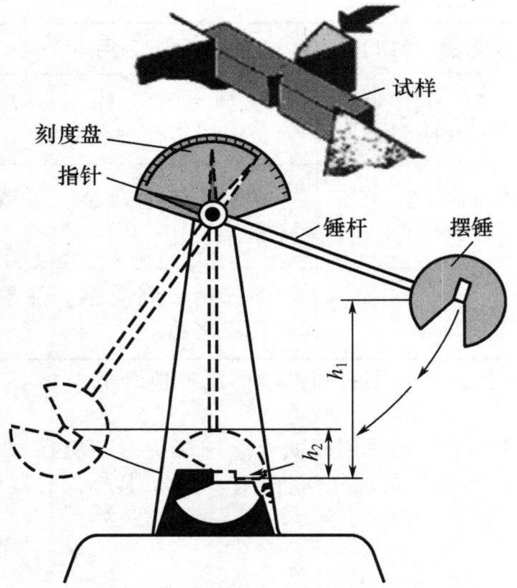

对于铸铁、淬火钢等脆性材料的冲击试验，试样一般不开缺口，因为开缺口的试样冲击值过低，难以比较不同材料冲击性能的差异。α_{KV} 值大的材料，一般都具有较高的塑性指标。但塑性好的材料其 α_{KV} 值不一定大。这是因为在静载荷作用下能充分变形的材料，在冲击载荷下不一定能迅速地进行塑性变形。

冲击韧度对组织缺陷很敏感，能反映出材料品质、宏观缺陷和显微组织等方面的变化，可用于检验冶炼、热加工、热处理等工艺质量。

工程实际中，在冲击载荷作用下工作的机械零件，很少因受大能量一次冲击而破坏，大多数

刻度盘
指针
试样
锤杆
摆锤
h_1
h_2

图 1.11 摆锤式冲击试验示意图

（如冲模的冲头）是经小能量千百万次的重复冲击后才断裂的。因此用冲击韧度来衡量材料的冲击抗力不符合实际情况，应采用小能量多次重复冲击试验来测定。材料在多次冲击下的破坏过程是产生裂纹和裂纹扩展过程，是多次冲击损伤积累发展的结果。因此，材料的多次冲击抗力主要取决于塑性；冲击能量低时，主要取决于强度。

2. 疲劳强度

某些机械零件（如轴类、弹簧、齿轮、滚动轴承等）是在交变应力作用下工作的，交变载荷可以是大小交变、方向交变或同时改变大小和方向。虽然零件所承受的交变应力数

值小于材料的屈服强度，但在长时间运转后也会发生断裂，这种现象称为疲劳断裂。金属材料的疲劳破坏过程，首先是在有应力集中或缺陷等薄弱部位产生微细裂纹。这种裂纹是疲劳源，而且一般出现在零件表面上，形成疲劳扩展区。当此区达到某一临界尺寸时，零件没有明显塑性变形，甚至在低于弹性极限的应力下突然脆断，最后的脆断区称为最终破断区（图 1.12）。交变应力大小和断裂循环次数之间的关系通常用疲劳曲线（图 1.13）来描述。

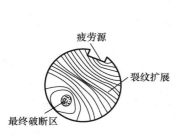

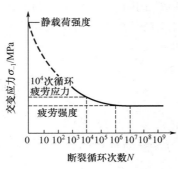

【存在金属疲劳现象的客机】

图 1.12 疲劳断口示意图　　　　图 1.13 钢的疲劳曲线

疲劳曲线表明，当应力低于某一值时，即使循环次数无穷多也不发生断裂，此应力值称为疲劳强度或疲劳极限。光滑试样的对称弯曲疲劳强度用 σ_{-1} 表示。在疲劳强度的测试中，不可能把循环次数做到无穷大，而是规定一定的循环次数作为基数。常用钢材的循环基数为 10^7 次，有色金属和某些超高强度钢的循环基数为 10^8 次。提高零件疲劳寿命的方法如下：①设计上减小应力集中，转接处避免锐角连接；②使零件具有较小的表面粗糙度；③强化表面，如渗碳、渗氮、喷丸、表面滚压等。

1.2.3　物理性能及化学性能

材料的物理性能是指在重力、电磁场、热力（温度）等物理因素作用下，材料所表现的性能或固有属性。机械零件及工程构件在制造中所涉及的金属材料的物理性能主要包括密度、熔点、导电性、导热性、热膨胀性、磁性等。由于机械零件的用途不同，对其物理性能的要求也有所不同。例如，飞机零件常选用密度小的铝合金、镁合金、钛合金来制造；设计电机、电器零件时，常要考虑金属材料的导电性等。

材料的化学性能是指材料在室温或高温时抵抗其周围各种介质的化学侵蚀能力，主要包括耐腐蚀性、抗氧化性和化学稳定性等。在腐蚀介质中或在高温环境中工作的机械零件，由于其比在空气中或室温时遇到的腐蚀更强烈，因此在设计这类零件时应特别注意金属材料的化学性能，并采用化学稳定性良好的合金。例如，化工设备、医疗用具等常采用不锈钢来制造；而内燃机排气阀和电站设备的一些零件则常选用耐热钢来制造。

小　结

工程上使用的材料种类繁多，按化学成分、结合键的特点，可分为金属材料、非金属材料和复合材料三大类，其中金属材料应用最广。

金属材料的力学性能是指金属材料在载荷作用下所表现的性能，包括弹性、强度、塑性、硬度、冲击韧度及疲劳强度等。这些性能是机械设计、材料选择、工艺评定及材料检验的主要依据。考虑机械零件工作时的可靠性，材料应具有一定的塑性，在偶然过载时，产生塑性变形，能够避免突然断裂。同时，良好的塑性也是金属材料进行塑性变形的必要条件。在选择、评定金属材料及设计机械零件时，应根据零件所受的载荷选择不同强度极限为依据：机械零件或工程构件在工作时，通常不允许发生塑性变形，因此多以下屈服强度作为设计的依据；对于脆性材料，因断裂前基本不发生塑性变形，故无屈服点可言，在强度计算时，则以抗拉强度为依据。

自　测　题

一、填空题（每空 2 分，共 12 分）

1. 按化学成分、结合键的特点，可将工程材料分为_____、_____和_____三大类。

2. 材料在加工及使用过程中所受的外力称为载荷。根据载荷大小、方向和作用点是否随时间变化，可将载荷分为_____和_____。

3. 冲击韧度通常采用_____试验机测定。

二、选择题（每小题 2 分，共 6 分）

1. B 标尺、硬质合金球压头测定的洛氏硬度值为 60，应表示为（　　　）。

A. 60HRC　　　　B. 60HRBS　　　C. 60HRB　　　　D. 60HRBW

2. 洛氏硬度试验的优缺点为（　　　）。

A. 试验操作简便、迅速，效率高

B. 可以测定软、硬金属的硬度

C. 压痕小，可用于成品检验

D. 测量组织不均匀的金属硬度时，重复性差，不同硬度级别测得硬度值无法比较

3. 静载荷下力学性能指标的是（　　　）。

A. 弹性　　　　　B. 强度　　　　　C. 疲劳强度　　　　D. 硬度

三、判断正误并改错（每题 2 分，共 12 分）

1. 在腐蚀介质中或在高温下工作的机械零件，比在空气中或室温时遇到的腐蚀更强烈。（　　　）

2. 工程材料的使用性能包括力学性能、物理性能和机械性能。（　　　）

3. 材料的弹性模量 E 越大，产生一定量的弹性变形所需要的应力越大，即越不容易产生弹性变形，反之亦然。（　　　）

4. 目前在机械中所使用的材料都是金属材料。（　　　）

5. 材料是人类社会可接受的、能经济地制造有用器件或物品的固体物质。（　　　）

6. $A > Z$ 时，无缩颈，为脆性材料表征；$A < Z$ 时，有缩颈，为塑性材料表征。（　　　）

四、简答题（每题 10 分，共 60 分）

1. 所有材料的下屈服强度都用 R_{eL} 表示吗？

2. 在设计机械零件时多用哪两种强度指标？为什么？

3. 标距不相同的断后伸长率能否进行比较？为什么？

4. 疲劳破坏是怎样形成的？

5. 解释布氏硬度 600HBW1/30/20 及 350HBW5/750 的含义。

6. 为什么用冲击韧度值来衡量材料的冲击抗力不符合实际情况？

五、计算题（10 分）

拉伸试样的原标距长度 l_0 为 100mm，直径为 10mm，拉断后对接试样的标距长度为 110mm，缩颈区的最小直径为 6mm，求其断后伸长率和断面收缩率。

【第 1 章　自测题答案】

第2章
材料的组织结构

教学要点

1. 理解常见金属的晶格类型，实际金属的结构及晶体缺陷。
2. 掌握合金的相结构、种类及特征。

引 言

金属的内部组织结构是决定金属材料性能的一个重要因素。金属在固态下通常都是晶体，理解和掌握纯金属的晶体结构、合金的相结构及其微观组织状态，有助于更好地了解金属材料的宏观性能，从而能够合理地选材。本章主要介绍金属的晶体结构。

2.1 金属的晶体结构

材料的性能主要取决于其化学成分、组织结构及加工工艺过程。材料的结构是指物质内部原子在空间的分布及排列规律。通过不同的加工处理方法,改变材料内部的组织结构时,可以使材料的性能发生很大的变化。因此,材料的内部结构是非常重要的研究内容,学习材料的内部结构有助于掌握材料的性能。

2.1.1 晶体的基本概念

1. 晶体

自然界中的固态物质,虽然外形各异、种类繁多,但都是由原子或分子堆积而成的。根据内部原子或分子的堆积情况,通常可以将固态物质分为晶体和非晶体两大类。晶体中的原子或分子,在三维空间中按照一定的规律做周期性的重复排列;非晶体中的原子或分子,则是杂乱无章地堆积在一起,无规律可循。这就是晶体和非晶体的根本区别。

【晶体中原子的
排列与晶格】

晶体有一定的熔点且性能呈各向异性,而非晶体与此相反。在自然界中,金属、食盐、石墨等大多数无机物是晶体,像玻璃、松香、沥青等少数无机物是非晶体。晶体和非晶体在一定条件下可以互相转化。例如,通常是晶态的金属,加热到液态后急冷,若冷却速度足够大,也可获得非晶态金属。与晶态金属相比,非晶态金属具有高的强度、硬度、韧性、耐腐蚀性等一系列突出的性能,已成为材料科学研究的一个重要方面,并获得了一些应用。

2. 晶格、晶胞、晶格常数

(1) 晶格

为了便于研究、分析、比较各种不同晶体的内部结构,人们把晶体中的每个原子设想为近似静态的小球体,看成一个几何质点,并用假想的线条将它们连接起来,便形成一个在三维空间具有一定几何形式的空间格子,这种表示晶体中原子规则排列 [图 2.1(a)] 形式的空间格子称为晶格,如图 2.1(b) 所示。晶格中的每个点称为结点。

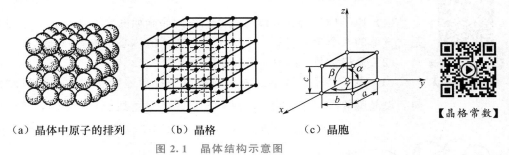

(a) 晶体中原子的排列　　(b) 晶格　　(c) 晶胞

图 2.1 晶体结构示意图

【晶格常数】

(2) 晶胞

由图 2.1 可见,晶体中原子排列具有周期性变化的特点,可以从晶格中选取一个能够完整反映晶格特征的最小几何单元来研究晶体结构,这个最小几何单元就称为晶胞,如图 2.1(c) 所示。

【晶格及晶胞】

（3）晶格常数

晶胞各棱边长 a、b、c 及三棱边夹角 α、β 和 γ，通常可以表示晶胞的尺寸和形状。这六个量称为晶格常数。

（4）原子半径

晶胞中原子密度最大方向相邻两原子之间距离的一半称为原子半径。

（5）晶胞中所含原子数

晶胞中所含原子数是指一个晶胞内真正包含的原子数目。例如，处于晶胞顶角及每个面上的原子不是一个晶胞所独有，只有晶胞内部的原子才为晶胞所独有。因此，不同类型的晶胞所含原子数目是不同的。

（6）配位数及致密度

晶体中原子排列的紧密程度是反映晶体结构特征的一个重要参数。通常原子在晶体内排列的紧密程度用配位数和致密度来表示。

① 配位数。配位数是指晶体结构中与任一原子最邻近且等距离的原子数目。配位数越大，晶体中的原子排列越紧密。

② 致密度。如果把原子看作刚性圆球，那么原子之间必然有空隙存在，原子排列的紧密程度可用晶胞中包含的原子所占的体积与该晶胞体积之比表示，称为致密度。致密度用公式表示为

$$K = \frac{nv}{V}$$

式中　K——晶体的致密度；

　　　n——晶胞所含原子数；

　　　v——单个原子的体积（把原子看作刚性圆球）；

　　　V——晶胞体积。

2.1.2　金属中常见的晶体结构

工业上使用的金属元素中，除少数具有复杂的晶体结构外，绝大多数都具有比较简单的晶体结构，其中常见的金属晶体结构有体心立方晶格、面心立方晶格和密排六方晶格三种类型。

【体心立方晶格的晶胞模型】

1. 体心立方晶格（bcc 晶格）

（1）原子排列特征。体心立方晶格的晶胞如图 2.2 所示，原子排列特征是立方体的八个角上各有一个原子，立方体的体心位置有一个原子。

（2）晶格常数。$a = b = c$，$\alpha = \beta = \gamma = 90°$。

（3）原子半径。体心立方晶胞中原子排列最紧密的方向是体对角线方向。设晶胞的晶格常数为 a，则立方体的体对角线长度为 $\sqrt{3}a$，等于四个原子半径，所以体心立方晶胞中原子半径 r 与晶格常数 a 的关系为 $r = \frac{\sqrt{3}}{4}a$。

（4）晶胞所含原子数。在体心立方晶胞中，每个角上的原子为相邻的八个晶胞所共有，因而只有 1/8 个原子属于这个晶胞，而体心位置上的原子则完全属于这个晶胞，所以体

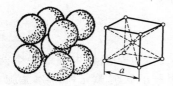
图 2.2　体心立方晶格的晶胞

心立方晶胞中所包含的原子数为 $8 \times 1/8 + 1 = 2$。

(5) 配位数。在体心立方晶格中，以立方体中心的原子来看，与其最近邻等距离的原子数有八个，所以体心立方晶格的配位数为 8。

(6) 致密度。体心立方晶格的晶胞中包含两个原子，晶胞的棱边长度为 a，原子半径为 $r = \dfrac{\sqrt{3}}{4}a$，其致密度为

$$K = \frac{nv}{V} = \frac{2 \times \frac{4}{3}\pi \times \left(\frac{\sqrt{3}}{4}a\right)^3}{a^3} \approx 0.68 = 68\%$$

此值表明，在体心立方晶格中，有 68% 的体积为原子所占据，其余 32% 的体积为间隙。

(7) 具有体心立方晶格的金属。属于体心立方晶格的金属有 α-Fe（912℃以下的纯铁）、铬（Cr）、钼（Mo）、钨（W）、钒（V）等。

【面心立方晶格的晶胞模型】

2. 面心立方晶格（fcc 晶格）

(1) 原子排列特征。面心立方晶格的晶胞如图 2.3 所示。原子排列特征是立方体的八个角上各有一个原子，在立方体的六个面的面心位置各有一个原子。

(2) 晶格常数。$a = b = c$，$\alpha = \beta = \gamma = 90°$。

(3) 原子半径。面心立方晶胞中，每个面对角线方向的原子排列最紧密。面对角线长度为 $\sqrt{2}a$，等于四个原子半径，所以面心立方原子半径 $r = \dfrac{\sqrt{2}}{4}a$。

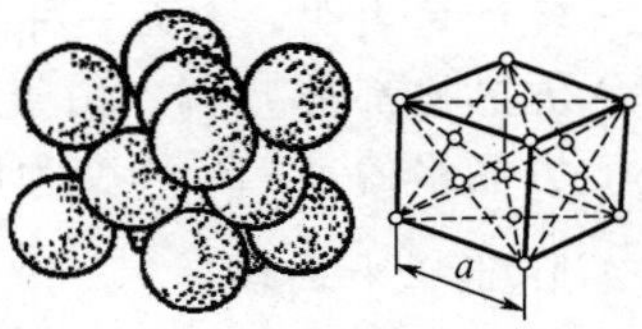

图 2.3　面心立方晶格的晶胞

(4) 晶胞所含原子数。晶胞中每个角上的原子为相邻的八个晶胞所共有，因而每个角上的原子属于这个晶胞的仅有 1/8，每个面心上的原子为两个晶胞所共有，因此每个面心上的原子属于这个晶胞的仅为 1/2，所以面心立方晶胞中所包含的原子数为 $8 \times 1/8 + 6 \times 1/2 = 4$。

(5) 配位数。以面心位置的原子为例，与其最邻近的是它周围顶角上的四个原子，这五个原子构成了一个平面，这样的平面共有三个，三个平面相互垂直，结构形式相同，所以与该原子最邻近且等距离的原子共有 $4 \times 3 = 12$ 个。因此面心立方晶格的配位数为 12。

(6) 致密度。面心立方晶胞的致密度为

$$K = \frac{nv}{V} = \frac{4 \times \frac{4}{3}\pi \times \left(\frac{\sqrt{2}}{4}a\right)^3}{a^3} \approx 0.74 = 74\%$$

此值表明，在面心立方晶格中，有 74% 的体积为原子所占据，其余 26% 的体积为间隙。【面心立方晶格】

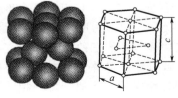

图 2.4　密排六方晶格的晶胞

(7) 具有面心立方晶格的金属。属于面心立方晶格的金属有 γ-Fe（912～1394℃的纯铁）、铜（Cu）、铝（Al）、镍（Ni）等。

3. 密排六方晶格（hcp 晶格）

(1) 原子排列特征。密排六方晶格的晶胞如图 2.4 所

示。在晶胞的 12 个角上各有一个原子，构成六棱柱体，上底面和下底面的中心各有一个原子，除此之外，在晶胞内还有三个原子。

（2）晶格常数。$a=b\neq c$，$\alpha=\beta=90°$，$\gamma=120°$。

（3）原子半径。$r=\dfrac{1}{2}a$。

（4）晶胞所含原子数。晶胞中六方柱每个角上的原子均为六个晶胞所共有，上、下底面中心的原子同时为两个晶胞所共有，再加上晶胞内的三个原子，所以密排六方晶胞中所包含的原子数为 $1/6×12+1/2×2+3=6$。

（5）配位数。若以晶胞上底面中心的原子为例，它不仅与周围六个角上的原子相接触，而且与其下面的三个位于晶胞内的原子及与其上面相邻晶胞内的三个原子相接触，故配位数为 12。

（6）致密度。$K=\dfrac{nv}{V}=\dfrac{6×\frac{4}{3}\pi r^3}{\frac{3\sqrt{3}}{2}a^2×\sqrt{\frac{8}{3}}a}=\dfrac{6×\frac{4}{3}\pi×\left(\frac{a}{2}\right)^3}{3\sqrt{2}a^3}\approx0.74=74\%$。

（7）具有密排六方晶格的金属。属于这种类型晶格的金属有镁（Mg）、锌（Zn）、铍（Be）、α-Ti、α-Co 等。

经计算表明，上面三种晶格的致密度如下：体心立方晶格是 68%，面心立方晶格和密排六方晶格都是 74%。由于面心立方晶格比体心立方晶格中的原子排列得紧密，因此当面心立方晶格的 γ-Fe 转变为体心立方晶格的 α-Fe 时，体积要发生膨胀。

4. 晶面和晶向

金属中的许多性能和现象都与晶体中的特定晶面和晶向有着密切关系。在晶体中由一系列原子组成的平面称为晶面。任意两个原子之间连线所指的方向称为晶向。为了便于确定和区别晶体中不同方位的晶向和晶面，分别采用晶向指数和晶面指数来描述。

（1）晶向指数

在立方晶格中，确定晶向指数的方法如下。

① 以晶胞的某一阵点为原点，以晶胞的三个棱边为坐标轴 X、Y、Z，以棱边长度（即晶格常数）作为坐标轴的长度单位。

② 过坐标原点 O 作一条直线平行于待测的晶向。

【晶面指数的确定】

③ 在所引直线上任取一点（为了方便分析，可取距离原点最近的原子），求该点的三个坐标值。

④ 将三个坐标值化为最小整数，并用方括号括起，即为所求的晶向指数。

晶向指数一般用 $[uvw]$ 表示。当晶向指数坐标为负方向时，则坐标值中出现负值，此时在晶向指数的数字上方冠以负号。

如图 2.5 所示的 AB 晶向：过坐标原点 O 作 $OC\parallel AB$ 交顶面于 C 点；C 点的三个坐标值分别是 1/2、1/2、1；化为最小整数为 1、1、2，放入方括号内，即为所求的晶向指数 [112]。图 2.6 中的 [100]、[110]、[111] 晶向为立方晶格中最重要的三种晶向。

显然，晶向指数表示所有相互平行而方向一致的晶向。此外，在晶体中存在这样一些晶向，虽然在空间中的位向各不相同，但晶向中的原子排列是相同的。将原子排列相同但空间位向不同的所有晶向称为晶向族，以 $<uvw>$ 表示。在立方晶系中，[100]、[010]、

[001] 及方向与之相反的 [$\bar{1}$00]、[0$\bar{1}$0]、[00$\bar{1}$] 共六个晶向上的原子排列完全相同，只是空间位向不同，属于同一晶向族，用<100>表示。

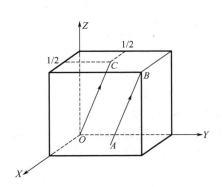

图 2.5 确定晶向指数的示意

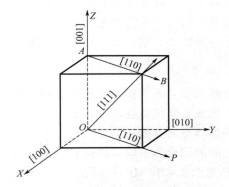

图 2.6 立方晶格中的三个重要晶向

【晶向指数的确定】

（2）晶面指数

以立方晶格为例，晶面指数的确定步骤如下。

① 选坐标，以晶格的三条相互垂直的棱边为坐标轴 X、Y、Z，选晶格中某一原子为三维坐标的原点 O（原点应位于待测晶面外，以免出现零截距）。

② 以相应的晶格常数为单位，求出待定晶面在三个坐标轴上的截距（当晶面与坐标轴平行时，截距为∞）。

③ 取各截距的倒数。

④ 将所得数值化为最小整数，放入圆括号内，即为所求晶面指数。

在立方晶胞中，通常以 (hkl) 作为晶面指数的通式，如果晶面与坐标的负半轴相交，则在晶面指数之上冠以负号，如 ($\bar{1}$00)。图 2.7 所示为立方晶系中的一些晶面。晶面 A 在三个坐标轴的截距分别为 1、∞、∞，取其倒数为 1、0、0，故其晶面指数为 (100)；晶面 B 在三个坐标轴的截距分别为 1、1、∞，取其倒数为 1、1、0，故其晶面指数为 (110)；晶面 C 在三个坐标轴的截距分别为 1、1、1，取其倒数为 1、1、1，故其晶面指数为 (111)；晶面 D 在三个坐标轴的截距分别为 1、1、1/2，取其倒数为 1、1、2，故其晶面指数为 (112)。

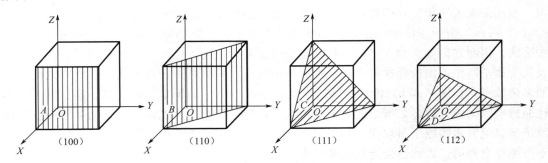

图 2.7 立方晶系的晶面

在同一种晶格中，有些晶面虽然空间位向不同，但其原子排列完全相同，这些晶面均为一个晶面族，用 $\{hkl\}$ 表示。例如$\{100\}$＝(100)＋(010)＋(001)＋($\bar{1}$00)＋(0$\bar{1}$0)＋(00$\bar{1}$)。

（3）晶面及晶向的原子密度

晶面原子密度是指单位面积中的原子数。晶向原子密度是指单位长度上的原子数。在各种晶格中，不同晶面和晶向上的原子密度是不同的。在体心立方晶格中原子密度最大的晶面族是 {110}，称为密排面；而原子密度最大的晶向族是 <111>，称为密排方向。在面心立方晶体中，密排面 {111}，密排方向为 <110>。

5．晶体的各向异性

在晶体中，不同晶面和晶向上的原子排列方式和密度不同，则原子之间的结合力也不相同，因此金属晶体在不同晶面和晶向上的各种性能不同，这种现象称为晶体的各向异性。例如体心立方晶格的 α-Fe，由于在不同晶向上的原子密度不同，因此在不同晶向上原子之间的结合力不同，因而它们的弹性模量 E 不同。在 <111> 方向上，α-Fe 的弹性模量 E 为 2.9×10^5 MPa；而在 <100> 方向上，E 为 1.35×10^5 MPa，两者相差很多。

2.2　实际晶体的结构

在实际应用的金属材料中，总是不可避免地存在一些原子偏离规则排列的不完整性区域，这就是晶体缺陷。一般在金属中偏离其规定位置的原子很少，即使在最严重的情况下，金属晶体中位置偏离很大的原子数目至多占原子总数的千分之一。因此，总的来看，其结构还是接近完整的。但是，就是这些晶体缺陷却会对金属及合金的性能，特别是那些对结构敏感的性能（如强度、塑性、电阻等）产生重大的影响，而且它们在扩散、相变、塑性变形和再结晶等过程中扮演着重要角色。由此可见，研究晶体的缺陷具有重要的实际意义。

根据晶体缺陷的几何形态特征，可以将晶体缺陷分为点缺陷、线缺陷和面缺陷三类。

1．点缺陷

点缺陷是指晶体在三维方向上尺寸很小（原子尺寸范围内）的缺陷。常见的点缺陷有空位、间隙原子和置换原子。

在任何温度下，金属晶体中的原子都是以其平衡位置为中心不间断地进行着热振动。在某一温度下的某一瞬间，总有一些原子具有足够高的能量，以克服周围原子对它的约束，脱离原来的平衡位置迁移到别处，即在原位置上出现了空结点，这就是空位，如图2.8(a) 所示。由于空位的存在，其周围原子失去了一个近邻原子而使相互间的作用力失去平衡，因而它们朝空位方向稍有移动，偏离其平衡位置，这就在空位的周围出现一个涉及几个原子间距范围的弹性畸变区，称为晶格畸变。间隙原子是指个别晶格空隙之间存在的多余原子，如图 2.8(b) 所示。即使半径很小的原子，如钢中的氢、氮、碳、硼等，仍比晶格中的间隙大得多，所以造成的晶格畸变远较空位严重。置换原子是指晶格结点上的原子被其他元素的原子所取代，如图 2.8(c) 所示。由于置换原子的大小与基体原子大小不可能完全相同，因此也会造成晶格畸变。

由于点缺陷的出现，原子间作用力的平衡被破坏，促使缺陷周围的原子发生靠拢或撑开，产生了晶格畸变。这将对金属的性能产生影响，如使屈服强度升高、电阻增大、体积膨胀等。

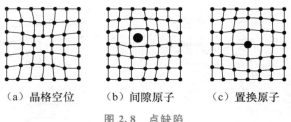

（a）晶格空位　　　（b）间隙原子　　　（c）置换原子

图 2.8　点缺陷

2. 线缺陷

晶体中的线缺陷通常包括各种类型的位错。位错是指在晶体中某处有一列或若干列原子发生了有规律的错排现象，使长度达几百至几万个原子间距、宽度约几个原子间距范围内的原子离开其平衡位置，发生了有规律的错动。位错的基本类型有两种：一种是刃型位错，另一种是螺型位错。如图 2.9(a) 所示，在切应力作用下，一个简单立方晶体沿滑移面 *ABCD* 相对滑动，在滑移面 *ABCD* 上方存在一个多余的半原子面 *EFGH*，这个半原子面中断于 *ABCD* 面上的 *EF* 处，它好像一把刀刃插入晶体中，使 *ABCD* 面上下两部分晶体之间产生原子的错排，因此称为刃型位错，多余的半原子面与滑移面的交线 *EF* 称为刃型位错线。刃型位错有正负之分，若额外半原子面位于晶体的上半部，则此处的位错称为正刃型位错。反之，若额外半原子面位于晶体的下半部，则称为负刃型位错，如图 2.9(b) 所示。

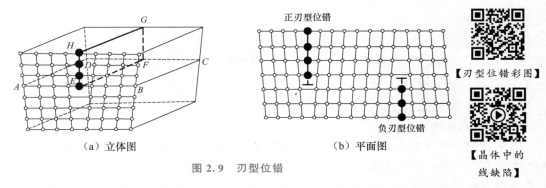

（a）立体图　　　　　　　　　　（b）平面图

【刃型位错彩图】

【晶体中的线缺陷】

图 2.9　刃型位错

如图 2.10(a) 所示，设想在立方晶体右端施加一个切应力，使右端上下两部分沿滑移面 *ABCD* 发生一个原子间距的相对切变，已滑移区和未滑移区的边界 *BC* 就是螺型位错线。图 2.10(b) 所示螺型位错平面图，在 *aa'* 右侧，晶体的上下层原子相对位移了一个原子间距并保持其规则排列。但在 *aa'* 和 *BC* 之间形成了一个上下原子不吻合的错排过渡区 [图 2.10(c)]，该过渡区的原子被扭曲成了螺旋形。如果从 *a* 开始，按顺时针方向依次连接此过渡带的各原子，每旋转一周，原子面就沿滑移方向前进一个原子间距，犹如一个右螺旋。因为位错线附近的原子是按螺旋形排列的，所以这种位错称为螺型位错。

晶体中的位错数量可以用位错密度来表示。位错密度是单位体积晶体中所包含位错线的总长度。

$$\rho = \frac{\sum L}{V}$$

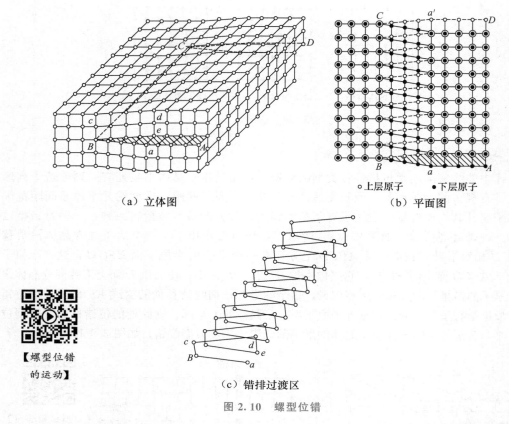

（a）立体图　　　　　　　　　　　　　（b）平面图

○上层原子　●下层原子

（c）错排过渡区

图 2.10　螺型位错

【螺型位错
的运动】

式中　ρ——位错密度（cm^{-2}）；

$\sum L$——位错线总长度（cm）；

V——晶体体积（cm^{-3}）。

一般经充分退火的多晶体金属中，位错密度为 $10^6 \sim 10^8\ cm^{-2}$；但经特殊制备和处理的超纯金属单晶体，位错密度可低于 $10^3\ cm^{-2}$；而经剧烈冷变形的金属，位错密度可高达 $10^{10} \sim 10^{12}\ cm^{-2}$。

位错是一种极重要的晶体缺陷，对金属的力学性能、扩散和相变等过程有着重要影响。图 2.11 所示为金属强度与位错密度的关系曲线。由图可见，当金属中不含位错或含有极少位错时，它将有极高的强度。晶须就是一种在人工控制条件下以单晶形式生成的一种纤维，其直径非常小（微米数量级），不含有通常材料中存在的缺陷（晶界、位错、空穴等），其原子排列高度有序，因而其强度接近于完整晶体的理论值。例如直径 $1.6\mu m$ 的铁晶须，其抗拉强度高达 13400MPa，而工业上应用的退火纯铁，抗拉强度则低于 300MPa，两者相差 40 多倍。当金属含有一定量的位错时，其强度降低，相当于退火状态下的晶体强度；而经加工变形后，位错密度增加，由于位错之间的相互作用和制

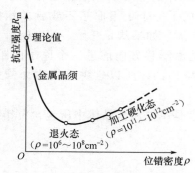

图 2.11　金属强度与位错密度的关系曲线

约，晶体的强度增加。

3. 面缺陷

面缺陷是指在晶体的三维空间中一维方向上的尺寸很小，而另外两维方向上的尺寸较大的缺陷。常见的面缺陷主要有晶界和亚晶界。

实际金属材料一般为多晶体材料，其相邻两晶粒之间的位向差多数为 $30°\sim40°$ 的大角度。晶界处原子的排列必须从一种晶粒的位向过渡到另一种晶粒的位向，因此晶界成为两晶粒之间原子无规则排列的过渡层，如图 2.12(a) 所示。在多晶体中，每个晶粒内部的原子排列并不是十分整齐的。在实际金属晶体中的晶粒内部，存在许多尺寸很小的小晶块，它们之间的位向差很小，通常小于 $1°$。在这些小晶块的内部原子排列的位向是一致的，这些小晶块称为亚晶粒（或亚结构）。两相邻亚晶粒之间的界面称为亚晶界。由于是小角度位向差，因此亚晶界实际上是由一系列刃型位错构成的小角度晶界，如图 2.12(b) 所示。

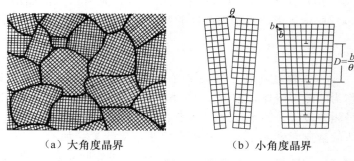

（a）大角度晶界　　　　　　（b）小角度晶界

图 2.12　晶界

由于晶界上存在晶格畸变，在室温下对金属材料的塑性变形起着阻碍作用，在宏观上表现为使金属材料具有更高的强度和硬度。显然，晶粒越细，金属材料的强度和硬度便越高。因此，对于较低温度下使用的金属材料，一般总是希望获得较细小的晶粒。

2.3　合金的相结构

虽然纯金属一般具有较好的导电、导热等性能，在工业中有着重要的用途，但是其力学性能较差，而且提纯困难，种类有限，价格昂贵。因此，工业上广泛应用的不是纯金属，而是合金。合金是指由两种或两种以上的金属或金属与非金属经熔炼、烧结或通过其他方法组合而成并具有金属特性的物质。组成合金的最基本单元称为组元，组元可以是金属元素、非金属元素或稳定的化合物。由两个组元组成的合金称为二元合金，如碳钢（即碳素钢）和铸铁就是由铁和碳组成的二元合金，黄铜则是由铜和锌组成的二元合金；由三个组元组成的合金称为三元合金，依此类推。组成合金的元素相互作用会形成各种不同的相。相是指合金中具有同一化学成分、同一晶体结构，并以界面相互隔开的均匀组成部分。通常人眼看到或借助于显微镜观察到的材料内部的微观形貌（图像）称为组织（structure）。人眼（或借助放大镜）能看到的组织称为宏观组织（macrostructure），要用显微镜才能观察到的组织称为显微组织（microstructure）。组织是与相有紧密联系的概念，相是构成组织的最基本的组成部分。但当相的种类、数量、大小、形态与分布不同时会构成不同的微观形貌（图像），各自成为独立的单相组织，或与别的相一起形成不同的复相组织。

2.3.1 固溶体

合金在固态时，组元之间相互溶解，形成在某一组元晶格中包含有其他组元原子的新相，这种新相称为固溶体。保持原有晶格的组元称为溶剂，而其他组元称为溶质。溶剂在合金中含量较多，溶质含量较少并溶解到溶剂中。固溶体的晶体结构由溶剂决定。

【置换固熔体】

1. 固溶体的分类

（1）按溶质原子在晶格中所占位置分类

根据溶质原子在溶剂晶格中所占位置的不同，固溶体可以分为置换固溶体和间隙固溶体两种类型。

① 置换固溶体。溶质原子占据溶剂晶格某些结点位置所形成的固溶体，称为置换固溶体，如图 2.13(a) 所示。形成置换固溶体的基本条件是溶质原子直径与溶剂原子直径相差较小。

【间隙固熔体】

② 间隙固溶体。溶质原子存在于溶剂晶格间隙处所形成的固溶体，称为间隙固溶体，如图 2.13(b) 所示。通常条件下，溶质与溶剂原子直径相差较大，两半径之比小于 0.59 时易形成间隙固溶体。形成间隙固溶体的溶质元素是原子半径较小的非金属元素，如 C、N、B 等，而溶剂元素一般是过渡族元素。例如，铁素体是碳在 α-Fe 中的间隙固溶体，奥氏体是碳在 γ-Fe 中的间隙固溶体。

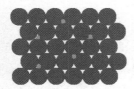

（a）置换固溶体　　　（b）间隙固溶体

图 2.13　固溶体

（2）按固溶度分类

溶质原子在固溶体中的极限浓度，称为溶质原子在固溶体中的固溶度或溶解度。按溶质原子在固溶体中的固溶度可将固溶体分为有限固溶体和无限固溶体。大部分固溶体是有限固溶体，只有很少的一部分才能形成无限固溶体。

① 有限固溶体。在一定条件下，溶质原子在固溶体中的固溶能力是有一定限度的，这种固溶体称为有限固溶体。间隙固溶体都是有限固溶体。当合金的溶质原子超过固溶体的固溶度时，将会有新相形成。

② 无限固溶体。所谓无限固溶体，是溶质能以任意比例溶入溶剂中，固溶度可达100%。成为无限固溶体的条件很苛刻，组成元素原子半径、电化学特性相近，晶格类型相同的置换固溶体，才有可能形成无限固溶体。例如 Cu-Ni 合金（白铜），Cu 和 Ni 在元素周期表中是同一周期相邻的两个金属元素，原子半径、电化学特性相近，都属于面心立方晶格，则可形成无限固溶体。此外，Ag-Au、Ti-Zr、Mg-Cd 等合金也可形成无限固溶体。

（3）按溶质原子在固溶体中的分布分类

① 无序固溶体。溶质原子随机地无规则地分布于固溶体的点阵中，这种固溶体称为无序固溶体。无序固溶体可以是置换固溶体也可以是间隙固溶体。但在一定条件下，如某些固溶体在

极其缓慢冷却条件下，其中的组元原子将做有规律的排列，这种固溶体为有序固溶体。

【无序固熔体】

② 有序固溶体。某些合金在一定条件下，其溶质原子按一定组成比在固溶体点阵中的特定位置呈有规则分布，这种固溶体称为有序固溶体。这种有序结构称为超结构或超点阵。有序化时因原子间结合力增加，存在点阵畸变和反相畴等都会引起固溶体性能突变，除了硬度和屈服强度升高、电阻率降低外，甚至有些非铁磁性合金有序化后会具有明显的铁磁性。

【有序固熔体】

2. 固溶体的性能

在固溶体中，由于溶质原子的溶入而使晶格畸变增加，晶格畸变增大了位错运动的阻力，使合金的塑性变形变得困难，从而提高了合金的强度和硬度。这种随着溶质含量增加，固溶体的强度、硬度增加，塑性、韧性下降的现象称为固溶强化。溶质含量越高，或者溶质原子与溶剂原子的尺寸差别越大，引起的晶格畸变也越大，强化效果越好。

固溶强化是合金强化的一种重要形式。在溶质含量适当时，可显著提高金属材料的强度和硬度，而塑性和韧性没有明显降低。纯铜的抗拉强度 R_m 为 220MPa，硬度为 40HBW，断面收缩率 Z 为 70%。当加入 1%（质量分数）镍形成单相固溶体后，R_m 升高到 390MPa，硬度升高到 70HBW，而 Z 仍有 50%。由于固溶体具有优越的综合力学性能，因此常作为合金的基体相。

在物理性能方面，随着溶质含量的增加，固溶体的电阻率升高，电阻温度系数下降。因此工业上广泛应用的精密电阻和电热材料等，都广泛采用固溶体合金。

2.3.2 金属化合物

当溶质的含量超过溶剂的溶解度时，溶质与溶剂元素相互作用形成一种晶格类型和特性完全不同于任一组元的新相，称为金属化合物或金属间化合物、中间相。金属化合物的特点是与其组元具有完全不同的晶格类型，一般熔点高、硬度高、脆性大。当合金中出现金属化合物时，合金的强度、硬度和耐磨性提高，但塑性和韧性下降。金属化合物是合金中重要的强化相。

根据金属化合物形成的规律和结构特点，常见的金属化合物有以下三种。

1. 正常价化合物

正常价化合物严格遵守化合价规律，可用确定的化学式表示。它通常由元素周期表中相距较远、电负性相差较大的两元素组成。例如，金属元素与 ⅣA、ⅤA、ⅥA 族元素形成的 Mg_2Si、Mg_2Sn、MnS、Cu_2Se 等。这类化合物性能的特点是硬度较高、脆性大。

2. 电子化合物

电子化合物不遵守化合价规律但符合一定的电子浓度规律。电子浓度是指化合物中各组元的价电子总数 e 与组元原子总数 a 的比值，即 e/a。例如 CuZn 化合物，其原子数为 2，Cu 的价电子数为 1，Zn 的价电子数为 2，故其电子浓度为 3/2。

电子化合物通常由 ⅠB 族元素或过渡族元素与 ⅡB 族、ⅢA 族、ⅣA 族、ⅤA 族元素结合而成。电子化合物的晶体结构与电子浓度有一定的对应关系。例如，当电子浓度为 3/2(21/14) 时，形成体心立方晶格，称为 β 相；当电子浓度为 21/13 时，形成复杂立方晶格，称为 γ 相；当电子浓度为 7/4 (21/12) 时，形成密排六方晶格，称为 ε 相。例如 $Cu-Zn$ 合金和 $Cu-Al$ 合金中的 β 相（$CuZn$、Cu_3Al），γ 相（Cu_5Zn_8、Cu_9Al_4），ε 相（$CuZn_3$、Cu_5Al_3）。

电子化合物虽然可用化学式表示，但由于其成分可以在一定的范围内变化，因此可以把它看作以化合物为基溶解了其他组元的固溶体。例如，在 $Cu-Zn$ 合金中，β 相（$CuZn$）的含锌量可以从 36.6% 变化到 56.5%（如无特殊说明，本书中均指质量分数）。

【金属键】

电子化合物主要以金属键结合，具有明显的金属特性，可以导电。它们的熔点和硬度较高，在许多有色金属中为重要的强化相。

3. 间隙化合物

间隙化合物由原子半径较大的过渡族金属（如铁、铬、锰、钨、钒等）与碳（C）、氮（N）、氢（H）、硼（B）等原子半径较小的非金属元素组成。原子半径较大的过渡族元素占据晶格的节点位置，原子半径较小的非金属元素则规则地嵌入晶格间隙中。根据间隙化合物组元间原子半径比和结构特点可以将间隙化合物分为间隙相和复杂结构的间隙化合物。

（1）间隙相

当非金属原子半径与金属原子半径之比小于 0.59 时，形成具有简单晶格的间隙化合物，称为间隙相。简单的晶体结构有面心立方、体心立方、密排六方等。钢中常见的间隙相及其晶格类型见表 2-1 所示。间隙相组成元素间的比例一般能满足简单的化学式：M_4X、M_2X、MX 和 MX_2 等（其中 M 代表金属元素，X 代表非金属元素）。过渡族金属的氮化物及钨（W）、钼（Mo）、钒（V）、钛（Ti）、铌（Nb）等的碳化物，都是间隙相。

表 2-1　钢中常见的间隙相及其晶格类型

间隙相的化学式	钢中可能遇到的间隙相	晶格类型
M_4X	Fe_4N、Nb_4C、Mn_4C	面心立方
M_2X	Fe_2N、Cr_2N、W_2C、Mo_2C	密排六方
MX	TaC、TiC、ZrC、VC	面心立方
	TiN、ZrN、VN	体心立方
	MoN、CrN、WC	简单六方
MX_2	VC_2、CeC_2、ZrH_2、TiH_2、LaC_2	面心立方

间隙相具有极高的硬度和熔点且很脆，通常表现出金属特性，如具有金属光泽和良好的导电性等。间隙相在合金中用途广泛，适当数量、尺寸及分布的间隙相，可以有效地提高合金钢的强度、红硬性和耐磨性。例如，高速钢在高温（600℃）时仍能保持高硬度，是由于其组织中含有碳化钒和碳化钨等间隙化合物。此外，间隙相还是硬质合金的重要组成相，如 TiC 和 WC 是制造硬质合金的重要材料。用硬质合金制作的高速切削刀具、拉丝模具及各种冷冲模具已得到广泛应用。此外，某些间隙相（如 NbN、V_3Si、Nb_3Ge 等）具有超导特性，特别是 Nb_3Ge 的超导转变温度高达 23.2K，可在液态氢下工作。

（2）复杂结构的间隙化合物

当非金属原子半径与金属原子半径之比大于 0.59 时，形成具有复杂结构的间隙化合物。钢中的 Fe_3C、$Cr_{23}C_6$、Fe_4W_2C、Cr_7C_3、Mn_3C、FeB、Fe_2B 等都是这类化合物。

Fe_3C 是钢铁材料中的一种基本相组成，称为渗碳体，是一种非常重要的具有复杂正交结构的间隙化合物。Fe_3C 中铁原子可以部分地被锰（Mn）、铬（Cr）、钼（Mo）、钨（W）等金属置换，形成以间隙化合物为基的固溶体，如（Fe，Mn）$_3$C 或（Fe，Cr）$_3$C 等，称为合金渗碳体。

【渗碳体】

复杂结构的间隙化合物也具有很高的熔点和硬度，但比间隙相稍低，在钢中也起强化相的作用。表 2-2 列出了钢中常见间隙化合物的熔点和硬度，其中间隙相的熔点和维氏硬度均高于复杂结构的间隙化合物。

表 2-2　钢中常见间隙化合物的熔点及硬度

类型	间隙相							复杂结构间隙化合物	
化学式	TiC	ZrC	VC	NbC	TaC	WC	MoC	$Cr_{23}C_6$	Fe_3C
熔点/℃	3080	3472	2650	3608	3983	2785	2527	1577	1227
硬度/HV	2850	2840	2010	2050	1550	1730	1480	1650	～800

小　结

常见的金属晶体结构有体心立方晶格、面心立方晶格和密排六方晶格三种类型。金属晶体中的晶向和晶面可以用晶向指数和晶面指数加以标定。

实际金属的晶体结构都存在一些缺陷，按晶格缺陷的几何特征可将其分为点缺陷、线缺陷和面缺陷三类。常见的点缺陷有空位、间隙原子和置换原子。线缺陷主要包括刃型位错和螺型位错两个基本类型。面缺陷主要包括晶界和亚晶界。晶体缺陷对材料性能产生较大影响。

固态合金中有固溶体和金属化合物两种基本相。固溶体的晶体结构和溶剂的晶体结构相同。固溶强化，是提高合金力学性能的重要手段。金属化合物的晶格类型和特性完全不同于任一组元，是一个新相。金属化合物的性能特征是熔点高、硬度高、脆性大，是合金中的重要强化相。

自　测　题

一、填空题（每空 2 分，共 20 分）

1. 常见金属的晶体结构有_____、_____与密排六方晶格。

2. γ-Fe、α-Fe 的一个晶胞内的原子数分别为_____个和_____个。

3. 晶体缺陷主要可分为_____、_____和面缺陷三类。

4. 根据溶质原子在溶剂晶格中所占位置的不同，可将固溶体分为置换固溶体和_____。

5. 合金的基本相结构有_____和_____两种类型，其中_____具有较高的硬度，适宜做强化相。

二、选择题（每小题 2 分，共 20 分）

1. 表示晶体中原子排列形式的空间格子叫作（　　　）。

A. 晶胞 B. 晶格 C. 晶粒 D. 晶向

2. 晶格中的最小单元叫作（ ）。

A. 晶胞 B. 晶体 C. 晶粒 D. 晶向

3. 属于（ ）的金属有 γ-Fe、铝、铜等。

A. 体心立方晶格 B. 面心立方晶格 C. 密排六方晶格 D. 简单立方晶格

4. 晶体结构属于体心立方的金属有（ ）。

A. γ-Fe、金、银、铜等 B. 镁、锌、钒、γ-Fe 等

C. α-Fe、铬、钨、钼等 D. α-Fe、铜、钨、铝等

5. 属于密排六方晶格的金属是（ ）。

A. δ-Fe B. α-Fe C. γ-Fe D. Mg

6. 晶体中的位错属于（ ）。

A. 体缺陷 B. 面缺陷 C. 线缺陷 D. 点缺陷

7. 在晶体缺陷中，（ ）属于线缺陷。

A. 间隙原子 B. 位错 C. 晶界 D. 缩孔

8. 间隙固溶体与间隙化合物的（ ）。

A. 结构相同、性能不同 B. 结构不同、性能相同

C. 结构和性能都相同 D. 结构和性能都不相同

9. 固溶体的晶体结构（ ）。

A. 与溶剂相同 B. 与溶质相同 C. 为其他晶型 D. 都有可能

10. 固溶体和它的纯金属组元相比（ ）。

A. 强度高，塑性也高些 B. 强度高，但塑性低些

C. 强度低，塑性也低些 D. 强度低，但塑性高些

三、综合分析题（每题 15 分，共 60 分）

1. 常见的金属晶体结构有哪几种？α-Fe、γ-Fe、Al、Cu、Ni、Pb、Cr、V、Mg、Zn 各属于何种晶体结构？

2. 实际金属晶体中存在哪些晶体缺陷？它们对性能有什么影响？

3. 什么是固溶强化？造成固溶强化的原因是什么？

4. 合金中固溶体和金属化合物在结构和性能上有什么主要差别？

【第 2 章 自测题答案】

第3章
二元合金相图与铁碳合金相图

教学要点

1. 了解二元合金相图的建立过程，二元合金相图的基本类型与特征。掌握二元匀晶、二元共晶的平衡结晶过程。

2. 重点掌握铁碳合金相图中的基本相和组织，特征点及线，理解典型铁碳合金的结晶过程。了解铁碳合金的成分、组织和性能的变化规律及铁碳合金相图的应用。能够运用杠杆定律，对平衡组织中各相及组织组成物的相对质量进行计算。

引言

相图是研究合金的成分、组织和性能变化规律的重要工具。相图中应用最广泛的就是二元合金相图。铁碳合金相图是一种典型的二元合金相图。现代机械制造工业中应用最普遍的碳钢和铸铁，就是以铁和渗碳体为主要组元的铁碳二元合金。为了合理地选用钢铁材料，正确地制订熔炼、铸造、锻压、焊接和热处理的工艺参数，很有必要掌握铁碳合金相图。本章主要介绍二元合金相图的建立过程，铁碳合金相图的基本相和组织，以及典型铁碳合金的结晶过程。

3.1　二元合金相图

合金的结晶是在过冷条件下形成晶核与晶核长大的过程，但因组元较多，合金的结晶过程比纯金属复杂，常用相图进行分析。

相图是用来表示合金系中各合金在缓慢冷却条件下结晶过程的简明图解，又称状态图或平衡图。相图表示了在缓慢冷却条件下不同成分合金的组织随温度的变化规律，是制订熔炼、铸造、锻压、焊接及热处理工艺的重要理论依据。根据组元数，可将相图分为二元相图、三元相图和多元相图。作为相图基础和应用最广的是二元合金相图。二元合金相图是由两种组元构成的具有不同比例的合金，在极其缓慢加热或冷却条件下，成分随温度发生变化的相图。

3.1.1　二元合金相图的建立

几乎所有的相图都是通过实验得到的，最常用的是热分析法。现以 Cu－Ni 合金为例，介绍二元合金相图的建立过程。

【Cu－Ni 二元
相图的建立】

先配制若干组不同成分的 Cu－Ni 合金，如纯铜，镍的含量分别为 20%、40%、60%、80% 的 Cu－Ni 合金及纯镍。配制的合金数目越多，合金成分的间隔越小，测绘的相图就越准确。然后采用热分析法，在非常缓慢的冷却条件下，分别测出上述纯金属和合金的冷却曲线，如图 3.1（a）所示。纯铜和纯镍的冷却曲线都有一个水平阶段，表示其结晶的临界点，即纯金属结晶是在恒温下进行的。然而，其他几种合金的冷却曲线均没有水平阶段，但有两次转折，两个转折点所对应的温度代表两个临界点，表明这些合金都是在一个温度范围内进行结晶的，温度较高的临界点是结晶开始温度，温度较低的临界点是结晶终止温度。结晶开始后，由于放出结晶潜热，以致温度下降变慢，在冷却曲线上出现了一个转折点；结晶终止后，不再放出结晶潜热，温度下降变快，于是又出现了一个转折点。

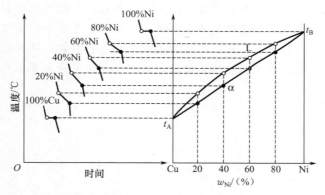

（a）Cu－Ni合金的冷却曲线　　（b）Cu－Ni合金相图

图 3.1　Cu－Ni 合金相图的测定与绘制

建立坐标图，横坐标表示合金成分，即镍组元的含量；纵坐标表示温度，将各合金相变临界点分别标在坐标图相应的合金成分线上。然后用光滑的曲线将意义相同的点连接起来，再填上相区，即得到 Cu – Ni 合金相图，如图 3.1（b）所示。由结晶开始温度连成的线为液相线，由结晶终止温度连成的线为固相线。

通过上述分析，合金与纯金属结晶相比，有其不同的特点：纯金属结晶是在恒温下进行的，只有一个相变点；而合金则绝大多数是在一个温度范围内进行结晶的，结晶开始和结晶终止温度不相同，有两个相变点。实际上，许多材料的相图都是比较复杂的，但相图的建立过程都与上面的介绍方法相同。

3.1.2 二元匀晶相图

两种组元在液态和固态下均无限互溶时所构成的相图称为二元匀晶相图。具有这类相图的二元合金有 Cu – Ni、Cu – Au、Au – Ag、Fe – Ni 等。下面以 Cu – Ni 合金相图为例进行分析。

1. 相图分析

如图 3.2 所示，Cu – Ni 合金相图由两条曲线构成，A1B 线是合金开始结晶的温度线，称为液相线，A3B 线是合金结晶的终止温度线，称为固相线。图中的 A 点是纯铜的熔点（1083℃），B 点是纯镍的熔点（1455℃）。相图被液相线和固相线分为三个相区，液相线以上为液相区，用"L"表示；固相线以下为单一固相区，为 Cu 和 Ni 组成的无限固溶体，用"α"表示；液相线和固相线之间为液相和固相两相共存区，以"L＋α"表示。

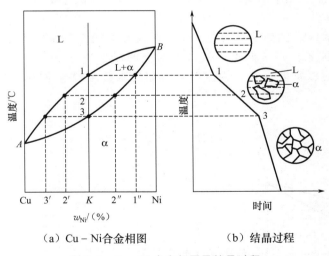

（a）Cu – Ni 合金相图　　　　　（b）结晶过程

图 3.2　Cu – Ni 合金相图及结晶过程

2. 平衡结晶过程

现以成分为 K 的 Cu – Ni 合金为例，讨论合金的结晶过程。由图 3.2(a) 可见，成分为 K 的 Cu – Ni 合金，其成分垂线与液相线、固相线交于 1、3 两点。分析合金在冷却曲线上的各段所发生的结晶或相变过程。当温度高于 1 点温度时，合金处于单一液相区；当合金以非常缓慢的冷却速度冷却至 1 点温度时，开始从液态合金中结晶出 α 相，α 相的成分为其横坐标值 1″，即合金中的镍含量，此时 α 相中的镍含量高于合金中的镍含量。当合金冷却至 2 点温度时，其液相成分为 2′，固相的成分为 2″。当合金冷却至 3 点温度时，结晶过程结束，获得与原合金成分 K 相同的 α 固溶体。当温度低于 3 点温度时，合金处于单一固相区。由上述分析可知，在合金平衡结晶过程中，液相成分沿液相线变化，固相成分沿固相线变化，并且随着温度的降低，液相不断减少，固相不断增多。

3. 晶内偏析

固溶体合金在结晶过程中，只有在极其缓慢冷却、原子充分扩散的条件下，固相 α 的成分才能沿着固相线均匀地变化，最终获得与原合金成分相同的 α 固溶体。

【Cu－Ni 枝晶偏析的显微组织】

在实际生产条件下，冷却速度较快，原子扩散不能充分进行，形成成分不均匀的固溶体。如在 Cu－Ni 合金中，先结晶的固溶体含较多高熔点的 Ni，后结晶的固溶体含较多低熔点的 Cu。这种在一个晶粒内部化学成分不均匀的现象称为晶内偏析，又称枝晶偏析。

由于晶内偏析会严重降低合金的力学性能和加工工艺性能，通常采用扩散退火来消除，使之成为平衡组织。扩散退火是把铸件加热到高温（低于固相线 $100\sim200\,^\circ\text{C}$），进行长时间保温（数小时至几十小时），使偏析元素进行充分扩散，已达到成分均匀的目的。

【Cu－Ni 平衡组织】

4. 杠杆定律

在合金的结晶过程中，除了液相和固相的成分发生改变外，其相对质量也在发生变化，在某一温度下，其液相和固相的相对质量可以用杠杆定律来计算。

如图 3.3 所示，设合金成分为 x，过 x 作成分垂线。在温度 t 时作水平线，其与液相线和固相线分别交于 a、b 两点，a、b 点对应的成分为 x_1、x_2，即分别为液相和固相的成分。设合金的总质量为 1，t 温度时，液相的质量为 Q_L，固相的质量为 Q_α。根据质量守恒定律可得

$$\begin{cases} Q_L + Q_\alpha = 1 \\ Q_L x_1 + Q_\alpha x_2 = x \end{cases}$$

求解方程，得

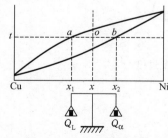

图 3.3　杠杆定律证明和
　　　　力学比喻

$$Q_L = \frac{x_2 - x}{x_2 - x_1}$$

$$Q_\alpha = \frac{x - x_1}{x_2 - x_1}$$

从图 3.3 的线段关系，可将上式改写为

$$Q_L = \frac{ob}{ab} \times 100\%,\quad Q_\alpha = \frac{oa}{ab} \times 100\%$$

可得

$$\frac{Q_\alpha}{Q_L} = \frac{oa}{ob}$$

该式与力学中的杠杆定律相似，故被称作杠杆定律。杠杆定律可用于二元合金相图中的任何两相区。杠杆的支点为合金的成分点（图 3.3 中 o 点），端点为给定温度下两相的成分。合金在某温度下两平衡相的质量比等于该温度下与各自相区距离较远的成分线段之比。

3.1.3　二元共晶相图

两种组元在液态时能无限互溶，在固态时有限互溶，并发生共晶反应的合金系所形成的相图，称为二元共晶相图。具有这类相图的合金系有 Pb‑Sn、Pb‑Sb、Cu‑Ag、Al‑Si等。现以 Pb‑Sn 合金相图为例进行分析。

1. 相图分析

Pb‑Sn 合金相图是典型的二元共晶相图，如图 3.4 所示。a 点为 Pb 的熔点（327℃），b 点为 Sn 的熔点（232℃）。acb 线为液相线，$adceb$ 线为固相线。在相图中，有两种有限固溶体。一种是以 Pb 为溶剂，以 Sn 为溶质的 α 固溶体。df 线是 α 固溶体的溶解度曲线，随着温度的下降，α 固溶体的溶解度不断降低。另一种是以 Sn 为溶剂，以 Pb 为溶质的 β固溶体。eg 线是 β 固溶体的溶解度曲线，同样随着温度降低，β 固溶体的溶解度下降。

相图中有三个单相区：L、α、β；三个两相区：L＋α、L＋β、α＋β；一条三相（L＋α＋β）共存线（dce 线）。

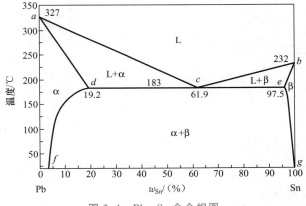

图 3.4　Pb‑Sn 合金相图

相图中在 183℃有一条水平线 dce，此线称为共晶转变线，c 点为共晶点。在 183℃，c 点成分的液相，同时结晶出 d 点成分的 α 相和 e 点成分的 β 相，反应式为

$$L_c \xrightleftharpoons{183℃} \alpha_d + \beta_e$$

上式的反应称为共晶反应或共晶转变，反应产物为 α 和 β 两相机械混合物，称为共晶体或共晶组织。发生共晶反应时三相共存，而且各自的成分是确定的，反应的温度称为共晶温度。共晶转变是在恒温下进行的。平衡结晶过程中，凡成分在 d 点和 e 点之间的合金在共晶温度（183℃）都会发生共晶反应。

在相图中，c 点成分的合金称为共晶合金，成分在 d 点与 c 点之间的合金称为亚共晶合金，成分在 c 点与 e 点之间的合金称为过共晶合金。

2. 合金的结晶过程

合金中通常直接从液体中结晶的固相称为初生相或一次相，用下标Ⅰ表示或者不标注；从固态母相中析出的新固相称为次生相或二次相，用下标Ⅱ表示。下面分析典型合金的结晶过程［图 3.5(a)］。

【Pb‑Sn 合金
的结晶过程】

33

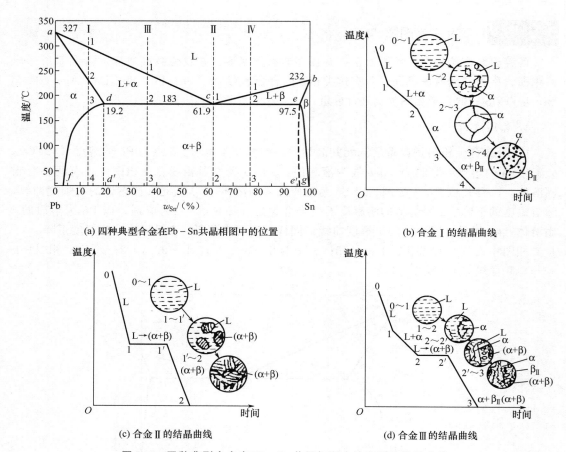

(a) 四种典型合金在Pb-Sn共晶相图中的位置

(b) 合金 I 的结晶曲线

(c) 合金 II 的结晶曲线

(d) 合金 III 的结晶曲线

图 3.5　四种典型合金在 Pb-Sn 共晶相图中的位置及结晶曲线

（1）合金 I 的结晶过程

如图 3.5（b）所示，液态合金冷却至 1 点时，开始发生匀晶结晶过程。从液相中结晶出来的 α 相称为初生相或一次相。随着温度的下降，液相的数量不断减少，α 相的数量不断增加。当温度降到 2 点温度时，液相全部结晶成 α 固溶体。在 2、3 点温度之间，合金为单一的 α 相。当温度降到 3 点温度时，合金达到 α 固溶体的最大溶解度。随着温度的继续下降，α 固溶体的溶解度不断降低；此时，多余的 Sn 将以细粒状 β 相的形式从 α 固溶体中析出。从固态母相中析出的新固相称为次生相或二次相，用下标 II 表示。因此，**将从 α 固溶体中析出的 β 相称为次生 β 相，记作 β_{II} 相。**β_{II} 相的数量随着温度的下降逐渐增加，α 相的数量不断减少。由此可见，室温下合金 I 的组织为 $\alpha + \beta_{II}$。其结晶过程可表示为

$$L \rightarrow L + \alpha \rightarrow \alpha \rightarrow \alpha + \beta_{II}$$

同理，e 点右侧的合金在冷却过程中，会先从液相中结晶出一次 β 相，最后从 β 相中析出 α_{II}。室温下合金的组织为 $\beta + \alpha_{II}$。

（2）合金 II（共晶合金）的结晶过程

如图 3.5（c）所示，合金 II 具有共晶成分（c 点，$w_{Sn} = 97\%$），为共晶合金。合金在 1 点温度以上为液态，当冷却到 1 点温度（共晶温度 183℃）时，液态合金将在恒温下发生共晶转变，即成分为 c 的液相，同时结晶出 d 点成分的 α 相和 e 点成分的 β 相，

即形成（$\alpha_d + \beta_e$）共晶体。该共晶体的 α 相和 β 相通常是相互交替排列，形成一种片层状显微组织。由于结晶是在恒温下进行，因此冷却曲线上会出现一个水平台阶。其反应方程式为

$$L_c \underset{}{\overset{183℃}{\rightleftharpoons}} \alpha_d + \beta_e$$

继续冷却，共晶体中的 α 相和 β 相的成分分别沿固溶线 df 和 eg 变化，并析出次生 β 相（β_{II} 相）和次生 α 相（α_{II} 相），β_{II} 相和 α_{II} 相分别与母相 β 和 α 紧密地连接在一起。由于初生相和次生相混在一起，不易分辨，而且数量很少，一般常忽略不计。因此，室温下合金 II 的组织为（**α＋β**）共晶体。

（3）合金 III（亚共晶合金）的结晶过程

合金 III 的成分在 dc 线之间，为亚共晶合金。如图 3.5（d）所示，当合金冷却至液相线 1 点温度时，开始从液相中结晶出一次 α 相。随着温度的下降，α 相的数量不断增加。同时，α 相的成分沿固相线 ad 变化。液相的数量不断减少，液相成分沿液相线 ac 变化。当温度降到 2 点温度（共晶温度 183℃）时，α 相的成分为 d，剩余液相成分为 c。此时，液相将在恒温下发生共晶反应形成（$\alpha_d + \beta_e$）共晶体，在冷却曲线上也出现了代表共晶转变的水平台阶。当共晶转变结束后，合金 III 的组织为先共晶的 α 相和（$\alpha + \beta$）共晶体。在 2 点温度以下，α 相的溶解度沿着 df 线变化，将会从 α 相中不断析出 β_{II}，（$\alpha + \beta$）共晶体保持成分和数量不变。因此，室温下合金 III 的组织为 **α＋β$_{II}$＋(α＋β)**。

合金 III 的结晶过程可表示为

$$L \rightarrow L + \alpha \rightarrow \alpha + (\alpha + \beta) \rightarrow \alpha + \beta_{II} + (\alpha + \beta)$$

（4）合金 IV（过共晶合金）的结晶过程

合金 IV 为过共晶合金，结晶过程和分析方法与上述亚共晶合金类似，只是先共晶相为 β 相。室温下合金 IV 的组织为 **β＋α$_{II}$＋(α＋β)**。

合金 IV 的结晶过程可表示为

$$L \rightarrow L + \beta \rightarrow \beta + (\alpha + \beta) \rightarrow \beta + \alpha_{II} + (\alpha + \beta)$$

3.1.4　其他相图

二元共析相图

在恒温下，一定成分的固相中同时析出两种化学成分和晶格结构完全不同的新固相的转变称为共析转变，具有共析转变的相图称为共析相图，如图 3.6 所示。

图 3.6 的下半部分为二元共析相图。在恒定温度 T_1 下，成分为 c 点的 γ 相发生如下反应。

$$\gamma_c \underset{}{\overset{恒温}{\rightleftharpoons}} \alpha_d + \beta_e$$

与共晶相图类似，c 点称为共析点，dce 线称为共析线。成分为 c 点的合金称为共析合金，成分在 d 点与 c 点之间的合金称

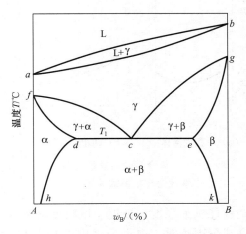

图 3.6　具有共析转变的二元合金相图

为亚共析合金，成分在 c 点与 e 点之间的合金称为过共析合金。共析转变的产物称为共析体或共析组织。共析转变与共晶转变的不同之处是反应前的母相不是液相，而是固相。由于共析转变是在固态下进行的，原子的扩散困难，转变的过冷度大。因此与共晶体相比，共析体为更加细小的、均匀的两种合金相交错分布的致密的机械混合物，有片层状、颗粒状、条棒状、螺旋状等多种形态，以片层状和颗粒状最为常见。共析组织一般具有优良的力学性能。共析转变在铁碳合金中意义重大，钢和铸铁从高温冷却至室温时大多要经历共析转变的过程。

3.1.5　相图与合金性能的关系

相图表达了合金的结晶特点、成分、组织与温度之间的关系，而成分和组织是决定合金性能的主要因素。其中，合金的力学性能及物理性能等使用性能取决于合金的成分和组织，合金的铸造和热处理等工艺性能除了取决于成分和组织以外，还与合金的结晶特点有关。因此，可以通过分析合金相图，了解合金的成分与性能之间的变化关系，作为配制合金、选择材料和制订工艺的依据。

1. 合金的使用性能与相图的关系

二元合金在室温下的平衡组织可分为两大类：一类是由单相固溶体构成的组织，这种合金称为（单相）固溶体合金，由匀晶转变获得；另一类是由两固相构成的组织，这种合金称为两相混合物合金。共晶转变、共析转变、包晶转变都会形成两相混合物合金。图 3.7 所示为二元合金的物理性能和力学性能与相图关系。

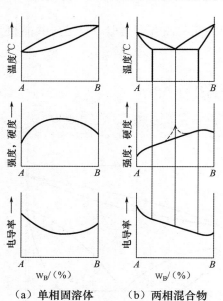

（a）单相固溶体　　（b）两相混合物

图 3.7　二元合金的物理性能和
力学性能与相图的关系

对于固溶体合金，随着溶质含量的增加，合金中的点缺陷变多，晶格畸变逐渐增大，合金的强度、硬度越高，电导率越小。当溶质浓度达到一定值（质量分数约为 50%）时，合金的性能达到极大值或极小值，如图 3.7（a）所示。在一般情况下，固溶体在具有较高强度的同时也具有较高的塑性和韧性，故形成的单相固溶体合金具有较好的综合力学性能。因此，工程上常将固溶体作为合金的基体。

虽然单相固溶体合金的强度和硬度比纯金属有明显的提高，但还不能完全满足工程结构对材料性能的要求，因此，工程上常用的合金多是由两相或多相组成的复杂合金。两相混合物合金（如含共晶组织的合金）的物理性能和力学性能与成分呈直线变化关系。在平衡状态下，其性能约等于两相性能按质量分数的加权平均值。对于组织敏感的某些性能，如强度、硬度等，与组织的形态有很大关系，组织越细密，对组织敏感的合金性能（如强度、硬度、电阻率等）提高越多。图 3.7（b）中的虚线表示合金处在共晶成分附近时，由于合金中两相晶粒构成的细密的共晶体组织的比例大大增加，强度、硬度偏离与成分的直线变化关系出现一个高峰，其峰值的大小随着组织细密程度的增加而增加。

2. 合金的工艺性能与相图的关系

图 3.8 所示为合金的铸造性能与相图的关系。合金的铸造性能取决于相图中液相线与固相线距离（结晶温度范围）的大小。合金的结晶温度范围越大，则形成晶内偏析的倾向越大。发达的树枝晶阻碍合金液体的流动，容易形成分散的缩孔或缩松，合金的铸造性能差；反之结晶温度范围小，缩孔集中，合金的铸造性能好。纯金属和共晶成分的合金是在恒温下结晶的，流动性好；特别是共晶合金，固、液两相区间为零，结晶温度最低，故流动性最好。在结晶时易形成集中缩孔，铸件的致密性好，故铸造合金应优先选用共晶成分附近的合金。两相混合的合金，因组织中两相的塑性不同，相界面较多，阻碍塑性变形，因此塑性加工性能差。

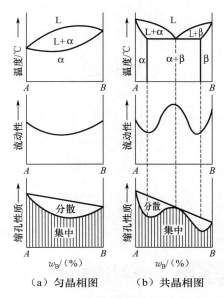

图 3.8　合金的铸造性能与相图的关系

如果合金中含有较多的硬脆化合物，其塑性加工性能会更差。当合金为两相混合物时，切削加工性能将得到改善。

单相固溶体合金的变形抗力小，不易开裂，有较好的塑性，故压力加工性能好。但切削加工性能差，其主要原因是硬度低，容易粘刀，表现为不易断屑，表面粗糙度大等。

3.2　铁碳合金相图

钢铁是工业中应用最广泛的金属材料，其基本组元是铁和碳，故称为铁碳合金。铁碳合金相图是研究铁碳合金的重要工具，是研究铁碳合金成分、温度、组织和性能之间关系的理论基础，也是合理选材、制订各种热加工工艺的依据。因此，很有必要了解和掌握铁碳合金相图。

铁碳合金中 $w_C > 6.69\%$ 时，脆性极大，加工困难，生产中无实用价值。所以，实际生产中应用的铁碳合金其 $w_C \leqslant 6.69\%$。同时，碳在铁碳合金中有两种存在形式：渗碳体（Fe_3C）和石墨。通常情况下，碳以 Fe_3C 形式存在，但 Fe_3C 是一个亚稳相，在一定条件下可以分解为石墨，所以石墨是碳存在的更稳定状态。因此，铁碳合金相图就存在 Fe – Fe_3C 相图、Fe – 石墨相图两种形式。我们首先研究 Fe – Fe_3C 相图，关于 Fe – 石墨相图，将在后面章节研究。为了便于研究，将 Fe – Fe_3C 相图左上角包晶转变部分省略，并用 A 点代替，即得简化后的 Fe – Fe_3C 相图（图 3.9）。

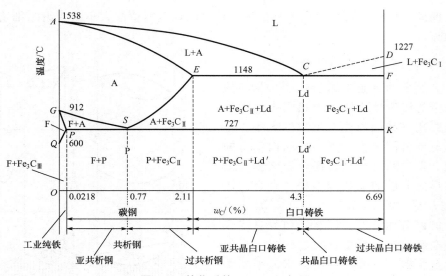

图 3.9　简化后的 Fe–Fe₃C 相图

3.2.1　纯铁及其同素异构转变

纯铁是铁碳合金的基本组元。铁是元素周期表上的第 26 个元素，相对原子质量为 55.85，属于过渡族元素，**熔点为 1538℃**，**密度为 7.87g/cm³**。

图 3.10 是纯铁的冷却曲线。由图可以看出，纯铁冷却至 1538℃时结晶为 δ-Fe，δ-Fe 具有体心立方晶格；当温度继续下降，冷却至 1394℃时，δ-Fe 转变为面心立方晶格的 γ-Fe；冷却至 912℃以下时，具有体心立方晶体结构，称为 α-Fe。

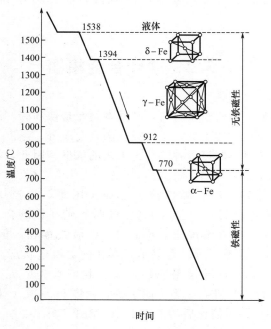

图 3.10　纯铁的冷却曲线

上述转变可表示为

$$\delta-Fe \xrightleftharpoons[1394℃]{} \gamma-Fe \xrightleftharpoons[912℃]{} \alpha-Fe$$

这种同一元素在固态下随温度变化而发生的晶体结构的转变，称为同素异构转变。此转变同样需要经过形核和长大两个过程。它是固态转变的一种基本类型，许多金属元素如 Sn、Mn、Fe、Co、Ti 等都具有这种转变。分析纯铁的同素异构转变，对于钢铁热处理是十分重要的。因为 $\gamma-Fe$，$\alpha-Fe$ 的相转变引起溶碳能力的不同，使钢铁材料在加热和冷却过程中发生组织转变，从而改变其性能。

应当指出，$\alpha-Fe$ 在 770℃ 还将发生磁性转变，即由高温的顺磁性状态转变为低温的铁磁性状态，即铁的居里点为 770℃。

3.2.2 铁碳合金的基本相和组织

铁碳合金在液态时铁和碳可以无限互溶；在固态时，根据碳的质量分数的不同，碳可以溶解在铁中形成固溶体，也可以与铁形成化合物，或者形成固溶体与化合物的机械混合物。因此，铁碳合金在固态下存在铁素体、奥氏体和渗碳体三种基本相，以及珠光体和莱氏体两种基本组织。

1. 铁素体

碳溶于 $\alpha-Fe$ 中形成的间隙固溶体称为铁素体，常用符号 F 或 α 表示。它保持 $\alpha-Fe$ 的体心立方晶体结构。由于体心立方晶格的间隙较小，因此碳在 $\alpha-Fe$ 中的溶解度很小，在 727℃ 时为 0.0218%，在 20℃ 时仅为 0.0008%。

铁素体形成单相组织时，其显微组织和力学性能几乎与纯铁相同。铁素体的显微组织为不规则多边形晶粒，其晶界比较曲折 [图 3.11(a)]。它的力学性能特点是强度、硬度较低，塑性、韧性较好。含有较多铁素体的铁碳合金（如低碳钢）易于进行冲压等塑性变形加工。

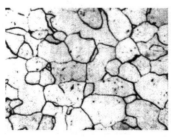

（a）铁素体　　　　　　　　（b）奥氏体

图 3.11　铁素体和奥氏体的显微组织

2. 奥氏体

碳溶于 $\gamma-Fe$ 中形成的间隙固溶体称为奥氏体，用符号 A 或 γ 表示。它保持了 $\gamma-Fe$ 的面心立方晶体结构。由于面心立方晶格的间隙较大，因此碳在 $\gamma-Fe$ 中的溶解度比在 $\alpha-Fe$ 中的溶解度高，在 727℃ 时为 0.77%，在 1148℃ 时为 2.11%。

奥氏体在 727℃ 以上高温范围内存在。奥氏体形成单相组织时，其显微组织为不规则的多边形晶粒，其晶界较平直 [图 3.11(b)]。奥氏体具有较低的硬度（170～220HBW），良好的塑性（$A=40\%\sim50\%$）和低的变形抗力（如 $R_m=394\mathrm{MPa}$），是绝大多数钢种在高温进行压力加工时所需的组织（如通常把钢加热到奥氏体状态进行锻造），也是钢进行某些热处理加热时所需的组织。

3. 渗碳体

渗碳体是铁和碳组成的具有复杂正交结构的间隙化合物，用化学分子式 Fe_3C 表示。渗碳体中 $w_C=6.69\%$。

渗碳体具有很高的硬度（950～1050HV），而塑性和韧性几乎等于零，是一个硬而脆的组织。渗碳体是碳钢中的主要强化相，在钢中与其他相共存时呈片状、球状、网状或板条状。渗碳体的形状、数量、分布等对钢的性能有很大的影响。

4. 珠光体

珠光体是铁素体和渗碳体组成的机械混合物，用符号 P 表示。珠光体中 $w_C=0.77\%$。常见的珠光体是铁素体与渗碳体片层相间分布的，片层越细密，强度越高。

珠光体的力学性能介于铁素体和渗碳体之间，即综合性能良好。

5. 莱氏体

莱氏体是 $w_C=4.3\%$ 的液态合金缓慢冷却到 1148℃ 时，从液相中同时结晶出奥氏体和渗碳体的共晶组织，用 Ld 表示。当冷却到 727℃ 时，奥氏体转变为珠光体，所以室温下莱氏体由珠光体和渗碳体组成，称为低温莱氏体或变态莱氏体，用符号 Ld' 表示。

莱氏体中渗碳体较多，故硬度高、塑性差、脆性很大，是白口铸铁的基本组织。

3.2.3 铁碳合金相图分析

1. 相图中的点、线、区及其意义

（1）特征点分析

相图中特征点的温度、碳的质量分数及意义列于表 3-1 中。

表 3-1 相图中特征点的温度、碳的质量分数及意义

特 征 点	温度/℃	$w_C/(\%)$	意 义
A	1538	0	纯铁的熔点或结晶温度
C	1148	4.3	共晶点，$L \rightleftharpoons A+Fe_3C$
D	1227	6.69	渗碳体的熔点
E	1148	2.11	碳在 $\gamma-Fe$ 中的最大溶解度
F	1148	6.69	共晶渗碳体的成分点
G	912	0	纯铁的同素异构转变点，$\alpha-Fe \rightleftharpoons \gamma-Fe$
S	727	0.77	共析点，$A \rightleftharpoons F+Fe_3C$
P	727	0.0218	碳在 $\alpha-Fe$ 中的最大溶解度
Q	室温	0.0008	室温下碳在 $\alpha-Fe$ 中的溶解度

（2）特征线分析

ACD 线为液相线，*AECF* 线为固相线。

GS 线又称 **A₃线**，表示奥氏体与铁素体相互转变的界线。温度下降到 *GS* 线温度以下时，奥氏体转变为铁素体，温度上升到 *GS* 线温度以上时，铁素体转变为奥氏体。*ES* 线为固溶度线，又称 **A$_{cm}$线**，表示碳在奥氏体中的极限溶解度随温度的变化线。当 $w_C > 0.77\%$ 的铁碳合金冷却到 *ES* 线温度时，会从奥氏体中析出渗碳体，称为二次渗碳体，用 Fe_3C_{II} 表示。*PQ* 线也是固溶度线，表示碳在铁素体中的极限溶解度随温度的变化线。当铁素体从 727℃冷却下来时，会从铁素体中析出渗碳体，称为三次渗碳体，用 Fe_3C_{III} 表示。

两条重要的水平线 *ECF*、*PSK* 为恒温转变线，分别为共晶转变线和共析转变线。

① 共晶转变线（*ECF* 线）。共晶转变是在 1148℃的恒温下，由 $w_C = 4.3\%$（*C* 点）的液相转变为 $w_C = 2.11\%$（*E* 点）的奥氏体和渗碳体的过程。其反应式为

$$L_C \xrightleftharpoons{1148℃} A_E + Fe_3C$$

共晶转变形成的奥氏体和渗碳体的混合物，称为莱氏体，用 Ld 表示。*ECF* 线称为共晶转变线，**1148℃为共晶转变温度**。$w_C = 2.11\% \sim 6.69\%$ 的合金都会发生共晶转变。

② 共析转变线（*PSK* 线）。共析转变是在 727℃的恒温下，由 $w_C = 0.77\%$（*S* 点）的奥氏体转变为 $w_C = 0.0218\%$（*P* 点）的铁素体和渗碳体的过程。其反应式为

$$A_S \xrightleftharpoons{727℃} F_P + Fe_3C$$

共析转变的产物为层片状分布的铁素体和渗碳体的机械混合物，称为珠光体，用符号 P 表示。*PSK* 线称为共析转变线，也称为 **A₁线**；727℃为共析转变温度。凡是 $w_C > 0.0218\%$ 的铁碳合金都将发生共析转变。

（3）相区分析

针对简化的 Fe-Fe₃C 相图，上述特征点和各线将相图划分为如下几个区域。

四个单相区：L、A、F、Fe₃C（其中 Fe₃C 退化为一条垂线）。

五个两相区：L+A、L+Fe₃C、A+F、A+Fe₃C、F+Fe₃C。

两个三相共存区：L+A+Fe₃C（*ECF* 线）、A+F+Fe₃C（*PSK* 线）。

2. 典型铁碳合金的平衡结晶过程和组织

（1）铁碳合金的分类

根据铁碳合金的碳的质量分数和显微组织的特点，可将相图中的铁碳合金分为工业纯铁、钢和白口铸铁三大类（表 3-2）。

表 3-2　铁碳合金类别

铁碳合金类别		$w_C/(\%)$	室温平衡组织
工业纯铁		$0 < w_C \leqslant 0.0218\%$	F
钢	亚共析钢	$0.0218\% < w_C < 0.77\%$	F+P
	共析钢	$w_C = 0.77\%$	P
	过共析钢	$0.77\% < w_C \leqslant 2.11\%$	$P+Fe_3C_{II}$

续表

铁碳合金类别		$w_C/(\%)$	室温平衡组织
白口铸铁	亚共晶白口铸铁	$2.11\% < w_C < 4.3\%$	$P + Fe_3C_{II} + Ld'$
	共晶白口铸铁	$w_C = 4.3\%$	Ld'
	过共晶白口铸铁	$4.3\% < w_C < 6.69\%$	$Fe_3C_I + Ld'$

（2）典型铁碳合金的平衡结晶过程

① 工业纯铁。工业纯铁的室温组织为 $F + Fe_3C_{III}$（少量）。随着工业纯铁碳的质量分数的提高，析出的 Fe_3C_{III} 量稍有增加，在相图中的 P 点（$w_C = 0.0218\%$），Fe_3C_{III} 的量达到最大值 0.3%。由于从 F 中析出的 Fe_3C_{III} 量少，对性能影响小，通常可以忽略 Fe_3C_{III} 的存在。忽略了少量 Fe_3C_{III}，工业纯铁的室温平衡组织为 F。铁素体呈白色块状。在后面讨论的铁碳合金组织中，均忽略从 F 中析出的 Fe_3C_{III}。

【共析钢结晶过程】

② 共析钢。图 3.12 中合金 I 为共析钢（$w_C = 0.77\%$），其结晶过程示意图如图 3.13 所示。液态合金缓慢冷却至 1 点温度时，其成分垂线与液相线 AC 相交，于是从液相 L 中开始析出奥氏体，当温度降至 2 点温度时，全部液体都转变为奥氏体。当温度在 2～3 点之间时，合金均为单相奥氏体状态。当合金冷却到 3 点温度（727℃）时，奥氏体将发生共析转变，形成珠光体。在 3 点温度以下，珠光体中的铁素体成分将沿着溶解度曲线 PQ 变化，析出 Fe_3C_{III}，由于析出量极少，可以忽略不计。因此，共析钢室温平衡组织全部为珠光体，如图 3.14 所示，珠光体的典型组织是铁素体和渗碳体两相层片交错排列。

【珠光体转变】

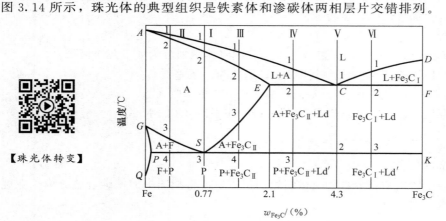

图 3.12　典型铁碳合金在 $Fe - Fe_3C$ 相图中的位置

图 3.13　共析钢的结晶过程示意图

室温下组成相为 F 和 Fe_3C，利用杠杆定律可计算出它们的质量分数分别为

$$w_F = \frac{6.69 - 0.77}{6.69 - 0.0008} \times 100\% \approx 88.5\%, \quad w_{Fe_3C} = 100\% - 88.5\% = 11.5\%$$

③ 亚共析钢。图 3.12 中合金 Ⅱ（$w_C = 0.45\%$）为亚共析钢，其结晶过程示意图如图 3.15 所示。合金在 3 点温度以上的冷却过程与合金 Ⅰ 相似，当缓慢冷却至 3 点温度时，从奥氏体中析出铁素体。随着温度的下降，奥氏体不断减少，铁素体不断增加，奥氏体和铁素体的成分分别沿 GS 线和 GP 线变化。当温度降至 4 点（727℃）温度时，奥氏体的成分为共析 S 点成分（$w_C = 0.77\%$），即发生共析反应生成珠

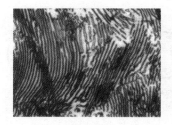

图 3.14 共析钢室温平衡组织（1500×）

光体，铁素体的成分为 P 点成分（$w_C = 0.0218\%$）。从 4 点温度继续冷却至室温，可以认为合金的组织不再发生变化。因此，$w_C = 0.45\%$ 亚共析钢的室温组织为铁素体和珠光体。所有亚共析钢的室温平衡组织均为铁素体和珠光体，其结晶过程均与合金 Ⅱ 相似。只是随着钢中碳的质量分数的增加，珠光体逐步增加，铁素体逐渐减少。图 3.16 所示为 $w_C = 0.45\%$ 的亚共析钢的室温平衡组织，图中白色块为铁素体，黑色块为珠光体。

【亚共析钢的结晶过程】

1点以上

1～2点

2～3点

3～4点

4点以下

图 3.15 亚共析钢（$w_C = 0.45\%$）的结晶过程示意图

图 3.16 $w_C = 0.45\%$ 亚共析钢的室温平衡组织（200×）

利用杠杆定律可计算出 $w_C = 0.45\%$ 亚共析钢在室温下铁素体和珠光体的质量分数分别为

$$w_F = \frac{0.77 - 0.45}{0.77 - 0.0008} \times 100\% \approx 41.6\%, \quad w_P = 100\% - 41.6\% = 58.4\%$$

室温下合金的组成相为 F 和 Fe_3C，质量分数分别为

$$w_F = \frac{6.69 - 0.45}{6.69 - 0.0008} \times 100\% \approx 93.4\%, \quad w_{Fe_3C} = 100\% - 93.4\% = 6.6\%$$

④ 过共析钢。图 3.12 中合金 Ⅲ 为过共析钢（$w_C = 1.2\%$），其结晶过程如图 3.17 所示。过共析钢在 1～3 点温度间的结晶过程与共析钢相似。当缓慢冷却至 3 点温度时，合金的成分垂线与 ES 线相交，此时由奥氏体中开始析出二次渗碳体，二次渗碳体主要沿晶界呈网状分布。当温度降至 4 点温度（727℃）时，奥氏体（$w_C = 0.77\%$），发生共析转变，形成珠光体，而二次渗碳体不变化。从 4 点温度继续冷却至室温时，合金的组织不再发生变化。因此，$w_C = 1.2\%$ 过共析钢室温平衡组织为二次渗碳体和珠光体，如图 3.18 所示（图中黑色块为珠光体，沿晶界分布的白色组织为二次渗碳体）。

【过共析钢的结晶过程】

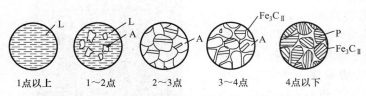

图 3.17 过共析钢（$w_C = 1.2\%$）的结晶过程示意图

图 3.18 $w_C = 1.2\%$过共析钢的室温平衡组织（$200\times$）

利用杠杆定律可计算出 $w_C = 1.2\%$过共析钢在室温下二次渗碳体和珠光体的质量分数分别为

$$w_{Fe_3C_{II}} = \frac{1.2 - 0.77}{6.69 - 0.77} \times 100\% \approx 7.3\%, \quad w_P = 100\% - 7.3\% = 92.7\%$$

室温下合金的组成相为 F 和 Fe_3C，质量分数分别为

$$w_F = \frac{6.69 - 1.2}{6.69 - 0.0008} \times 100\% \approx 82.2\%, \quad w_{Fe_3C} = 100\% - 82.2\% = 17.8\%$$

过共析钢的结晶过程均与合金Ⅲ相似，只是随着钢中碳的质量分数的增加，二次渗碳体逐渐增加。当 $w_C = 2.11\%$时，二次渗碳体的含量达到最大值，利用杠杆定律进行计算，二次渗碳体可达 22.6%。

$$w_P = \frac{6.69 - 2.11}{6.69 - 0.77} \times 100\% \approx 77.4\%, \quad w_{Fe_3C_{II}} = 100\% - 77.4\% = 22.6\%$$

⑤ 共晶白口铸铁。共晶白口铸铁（图 3.12 中合金Ⅴ）的结晶过程示意图如图 3.19 所示。合金在 1 点温度以上为单一液相，冷却至 1 点共晶温度（1148℃）时将发生共晶转变，即 $L_C \rightarrow A_E + Fe_3C$，形成高温莱氏体（Ld）。当温度在 1 点至 2 点之间时，莱氏体中奥氏体的成分沿 ES 线变化，析出二次渗碳体（二次渗碳体和共晶渗碳体连在一起，金相显微镜下难以分辨）。随着温度的不断降低，二次渗碳体逐渐析出，奥氏体的碳的质量分数不断下降。当合金缓慢冷却到 2 点温度（727℃）时，奥氏体成分达 S 点，即 $w_C = 0.77\%$，则发生共析转变，形成珠光体，使高温莱氏体转变为由珠光体、二次渗碳体和共晶渗碳体组成的共晶体，即低温莱氏体（Ld'）。所以，共晶白口铸铁室温平衡组织为低温莱氏体，如图 3.20 所示（图中黑色细小点状和黑色树枝状部分为珠光体，白色基体为渗碳体）。

【共晶白口铁的结晶过程】

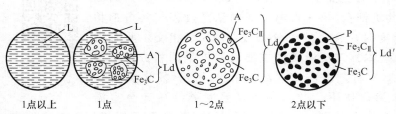

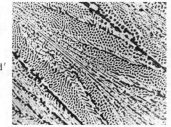

图 3.19 共晶白口铸铁的结晶过程示意图

图 3.20 共晶白口铸铁室温平衡组织（$200\times$）

⑥ 亚共晶白口铸铁。图 3.12 中的合金Ⅳ为亚共晶白口铸铁（$w_C = 3\%$），其结晶过程示意图如图 3.21 所示。1 点温度以上为液相，1~2 点温度之间液相中开始结晶出初生奥

氏体。当温度到达 2 点温度时，初生奥氏体成分为 E 点（$w_C=2.11\%$），液相成分为 C 点（$w_C=4.3\%$），即液相在恒温下发生共晶转变 $Lc\rightarrow A_E+Fe_3C$，形成莱氏体（Ld），此时初生奥氏体保持不变。在 2～3 点温度之间，奥氏体的碳的质量分数沿 ES 线变化，并从奥氏体中不断析出二次渗碳体。当温度降到 3 点温度（727℃）时，所有奥氏体的成分（碳的质量分数）均为 0.77%，发生共析转变 $A_E\rightarrow F_P+Fe_3C$，形成珠光体。同时，莱氏体转变为低温莱氏体（Ld'）。从 3 点温度冷却至室温，合金的组织保持不变。因此，亚共晶白口铸铁室温平衡组织为珠光体、二次渗碳体和低温莱氏体（$P+FeC_{II}+Ld'$），如图 3.22 所示（图中黑色点状、树枝状区域为珠光体，黑白相间的为低温莱氏体，二次渗碳体和共晶渗碳体在一起，难以分辨）。

【亚共晶白口铁的结晶过程】

对于亚共晶白口铸铁，随着碳的质量分数的增加，珠光体和二次渗碳体逐渐减少，低温莱氏体逐渐增加。

⑦ 过共晶白口铸铁。图 3.12 中合金 Ⅵ 为过共晶白口铸铁，其结晶过程示意图如图 3.23 所示。1 点温度以上为液相，在 1～2 点温度之间，合金析出一次渗碳体。随着温度的降低，一次渗碳体逐渐增加，液相不断减少。当达到 2 点温度（1148℃）时，液相的成分达到 4.3%，发生共晶转变，形成莱氏体，一次渗碳体保持不变。随着温度的继续下降，当温度达到 3 点温度时，莱氏体转变为低温莱氏体，一次渗碳体一直保持不变。当温度从 3 点温度降到室温时，合金的组织不再发生变化。因此，过共晶白口铸铁的室温组织为一次渗碳体和低温莱氏体（Fe_3C_I+Ld'）。随着碳的质量分数的增加，一次渗碳体不断增加，低温莱氏体不断减少。图 3.24 所示为过共晶白口铸铁室温组织，白色条状为一次渗碳体，基体为低温莱氏体。

【过共晶白口铁的结晶过程】

图 3.21 亚共晶白口铸铁的结晶过程示意图

图 3.22 亚共晶白口铸铁室温平衡组织（200×）

 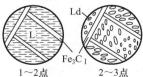

图 3.23 过共晶白口铸铁结晶过程示意图

图 3.24 过共晶白口铸铁室温组织

3.2.4 铁碳合金的成分、组织和性能的变化规律

1. 碳的质量分数对力学性能的影响

图 3.25 所示为碳的质量分数对碳钢力学性能的影响。由图可见，随着碳的质量分数的增加，钢的硬度不断升高，而塑性和韧性逐渐下降，强度先升高后降低并在 $w_C = 0.9\%$ 时达到最大值。

【记忆相图】

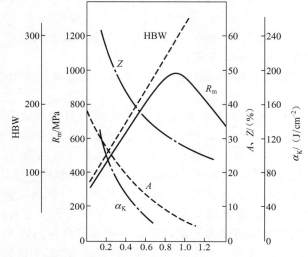

图 3.25 碳的质量分数对碳钢力学性能的影响

材料的硬度是对组织组成物或组成相形态不十分敏感的性能，主要取决于组成相的数量和硬度。铁素体硬度低（80HBW），渗碳体硬度（800HBW）高。随着碳的质量分数的增加，高硬度的渗碳体增多，低硬度的铁素体减少，铁碳合金的硬度呈直线升高。

材料的塑性主要由铁素体的含量决定。随着碳的质量分数的增加，铁素体的数量不断减少，因此，铁碳合金的塑性不断降低。冲击韧性对组织十分敏感，碳的质量分数增加时，脆性的渗碳体增多，特别是出现网状二次渗碳体时，韧性急剧下降。总体来看，韧性比塑性下降的趋势要大些。

强度对组织形态很敏感。铁素体强度（≈200MPa）较低，珠光体强度（≈700MPa）较高。在亚共析钢中，随着碳的质量分数的增加，强度高的珠光体增加，强度低的铁素体减少，因此强度随着碳的质量分数的增加而升高。当 $w_C = 0.77\%$ 时，钢的组织全部为珠光体，珠光体的组织越细密，则强度越高；当 $0.77\% < w_C < 0.9\%$ 时，由于强度很低的、沿晶界分布的 Fe_3C_{II} 数量较少，未连成网状，因此合金的强度增加变慢；当 $w_C > 0.9\%$ 时，Fe_3C_{II} 沿晶界呈网状分布且数量不断增加，导致钢的强度不断下降。

2. 碳的质量分数对平衡组织的影响

图 3.26 所示为铁碳合金的相组成物和组织组成物的相对量与碳的质量分数的关系。由图可以看出，随着碳的质量分数的变化，铁碳合金在室温下的相组成均保持不变，均由两种相组成，分别是铁素体和渗碳体。当 $w_C \leqslant 0.0008\%$ 时，合金全部由铁素体组成；随着碳的质量分数的增加，

【组织组成物在铁碳合金相图上的标注】

铁素体的含量逐渐降低,碳的质量分数增至6.69%时铁素体降至零。同时,渗碳体的含量由零增加至100%。

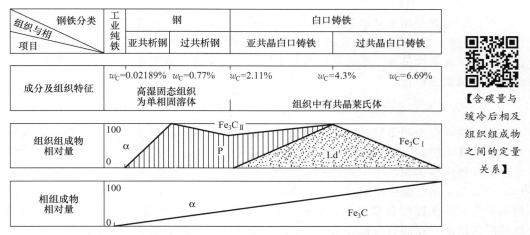

图 3.26　铁碳合金的相组成物和组织组成物的相对量与碳的质量分数的关系

【含碳量与缓冷后相及组织组成物之间的定量关系】

铁碳合金由于成分不同,在冷却过程中发生的结晶过程也不同,导致铁素体和渗碳体两相的形态及分布也发生变化,从而合金室温下具有不同的组织形态。随着碳的质量分数的增加,铁碳合金的组织变化为

$$F \to F+P \to P \to P+Fe_3C_{II} \to P+Fe_3C_{II}+Ld' \to Ld' \to Fe_3C_I+Ld'$$

由上述组织变化可以看出,虽然相组成相同,但却有不同的组织。对于铁素体,从奥氏体中析出的一般呈块状,而共析转变生成的铁素体同渗碳体呈交替层片状分布。渗碳体有一次渗碳体(Fe_3C_I)、二次渗碳体(Fe_3C_{II})、三次渗碳体(Fe_3C_{III})、共晶渗碳体和共析渗碳体。因其形成的条件不同而有多种不同的形态。一次渗碳体是过共晶白口铸铁结晶时从液体中直接形成的,呈规则的长条状;从奥氏体中析出的二次渗碳体往往沿原始奥氏体晶界呈断续或连续网状;三次渗碳体是从铁素体析出的,呈薄片状;共晶渗碳体比较粗大;珠光体中的共析渗碳体呈薄片状与铁素体相间分布。不管是铁素体还是渗碳体,当其形态、数量及分布方式发生变化时,都会对铁碳合金的力学性能产生较大影响。

3.2.5　铁碳合金相图的应用

1. 材料选用方面的应用

工业纯铁室温下退火状态的组织由等轴晶粒组成,其强度低,塑性、韧性好;可作为功能材料使用,如变压器的铁心等。

碳的质量分数在0.15%~0.7%的亚共析钢是铁碳合金综合力学性能最好的区域,主要用于大型工程结构件,各种机械零部件及各种弹性元件。工程用钢和生产用钢都属于此范围。碳的质量分数在0.7%~1.4%的共析钢和过共析钢,强度、硬度高,耐磨性好,主要用于制作刀具、量具、模具、轧制工具及耐磨损工具等。

碳的质量分数大于2.11%的铁碳合金称为铸铁。铸铁硬度高、脆性大,不能切削加工,也不能锻造。但铸铁的耐磨性好,具有较低的熔点、优良的铸造工艺性能和良好的抗振性,并且生产工艺简单,成本低廉,用途非常广泛,可用于制造各类机器的机身、底座或壳体，如变速箱箱体，发动机缸体，铸铁管及轧辊等。

2. 在铸造工艺方面的应用

根据铁碳合金相图可以合理地确定合金的浇注温度。浇注温度一般在液相线以上50～100℃。铸造工艺性能可以从铁碳合金相图中反映出来。具有共晶成分的铸铁其凝固温度区间最小，流动性最好，形成分散缩孔的倾向也小，铸件致密性高。因此，铸造合金成分常选在共晶成分附近。

3. 在锻造工艺方面的应用

通过铁碳合金相图可确定钢的锻造温度范围。在铁碳合金相图中，钢在一定温度区间处于奥氏体单相区，奥氏体具有良好的塑性，变形抗力小，易于成形。因此钢材的锻造经常选择在奥氏体单相区中的适当温度范围内进行。钢材的始锻温度一般选在固相线以下100～200℃。始锻温度不能过高，否则易出现氧化、脱碳、过热或过烧等缺陷。一般亚共析钢的终锻温度控制在略高于 GS 线温度，过共析钢的终锻温度应稍高于 PSK 线温度。终锻温度过高，停锻后晶粒容易长大，影响锻件质量；始锻温度也不能过低，以免钢材因温度过低而使塑性变差，导致产生裂纹。低碳钢的锻造温度范围较高碳钢大，低碳钢的锻造性能优于高碳钢。

金属的可锻性是指金属在压力加工时，能改变形状而不产生裂纹的性能。金属的可锻性与塑性和变形抗力密切相关。塑性好，变形抗力小，可锻性好。钢的可锻性首先与碳的质量分数有关。低碳钢的可锻性较好，随着碳的质量分数的增加，可锻性逐渐变差。白口铸铁无论在低温或高温，其组织都是以硬而脆的渗碳体为基体，故其可锻性很差。

4. 在焊接工艺方面的应用

在焊接工艺中，焊缝及周围热影响区受到不同程度的加热和冷却，组织和性能会发生变化，可以根据铁碳合金相图来分析碳钢的焊接组织，并用适当的热处理方法来减轻或消除组织不均匀性和焊接应力。低碳钢和中碳钢的可焊性较好，高碳钢和铸铁的可焊性较差。

5. 在切削工艺方面的应用

钢的碳的质量分数对切削加工性能有一定的影响。碳钢中碳的质量分数越低，铁素体含量越多，塑性、韧性好，但切削加工时产生的切屑容易粘刀，不易折断，因此切削加工性能不好。高碳钢中渗碳体多，硬度较高，严重磨损刀具，切削加工性能也差。中碳钢中的铁素体与渗碳体的比例适当，硬度和塑性也比较适中，其切削加工性能较好。一般认为，碳钢的硬度在160～230HBW时切削加工性能较好。

6. 在热处理工艺方面的应用

铁碳合金相图对于制订热处理工艺有着特别重要的意义。通过铁碳合金相图不仅可以制订热处理的加热温度，还可以获知在不同温度下的组织形式。这将在热处理一章中详细阐述。

小 结

相图表示了在缓慢冷却条件下不同成分合金的组织随温度的变化规律，是制订熔炼、铸造、锻压、焊接及热处理工艺的重要理论依据。根据组元数，可将相图分为二元相图、三元相图和多元相图，作为相图基础和应用最广的是二元合金相图。

碳钢和铸铁是机械制造工业中应用最广泛的金属材料。铁碳合金相图是典型的二元相图，是合理选材、制订各种热加工工艺的依据。纯铁是铁碳合金相图的基本组元，需掌握纯铁的结晶过程、晶体结构及同素异构转变。铁碳合金在固态下存在铁素体、奥氏体和渗碳体三种基本相，以及珠光体和莱氏体两种基本组织。珠光体是共析反应的产物，莱氏体是共晶反应的产物。依据铁碳合金中的碳的质量分数，可以将铁碳合金分为工业纯铁、亚共析钢、共析钢、过共析钢、亚共晶白口铸铁、共晶白口铸铁和过共晶白口铸铁七类合金。通过杠杆定律可以计算不同类型铁碳合金平衡组织中的组织组成物和相组成的相对质量。

随着碳的质量分数的增加，钢的硬度不断升高，而塑性和韧性逐渐下降，强度先升高后降低并在 $w_C = 0.9\%$ 时达到最大值。随着碳的质量分数的变化，铁碳合金室温下的相组成均保持不变，均由铁素体和渗碳体两相组成；由于成分不同，在冷却过程中发生的结晶过程也不同，铁碳合金的组织发生相应变化。

自 测 题

一、填空题（每空 2 分，共 20 分）

1. 铁素体的力学性能特点是_____。

2. 共析转变的温度为_____。

3. 碳溶解在_____中形成的间隙固溶体称为铁素体。

4. 珠光体的本质是_____的机械混合物。

5. 共析钢的室温平衡组织为_____。

6. 亚共析钢的碳的质量分数越高，其室温平衡组织中的珠光体数量_____。

7. 在室温平衡状态下，碳钢随碳的质量分数的增加，_____力学性能下降。

8. 在铁碳合金的室温平衡组织中，渗碳体相的含量随着碳的质量分数增加而_____。

9. 碳在奥氏体中的最大溶解度为_____。

10. T10 钢的平均碳的质量分数为_____。

二、选择题（每题 2 分，共 28 分）

1. 共晶反应是指（ ）。

A. 液相→固相 1＋固相 2 　　　　 B. 固相→固相 1＋固相 2

C. 从一个固相内析出另一个固相 　 D. 从一个液相内析出另一个固相

2. 共析成分的合金在共析转变 $\gamma \rightarrow (\alpha + \beta)$ 刚结束时，其相组分为（ ）。

A. $(\alpha + \beta)$ 　　 B. $\alpha + \beta$ 　　 C. $\gamma + \alpha + \beta$ 　　 D. $\gamma + (\alpha + \beta)$

3. 具有匀晶型相图的单相固溶体合金（ ）。

A. 铸造性能好 　　 B. 焊接性能好 　　 C. 锻造性能好 　　 D. 热处理性能好

4. 在 912℃以下具有体心立方晶格的铁称为（ ）。

A. $\gamma - Fe$ 　　 B. $\delta - Fe$ 　　 C. $\alpha - Fe$ 　　 D. $\beta - Fe$

5. 具有面心立方晶格的铁称为（ ）。

A. $\gamma - Fe$ 　　 B. $\beta - Fe$ 　　 C. $\alpha - Fe$ 　　 D. $\delta - Fe$

6. 下列组织中，硬度最高的是（ ）。

A. 铁素体　　　　　B. 渗碳体　　　　　C. 珠光体　　　　　D. 奥氏体

7. 碳在铁素体中的最大溶解度为（　　）。

A. 0.0218%　　B. 2.11%　　　C. 0.77%　　　D. 4.3%

8. 奥氏体是（　　）。

A. 碳在 γ-Fe 中的间隙固溶体　　　　B. 碳在 α-Fe 中的间隙固溶体

C. 碳在 α-Fe 中的无限固溶体　　　　D. 碳在 γ-Fe 中的无限固溶体

9. 渗碳体的力学性能特点是（　　）。

A. 硬而韧　　　　　B. 硬而脆　　　　　C. 软而韧　　　　　D. 软而脆

10. 铁碳合金中，共晶转变的产物称为（　　）。

A. 铁素体　　　　B. 珠光体　　　　C. 奥氏体　　　　D. 莱氏体

11. 共析转变是指（　　）。

A. 液相→固相1＋固相2　　　　B. 固相→固相1＋固相2

C. 从一个固相内析出另一个固相　　D. 从一个液相内析出另一个固相

12. 一次渗碳体是从（　　）中析出的。

A. 奥氏体　　　　B. 铁素体　　　　C. 珠光体　　　　D. 钢液

13. 二次渗碳体是从（　　）中析出的。

A. 铁素体　　　　B. 钢液　　　　C. 奥氏体　　　　D. 珠光体

14. 亚共析钢的碳的质量分数越高，其平衡组织中的珠光体的数量（　　）。

A. 越多　　　　　B. 越少　　　　　C. 不变　　　　　D. 无规律

三、简答题（共 52 分）

1. 一个二元共晶转变如下：L(w_B＝78%)→α(w_B＝16%)＋β(w_B＝98%)，当 w_B＝54%的合金凝固后，确定以下各项。（20 分）

（1）初晶 α 与共晶体（α＋β）的质量分数。

（2）α 相与 β 相的质量分数。

2. 对碳钢试样 A 和 B（平衡状态）进行相分析，在显微镜下观察，结果如下。

（1）A 试样中先共析铁素体的面积占 38%，珠光体的面积占 62%。

（2）B 试样其组成相为 w_F＝85% 和 w_{Fe_3C}＝15%。

试求 A、B 两种钢的碳的质量分数是多少？（16 分）

3. 根据铁碳合金相图，回答下列问题。（16 分）

（1）根据碳的质量分数和室温组织特点，铁碳合金可分为工业纯铁、钢和白口铸铁，请说明钢和白口铸铁的具体分类、碳的质量分数范围及室温组织。

（2）写出 PSK 线和 ECF 线的温度、反应式和反应产物。

【第 3 章　自测题答案】

第4章
钢的热处理

教学要点

1. 掌握钢在加热和冷却过程中组织转变的基本规律，并能熟练应用钢的等温转变曲线和连续转变曲线解决实际问题。

2. 掌握钢的普通热处理工艺、目的、组织、性能和应用。

3. 熟悉钢的表面热处理工艺及其应用场合。

引 言

工业上使用的大多数重要零部件都必须经过热处理。热处理在机械制造工业中占有十分重要的地位。钢的热处理是将钢在固态下加热到一定的温度，并在该温度下保持一段时间，然后以一定的方式冷却至室温的一种热加工工艺。热处理通常不会改变材料外在的形状和尺寸，而是改变其内部组织结构，从而改善其性能。通过适当的热处理可以显著提高钢的力学性能，发挥钢材的潜力，提高工件的使用性能和寿命。本章主要介绍钢的基本热处理原理，钢在加热、冷却时的组织转变，各类热处理工艺及其应用。

4.1　钢的热处理原理

钢的热处理是将钢在固态下加热到一定的温度，并在该温度下保持一段时间，然后以一定的方式冷却至室温的一种热加工工艺。进行热处理目的是改变钢的内部组织结构，从而改善其性能。通过适当的热处理可以显著提高钢的力学性能，发挥钢材的潜力，提高工件的使用性能和寿命。此外，正确的热处理工艺还可以消除钢材经铸造、锻造、焊接等热加工工艺造成的各种缺陷，细化晶粒，消除偏析，降低内应力，使组织和性能更加均匀，改善其工艺性能，为后续工序做组织准备。热处理是改善金属使用性能和工艺性能最重要、最基本的加工方法。工业上使用的大多数重要零部件都必须经过热处理，热处理在机械制造工业中具有十分重要的地位和作用。

钢之所以能够进行热处理，是因为钢在固态下具有相变，在固态下不发生相变的纯金属或某些合金则不能用热处理方法强化。根据铁碳合金相图，共析钢加热至 PSK 线（A_1 线）

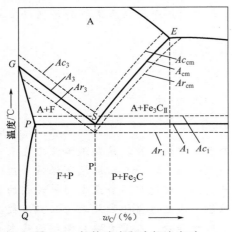

图 4.1　加热速度和冷却速度对
碳钢临界温度的影响

以上时全部转变为奥氏体，亚共析钢和过共析钢必须加热到 GS 线（A_3 线）和 ES 线（A_{cm} 线）以上才能获得全部奥氏体。A_1 线、A_3 线、A_{cm} 线是钢在极缓慢加热或冷却过程中组织转变的临界温度线。但在实际生产中，热处理时的加热速度和冷却速度均不可能无限缓慢，因此相变存在滞后现象，即实际加热时的相变温度总是高于平衡状态下的临界点，实际冷却时相变温度总是低于平衡状态下的临界点。同时，加热速度或冷却速度越快，则滞后现象越严重，温度差别越大。为了区别于平衡相变临界温度，通常把加热时的实际临界温度标以字母"c"，用 Ac_1、Ac_3、Ac_{cm} 表示；而把冷却时的实际临界温度标以字母"r"，用 Ar_1、Ar_3、Ar_{cm} 表示（图4.1）。

钢经热处理后之所以性能会发生如此重大的变化，是因为钢在加热和冷却过程中，内部的组织结构发生了变化。因此，要制订正确的热处理工艺路线，保证热处理质量，必须要了解钢在不同加热和冷却条件下的组织变化规律。

4.1.1　钢在加热时的组织转变

钢的热处理包括加热、保温、冷却三个阶段。加热是热处理的第一道工序，大多数热处理工艺都要将钢加热到临界温度以上，获得全部或部分奥氏体组织，即进行奥氏体化。采用不同的加热规范，可以调控奥氏体的化学成分、均匀化程度及晶粒尺寸等，从而直接影响冷却后的组织和性能。

1. 奥氏体的形成

以共析碳钢（$w_C = 0.77\%$）为例，其室温组织为片状珠光体，是由铁素体和渗碳体组成的机械混合物。当钢加热到 Ac_1 温度以上时，珠光体将转变为奥氏体。这种转变可用下式表示。

$$P（\quad F \quad + \quad Fe_3C）\longrightarrow A$$

碳的质量分数：0.0218%　　6.69%　　0.77%

晶体结构：　　体心立方　　正交　　面心立方

【奥氏体形成】

这一过程是由碳的质量分数较低、具有体心立方晶格的铁素体和碳的质量分数很高、具有正交晶格的渗碳体转变为碳的质量分数介于二者之间、具有面心立方晶格的奥氏体。因此，奥氏体的形成过程既有铁、碳原子的扩散，也有晶体结构的改变。共析钢的奥氏体形成过程可分为四个阶段进行，如图 4.2 所示。

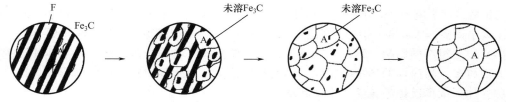

（a）奥氏体的形核　　（b）奥氏体晶核的长大　　（c）剩余渗碳体的溶解　　（d）奥氏体成分的均匀化

图 4.2　共析钢的奥氏体形成过程

第一阶段：奥氏体的形核。奥氏体的晶核首先在铁素体和渗碳体的相界面处形成，这是由于铁素体和渗碳体相界面上碳浓度分布不均匀，有利于碳的扩散。同时相界面处的位错密度较高、原子排列不规则，处于能量较高的状态，易满足奥氏体形核的条件。

第二阶段：奥氏体晶核的长大。奥氏体晶核形成后，新形成的奥氏体与铁素体相邻处碳的质量分数较低，而与渗碳体相邻处碳的质量分数较高，因此在奥氏体中就出现了碳的浓度差，引起碳在奥氏体中由高浓度的一侧向低浓度的一侧扩散，造成奥氏体中靠近铁素体的一侧碳浓度增高，靠近渗碳体的一侧碳浓度降低。扩散的结果是渗碳体的溶解和铁素体向奥氏体转变。从而使奥氏体逐渐向铁素体和渗碳体两个方向长大，直至铁素体完全消失，奥氏体彼此相遇，形成一个个奥氏体晶粒。

第三阶段：剩余渗碳体的溶解。由于铁素体转变为奥氏体的速度远高于渗碳体的溶解速度，当铁素体全部转变为奥氏体时，还有一部分未溶解的残余渗碳体存在。随着保温时间延长或继续升温，剩余渗碳体不断溶入奥氏体中。

第四阶段：奥氏体成分的均匀化。当剩余渗碳体的溶解刚刚结束时，奥氏体中的碳浓度是不均匀的。在原铁素体区域形成的奥氏体碳的质量分数偏低，在原渗碳体区域形成的奥氏体碳的质量分数偏高，因此还需继续保温或升高温度，使碳原子充分扩散，奥氏体的成分才能均匀。

亚共析钢和过共析钢的奥氏体化过程与共析钢基本相同，但是由于先共析铁素体或二次渗碳体的原因，亚共析钢要完全奥氏体化需要在 Ac_3 温度以上，过共析钢完全奥氏体化需要在 Ac_{cm} 温度以上。

2. 影响奥氏体转变的因素

奥氏体的形成速度与奥氏体化条件、化学成分和原始组织有关。

（1）加热温度。加热温度越高，原子的扩散速率急剧增大，奥氏体的形核率和长大速度大大提高，使得奥氏体的形成速度加快。在影响奥氏体形成速度的诸多因素中，温度的作用最为显著。因此，控制奥氏体的形成温度至关重要。

（2）加热速度。加热速度越快，过热度越大，奥氏体开始转变的温度和转变终止温度越高，转变所需的时间越短。

（3）化学成分的影响。钢中碳的质量分数对奥氏体形成速度影响较大。碳的质量分数增加，钢中渗碳体的数量增多，渗碳体和铁素体的相界面就大，促进奥氏体的形核。此外，碳的质量分数增加使得碳在奥氏体中的扩散速度增大，从而加快奥氏体的转变速度。

合金元素会影响碳在奥氏体中的扩散速度。非碳化物形成元素钴和镍能增大碳在奥氏体的扩散速度，加快奥氏体的形成速度；铬、钼、钨、钒等元素能与碳形成较难溶解的碳化物，降低碳在奥氏体中的扩散速度，减慢奥氏体的转变过程；硅、铝、锰等元素对碳在奥氏体中的扩散速度影响不大，不影响奥氏体的转变过程。此外，合金元素在奥氏体中的扩散速度远比碳小得多，所以合金钢的热处理，与碳钢相比，加热温度更高，保温时间更长。

（4）原始组织的影响。钢的原始组织为片状珠光体时，珠光体越细，铁素体和渗碳体的相界面越多，奥氏体的形核率越大，长大速度越快，因此可加快奥氏体的形成速度。片层状珠光体形成奥氏体的速度快于球状珠光体。

3. 奥氏体晶粒大小及其影响因素

奥氏体的晶粒大小对冷却后钢的组织和力学性能（特别是韧性）有着很大影响。通常，奥氏体晶粒越细小，钢热处理后的强度越高，塑性和韧性也越好；反之粗大的奥氏体晶粒冷却后得到粗大的组织，其力学性能指标较低。因此，有必要了解奥氏体晶粒度的概念及影响奥氏体晶粒度的因素。

（1）奥氏体晶粒度的概念

奥氏体晶粒度是衡量晶粒大小的尺度。奥氏体晶粒度通常以单位面积内晶粒的数目或以每个晶粒的平均面积与平均直径来描述。实际生产中奥氏体晶粒大小通常用与 8 级晶粒度标准金相图片相比较的方法来衡量。图 4.3 所示为钢晶粒度标准图谱，晶粒度级别号数 N 越大，单位面积内晶粒数越多，晶粒尺寸越小。通常，1～4 号为粗晶粒，5～8 号为细晶粒。为了研究钢在热处理时奥氏体晶粒度的变化，必须弄清楚三种不同晶粒度的概念。

① 起始晶粒度：奥氏体转变刚刚完成，即奥氏体晶粒边界刚刚相互接触时的奥氏体晶粒大小。通常情况下，起始晶粒总是比较细小、均匀的。

② 实际晶粒度：钢在具体的加热条件下实际获得的奥氏体晶粒的大小。实际晶粒一般总比起始晶粒大。

③ 本质晶粒度：在规定的加热条件下奥氏体晶粒长大的倾向性。根据国家标准，将钢加热到 930℃±10℃，保温 3～8h 后测定其奥氏体晶粒大小。晶粒度为 1～4 级，为本质粗晶粒钢；晶粒度为 5～8 级，为本质细晶粒钢。

本质晶粒度只反映钢加热到 930℃以前奥氏体晶粒长大的倾向性。若钢在 930℃以下，随温度升高，晶粒不断迅速长大，称为本质粗晶粒钢；若钢在 930℃以下，随温度升高，晶粒长大很缓慢，称为本质细晶粒钢。但不能认为本质细晶粒钢在任何加热条件下晶粒都不粗化，如图 4.4 所示，超过 930℃，本质细晶粒钢也可能得到很粗大的奥氏体晶粒。另外，钢的本质晶粒度与钢的成分和冶炼时的脱氧方法有关。一般用 Al 脱氧的钢或者含有 Ti、Zr、V、Nb、Mo、W 等元素的钢都是本质细晶粒钢，因为这些元素能够形成难溶于奥氏体的细小碳化物质点，阻止奥氏体晶粒长大。只用 Si、Mn 脱氧的钢或者沸腾钢一般都为本质粗晶粒钢。

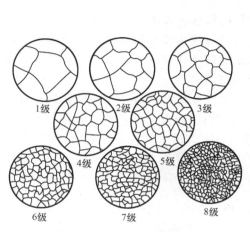

图 4.3 钢晶粒度标准图谱

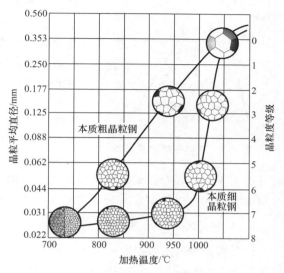

图 4.4 本质粗、细晶粒钢的晶粒长大倾向

（2）影响奥氏体晶粒长大的因素

① 加热温度和保温时间。加热温度越高，晶粒长大速度越快，奥氏体晶粒越容易粗化。延长保温时间也会引起晶粒长大，但其影响要比加热温度小得多。为了获得细小的奥氏体晶粒，加热温度不宜过高，一般在相变临界点以上 $30\sim50℃$，保温时间也尽量采用奥氏体成分均匀化所需的最少时间。

② 加热速度。加热温度相同时，加热速度越快，过热度越大，奥氏体的实际形成温度越高，形核率就越大，这将有利于最终得到细小的奥氏体晶粒。因此，实际生产中常采用快速加热、短时保温的工艺来细化晶粒。高频感应加热淬火就是利用这一原理细化奥氏体晶粒的实例。

③ 钢化学成分。在一定碳的质量分数范围内，随着奥氏体中碳的质量分数的增加，碳在奥氏体中的扩散速度提高，晶粒长大倾向增大。当超过一定的碳的质量分数范围后，若碳以未溶碳化物的形式存在于钢中，奥氏体的长大受到第二相的阻碍作用，使得奥氏体晶粒变得细小。

对于钢中的合金元素，碳化物形成元素（如 V、Ti 等）能阻碍晶粒长大；非碳化物形成元素有的（如 Cu、Si、Ni 等）阻碍晶粒长大，有的（如 P、Mn）促进晶粒长大。

4.1.2 钢在冷却时的组织转变

热处理的最后阶段为冷却。钢的冷却过程是热处理的关键工序。钢经热处理加热和保温之后，获得奥氏体组织，但钢的奥氏体化不是热处理的最终目的，最终总是要冷却下来。因为大多数的机械构件都在室温下工作，钢件的性能最终取决于室温组织，即奥氏体冷却转变后的组织，所以研究不同冷却条件下钢中奥氏体组织的转变规律，具有十分重要的实际意义。

奥氏体在临界转变温度以上是稳定的，当温度降到临界转变温度以下时，在热力学上处于不稳定状态，有向其他稳定组织发生转变的趋势，这种在临界转变温度以下仍然存

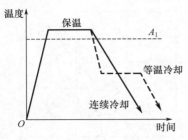

图 4.5 两种冷却方式示意

在、不稳定的奥氏体称为过冷奥氏体。钢在冷却时的转变，实质上是过冷奥氏体的转变。在热处理中，通常有两种冷却方式，即等温冷却和连续冷却（图 4.5）。等温冷却是将奥氏体化的钢快速冷却至 Ar_1 温度以下某一温度进行保温，在等温过程中发生组织转变，随后再冷却下来。连续冷却是将奥氏体化的钢，以不同的冷却速度连续冷却至室温的过程。

工业生产中广泛应用的是连续冷却方式，但连续冷却转变是在一个温度范围内发生的，最终获得粗细不均匀或类型不同的混合组织，分析较困难。等温冷却后获得的组织相对均匀单一，同时等温的温度和时间可以控制，有利于研究过冷奥氏体的转变过程，以及转变后的组织和性能。

1. 过冷奥氏体的等温转变

以共析钢为例，如图 4.6 所示，先将若干个共析钢试样经加热奥氏体化处理，然后分别迅速投入 A_1 温度以下不同温度的等温槽中进行等温冷却。分别测出在不同的等温条件下过冷奥氏体转变开始和转变终止时间。将所有的转变开始点和终止点标注在时间-温度坐标系中，并分别用光滑曲线连接起来，同时在不同的时间和温度区域内填入相应的组织，即得共析钢过冷奥氏体的等温转变曲线图。该曲线颇似英文字母 "C"，故常称 C 曲线。另外，过冷奥氏体等温转变曲线简称 TTT（Time Temperature Transformation）曲线，反映了奥氏体在冷却时的转变温度、时间和转变量之间的关系。图 4.7 为共析钢的 C 曲线，C 曲线上部的水平线 A_1 是珠光体和奥氏体的平衡温度，左边的 C 曲线为过冷奥氏体转变开始线，右边的 C 曲线为过冷奥氏体转变终止线。C 曲线下部有两条水平线 M_s 和 M_f。M_s 表示过冷奥氏体向马氏体转变的开始温度，约为 230℃；M_f 表示奥氏体向马氏体转变的终止温度，约为 −50℃。其中 M 代表的是马氏体，需要注意的是，马氏体转变不属于等温转变，是在极快的连续冷却条件下获得的。两条水平线之间为马氏体和过冷奥氏体的共存区。

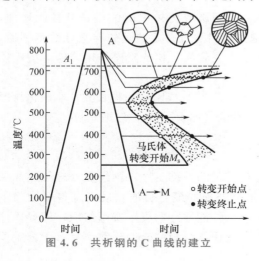

图 4.6 共析钢的 C 曲线的建立

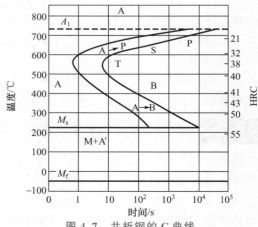

图 4.7 共析钢的 C 曲线

共析钢的 C 曲线将整个图分成几个区域，A_1 线以上为奥氏体稳定区，在 $A_1 \sim M_s$ 线之间及转变开始线以左的区域为过冷奥氏体区，转变开始线与转变终止线之间为转变过渡区（过冷奥氏体和转变产物共存），转变终止线以右为转变产物区；$M_s \sim M_f$ 线之间为马氏体转变区，M_f 线以下为转变产物马氏体区。

从纵坐标到转变开始线之间的线条长度表示不同过冷度下奥氏体稳定存在的时间，称为孕育期。**孕育期越短，表明过冷奥氏体越不稳定。**由共析钢的 C 曲线可知，共析钢约在 550℃孕育期最短，表示过冷奥氏体最不稳定，转变速度最快。由于该处是 C 曲线的"鼻尖"，因此，又将 **C 曲线中的 550℃称为鼻尖温度。**如图 4.7 所示，孕育期随等温温度而变化，在鼻尖以上区间，孕育期随温度升高而延长；在鼻尖以下区间，孕育期随温度降低而延长。

2. 过冷奥氏体转变产物的组织与性能

按温度的高低和组织形态，过冷奥氏体转变可分为三种。

（1）高温珠光体转变

$A_1 \sim 550℃$为高温转变区，过冷奥氏体转变为珠光体型组织。珠光体型组织为铁素体与渗碳体组成的层片状机械混合物，这种类型的转变又称珠光体转变。由于转变温度较高，奥氏体向珠光体的转变是一个扩散型相变，是通过碳原子、铁原子的扩散和晶体结构的改组来实现奥氏体转变为成分相差很大、晶格截然不同的铁素体和渗碳体。随着温度从 A_1 降到鼻尖的 550℃左右，铁素体与渗碳体的片层间距依次减小。根据片层间距的大小，这类组织又可细分为以下三种。

① 普通珠光体。过冷奥氏体在 $A_1 \sim 650℃$等温转变，形成粗片状（片间距 $d > 0.4\mu m$）铁素体和渗碳体构成的共析体，称为普通珠光体，以符号 P 表示。一般在光学显微镜下放大 500 倍就能分辨出珠光体片层状特征，如图 4.8 所示。珠光体的硬度在 170～200HBW。

（a）光学显微镜下形貌　　　（b）电子显微镜下形貌

图 4.8　普通珠光体的显微组织

② 索氏体。过冷奥氏体在 $650 \sim 600℃$等温转变，形成细片状（$d = 0.2 \sim 0.4\mu m$）铁素体和渗碳体构成的共析体，称为索氏体，以符号 S 表示。在高倍（1000 倍以上）显微镜下才能分辨出索氏体的片层状特征，如图 4.9 所示。索氏体的硬度在 230～320HBW。

③ 托氏体（屈氏体）。过冷奥氏体在 $600 \sim 550℃$等温转变，形成极细片状（$d < 0.2\mu m$）铁素体和渗碳体构成的共析体，称为托氏体，以符号 T 表示。它的片层状结构在光学显微镜下已无法分辨，只能在电子显微镜下放大 2000 倍以上才能分辨出，如图 4.10 所示。托氏体的硬度在 35～40HRC。

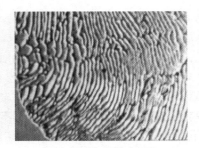

（a）光学显微镜下形貌　　　　　（b）电子显微镜下形貌

图 4.9　索氏体的显微组织

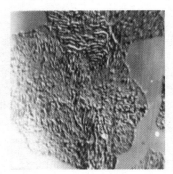

（a）光学显微镜下形貌　　　　　（b）电子显微镜下形貌

图 4.10　托氏体的显微组织

上述珠光体、索氏体、托氏体三种组织，在形态上只有片层间距不同，并无本质区别，统称为珠光体型组织，都是铁素体和渗碳体组成的层片相间分布的机械混合物。

珠光体的性能主要取决于其片间距。片间距越小，单位体积钢中铁素体和渗碳体的相界面越多，对位错运动的阻力越大，即塑性变形的抗力越大，强度和硬度越高。同时，在塑性变形时，珠光体片间距越小，渗碳体片越薄，渗碳体片越倾向于随铁素体片一起变形而不至于发生脆断，所以塑性和韧性也有所改善。

（2）中温贝氏体转变

过冷奥氏体在 $550℃\sim M_s$（马氏体转变开始温度）的转变称为中温转变，其转变产物为贝氏体型组织。贝氏体是由过饱和碳的铁素体与碳化物组成的两相机械混合物，用符号 B 表示。奥氏体向贝氏体转变时，由于转变温度较低，此时铁原子已不发生扩散，而只进行晶格改组。碳原子也只能进行短距离扩散，但是扩散速度较慢。结果一部分碳以渗碳体或碳化物的形式析出，一部分仍留在铁素体中，形成过饱和铁素体，即得到贝氏体。贝氏体转变属于半扩散型转变。

不同温度下贝氏体的组织形态也不同，共析钢在 $550\sim350℃$，过冷奥氏体转变为上贝氏体（$B_上$）。在光学显微镜下观察上贝氏体，呈羽毛状（图 4.11）。上贝氏体的组织特点是铁素体呈大致平行的条束状，自奥氏体晶界的一侧或两侧向奥氏体晶内伸展，渗碳体分布于铁素体条之间。共析钢在 $350℃\sim M_s$，形成下贝氏体（$B_下$）。典型的下贝氏体是由含碳过饱和的片状铁素体和其内部沉淀的碳化物组成的机械混合物，在光学显微镜下呈黑色针状或竹叶状（图 4.12）。

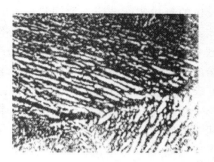

（a）光学显微照片　　　　　　　（b）电子显微照片

图 4.11　羽毛状上贝氏体的显微组织

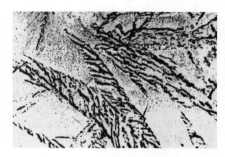

（a）光学显微照片　　　　　　　（b）电子显微照片

图 4.12　针状、竹叶状下贝氏体的显微组织

贝氏体的力学性能取决于贝氏体的组织形态。上贝氏体的形成温度较高，其中的铁素体条粗大，它的塑变抗力低；渗碳体分布在铁素体条之间，易于引起脆断，因此，上贝氏体的强度和韧性均较低，脆性大，基本上无实用价值，生产上很少采用。下贝氏体中铁素体细小、分布均匀，在铁素体内又析出细小弥散的碳化物，而且铁素体内含有过饱和的碳及高密度的位错。因此，下贝氏体不但强度高，而且韧性也好，具有较优良的综合力学性能，是生产上常用的组织。生产中广泛采用等温淬火工艺来获得强、韧结合的下贝氏体组织。

（3）低温马氏体转变

当奥氏体冷却至 M_s 温度以下时，将转变为马氏体类型组织。由于马氏体转变温度低，转变速度快，只发生铁的晶体结构转变，而碳原子来不及重新分布，被迫保留在马氏体中，其碳的质量分数与母相奥氏体相同，因此马氏体是碳在 α - Fe 中的过饱和固溶体，用符号 M 表示。马氏体具有体心正方晶格（$a=b\neq c$）结构，c/a 称为马氏体的正方度。马氏体碳的质量分数越高，其正方度越大，晶格畸变也越严重，马氏体的硬度也就越高。

① 马氏体转变的特点。

a. 马氏体转变的无扩散性。铁和碳原子都不能进行扩散。铁原子沿奥氏体一定晶面，集体地（不改变相互位置关系）做一定距离的移动（不超过一个原子间距），使面心立方晶格改组为体心正方晶格，碳原子原地不动，过饱和地留在新组成的晶胞中，增大了其正方度，产生很强的固溶强化。

b. 马氏体的形成速度很快。奥氏体冷却至 M_s 温度以下后，无孕育期，瞬时转变为马氏体，马氏体的形成速度极快，片间相撞易在马氏体片内产生显微裂纹。随着温度下降，过冷奥氏体不断转变为马氏体，是一个连续冷却的转变过程。

c. 马氏体转变的不彻底性。奥氏体向马氏体转变时，即使温度已经低于 M_f 温度，但仍然有少量的奥氏体未能转变为马氏体而保留下来，这部分奥氏体称为残余奥氏体，用符号 $A_残$ 或 A' 表示。残余奥氏体的含量与 M_s、M_f 位置有关。奥氏体中的碳的质量分数越高，则 M_s、M_f 越低（图 4.13），残余奥氏体含量越高（图 4.14）。通常对于 $w_C < 0.5\%$ 的碳钢，残余奥氏体的量可以忽略不计，一般中碳钢淬火至室温时，有 $1\% \sim 2\%$ 的残余奥氏体，而高碳钢高达 10% 以上。

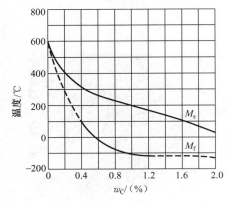 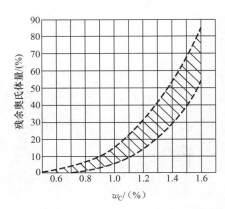

图 4.13　碳的质量分数对
M_s 与 M_f 的影响

图 4.14　残余奥氏体量对
M_s 与 M_f 的影响

d. 马氏体形成时体积膨胀，在钢中造成很大的内应力，严重时导致开裂。

② 马氏体的形态。$w_C < 0.25\%$ 时，基本上是板条马氏体（也称低碳马氏体），板条马氏体在显微镜下为一束束平行排列的细板条，如图 4.15(a) 所示。在高倍透射电子显微镜下可看到板条马氏体内有大量位错缠结的亚结构，所以板条马氏体又称位错马氏体。

当 $w_C > 1.0\%$ 时，大多数是针状马氏体（也称高碳马氏体），针状马氏体在光学显微镜中呈竹叶状或凸透镜状，在空间形同铁饼，如图 4.15(b) 所示。针状马氏体之间形成一定角度（60°）。在高倍透射电子显微镜下可看到针状马氏体内有大量孪晶，所以针状马氏体又称孪晶马氏体。

（a）板条马氏体　　　　　　（b）针状马氏体

图 4.15　马氏体的显微组织

$w_C = 0.25\% \sim 1.0\%$ 时，为板条马氏体和针状马氏体的混合组织。

③ 马氏体的性能。马氏体力学性能的显著特点是具有高硬度和高强度。马氏体的硬度和强度主要取决于马氏体中碳的质量分数，并且随着碳的质量分数的增加而增加，如图 4.16 所示。但当 $w_C > 0.6\%$ 时，其数值的增加趋于平缓，这主要是由于残余奥氏体量增加。合金元素对马氏体的硬度影响很小，但可以提高强度。

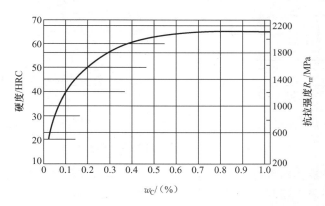

图 4.16　淬火钢的硬度和强度与碳的质量分数的关系

马氏体高强度、高硬度的原因是多方面的，主要包括碳原子的固溶强化、相变强化和时效强化。

马氏体的塑性和韧性也与其碳的质量分数有关。低碳板条马氏体中的高密度位错是不均匀分布的，存在低密度区，为位错提供了活动余地。位错运动能缓和局部应力集中，因而对韧性有利；此外，淬火应力小，不存在显微裂纹，裂纹通过马氏体条也不易扩展，所以板条马氏体具有很高的塑性和韧性。高碳马氏体的碳的质量分数高，晶格的正方畸变大，淬火内应力也较大，往往存在许多显微裂纹。针状马氏体中的微细孪晶破坏了滑移系，也使脆性增大，所以脆性和韧性都很差。

综上所述，马氏体的力学性能主要取决于碳的质量分数、组织形态和内部亚结构。板条马氏体具有优良的强韧性，针状马氏体的硬度高，但塑性、韧性很差。通过热处理可以改变马氏体的形态，增加板条马氏体的相对数量，从而显著提高钢的强韧性，这是一条可显著发挥钢材潜力的有效途径。

3. 影响过冷奥氏体等温转变的因素

过冷奥氏体 C 曲线的位置和形状反映了过冷奥氏体的稳定性、等温转变速度及转变产物的性质。因此，凡影响 C 曲线位置和形状的因素都会影响过冷奥氏体的等温转变。

（1）碳的质量分数的影响

和共析钢的 C 曲线相比，亚共析钢在过冷奥氏体转变为珠光体之前，首先析出先共析相铁素体，所以在 C 曲线左上部多出了一条铁素体析出线，如图 4.17(a) 所示。过共析钢在过冷奥氏体转变为珠光体之前，首先析出先共析相二次渗碳体，所以 C 曲线左上方多出一条二次渗碳体析出线，如图 4.17(b) 所示。

过冷奥氏体的转变是一个形核与长大的过程，其中形核所起的作用更大。亚共析钢与过共析钢先共析相的析出促进了向珠光体的转变。亚共析钢中，随着碳的质量分数的

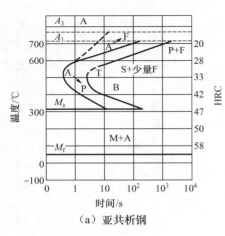
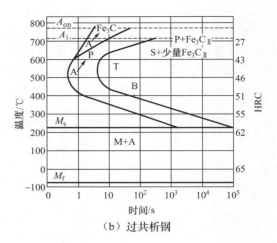

（a）亚共析钢　　　　　　　　　（b）过共析钢

图 4.17　亚共析钢和过共析钢的 C 曲线

增加，先共析相铁素体的数量逐渐减小，过冷奥氏体向珠光体的转变减慢，C 曲线位置往右移。过共析钢中，随着碳的质量分数的增加，先共析相二次渗碳体的数量不断增加，而且越来越容易析出，加快了过冷奥氏体向珠光体的转变，C 曲线位置往左移。综上所述，在正常热处理和加热条件下，亚共析钢的 C 曲线随着碳的质量分数的增加往右移，过共析钢的 C 曲线随着碳的质量分数的增加往左移，因此，共析钢的 C 曲线最靠右，奥氏体最稳定。

【合金元素对
C 曲线的影响】

（2）合金元素的影响

除了 Co、Al 以外，其他合金元素溶入奥氏体后，都使过冷奥氏体稳定，均使 C 曲线右移。其中 Mo 的影响最大，W 次之，Mn 和 Ni 的影响也比较明显，Si 和 Al 的影响较小。当过冷奥氏体中含有较多的 Cr、Mo、W、V、Ti 等碳化物形成元素时，C 曲线的形状还会发生变化。例如，Cr 使 $w_C=0.5\%$ 钢的 C 曲线分离成上下两部分，形成两个"鼻子"，中间出现一个过冷奥氏体较稳定的区域。需要注意的是，如果碳化物形成元素含量较多，形成了较稳定的碳化物且在奥氏体化时未能全部溶解，那么会降低过冷奥氏体的稳定性，使 C 曲线左移。

（3）加热温度和保温时间的影响

随着奥氏体化温度的升高和保温时间的延长，奥氏体的成分更加均匀，与此同时，未溶碳化物数量减少，晶粒粗大，晶界面积减少，这些都降低了奥氏体的形核率和长大速度，使过冷奥氏体的稳定性提高，导致 C 曲线右移。

4. 过冷奥氏体的连续转变

实际热处理生产中，奥氏体转变大多数是在连续冷却过程中进行的。因此，有必要研究钢在连续冷却时的组织转变。过冷奥氏体连续冷却转变曲线简称 CCT（Continuous Cooling Transformation）曲线。

图 4.18 是共析钢过冷奥氏体的 CCT 曲线。图中有三条曲线，珠光体转变开始线（P_s），珠光体转变终止线（P_f），珠光体转变中止线 AB（即珠光体转变停止，AB 线以下由于冷却速度较快，未能达到贝氏体组织转变所需的孕育效果，直接冷却到 M_s 温度以下

转变为马氏体)。因此,共析钢连续冷却转变时,没有贝氏体转变区。当冷却速度大于 v_c 时,过冷奥氏体将转变为马氏体;当冷却速度小于 v_c' 时,则只发生珠光体转变;当冷却速度介于 v_c 和 v_c' 之间时,得到珠光体和马氏体的混合组织。

　　图4.19为共析碳钢的CCT曲线与TTT曲线(C曲线)的比较。由图可见,CCT曲线(实线)位于C曲线(虚线)的右下方,这表明过冷奥氏体连续冷却时,转变为珠光体的温度低一些,所需的孕育期更长一些。此外,连续冷却时,过冷奥氏体往往要经过几个转变区间,因此转变产物常由几种组成,即常得到混合组织。

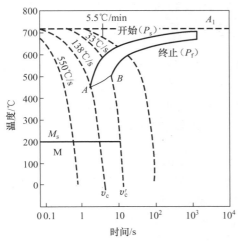

图4.18　共析钢过冷奥氏体的CCT曲线

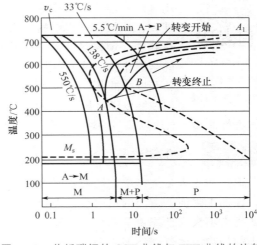

图4.19　共析碳钢的CCT曲线与TTT曲线的比较

　　由于CCT曲线的测定很困难,至今仍有许多钢的CCT曲线未被测定,而各种钢的C曲线资料很齐全,因此生产中常用C曲线定性、近似地分析连续冷却转变,然后在生产中再予以修正。图4.19中共析钢的C曲线,根据冷却速度曲线与C曲线所交的位置,可大体估算出连续冷却转变的产物。例如冷却速度为5.5℃/min(相当于炉冷)的曲线,大体估算与C曲线相交于 $A_1 \sim 650$℃,故可以判断其转变产物为珠光体。冷却速度为33℃/s(相当于空冷、正火处理)的曲线,它与C曲线相交于 $650 \sim 600$℃,故可以判断其转变产物为索氏体。冷却速度为138℃/s(相当于油冷)的曲线,根据它与C曲线开始转变线相交的位置,可以判断有一部分过冷奥氏体分解为屈氏体,但该曲线没有与C曲线转变的终止线相交,而是穿过贝氏体转变区。如前所述,共析钢的过冷奥氏体在连续冷却过程中不发生贝氏体转变,因此连续冷却产物中不存在贝氏体。另一部分过冷奥氏体来不及分解直接冷却到 M_s 温度以下,转变为马氏体和少量残余奥氏体。最终获得屈氏体、马氏体和少量残余奥氏体的混合组织。冷却速度为550℃/s(相当于水冷)的曲线,冷却得很快,不与C曲线相交,因此过冷奥氏体来不及分解,便被过冷到 M_s 温度以下,其产物为马氏体和少量残余奥氏体。图中 v_c 与C曲线的鼻尖相切,是连续冷却获得马氏体组织的最小冷却速度,称为马氏体临界冷却速度或临界淬火冷却速度。v_c 反映了钢在淬火时得到马氏体的难易程度,v_c 越小,则淬火时用较小的冷却速度就可以得到马氏体。

　　C曲线在生产上有重要用途:可以用来制订等温转变工艺及分析等温转变过程,可以用来分析连续冷却转变过程及其热处理工艺的制订,还可以判定钢的淬透性等。

4.2 钢的普通热处理

钢的热处理工艺是指通过加热、保温和冷却来改变材料组织，以获得所需性能的方法。热处理工艺种类很多，根据加热、冷却方式及获得组织和性能的不同，钢的热处理可分为普通热处理（退火、正火、淬火和回火），表面热处理（表面淬火和化学热处理等）及特殊热处理（形变热处理和磁场热处理）等。按照热处理在机械加工过程中的作用及工序位置，热处理可分为预先热处理和最终热处理。预先热处理一般安排在机械加工之前，处理的对象常为毛坯，目的是消除前一道工序带来的某些缺陷，为随后的工序和最终热处理做组织准备和性能准备；最终热处理的对象是成品或半成品，目的是改善和提高工件的性能以满足最终的使用要求。钢的普通热处理属于整体热处理，是对工件整体进行加热，然后以适当的速度冷却，以改变其整体力学性能的金属热处理工艺。

【TTT 曲线定性说明共析钢连续冷却时组】

4.2.1 钢的退火和正火

退火和正火是生产中广泛应用的预备热处理工艺，主要安排在铸造、锻造或焊接之后，粗加工之前。适当的退火或正火处理可消除热加工缺陷，改善组织及加工性能。对于一些受力不大、性能要求不高的机器零件，退火和正火也可作为最终热处理。各种退火和正火的加热温度范围如图 4.20 所示。

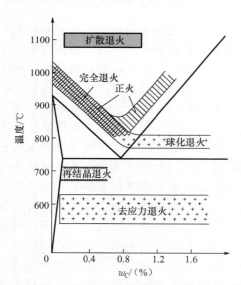

图 4.20　各种退火和正火的加热温度范围

1. 钢的退火

退火是把钢加热到适当的温度，保温一定时间，然后缓慢冷却（一般为随炉冷却），以获得接近平衡状态组织的热处理工艺。退火的主要目的是减轻钢的化学成分及组织的不均匀性，细化晶粒，降低硬度，消除内应力，为后续淬火做好组织准备。

根据钢的化学成分、退火的目的和要求，退火可分为完全退火、等温退火、球化退火、扩散退火、去应力退火和再结晶退火等。

（1）完全退火

完全退火是把钢加热至 Ac_3 以上 $20\sim30℃$，保温一定时间后，随炉冷却（或埋入石灰和砂中冷却）至 $500℃$ 左右，然后出炉空冷，以获得接近平衡组织的热处理工艺。完全退火的目的在于，使热加工造成的粗大、不均匀的组织细化和均匀化，以提高性能；或使中碳以上的碳钢和合金钢得到接近平衡状态的组织，以降低硬度，改善切削加工性能。完全退火冷却速度缓慢，还可消除内应力。

完全退火一般用于中碳以上的亚共析钢及合金钢的铸件、锻件及热轧型材。低碳钢和过共析钢不宜采用完全退火。低碳钢完全退火后硬度偏低，不利于切削加工。过共析钢完全退火，加热温度在 Ac_{cm} 以上，会有网状二次渗碳体沿奥氏体晶界析出，造成钢的脆化。

（2）等温退火

完全退火采用炉冷时的冷却速度很慢（15～30℃/h），退火时间很长，特别是某些奥氏体比较稳定的合金钢，退火时间往往长达数十小时甚至数天。不仅生产效率低下，还容易引起氧化脱碳。为了缩短退火周期，并得到均匀的组织和性能，生产中合金钢大件一般常采用等温退火。

等温退火的加热温度与完全退火基本相同，是将钢件加热到高于 Ac_3（或 Ac_1）的温度，保温适当时间后，较快地冷却到 Ar_1 以下某一温度，并等温保持，使奥氏体等温转变成珠光体，然后出炉空冷至室温的热处理工艺。高速钢的完全退火与等温退火的比较如图 4.21 所示。由图可见，高速钢的完全退火时间长达 40h 左右，而等温退火时间为 20h 左右。因此等温退火明显缩短了退火时间，而且由于等温转变，得到的珠光体组织及性能较均匀。

（3）球化退火

球化退火是将钢件加热至 Ac_1 以上 20～30℃，保温一定时间，然后随炉缓慢冷却至 600℃ 以下出炉空冷；或者快速冷却至 Ar_1 以下某一温度，保温一定时间，炉冷至 600℃ 以下出炉空冷的热处理工艺。球化退火的目的是使二次渗碳体及珠光体中的渗碳体球状化（退火前正火将网状渗碳体破碎），以降低硬

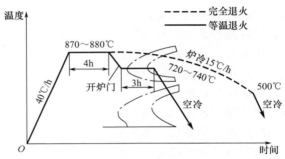

图 4.21　高速钢的完全退火与等温退火的比较

度，改善切削加工性能；并为以后的淬火做组织准备。球化退火主要用于共析钢、过共析钢和合金工具钢。

过共析钢球化退火后的显微组织为在铁素体基体上分布细小均匀的球状渗碳体，称为球状珠光体。对于碳的质量分数高、网状二次渗碳体严重的过共析钢，应在球化退火之前进行一次正火处理，以消除粗大的网状渗碳体，然后进行球化退火。球化退火需要较长的保温时间来保证二次渗碳体的自发球化，保温后随炉冷却。

（4）扩散退火

扩散退火又称均匀化退火，是为了减少钢锭、铸件或锻坯的化学成分和组织不均匀性，将其加热到略低于固相线（固相线以下 100～200℃）的温度，长时间保温，并进行缓慢冷却的热处理工艺。扩散退火的目的是消除枝晶偏析，使成分均匀化。其实质是使钢中各元素的原子在奥氏体中进行充分扩散。

扩散退火加热温度很高，一般碳钢为 1100～1200℃，合金钢多采用 1200～1300℃，一般退火时间为 10～15h。高温长时间加热，工件经扩散退火后奥氏体的晶粒十分粗大，因此必须进行完全退火或正火处理来细化晶粒，消除过热缺陷。由于扩散退火时间长，生产成本高，一般不轻易采用。只有一些优质的合金钢和偏析较严重的合金钢铸件才使用这种工艺。

（5）去应力退火

钢材在铸造、锻造、焊接和冷加工等过程中会产生残余内应力。这种内应力和后续工艺因素产生的应力叠加，易使工件发生变形和开裂。为了消除铸件、锻件、焊接件、冷冲

压件及机加工中的残留应力而进行的低温退火，称为去应力退火。去应力退火是将钢件加热至低于 Ac_1 的某一温度（一般为 $500\sim650℃$），保温后随炉冷却。这种工艺可以消除工件内应力，稳定尺寸，减少变形。由于去应力退火的加热温度未超过相变点，因此组织未发生变化。

（6）再结晶退火

再结晶退火是将冷变形后的钢件加热到再结晶温度以上 $150\sim250℃$，保温一定时间，然后随炉冷却。再结晶退火主要用于冷轧、冷拉、冷冲等产生加工硬化的各种金属材料。钢件经过再结晶退火，可消除加工硬化，恢复原来的组织和性能，以利于冷加工的继续进行。

2. 钢的正火

正火是将钢加热到 Ac_3（亚共析钢）或 Ac_{cm}（过共析钢）以上 $30\sim50℃$，保温适当时间，使之完全奥氏体化，然后在空气中均匀冷却的热处理工艺。正火比退火的冷却速度稍快，过冷度较大，可获得较细的索氏体组织。

正火工艺是比较简单、经济的热处理方法，在生产中应用较广泛，主要应用如下。

（1）作为预先热处理

对于比较重要的低、中碳结构钢零件，采用正火作为预先热处理，可以提高硬度，改善切削性能，还可以减少淬火时的变形及开裂倾向。过共析钢在淬火前要进行球化退火，但如果过共析钢存在严重的网状二次渗碳体，将影响球化退火效果。这时可采用正火，经正火处理可消除对性能不利的网状二次渗碳体，保证球化退火质量。

（2）作为最终热处理

正火可以消除铸造或锻造过程中产生的过热缺陷，细化晶粒，使组织均匀化，提高零件力学性能。对于力学性能要求不高的结构钢零件，可以采用正火处理获得一定的综合力学性能，将正火作为最终热处理。对于大型零件和结构复杂零件，由于淬火时可能产生开裂危险，因此常常用正火代替淬火和回火，作为这些零件的最终热处理。

（3）改善切削加工性能

一般认为硬度在 $160\sim230HBW$ 时，金属的切削性能好。对于低碳钢或低碳合金钢，由于完全退火后硬度一般在 $160HBW$ 以下，硬度过低，切削加工时容易粘刀，而且表面粗糙度很高，切削加工性能不好。采用正火，则可提高其硬度，从而改善切削加工性能。一般 $w_C<0.5\%$ 的中碳钢应采用正火代替退火。虽然碳的质量分数接近 0.5% 的中碳钢正火后硬度偏高，但切削加工性能尚可。采用正火可降低成本，提高生产效率。对于 $w_C=0.5\%\sim0.75\%$ 的亚共析钢，因正火后硬度偏高，难以进行切削加工，一般采用完全退火，降低硬度，改善其切削加工性。过共析钢则用正火消除网状渗碳体后再进行球化退火。

4.2.2 钢的淬火

淬火是将钢加热到 Ac_3（亚共析钢）或 Ac_1（共析或过共析钢）以上 $30\sim50℃$，保温一定时间，然后以大于钢的临界速度进行冷却，使奥氏体转变为马氏体（或下贝氏体）的一种热处理工艺。淬火是钢的重要的热处理工艺，也是热处理中应用非常广泛的工艺之一。

淬火的实质是奥氏体化后进行马氏体转变（或下贝氏体转变）。淬火后得到的组织主要是马氏体（或下贝氏体），此外，还有少量的残余奥氏体及未溶的第二相。

1. 淬火温度的确定

淬火加热温度是由钢的碳的质量分数决定的。碳钢的淬火加热温度范围如图 4.22 所示。为防止奥氏体晶粒粗化，其加热温度一般限制在临界温度以上 30～50℃。

亚共析钢的淬火温度一般为 Ac_3 以上 30～50℃，淬火后获得均匀细小的马氏体组织。如果温度过高，会因为奥氏体晶粒粗大而得到粗大的马氏体组织，使钢的力学性能恶化，特别是使塑性和韧性降低，还会导致淬火钢严重变形甚至开裂。如果淬火温度低于 Ac_3，淬火组织中会残留未完全溶解的铁素体，导致钢件淬火硬度不足，出现所谓的"淬火软点"。

对于共析钢和过共析钢，淬火加热温度一般为 Ac_1 以上 30～50℃。淬火后，共析钢获得均匀细小的马氏体和少量残余奥氏体；过共析钢由于渗碳体未完全溶解到奥氏体中，则获得均匀细小

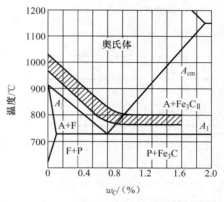

图 4.22　碳钢的淬火加热温度范围

的马氏体和粒状渗碳体及少量残余奥氏体的混合组织。淬火的组织不仅具有高强度、高硬度、高耐磨性，而且具有较好的韧性。如果淬火加热温度过高，超过 Ac_{cm} 温度，会降低钢的力学性能，其主要原因如下。

（1）加热温度过高，碳化物将完全溶入奥氏体中，奥氏体的碳的质量分数增加，使淬火后残余奥氏体量增加，使钢的硬度和耐磨性下降。

（2）加热温度过高，奥氏体晶粒粗化，淬火后易得到含有显微裂纹的粗片状马氏体，使钢的脆性增大。

（3）加热温度过高，钢的氧化、脱碳、变形及开裂的倾向性增大。

因此，过共析钢一般采用 Ac_1 以上 30～50℃温度加热，进行不完全淬火。

对于合金钢，大多数合金元素（Mn、P 除外）有阻碍奥氏体晶粒长大的作用，因此淬火温度允许比碳钢高，一般为临界温度以上 50～100℃。提高淬火温度有利于合金元素在奥氏体中充分溶解和均匀化，以取得较好的淬火效果。

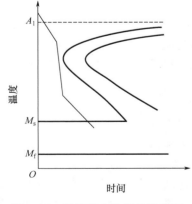

图 4.23　理想淬火冷却曲线示意

2. 淬火冷却介质

冷却是淬火的关键工序，关系到淬火质量。同时，淬火也是比较难操作的一种热处理工艺。因为冷却时为了获得马氏体组织需要快速冷却，而快速冷却又容易使工件发生变形及开裂。这是一对矛盾。为了解决此矛盾，必须使钢件具有理想的冷却速度（图 4.23）。在 C 曲线鼻尖温度以上，尽量缓慢冷却，以减少热应力；在鼻尖温度附近要快速冷却，以抑制非马氏体组织的产生；在鼻尖温度以下，尤其在 M_s 以下尽量缓慢冷却，以减少组织应力，防止钢件的变形及开裂。总结下来，钢的理想冷却速度应先慢后快再慢。但到目前为止，还

没有一种淬火冷却介质可以达到理想的冷却速度。

生产中常用的淬火冷却介质是水、油、盐或碱的水溶液。几种常用淬火冷却介质的冷却能力见表 4-1。

表 4-1　几种常用淬火冷却介质的冷却能力

冷却介质	冷却速度/(℃/s)		冷却介质	冷却速度/(℃/s)	
	650~550℃	300~200℃		650~550℃	300~200℃
水（18℃）	600	270	10%NaCO₃ 溶液（18℃）	800	270
水（25℃）	500	270	10%NaOH 溶液（18℃）	30	200
水（50℃）	100	270	矿物油	150	30
10%NaCl 水溶液（18℃）	1100	300	植物油	200	35

水是最经济、最实惠，而且冷却能力比较强的淬火冷却介质，因此应用最广泛。水在 650~550℃温度区间冷却速度不够大，而在 300~200℃温度区间冷却能力又太强，钢件容易产生变形及开裂。此外，水温对水的冷却特性影响较大，随着水温的升高，高温区的冷却速度显著下降，而低温区的冷却速度仍然很高。因此淬火时水温不应超过 30℃。因此，水适合作为尺寸不大、形状简单的碳钢工件的淬火冷却介质。

为了提高水的冷却性能，通常采用的方法是在水中加入质量分数为 10%～15% 的 NaCl 或 NaOH 形成盐水或碱水。盐水在 650~550℃温度区间内，冷却速度急剧增加；但在 300~200℃温度区间内，冷却能力依旧很强，使工件变形与开裂的倾向增大。因此，盐水常作为尺寸较大、外形简单、硬度要求较高、对淬火变形要求不高的碳钢零件的淬火冷却介质。

工业上用作淬火介质的油主要是各种矿物油，如锭子油、机油、柴油、变压器油等。油在 300~200℃温度区间冷却速度远小于水，有利于减少工件的淬火变形和开裂；但在 650~550℃温度区间冷却能力又很小，这样会产生碳钢淬硬不足的缺陷。在生产实际中，油一般作为形状复杂的中小型合金钢零件的淬火冷却介质。为了改善油的冷却能力，可采用适当提高油温、加强搅拌及加入添加剂等方法。

为了寻求理想的冷却介质，大量的研究工作仍在进行，提倡使用的水溶液淬火介质有过饱和硝盐水溶液、氧化锌-碱水溶液、水玻璃淬火液等。

3. 常用淬火方法

由于淬火冷却介质不能完全满足淬火质量的要求，因此应选择适当的淬火方法。同选用淬火冷却介质一样，在保证获得所要求的淬火组织和性能条件下，应尽量减小淬火应力，减少工件变形和开裂倾向。

（1）单液淬火

单液淬火（图 4.24 中线 1）是将奥氏体化的工件淬入一种淬火冷却介质中冷却获得马氏体组织的淬火方法。常用的有碳钢在水中淬火、合金钢在油中淬火都是单液淬火的实际应用。这种淬火方法操作简单，容易实现机械化、自动化。但是，工件在马氏体转变温度区间的冷却速度较快，容易产生较大的组织应力，从而增大工件变形、开裂的倾向。因此，单液淬火只适用

【油淬火大型轴】

【油淬火小型轴】

于形状简单的碳钢和合金钢工件。

（2）双液淬火

双液淬火（图 4.24 中线 2）是将奥氏体化工件先淬入一种冷却能力较强的冷却介质中冷却至接近 M_s 温度时，再立即淬入另外一种冷却能力相对较弱的冷却介质中，使马氏体转变在较缓慢的冷却速度下进行的淬火方法。双液淬火可有效降低组织应力，从而减少淬火变形与开裂的倾向，常见的应用是碳钢先水冷后油冷，合金钢先油冷后空冷。双液淬火的关键是准确掌握分液时间，因此需要操作人员具有非常丰富的实践经验。双液淬火一般用于形状的复杂程度为中等的高碳钢工件和尺寸较大的合金钢工件。

（3）分级淬火

分级淬火（图 4.24 中线 3）是将奥氏体化的工件先浸入温度略高于钢的 M_s 的盐浴或碱浴中，稍加停留，当工件内外温度均匀后，取出空冷至室温，完成马氏体转变的淬火方法。由于马氏体转变在比较缓慢的冷却速度下进行，因此分级淬火可以有效降低热应力和组织应力，减少了工件的变形及开裂；但由于盐浴或碱浴冷却能力小，对于截面尺寸较大的工件很难达到其临界淬火速度。因此，分级淬火只适合于形状复杂且截面尺寸较小的零件，如刀具、量具和要求变形小的精密工件。

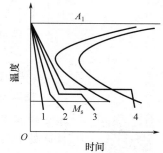

1—单液淬火；2—双液淬火；
3—分级淬火；4—等温淬火
图 4.24　各种淬火方法的冷却曲线

（4）等温淬火

等温淬火（图 4.24 中线 4）是将奥氏体化后的工件在温度稍高于 M_s 的盐浴或碱浴中冷却并保温足够时间，使其发生下贝氏体转变后取出空冷的淬火方法。**等温淬火的特点是获得下贝氏体组织**，其不仅具有优良的强度和硬度，而且具有很好的塑性、韧性及耐磨性。因此等温淬火主要应用于形状复杂、尺寸较小、精度要求较高的工具和重要机器零件，如模具、刀具、齿轮等工件。

4. 钢的淬透性

淬透性是钢的重要热处理工艺性能，也是选材和制订热处理工艺的重要依据之一。

（1）淬透性的概念

钢的淬透性是指奥氏体化后的钢在淬火时获得马氏体的能力。容易形成马氏体的钢，淬透性高（好），反之则低（差）。淬透性用钢在规定相同条件下淬火获得的淬硬层深度来表示。同样淬火条件下，淬硬层越深，表明钢的淬透性越好。

一定尺寸的工件在某冷却介质中淬火，其淬硬层深度与工件截面上的冷却速度有关。如果工件截面上各处的冷却速度大于临界冷却速度，则工件从表面到心部都获得马氏体，即工件全部淬透。如图 4.25 所示，工件淬火时，表面与心部的冷却速度不同，表层最快，中心最慢。只有冷却速度大于临界冷却速度的外层区域，才能获得马氏体组织，这就是工件的淬透区。如果工件某处截面的冷却速度低于临界冷却速度，则不能获得马氏体组织，从而造成未淬透现象。

从理论上讲，淬硬层深度应该是完全淬成马氏体的区域。但实际组织中混有少量非马氏体组织（如珠光体、托氏体、索氏体等）时，显微组织和硬度并无明显变化。通常由表面至半马氏体组织（50% 马氏体和 50% 非马氏体组成的混合组织）的距离作为

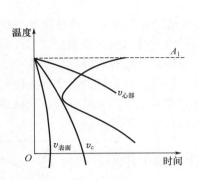

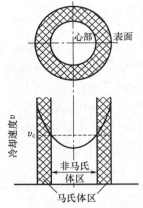

（a）零件表面、心部冷却速度　　　（b）零件表面、心部组织

图 4.25　零件表面、心部组织与冷却速度的关系

【同一材料淬硬层深度与工件尺寸的关系】

淬硬层深度。这是因为在半马氏体区时，不仅金相组织容易鉴别，而且该处的硬度陡然降低（图 4.26）。所以实际应用中，采用半马氏体位置作为淬硬层的界限，这很容易用测量硬度的方法来确定淬硬层深度。

（2）影响淬透性的因素

钢的淬透性与其临界冷却速度密切相关。临界冷却速度越小，即奥氏体越稳定，则钢的淬透性越好。而临界冷却速度主要由钢的 C 曲线位置决定，因此，凡是影响钢的 C 曲线位置的因素就是影响其淬透性的因素，其主要影响因素为化学成分和奥氏体化条件。

① 碳的质量分数。亚共析钢随着碳的质量分数的增加，其 C 曲线向右移动，临界冷却速度逐渐下降，淬透性提高；但过共析钢随着碳的质量分数的增加，其 C 曲线往左移动，临界冷却速度逐渐提高，淬透性降低。在碳钢中，共析钢的 C 曲线最靠右，临界冷却速度最小，因此淬透性最好。

② 合金元素。除 Co 以外的大部分合金元素都能使 C 曲线右移，提高淬透性，因而合金钢的淬透性比碳钢要好。

③ 奥氏体化条件。提高奥氏体化温度，延长

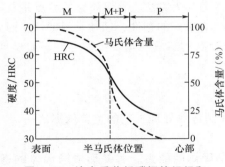

图 4.26　淬火后共析碳钢的组织和硬度沿截面的分布

保温时间，将使奥氏体晶粒粗大、成分均匀，可减少珠光体的形核率，降低钢的临界冷却速度，提高淬透性。

（3）淬透性对钢的力学性能的影响

淬透性对钢的力学性能影响很大。如果工件淬透了，即全部都淬成马氏体，则回火后表面与心部可获得均匀一致的力学性能，如图 4.27（a）所示，能充分发挥钢材的力学性能潜力。如果工件未淬透，只有表层淬成马氏体，则回火后表面与心部的力学性能存在很大的差异，如图 4.27（b）所示，心部的力学性能较低，特别是韧性，与表层相比，降低较大。各种结构零件根据其工作条件对钢的淬透性有不同的要求，如弹簧、热锻模要求淬透，而齿轮等则可以不淬透。

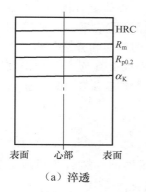
（a）淬透

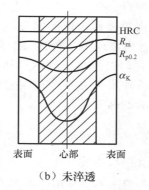
（b）未淬透

图 4.27 淬透性不同的钢力学性能沿截面的分布

【淬透性的测定
及其表示方法】

（4）淬透性的测定及其表示方法

淬透性的测定方法很多，目前广泛应用的是末端淬火（简称端淬）试验法。有关细则可参见国家标准 GB/T 225—2006《钢 淬透性的末端淬火试验方法（Joming 试验）》。试验时，采用 $\phi25\text{mm} \times 100\text{mm}$ 的标准试样，将试样奥氏体化保温后，迅速放在端淬试验台上喷水冷却。显然，试样的水冷末端冷却速度最大，沿着轴线方向冷却速度逐渐减小，图 4.28 是末端淬火试验法示意图和钢的淬透性曲线。

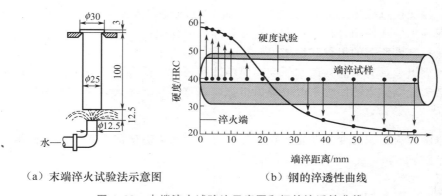

（a）末端淬火试验法示意图　　（b）钢的淬透性曲线

图 4.28 末端淬火试验法示意图和钢的淬透性曲线

钢的淬透性通常用 $J\dfrac{\text{HRC}}{d}$ 表示。J 表示末端淬透性，d 表示至末端的距离，HRC 为在该处测得的硬度值。例如，$J\dfrac{42}{5}$ 表示距离末端 5mm 处的硬度值为 42HRC。

（5）钢的淬硬性

钢淬火后能够达到的最高硬度称为钢的淬硬性。它主要取决于马氏体的碳的质量分数，马氏体的碳的质量分数越高，其硬度也就越高，淬硬性也就越好。淬硬性和淬透性并无必然联系。例如，高碳工具钢的淬硬性很高，但淬透性较差；而低碳合金钢的淬硬性虽然不高，但淬透性却很好。

（6）淬透性在生产中的应用

钢的淬透性在生产中有重要的实际意义。实际生产中，应根据工件的受力状况、工作条件和失效原因合理选材，选择具有一定淬透性的钢，并不一定都选择淬透性高的钢材。

对于承受弯曲或扭转载荷的轴类零件，外层受力较大，心部受力较小，即获得一定的淬硬层深度即可，因此可选用淬透性较低的钢种。对于焊接用的零件，如选用淬透性较高的钢，则易在焊缝热影响区内出现淬火组织，造成焊件的变形和开裂。但是对于截面尺寸较大、形状复杂的重要零件，以及承受轴向拉伸、压缩或交变应力、冲击载荷的螺栓、拉杆、锻模等零件，为了保证零件在整个截面上的力学性能均匀一致，获得所需的力学性能，需选用淬透性较高的钢材。

4.2.3　钢的回火

淬火后的钢加热到 Ac_1 以下某一温度，保温一定时间，然后冷却到室温的热处理工艺，称为回火。淬火钢一般不直接使用，必须进行回火。

1. 回火的目的

（1）降低或消除淬火的应力和脆性，防止工件进一步变形或开裂

钢件经淬火后存在很大的内应力和脆性，如不及时通过回火消除，会引起工件进一步变形，甚至开裂。因此，可利用回火降低脆性，从而消除或减少内应力。

（2）稳定组织，以稳定工件的形状和尺寸

钢件淬火后的组织为马氏体和残余奥氏体，这两种组织都是不稳定的组织，在室温下它们会自发地向稳定的铁素体和碳化物（如渗碳体）转变，从而引起工件尺寸和形状的变化，这在工件服役过程中都是不允许的。因此，可通过回火使淬火组织变为较稳定的组织，从而保证工件在使用过程中不发生尺寸和形状的变化。

（3）获得工件所需的组织和性能

通常淬火组织具有高的强度和硬度，但塑性和韧性较低。为了满足各种工件不同的性能要求，必须配以适当的回火来改变淬火组织，调整和改善淬火钢的性能。

2. 回火时的组织转变

淬火钢的回火组织转变主要发生在加热阶段，随回火温度的升高，淬火钢组织变化大致分为四个阶段。

【马氏体的分解】

（1）马氏体的分解

当回火温度超过 100℃ 时，马氏体开始分解，从含碳过饱和的 α 相中析出弥散的且与马氏体基体呈共格关系的 ε-碳化物（其分子式为 $Fe_{2.4}C$）。这种碳化物不稳定，是向 Fe_3C 转变的一个过渡相。所谓共格关系，是指两相界面上的原子恰好位于两相晶格的共同结点。共格关系的存在能够阻碍位错运动，提高材料的强度和硬度。随着温度的升高，马氏体的碳的质量分数不断下降，在 350℃ 左右时马氏体分解基本结束。由于 ε-碳化物的析出，马氏体的正方度下降，晶格畸变减轻，淬火应力和脆性减小。但此时的马氏体仍为过饱和的 α 相，并且 ε-碳化物与母相保持共格关系，因此力学性能变化不大，硬度略有下降。这种由细小 ε-碳化物和较低过饱和度的针片状 α 相组成的混合物称为回火马氏体。回火马氏体仍保留原马氏体的片状或条状形态，易被腐蚀，在显微镜下为黑色针状或条状。

【残余奥氏体的转变】

（2）残余奥氏体的转变

当回火温度超过 200℃ 时，由于马氏体继续分解为回火马氏体，其正方度

下降，体积收缩，降低了对残余奥氏体的压力，因此残余奥氏体开始分解，转变为 ε-碳化物和过饱和 α 相混合的回火马氏体，300℃时残余奥氏体的转变基本完成。在 200～300℃，马氏体的进一步分解将导致钢的硬度下降，但残余奥氏体的转变又会使钢的硬度升高，两方面综合作用，使钢在此阶段的硬度并不出现明显下降，但淬火应力进一步降低。

（3）碳化物的变化

当回火温度超过 300℃时，ε-碳化物开始脱离与母相的共格关系，转变为更加稳定的渗碳体（Fe₃C）。同时，渗碳体的形态由极细的薄片状逐渐聚集为细粒状。当温度升高到 400℃时，过饱和 α 相的碳的质量分数几乎降到平衡碳浓度，晶格正方度接近于 1，即过饱和的 α 相此时已经转变为具有体心立方晶格的铁素体，但仍保留了原马氏体的针片状或板条状形态。这种由针片状铁素体和细粒状渗碳体组成的机械混合物称为回火屈氏体或回火托氏体。在这一阶段，内应力基本完全消除，硬度下降。

【碳化物】

（4）渗碳体聚集长大和 α 相回复、再结晶

当回火温度超过 400℃时，渗碳体开始聚集长大。淬火钢经过高于 500℃回火后，渗碳体长大成为粒状；与此同时，回火托氏体中针状或板条状的铁素体开始再结晶，逐渐形成多边形的铁素体。这种由发生再结晶的多边形铁素体和粒状渗碳体组成的混合物组织，称为回火索氏体。此时，硬度进一步下降，塑性和韧性提高。

【渗碳体聚集长大和 α 相回复、再结晶】

3. 回火种类

淬火钢回火后的组织和性能取决于回火温度。按回火温度范围的不同，可将钢的回火分为三类。

（1）低温回火

低温回火温度一般为 150～250℃，得到由较低过饱和度的正方马氏体和细小的 ε-碳化物（Fe₂.₄C）组成的回火马氏体组织（M回）。低温回火的目的是降低钢的内应力和脆性，在保持钢的高硬度（一般为 58～64HRC）、高强度和良好耐磨性的同时适当提高韧性。低温回火主要应用于各种高碳钢的刀具、量具、模具、滚动轴承及渗碳和表面淬火的零件。

【回火种类】

（2）中温回火

中温回火温度一般为 350～500℃，得到由针片状铁素体和细粒状渗碳体组成的回火托氏体组织（T回）。在此阶段，基体开始回复、淬火应力基本消除，硬度为 35～45HRC，具有较高的弹性极限和屈服强度，并有一定的塑性和韧性。中温回火多应用于各种弹簧及热锻模具。

【中温回火】

（3）高温回火

高温回火温度一般为 500～650℃，得到由多边形铁素体和粒状渗碳体组成的回火索氏体组织（S回）。淬火钢经高温回火后，硬度为 25～35HRC，在保持较高强度的同时，又具有较好的塑性和韧性，即综合力学性能较好。工业生产中，通常把淬火加高温回火得到回火索氏体组织的热处理工艺称为调质处理。调质处理广泛应用于各种重要的结构零件，如齿轮、连杆、连杆螺栓、机床主轴、曲轴、汽车半轴等。

4. 淬火钢回火时力学性能的变化

淬火钢回火时，总的变化趋势是随着回火温度的升高，碳钢的硬度、强度降低，塑

性、韧性提高。但淬火钢在某些温度范围内回火时，其韧性不仅没有提高，反而出现了明显的下降，这种现象称为回火脆性。回火脆性主要分为以下两种类型。

（1）第一类回火脆性

淬火钢在250～400℃出现的回火脆性称为第一类回火脆性，又称低温回火脆性。几乎所有的淬火钢在该温度区间回火时都会出现这种脆性，而且产生以后无法消除，因而又称不可逆回火脆性。为了防止第一类回火脆性的发生，应尽量避免在该温度范围内回火。

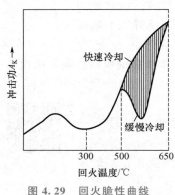

图 4.29　回火脆性曲线

（2）第二类回火脆性

淬火钢在**450～650℃**出现的回火脆性称为第二类回火脆性，又称高温回火脆性。高温回火脆性通常在回火保温后缓慢冷却的情况下出现，若快速冷却，脆化现象将消失或受到抑制（图 4.29）。

若将已消除脆性的钢件重新高温回火并随后缓慢冷却，脆化现象将再次出现。因此，第二类回火脆性又称可逆回火脆性。碳钢一般不出现第二类回火脆性，含Cr、Ni、Si、Mn等元素的合金钢容易出现第二类回火脆性。为了防止或减轻第二类回火脆性，如前所述，可采用高温回火后快速冷却的方法，但这种方法不适于对回火脆性敏感的较大工件。此外，在钢中加入W、Mo等合金元素可有效抑制第二类回火脆性。

4.3　钢的表面热处理

机械制造业中，许多零件（如汽车或拖拉机的齿轮、凸轮、曲轴，精密机床的主轴等）是在弯曲、扭转等交变载荷及摩擦条件下工作的，因此，要求表面具有高硬度、良好的耐磨性和高的疲劳强度，而心部具有足够的塑性和韧性。上述情况仅通过选材或采用普通热处理无法很好满足其性能要求。为了解决表面和心部性能不一样的问题，生产中广泛采用表面热处理的方法。常用的表面热处理工艺可分为两类：一类是只改变表面组织而不改变表面化学成分的表面淬火；另一类是同时改变表面组织和化学成分的表面化学热处理。

4.3.1　钢的表面淬火

表面淬火是通过快速加热使零件表面迅速奥氏体化，而内部还没有达到临界温度时迅速冷却，使零件表面获得马氏体组织而心部仍保持塑性、韧性较好的原始组织的热处理工艺。表面淬火是钢表面强化的方法之一，可使工件达到"表硬里韧"的性能要求。表面淬火由于具有工艺简单、变形小、生产率高等优点，其在工业中得到广泛应用。

表面淬火用钢一般为 $w_C = 0.4\% \sim 0.5\%$ 的中碳钢或中碳合金钢，如 45、40Cr、40MnB 等钢。因为碳的质量分数过高，会增加淬硬层的脆性和开裂倾向，降低心部的塑性和韧性；而碳的质量分数过低，则会降低表面硬度及耐磨性。

表面淬火的方法很多，根据加热方法的不同，表面淬火可分为感应加热表面淬火、火

74

焰加热表面淬火、激光加热表面淬火、接触电加热表面淬火等，其中应用较多的是感应加热表面淬火和火焰加热表面淬火。

1. 感应加热表面淬火

感应加热表面淬火是利用在交变电磁场中工件表面产生的感应电流将工件表面快速加热，并淬火冷却的一种表面淬火方法。

（1）感应加热的基本原理

【高频淬火】

如图 4.30 所示，将钢件放入由空心纯铜管制作的与零件外形相似的感应加热圈内，当感应加热圈内通入一定频率的交流电时，由于电磁感应，在感应加热圈内外产生相同频率的感应电流。感应电流在工件内自成回路，通常称为涡流。涡流主要分布在工件表面，工件心部电流密度几乎为零，这种现象称为集肤效应。感应加热就是利用电流的集肤效应，并依靠电流的热效应将工件表面迅速加热至淬火温度。这种加热升温极快，几秒钟内即可使温度上升至 $800 \sim 1000℃$。由于集肤效应，当工件表面温度快速升高到淬火温度时，其心部温度仍接近室温。几乎在工件表面快速升温至淬火温度的同时，立即采用水、乳化液或聚乙烯醇水溶液冷却，即可达到表面淬火的目的。

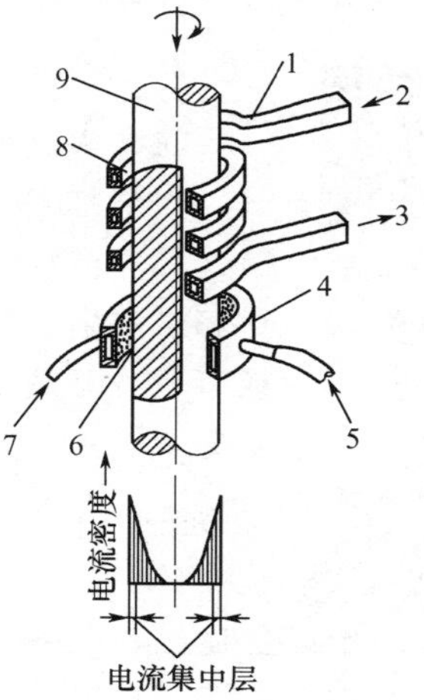

对于加热到淬火温度的碳钢，电流透入零件表层的深度 $\delta(mm)$ 与电流频率 $f(Hz)$ 有如下近似关系。

$$\delta = \frac{500 \sim 600}{\sqrt{f}} \quad (mm) \quad (4-1)$$

由式（4-1）可见，电流频率越高，则电流透入的深度越小，工件表面淬硬层越薄。

1—感应加热圈；2—进水；3—出水；
4—淬火喷水套；5、7—水；6—加热淬硬层；
8—间隙；9—工件

图 4.30 感应加热表面淬火

（2）感应加热的频率

通过式（4-1）可知，感应加热深度主要取决于电流频率，频率越高，加热深度越浅。为了获得不同的加热深度，可选择不同的电流频率，工业上常采用的电流频率有以下三种。

① 高频感应加热。高频感应加热的频率范围为 $100 \sim 1000kHz$，常用频率为 $200 \sim 300kHz$，淬硬层深度为 $0.5 \sim 2mm$，适用于中小模数齿轮及中小尺寸的轴类零件等的表面淬火。

② 中频感应加热。中频感应加热表面淬火设备为机械式中频发电机或可控硅中频变频器，其工作频率为 $500 \sim 10000Hz$，常用频率为 $2500 \sim 8000Hz$，淬硬层深度为 $2 \sim 10mm$，适用于直径较大的轴类和大中型模数的齿轮的表面淬火。

③ 工频感应加热。工频感应加热采用工业用电流频率50Hz，因此，不必使用复杂的变频设备，淬硬层深度为 $10 \sim 20mm$，适用于大直径零件（如轧辊、火车车轮等）的表面淬火。

（3）感应加热表面淬火的特点

由于感应加热速度极快，一般在几秒到几十秒内就能使工件加热到淬火温度，因此感应加热表面淬火与普通加热淬火相比，具有如下特点。

① 感应加热速度极快，加热时间短，晶粒来不及长大而获得细小而均匀的奥氏体，淬火后得到极细小的隐晶马氏体，可使工件淬火后表面硬度比普通淬火高 2～3HRC，同

时脆性也比较低。

② 表面层因得到马氏体而产生体积膨胀，故在工件表面层造成较大的有利的残余压应力，从而显著提高工件的疲劳强度并降低缺口敏感性。

③ 感应加热表面淬火后，工件的耐磨性比普通淬火件高，这主要是由于感应加热时间短，工件的氧化脱碳少，碳化物弥散度高。

④ 加热温度和淬硬层深度容易控制，便于实现机械化和自动化，生产效率高，适合于大批量生产，尤其是对于大批量的流水线生产极为有利。

由于具有上述优点，感应加热表面淬火得到了普遍重视和广泛应用。但感应加热表面淬火也有其不足，限制了其应用范围。例如，设备费用昂贵，不宜用于单件生产；因为电参数常发生变化，设备与淬火工艺匹配比较麻烦；设备维修比较复杂；等等。

2. 其他加热表面淬火方法

（1）火焰加热表面淬火

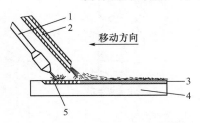

【火焰加热表面淬火】

火焰加热表面淬火（图 4.31）是利用乙炔-氧火焰（最高温度达3100℃）或煤气-氧火焰（最高温度达2000℃）或其他可燃气体形成的高温火焰，喷射到工件表面，当工件表面快速加热到淬火温度时，立即喷液（水或有机冷却液）冷却的一种表面淬火方法，一般常用乙炔-氧火焰表面淬火。

火焰加热表面淬火的淬硬层深度一般为 2～6mm。由于火焰加热表面淬火所需设备简单，成本低，操作方便，灵活性大（如需在户外淬火，运输拆卸不便的巨型零件、淬火面积很大的大型零件、具有立体曲面的淬火零件等尤其适用）等，适用于单件或小批量生产，因而在冶金、矿山、机车、船舶等领域得到了广泛的应用。但火焰加热表面淬火的淬火质量不稳定，零件表面容易过热，温度及淬硬层深度的测量和控制较难，因此需要操作人员具有较高的技术水平。

1—火焰喷嘴；2—喷水管；3—淬硬层；
4—工件；5—加热层

图 4.31　火焰加热表面淬火

（2）激光加热表面淬火

激光加热表面淬火是激光表面改性领域中最成熟的技术。它是将激光器产生的高功率密度（$10^3 \sim 10^5$ W/cm^2）的激光束照射到工件表面，使工件表面被快速加热到临界温度以上（低于熔点），当激光束移开后，利用工件自身的传导将热量从工件表面传向心部，不需冷却介质，而达到自冷淬火的一种表面淬火方法。

由于激光束光斑尺寸只有 20～50mm^2，要使工件整个表面淬硬，必须转动或平动工件使激光束在工件表面快速扫描。激光束功率密度越大和扫描速度越慢，淬硬层深度越深。激光加热表面淬火的淬硬层深度一般为 0.3～0.5mm。激光加热表面淬火获得极细的马氏体组织，硬度高，通常比常规淬火高 5%～10%；耐磨性好，其耐磨性比淬火加低温回火提高 50%。激光加热表面淬火的冷却速度很快，不需要水或油等冷却介质，是清洁、高效的环保淬火工艺。由于激光加热速度快，热影响区小，瞬间局部加热淬火，因此工件的变形很小。由于激光束发散角很小，具有很好的方向性和可控性，因此能够对工件表面进行精确的局部淬火，如可对常规淬火很难实现的部位（工件的拐角、沟槽、不通孔底部或深孔的侧壁）进行淬火处理。

4.3.2　钢的化学热处理

化学热处理是将金属或合金置于一定温度的活性介质中保温，使一种或几种元素渗入表面，改变表面组织和化学成分，达到改进表面性能，满足技术要求的热处理工艺。化学热处理的主要特点是工件表面不仅有组织的变化，而且有化学成分的变化。正是由于这个特点，和表面淬火相比，化学热处理后钢件表面可获得更高的硬度、耐磨性和疲劳强度。同时，适当的化学热处理还可以提高工件表面的抗腐蚀、抗高温氧化等能力。因此，化学热处理在实际生产中得到越来越广泛的应用。

化学热处理种类众多，根据渗入元素，可分为渗碳，渗氮，碳氮共渗，渗硫，渗硼，渗金属（铝、铬、钛等），以及多元共渗等。所有的化学热处理均包含渗剂的分解、活性原子在工件表面的吸收、渗入原子向工件内部的扩散三个基本过程。

目前，生产上应用较多的化学热处理是渗碳、渗氮和碳氮共渗。

1. 钢的渗碳

钢的渗碳是将钢件在渗碳介质中加热至奥氏体状态并保温，使其表面形成富碳层的化学热处理工艺。

（1）渗碳的目的及用钢

生产中一般采用 $w_C=0.1\%\sim0.25\%$ 的低碳钢或低碳合金钢进行渗碳处理，然后经过淬火和低温回火，使零件表面获得高的硬度、耐磨性和疲劳强度，而心部仍保持较高的塑性、韧性和足够的强度。渗碳主要应用于对表面有较高耐磨性要求，并承受较大冲击载荷的零件，如汽车、拖拉机变速器齿轮和自行车零件、活塞销、摩擦片等。

一般心部强度要求较低的渗碳件可采用低碳钢，如 20 钢等；而心部强度要求较高的渗碳件可采用低碳合金钢，如 20Cr、20CrMnTi、20CrMnMo、12Cr2Ni4 等钢。

（2）渗碳方法

根据渗碳剂的不同，钢的渗碳可分为气体渗碳、固体渗碳和液体渗碳。其中气体渗碳具有生产效率高、劳动条件好、容易控制、渗碳层质量较好等优点，在生产中广泛应用。

气体渗碳的工艺方法是将工件置于密封的气体渗碳炉内，加热到 900～950℃（通常为 930℃），使钢奥氏体化，同时向炉内滴入易分解的液体渗碳剂（如煤油、苯、甲醇和丙酮），或直接向炉内通入煤气、液化气等含碳气体，使零件在高温奥氏体状态渗碳。炉内的渗碳气氛在高温下发生分解反应，产生活性碳原子 [C]，吸附在工件表面并向钢的内部扩散而进行渗碳，反应如下。

【气体渗碳】

$$CO+H_2 \longrightarrow H_2O+[C]$$
$$C_nH_{2n} \longrightarrow nH_2+n[C]$$
$$2CO \longrightarrow CO_2+[C]$$

（3）渗碳工艺及组织

气体渗碳的温度通常为 900～950℃，一般采用 930℃±10℃。渗碳时间取决于渗碳层的厚度。在上述渗碳温度时每保温 1h，渗层厚度增加 0.2～0.3mm。一般机械零件的渗碳层厚度在 0.5～2.5mm，因此渗碳时间需 3～9h。

图 4.32 所示为低碳钢渗碳缓慢冷却后的显微组织，表面为珠光体和二次渗碳体，属

于过共析组织，而心部仍为原来的珠光体和铁素体，是亚共析组织，中间为过渡组织。渗碳层厚度是指从表面到过渡层一半的距离。渗碳层太薄，易产生表面疲劳剥落；渗碳层太厚，则承受冲击载荷的能力降低。工作中磨损轻、接触应力小的零件，渗碳层可以薄些，而渗碳钢碳的质量分数低时，渗碳层可厚些。

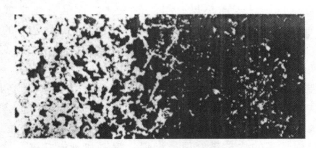

图 4.32　低碳钢渗碳缓慢冷却后的显微组织

（4）渗碳后的热处理

工件渗碳后是不能直接使用的，因为其表面为过共析组织（粗大片状的珠光体和网状的二次渗碳体），不仅脆性大，而且硬度和耐磨性都达不到要求。为了充分发挥渗碳层的作用，使渗碳表面获得高硬度和高耐磨性，心部仍保持足够的强度和韧性，钢渗碳以后必须进行淬火加低温回火的热处理工艺。根据零件的不同要求，渗碳件的淬火主要有以下三种（图 4.33）。

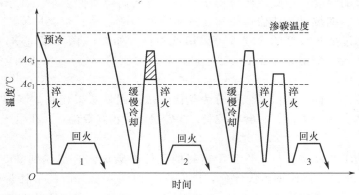

1—直接淬火；2——次淬火；3—二次淬火

图 4.33　渗碳后的热处理

① 直接淬火。工件渗碳后从炉中取出，先在空气中预冷，待其温度降至略高于钢的临界温度（840℃左右）时，直接淬入水中或油中冷却，然后进行低温回火。预冷可以减少淬火变形。渗碳后直接淬火，具有生产效率高、成本低、脱碳倾向小等优点。但是由于渗碳温度高，奥氏体晶粒长大，淬火后马氏体较粗，残余奥氏体也较多，因此耐磨性和韧性较差。故直接淬火只适用于本质细晶粒钢和耐磨性要求不高的或承载低的零件。

② 一次淬火。工件经渗碳后，先空冷（缓慢冷却）至室温，之后重新加热到临界温度以上保温后淬火。与直接淬火相比，一次淬火可使钢的组织得到一定程度的细化。心部组织要求高时，一次淬火的加热温度略高于 Ac_3 温度，以细化心部晶粒，淬火后获得低碳马氏体组织。对于受载不大但表面有较高耐磨性和较高硬度性能要求的零件，淬火温度应

选用 Ac_1 以上 30～50℃，使表层晶粒细化，获得高碳马氏体和粒状渗碳体组织，而心部组织变化不大。一次淬火在生产上应用较多，适用于要求比较高的渗碳零件。

③ 二次淬火。二次淬火是把渗碳件出炉先空冷（缓慢冷却）至室温，再分别进行两次淬火。第一次淬火加热到 Ac_3 以上 30～50℃（常用 850～900℃）后淬火，目的是细化心部组织和消除网状渗碳体；第二次加热到 Ac_1 以上 30～50℃（常用 760～800℃）进行不完全淬火，淬火后表层为细小马氏体和均匀分布的粒状二次渗碳体组织。两次淬火适用于对表面的硬度、耐磨性和疲劳强度及心部塑性、韧性要求较高的受重载的零件。但由于二次淬火的工艺复杂，生产周期长，渗碳层易脱碳和氧化，因此应用较少。

渗碳件淬火之后应进行低温回火，温度一般选择在 180～200℃，以消除淬火应力和提高韧性。经渗碳、淬火和低温回火后，表面为高碳马氏体和粒状碳化物及少量的残余奥氏体，硬度较高，可达 58～64HRC，耐磨性较好；心部为低碳回火马氏体，韧性较好，硬度较低，硬度为 30～45HRC。由于表面高碳马氏体的体积膨胀大，心部低碳马氏体的体积膨胀小，结果在表面造成压应力，使零件的疲劳强度提高。

近年来，渗碳工艺有了很大的进展，出现了高温渗碳、真空渗碳、高频渗碳等，有的已经开始用于生产。

2. 钢的渗氮

渗氮是将钢的表面渗入氮原子以提高表面的硬度、耐磨性、疲劳强度及耐蚀性的化学热处理工艺，也称钢的氮化。和渗碳相比，渗氮后的零件具有更高的表面硬度和耐磨性，表面硬度可达 65～72HRC，而且这种高硬度可以保持到 560～600℃不降低，所以渗氮后的钢件有很好的热稳定性。由于渗氮钢的渗氮层体积膨胀大，在表面形成较大的残余压应力，因此渗氮后钢的疲劳极限可提高 15%～35%。同时，钢件渗氮后在表面形成连续均匀致密的氮化膜，因此具有良好的耐腐蚀性能。渗氮处理温度低，渗氮后又无须淬火，工件变形很小，因此渗氮特别适宜于许多精密零件的最终热处理。由于具有以上特点，渗氮广泛用于耐磨性和精度要求都很高的精密零件，承受交变载荷、要求疲劳极限很高的重要零件，以及要求耐热、耐蚀并耐磨的零件，如各种高速传动的精密齿轮、高速内燃机曲轴、磨床主轴、镗床镗杆、精密机床丝杠等，以及在较高温度下工作的零件如阀门、排气阀等。

钢渗氮的方法很多，如气体渗氮、液体渗氮、离子渗氮、镀钛渗氮等，较为常用的是气体渗氮和离子渗氮。气体渗氮是将工件放入充有氨气的渗氮炉中，在渗氮温度（500～560℃）下加热并保温，利用氨气在加热时分解出活性氮原子（$2NH_3 \rightarrow 3H_2 + 2[N]$），活性氮原子被钢件表面吸收、扩散，形成一定深度的渗氮层。由于氨气分解温度较低，因此渗氮温度不高，但是所需的时间长，要获得 0.3～0.5mm 厚的渗氮层，一般需 20～50h，生产周期较长。钢件渗氮后不再进行淬火、回火处理。为了保证心部的力学性能，在渗氮前应进行调质处理，其目的是改善切削加工性能和获得均匀的回火索氏体组织，保证较高的强度和韧性。

常用的渗氮用钢有 35CrMo、18CrNiW 和 38CrMoAlA 等。钢中的合金元素如 Al、Cr、Mo、V、Ti 等，极易与氮形成颗粒细小、分布均匀、硬度很高并且十分稳定的各种氮化物，如 AlN、CrN、MoN、TiN、VN 等。因此，渗氮用钢通常是如前所述的含有 Al、Cr、Mo、V、Ti 等的合金钢。碳钢渗氮后不形成特殊氮化物，故通常不将碳钢用作渗氮用钢。

离子渗氮是将零件放入真空室中，零件接高压电源的阴极，炉壁接阳极，抽真空后充以微量的氮气和氢气混合气体；在阴极和阳极之间加直流高压（一般为 500～800V）电后，炉内的稀薄气体发生电离，产生大量的电子、离子和被激发的原子，形成所谓的辉光放电现象；离子和被激发的原子在高压电场作用下以极快的速度轰击零件的表面，使零件表面温度升高（一般可达 500～700℃），氮离子在阴极（零件表面）获得电子，变成活性氮原子并被零件表面吸附，迅速向内扩散而形成渗氮层。与气体渗氮相比，离子渗氮的特点是生产周期短，仅为气体渗氮的 1/4～1/3（如 38CrMoAl 钢，渗氮层深度若达到 0.35～0.7mm，气体渗氮一般需 70h，而离子渗氮仅需 15～20h），渗氮层质量高，脆性低，工件变形小，因此离子渗氮获得了广泛的应用。

3. 钢的碳氮共渗

碳氮共渗就是同时向零件表面渗入碳和氮的化学热处理工艺。碳氮共渗最早是在含氰根的盐浴中进行的，故也称氰化。碳氮共渗有液体碳氮共渗和气体碳氮共渗两种。因液体碳氮共渗使用的介质氰盐有剧毒，环境污染严重，已基本被气体碳氮共渗代替。

根据共渗的温度不同，碳氮共渗可分为高温（900～950℃）碳氮共渗、中温（700～880℃）碳氮共渗及低温（500～570℃）碳氮共渗三种。目前工业上应用广泛的是中温气体碳氮共渗和低温气体碳氮共渗。中温气体碳氮共渗的实质是以渗碳为主的共渗工艺，将工件放入密封炉内，加热到共渗温度 830～850℃，向炉内滴入煤油或渗碳气体，同时通以氨气，经保温 1～2h 后，共渗层深度可达 0.2～0.5mm。碳氮共渗后需淬火和低温回火处理。低温气体碳氮共渗是在钢的表面同时渗入碳原子和氮原子，并以渗氮为主的共渗工艺。低温气体碳氮共渗主要用于提高耐磨性和疲劳强度，其表面硬度、脆性和裂纹敏感性较渗氮工艺小，故也称软氮化，广泛应用于模具、量具、高速钢刀具、齿轮等耐磨工件的热处理。

碳氮共渗是渗碳与渗氮工艺的综合，其主要特点如下。

(1) 在渗层碳的质量分数相同的情况下，碳氮共渗钢件的表面硬度、耐磨性、疲劳极限和耐蚀性能都比渗碳件高；虽然耐磨性和疲劳极限低于渗氮件，但共渗层的深度比渗氮层深，表面脆性小，抗压能力提高。

(2) 碳氮共渗温度低，奥氏体晶粒不会明显长大，保证了零件心部的强度和韧性。此外，采用碳氮共渗后直接淬火既简化了工艺，又减少了淬火变形。

(3) 氮的渗入降低了钢的临界点，氮的存在增大了碳的扩散系数，使扩散速度提高。碳氮共渗的速度显著高于单独渗碳或渗氮的速度，生产周期短，效率高。

4.4 热处理新工艺

随着工业和科学技术的发展，热处理工艺经过不断改进，发展了许多热处理新技术、新工艺。热处理新工艺的发展为进一步提高零件力学性能和产品质量，节约能源，降低成本，提高经济效益，减少或防止环境污染等做出了贡献。

4.4.1 真空热处理

真空热处理是指金属工件在真空中进行的热处理。真空热处理所处的真空环境指的是低于一个大气压的气氛环境，包括低真空、中等真空、高真空和超高真空。真空热处理是真空技术与热处理技术相结合的新型无氧化热处理技术，也是当前热处理生产技术先进程度的主要标志之一。真空热处理不仅可实现钢件的无氧化、无脱碳，而且可以实现生产的无污染和工件的少畸变，因而它属于清洁和精密生产技术范畴。目前，真空热处理已成为工模具生产中不可替代的先进技术。

真空热处理的主要优点是由于真空中加热，升温速度很慢，工件截面温差小，因而工件变形小。据行业经验，工件真空热处理的畸变量仅为盐浴加热淬火的1/3。此外，热处理在真空中进行时氧的分压较低，金属的氧化受到抑制，表面油污发生分解，可实现无氧化的光亮热处理，工件表面洁净光亮，同时可提高工件的耐磨性、疲劳强度等性能。真空热处理有脱气作用，有利于改善钢的韧性，提高工件的使用寿命。但其缺点是真空中加热速度缓慢、设备复杂且昂贵。

真空热处理包括真空退火、真空淬火、真空回火和真空化学热处理等。

真空退火主要用于活性金属、耐热金属及不锈钢的退火处理；铜及铜合金的光亮退火；磁性材料的去应力退火；等等。

真空淬火是指工件在真空中加热后快速冷却的淬火方法。真空淬火冷却可用气冷（惰性气体或高纯氮气）、油冷（真空淬火油）或水冷，应根据工件材料选择。真空淬火广泛应用于各种高速钢、合金工具钢、不锈钢及失效钢、硬磁合金的固溶淬火。目前比较常见的真空淬火包括真空高压气冷淬火、真空高压气冷等温淬火等。

真空回火的目的是保持真空淬火的产品不氧化、不脱碳、表面光亮及无腐蚀污染等的优势，降低脆性，提高韧性。对热处理后不再进行精加工并须进行多次高温回火的精密工具更应该进行真空回火。

由于真空加热炉可在较高温度下工作，并且工件可以保持洁净的表面，因而能加速化学热处理的吸附和反应过程。因此，多种化学热处理，如真空渗碳、真空渗氮、真空渗铬等得到较快发展。

4.4.2　形变热处理

形变强化和热处理强化都是金属及合金最基本的强化方法。将塑性变形和热处理有机结合起来，以提高材料力学性能的复合热处理工艺，称为形变热处理。形变热处理使奥氏体晶粒细化、位错密度升高、碳化物弥散度增加，因此可以获得单一热处理强化所不能达到的高强度和高韧性，而且可以大大简化金属材料或工件的生产工艺过程，因而受到工业领域的广泛关注。

形变热处理种类很多，典型的有高温形变热处理和中温形变热处理。

高温形变热处理是将工件加热到稳定的奥氏体区域，进行塑性变形然后立即进行淬火，发生马氏体相变，之后经回火得到所需性能。与普通热处理相比，高温形变热处理不但能提高钢的强度，而且能显著提高钢的塑性和韧性，减小回火脆性，降低缺口敏感性，使钢的力学性能得到明显的改善。此外，由于工件表面有较大的残余压应力，使工件的疲劳强度显著提高，如热轧淬火和热锻淬火。高温形变热处理主要用于加工量不大的碳钢和合金结构钢零件，如连杆、曲轴、叶片、弹簧、农机具等。实验研究表明，对传动零件齿轮及链轮进行高温形变热处理，轮齿的强度、耐磨性、弯曲强度比普通热处理高30%左右。

中温形变热处理是将工件加热到稳定的奥氏体区域后，迅速冷却到过冷奥氏体的亚稳区进行形变程度高达70%～90%的大量塑性变形，然后进行淬火和回火。中温形变热处理与普通淬火相比，在保持塑性、韧性不降低的情况下，大幅度地提高了钢的强度、疲劳强度和耐磨性。但由于工艺实施较困难，因此中温形变热处理主要用于要求高强度和高耐磨性的零件、工具，如飞机起落架、刀具、模具和重要的弹簧等。

4.4.3 热喷涂

热喷涂是一种表面强化技术，是表面工程技术的重要组成部分，是我国重点推广的新技术项目。它是利用某种热源（如电弧、等离子喷涂或燃烧火焰等）将粉末状或丝状的金属或非金属材料加热到熔融或半熔融状态，然后借助焰流本身或压缩空气以一定速度喷射到预处理过的基体表面，沉积而形成具有各种功能的表面涂层技术。热喷涂主要用于对部件的修复、预保护和新产品制造。

热喷涂热源可分为以下几类。①火焰类：火焰喷涂、爆炸喷涂、超音速喷涂；②电弧类：电弧喷涂和等离子喷涂；③电热类：电爆喷涂、感应加热喷涂和电容放电喷涂；④激光类：激光喷涂。根据热源不同有多种热喷涂方法，如粉末火焰喷涂、棒材火焰喷涂、等离子喷涂、感应加热喷涂、激光喷涂等。热喷涂的涂层材料目前已经广泛应用的有多种金属及其合金、陶瓷、塑料及复合材料等。除了金属和合金以外，陶瓷、玻璃、木材、布帛甚至石膏等都可以作为基体材料。

热喷涂工艺灵活，不受工件尺寸限制。热喷涂的施工对象可以是小到几十毫米的内孔，也可以是大到像铁塔、桥梁等的大型构件。喷涂过程中基体材料温升小，不易产生应力和变形。

此外，涂层性能多种多样，可以形成耐磨、耐蚀、隔热、抗氧化、绝缘、导电、防辐射等具有各种特殊功能的涂层。基于上述特点，热喷涂广泛应用于机械、建筑、造船、车辆、化工、纺织等领域，起到提高产品质量和使用寿命、节约能源、提高效率等作用。

小　结

金属热处理是通过加热、保温和冷却改变金属内部组织或表面的组织，从而获得所需性能的工艺方法。加热是热处理的第一道工序，其目的是使钢奥氏体化。过冷奥氏体的转变有等温转变和连续转变两种方式。钢的普通热处理工艺主要是"四把火"，分别是退火、正火、淬火和回火。退火和正火通常用于钢的预先热处理，以消除和改善前一道工序（如铸造、锻压、焊接等）造成的某些组织缺陷及残余内应力，也为随后的加工和热处理做好组织准备和性能的准备。淬火和回火是最终热处理工序，以获得最终所需的组织和性能。淬火钢一般不宜直接使用，必须配以回火，不同的回火温度和时间决定了淬火后钢的组织和性能。采用恰当的表面淬火和化学热处理可使钢件表面具有高硬度、较好的耐磨性和高的疲劳强度，而心部仍然具有足够的塑性和韧性。

自　测　题

一、名词解释（每题 5 分，共 20 分）

1. 本质晶粒度

2. 调质处理

3. 马氏体

4. 钢的临界冷却速度

二、选择题（每题 2 分，共 20 分）

1. 珠光体的转变温度越低，则（　　）。

A. 珠光体片越细，硬度越高　　　　　　　B. 珠光体片越细，硬度越低

C. 珠光体片越粗，硬度越高　　　　　　　D. 珠光体片越粗，硬度越低

2. 共析钢的过冷奥氏体在 550～350℃等温转变时，所形成的组织是（　　）。

A. 下贝氏体　　　　B. 索氏体　　　　C. 上贝氏体　　　　D. 珠光体

3. 上贝氏体和下贝氏体的力学性能相比，（　　）。

A. 上贝氏体的强度和韧性高　　　　　　　B. 下贝氏体的强度和韧性高

C. 两者都具有高的强度和韧性　　　　　　D. 两者都具有低的强度和韧性

4. 马氏体的硬度取决于（　　）。

A. 奥氏体晶粒　　　　　　　　　　　　　B. 淬火冷却速度

C. 合金元素含量　　　　　　　　　　　　D. 马氏体的碳的质量分数

5. 为使高碳钢便于机械加工，常预先进行（　　）。

A. 淬火　　　　　　B. 正火　　　　C. 球化退火　　　　D. 回火

6. 45 钢加热至 Ac_3 以上 30～50℃，保温，然后空冷的热处理是（　　）。

A. 退火　　　　　　B. 回火　　　　C. 正火　　　　D. 淬火

7. 过共析钢正常的淬火加热温度是（　　）。

A. $Ac_1+(30～70)℃$　　　　　　　　B. $Ac_{cm}+(30～70)℃$

C. $Ac_3+(30～70)℃$　　　　　　　　D. $Ac_1-(30～70)℃$

8. 钢的回火处理是在（　　）进行的。

A. 退火后　　　　　B. 正火后　　　　C. 淬火后　　　　D. 淬火前

9. 淬火＋高温回火的组织是（　　）。

A. 回火马氏体　　　B. 回火屈氏体　　　C. 回火索氏体　　　D. 珠光体

10. T8 钢的最终热处理是（　　）。

A. 球化退火　　　　B. 淬火＋低温回火　　　C. 调质处理　　　　D. 渗碳

三、问答题（每题 20 分，共 60 分）

1. 试说明下列零件淬火后，应选用哪种回火？回火后获得什么组织？

（1）45 钢小轴（要求有较好的综合力学性能）。

（2）65Mn 弹簧。

2. 马氏体的本质是什么？它的硬度取决于什么因素？低碳马氏体有何特征？

3. 用 T12 钢制造锉刀，其工艺路线为锻造→预先热处理→机械加工→最终热处理→机械加工。

（1）写出预先热处理和最终热处理工序的名称及作用。

（2）制订最终热处理的工艺规范（加热温度），并指出最终热处理后的显微组织。

【第 4 章　自测题答案】

第5章
常用工程材料

 教学要点

1. 熟悉合金元素在钢中的作用、碳钢中常存杂质元素及其影响、铸铁的石墨化及其影响因素。

2. 掌握碳钢、合金钢、常用铸铁的分类、编号、热处理和用途。

 引言

材料是人类生产和社会发展的重要物质基础。其中，金属材料发挥着非常重要的作用。金属材料主要包括钢、铸铁和有色金属三大类。钢是一种非常重要的工程材料，其中碳钢是以 Fe、C 为主要成分，含有 Si、Mn、S、P 等杂质元素。碳钢以其熔炼容易、价格低廉、工艺性能好、力学性能能满足一般工程和机械制造的使用要求而得到了广泛的应用。随着科学技术和工业的发展，对材料提出了高强度、抗高温、抗高压、抗低温，耐腐蚀、耐磨损及其他特殊物理、化学性能的要求，碳钢已不能完全满足要求。为了提高钢的性能，在铁碳合金中加入合金元素所获得的钢种，称为合金钢。铸铁是 $w_C > 2.11\%$ 的铁碳合金。由于铸铁具有优良的铸造性能、切削加工性能、减振性及耐磨性，同时生产简便，成本低廉，因此在机械制造中应用很广。除以铁、碳为主要成分的黑色金属以外的金属材料，工业上一般称为有色金属材料。与钢铁相比，有色金属材料的产量低，价格高，但其具有许多优良特性，因而在科技和工程中也占有重要的地位，是一种不可缺少的工程材料。本章主要介绍碳钢、合金钢及常用铸铁的分类、编号、热处理和用途。

5.1 碳 钢

在钢的分类中已经用"非合金钢"取代了"碳钢"，但由于许多技术标准是在现行钢分类标准实施之前制定的，因此，为了便于衔接和过渡，本书仍按碳钢原常规分类进行介绍。

碳钢价格低廉、工艺性能好、力学性能能满足一般工程和机械制造的使用要求，是工业生产中用量最大的工程材料。

5.1.1 碳钢中常存杂质元素及其影响

实际使用的碳钢并不是单纯的铁碳合金，由于冶炼时所用原料及冶炼工艺方法等影响，钢中不免有少量其他元素存在，如锰、硅、硫、磷、铜、铬、镍等，这些并非有意加入或保留的元素一般作为杂质看待。它们的存在对钢的性能有较大的影响。

1. 锰

钢中的锰来自炼钢生铁及脱氧剂锰铁。一般认为锰在钢中是一种有益的元素。在碳钢中通常 $w_{Mn} < 0.80\%$；在含锰的合金钢中，一般控制 $w_{Mn} = 1.0\% \sim 1.2\%$。锰大部分溶于铁素体中，形成置换固溶体，并使铁素体强化；小部分溶于渗碳体中，形成合金渗碳体，提高钢的硬度。锰与硫化合成 MnS，能减轻硫的有害作用。当锰含量不多，在碳钢中仅作为少量杂质存在时，它对钢的性能影响并不明显。

2. 硅

硅来自炼钢生铁和脱氧剂硅铁，在碳钢中通常 $w_{Si} < 0.35\%$。硅和锰一样能溶于铁素体中，使铁素体强化，从而使钢的强度、硬度、弹性提高，而塑性、韧性降低。因此，硅也是碳钢中的有益元素。

3. 硫

硫是从生铁中带来的而在炼钢时又未能除尽的有害元素。硫不溶于铁，而以 FeS 的形式存在。FeS 与 Fe 形成低熔点（985℃）的共晶体（FeS - Fe），并分布于奥氏体的晶界上，当钢材在 1000～1200℃进行压力加工时，晶界处的 FeS - Fe 共晶体已经熔化，并使晶粒脱开，钢材将沿晶界处开裂，这种现象称为热脆。为了避免热脆，必须严格控制钢的含硫量，普通钢 $w_S \leqslant 0.050\%$，优质钢 $w_S \leqslant 0.035\%$，高级优质钢 $w_S \leqslant 0.030\%$。

在钢中增加含锰量，可消除硫的有害作用，锰能与硫形成熔点为 1620℃的 MnS，而且 MnS 在高温时具有塑性，这样避免了热脆现象。

4. 磷

磷也是生铁中带来的而在炼钢时又未能除尽的有害元素。磷在钢中全部溶于铁素体中，虽可使铁素体的强度、硬度有所提高，但却使室温下的钢的塑性、韧性急剧降低，在低温时表现尤其突出。这种在低温时由磷导致钢严重变脆的现象称为冷脆。磷的存在还会使钢的焊接性能变坏，因此应严格控制钢的含磷量，普通钢 $w_P \leqslant 0.045\%$，优质钢 $w_P \leqslant$

0.035%，高级优质钢 $w_P \leqslant 0.030\%$。

但是，在适当的情况下，硫、磷也有一些有益的作用。对于硫，当钢的含硫量较高（$w_S = 0.08\% \sim 0.3\%$）时，适当提高钢的含锰量（$w_{Mn} = 0.6\% \sim 1.55\%$），使硫与锰结合成 MnS，切削时易于断屑，能改善钢的切削性能，故易切钢中含硫量较高。对于磷，如与铜配合能增加钢的抗大气腐蚀能力，改善钢材的切削加工性能。

另外，钢在冶炼时还会因吸收和溶解一部分气体而加入一些元素（如氮、氢、氧等），给钢的性能带来有害影响。尤其是氢，它可使钢产生氢脆，也可使钢中产生微裂纹，即白点。

5.1.2　碳钢的分类、编号和用途

1. 碳钢的分类

碳钢的分类方法很多，比较常用的有三种，即按钢的碳的质量分数、质量和用途分类。

（1）按碳的质量分数分

① 低碳钢（$w_C < 0.25\%$）。

② 中碳钢（$0.25\% \leqslant w_C \leqslant 0.60\%$）。

③ 高碳钢（$w_C > 0.60\%$）。

（2）按质量分

① 普通碳钢（$w_S \leqslant 0.050\%$、$w_P \leqslant 0.045\%$）。

② 优质碳钢（$w_S \leqslant 0.035\%$、$w_P \leqslant 0.035\%$）。

③ 高级优质碳钢（$w_S \leqslant 0.030\%$、$w_P \leqslant 0.030\%$）。

④ 特级优质碳钢（$w_S \leqslant 0.020\%$、$w_P \leqslant 0.025\%$）。

（3）按用途分

① 碳素结构钢：主要用于建筑桥梁等工程和各种机械零件。

② 碳素工具钢：主要用于各类刀具、量具和模具等。

【普通碳素结构钢的牌号、成分和性能】

2. 碳钢的牌号和用途

（1）普通碳素结构钢

普通碳素结构钢的牌号由 Q+数字（或数字与特征符号）组成，Q 为屈服强度汉语拼音的第一个字母，数字表示最低屈服强度值。例如 Q275，表示最低屈服强度值为 275MPa。牌号尾部的字母 A、B、C、D 表示钢材质量等级，按字母顺序，硫、磷含量依次下降，质量依次提高；F 表示沸腾钢，b 为半镇静钢，Z 为镇静钢，TZ 为特殊镇静钢，不标 F 和 b 的为镇静钢。如 Q235-A·F，表示最低屈服强度值为 235MPa 的 A 级沸腾钢；Q235-C，表示最低屈服强度值为 235MPa 的 C 级镇静钢。

一般情况下，碳素结构钢都不经热处理，而是在供应状态下直接使用。通常 Q195、Q215、Q235 钢的碳的质量分数低，有一定强度，常轧成薄板、钢筋、焊接钢管等，用于桥梁、建筑等钢结构，也可制造普通的铆钉、螺钉、螺母、垫圈、地脚螺栓、轴套、销轴等；Q255 和 Q275 钢强度较高，塑性、韧性较好，可进行焊接，通常轧制成型钢、条钢和钢板作为结构件，以及制造连杆、键、销、简单机械上的齿轮、轴节等。

（2）优质碳素结构钢

优质碳素结构钢的牌号由两位数字或数字与特征符号组成，以两位数字表示平均碳的质量分数（以万分之几计），牌号尾部的字母 F 和 b，表示沸腾钢和半镇静钢，镇静钢一般不标。较高含锰量的优质碳素结构钢，在表示平均碳的质量分数的数字后面加锰元素符号。例如，$w_C = 0.50\%$，$w_{Mn} = 0.70\% \sim 1.00\%$ 的钢，其牌号表示为 50Mn。高级优质碳素结构钢，在牌号尾部加字母 A，特级优质碳素结构钢在牌号尾部加字母 E。

【优质碳素结构钢的牌号、成分和性能】

优质碳素结构钢主要用于制造机械零件，一般都要经过热处理以提高力学性能，根据碳的质量分数不同，有不同的用途。08、08F、10、10F 钢的塑性、韧性好，具有优良的冷成型性能和焊接性能，常冷轧成薄板，用于制作仪表外壳、汽车和拖拉机上的冷冲压件，如汽车车身、拖拉机驾驶室等；15、20、25 钢，用于制作尺寸较小、负荷较轻、表面要求耐磨、心部强度要求不高的渗碳零件，如活塞钢、样板等；30、35、40、45、50 钢，经热处理（淬火＋高温回火）后具有良好的综合力学性能，即具有较高的强度和较高的塑性、韧性，用于制作轴类零件；55、60、65 钢，经热处理（淬火＋中温回火）后具有高的弹性极限，常用于制作弹簧。

（3）碳素工具钢

碳素工具钢的牌号是由代表碳的汉语拼音首字母 T 与数字（或数字与特征符号）组成，其中数字表示钢中平均碳的质量分数（以千分之几计）。如 T12 钢，表示 $w_C = 1.2\%$ 的碳素工具钢。对于含锰量较高或高级优质碳素工具钢，牌号尾部表示同优质碳素结构钢。

【碳素工具钢的牌号、成分、硬度和用途】

碳素工具钢生产成本较低，加工性能良好，可用于制造低速、手动刀具及常温下使用的工具、模具、量具等，在使用前要进行热处理（淬火＋低温回火）。

T7、T8 钢，用于制造要求具有较高韧性、能承受冲击负荷的工具，如小型冲头、凿子、锤子等；T9、T10、T11 钢，用于制造要求具有中韧性的工具，如钻头、丝锥、车刀、冲模、拉丝模、锯条等；T12、T13 钢，具有高硬度、高耐磨性，但韧性低，用于制造不受冲击的工具，如量规、塞规、样板、锉刀、刮刀、精车刀等。

（4）铸造碳钢

许多形状复杂的零件，很难通过锻压等方法加工成形，使用铸铁制造时性能难以满足需要，此时常用铸造碳钢获取铸钢件。因此，铸造碳钢在机械制造业尤其是重型机械制造业中应用非常广泛。

铸造碳钢的牌号有两种表示方法。一种为以强度表示的铸造碳钢牌号，由铸钢代号 ZG 与表示力学性能的两组数字组成，第一组数字代表最低屈服强度值，第二组数字代表最低抗拉强度值。如 ZG200-400，表示 $R_{eL}(R_{p0.2})$ 不小于 200MPa，R_m 不小于 400MPa。另一种为以化学成分表示的铸造碳钢牌号，在此不做介绍。

铸造碳钢 $w_C = 0.15\% \sim 0.60\%$，过高则塑性差，易产生裂纹。铸造碳钢的铸造性能比铸铁差，主要表现在铸造碳钢的流动性差，凝固时收缩比大且易产生偏析等。

5.2 合 金 钢

为使金属具有某些特性，在基体金属中有意加入或保留的金属元素或非金属元素称为

【合金钢及特殊性能钢的编号方法】

合金元素，钢中常用的有铬、锰、硅、镍、钼、钨、钒、钴、铝、铜等。硫、磷在特定条件下也可以认为是合金元素，如易切钢中的硫。通常将合金元素总量小于 5% 的钢称为低合金钢，合金元素总量在 5%～10% 的钢称为中合金钢，合金元素总量大于 10% 的钢称为高合金钢。

5.2.1 合金元素在钢中的作用

合金元素在钢中的作用，主要表现为合金元素与铁、碳之间的相互作用及对铁碳合金相图和热处理相变过程的影响。

【合金元素在钢中的作用】

1. 合金元素对钢基本相的影响

（1）强化铁素体。大多数合金元素都能溶于铁素体，引起铁素体的晶格畸变，产生固溶强化，使铁素体的强度、硬度提高，塑性、韧性下降。

（2）形成碳化物。在钢中能形成碳化物的元素称为碳化物形成元素，有铁、锰、铬、钼、钨、钒等。这些元素与碳结合力较强，生成碳化物（包括合金碳化物、合金渗碳体和特殊碳化物）。合金元素与碳的结合力越强，形成的碳化物越稳定，硬度就越高。碳化物的稳定性越高，就越难溶于奥氏体，也越不易聚集长大。随着碳化物数量的增加，钢的强度、硬度提高，塑性、韧性下降。

2. 合金元素对 $Fe-Fe_3C$ 相图的影响

（1）合金元素对奥氏体相区的影响

① 镍、锰等合金元素使单相奥氏体区扩大。该类元素使 A_1 线、A_3 线下降。当其含量足够高时，可使单相奥氏体扩大至常温，即可在常温下保持稳定的单相奥氏体组织，这类钢称为奥氏体钢。

② 铬、钼、钛、硅、铝等合金元素使单相奥氏体区缩小。该类元素使 A_1 线、A_3 线升高。当其含量足够高时，可使钢在高温与常温下均保持铁素体组织，这类钢称为铁素体钢。

（2）合金元素对 S、E 点的影响

合金元素都使 $Fe-Fe_3C$ 相图的 S 点和 E 点向左移，使钢的共析碳的质量分数和碳在奥氏体中的最大溶解度降低。若合金元素含量足够高，可以在 $w_C=0.4\%$ 的钢中产生过共析组织，在 $w_C=1.0\%$ 的钢中产生莱氏体。

3. 合金元素对钢的热处理的影响

（1）对钢加热时奥氏体形成的影响

① 奥氏体形成速度的影响。合金钢的奥氏体形成过程基本上与碳钢相同，但由于碳化物形成元素都阻碍碳原子的扩散，都减缓奥氏体的形成；同时合金元素形成的碳化物比渗碳体难溶于奥氏体，溶解后也不易扩散均匀。因此要获得均匀的奥氏体，合金钢的加热温度应比碳钢高，保温时间应比碳钢长。

② 对奥氏体晶粒大小的影响。由于高熔点的碳化物的细小颗粒分散在奥氏体组织中，能机械地阻碍奥氏体晶粒的长大，因此热处理时合金钢（锰钢除外）不易产生过热组织。

（2）对过冷奥氏体的转变的影响

除钴以外，大多数合金元素都提高奥氏体的稳定性，使 C 曲线右移。而且碳化物形成

元素使珠光体和贝氏体的转变曲线分离为两个 C 形，如图 5.1 所示。

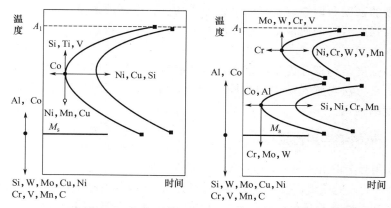

（a）不含或含少量非碳化物形成元素的钢　　（b）含较多碳化物形成元素的钢

图 5.1　合金元素对过冷奥氏体等温转变和 M_s 线的影响

由于合金元素使 C 曲线右移，因此使淬火的临界冷却速度降低，提高了钢的淬透性，这样就可采用较小的冷却速度，甚至在空气中冷却就能得到马氏体，从而避免了由于冷却速度过大而引起的变形和开裂。

C 曲线向右移动会使钢的退火变得困难，因此合金钢往往采用等温退火使之软化。

此外，除钴、铝外，其他合金元素均使 M_s 线降低，残余奥氏体量增多。

（3）对淬火钢回火的影响

合金元素固溶于马氏体中，减慢了碳的扩散，从而减缓了马氏体及残余奥氏体的分解过程，阻碍碳化物析出和聚集长大，因而在回火过程中合金钢的软化速度比碳钢慢，即合金钢具有较高的回火抗力，在较高的回火温度下仍保持较高的硬度，这一特性称为耐回火性（或回火稳定性）。也就是说，在回火温度相同时，合金钢的硬度及强度比相同碳的质量分数的碳钢要高，或者说两种钢淬火后回火至相同硬度时，合金钢的回火温度高（内应力的消除比较彻底，因此，其塑性和韧性比碳钢好）。

此外，若钢中铬、钨、钼、钒等元素超过一定量时，除了提高耐回火性外，在 400℃以上还会形成弥散分布的特殊碳化物，使硬度重新升高，直到 500～600℃时硬度达最高值，出现二次硬化现象。600℃以上硬度下降是由于这些弥散分布的碳化物聚集长大。

高的耐回火性和二次硬化使合金钢在较高温度（500～600℃）下仍保持高硬度，这种性能称为热硬性（或红硬性）。热硬性对高速切削刀具及热变形模具等非常重要。

合金元素对淬火钢回火后的力学性能的不利方面主要是第二类回火脆性。这种脆性主要在含铬、镍、锰、硅的调质钢中出现，而钼和钨可防止第二类回火脆性。

【低合金高强度结构钢的牌号、成分、性能和用途】

5.2.2　低合金高强度结构钢

低合金钢是一类可焊接的低碳低合金工程结构钢，主要用于房屋、桥梁、船舶、车辆、铁道、高压容器等工程结构件。其中低合金高强度钢是结合我国资源条件（主要加入锰）而发展起来的优良低合金钢，钢中 $w_C \leqslant 0.2\%$（低碳具有较好的塑性和焊接性），

$w_{Mn}=0.8\%\sim 1.7\%$，辅以我国富产资源钒、铌等元素，通过强化铁素体、细化晶粒等，使其具备了高的强度和韧性、良好的综合力学性能、良好的耐蚀性等。

低合金高强度结构钢通常是在热轧经退火（或正火）状态下供应的，使用时一般不进行热处理。

低合金高强度结构钢分为镇静钢和特殊镇静钢，在牌号的组成中没有表示脱氢方法的符号，其余表示方法与碳素结构钢相同。例如，Q345A 表示屈服强度为 345MPa 的 A 级低合金高强度结构钢。

5.2.3 机械结构用合金钢

机械结构用合金钢主要用于制造各种机械零件，是用途广、产量大、钢号多的一类钢，大多数需经热处理后才能使用，按用途及热处理可分为合金渗碳钢、合金调质钢、弹簧钢等。

机械结构用合金钢牌号由数字与元素符号组成。用两位数字表示碳的平均质量分数（以万分之几计）。合金元素含量表示方法：平均质量分数<1.5%时，牌号中仅标注元素，一般不标注含量；平均质量分数为 1.5%～2.49%，2.5%～3.49%，…时，在合金元素后相应写 2，3，…例如，碳、铬、镍的平均质量分数分别为 0.2%、0.75%、2.95%的合金结构钢，其牌号表示为 20CrNi3。高级优质合金钢和特级优质合金钢的表示方法同优质碳素结构钢。

1. 合金渗碳钢

（1）成分特点。用于制造渗碳零件的钢称为合金渗碳钢。合金渗碳钢中 $w_C=0.12\%\sim 0.25\%$，较低的碳的质量分数保证了淬火后零件心部有足够的塑性、韧性。钢中主要合金元素是铬，还可加入镍、锰、硼、钨、钼、钒、钛等元素。其中，铬、镍、锰、硼的主要作用是提高淬透性，使大尺寸零件的心部淬火和回火后有较高的强度和韧性；少量的钨、钼、钒、钛能形成细小、难溶的碳化物，以阻止渗碳过程中高温、长时间保温条件下晶粒长大。

（2）热处理与性能特点。预备热处理为正火；最终热处理一般采用渗碳后直接淬火或渗碳后二次淬火加低温回火的热处理。

渗碳后的钢件，表面经淬火和低温回火后，获得高碳回火马氏体加碳化物，硬度一般为 58～64HRC；而心部组织则视钢的淬透性及零件的尺寸而定，可得低碳回火马氏体（40～48HRC）或珠光体加铁素体（25～40HRC）。

20CrMnTi 是应用极广泛的合金渗碳钢，用于制造汽车、拖拉机的变速齿轮、轴等零件。

2. 合金调质钢

优质碳素调质钢中的 40、45、50 钢，虽然常用且价廉，但其存在淬透性差、耐回火性差，综合力学性能不够理想等缺点，因此对重载作用下同时又受冲击的重要零件不能选用优质碳素调质钢而必须选用合金调质钢。

（1）成分特点。合金调质钢 $w_C=0.25\%\sim 0.5\%$。合金调质钢中主加合金元素是锰、硅、铬、镍、钼、硼、铝等，主要作用是提高钢的淬透性；钼能防止高温回火脆性；钨、钒、钛可细化晶粒；钨、钼、钒、钛能加速渗氮过程。

（2）热处理及性能特点。合金调质钢锻造毛坯应进行预备热处理，以降低硬度，便于切削加工。合金元素含量低、淬透性低的合金调质钢可采用退火；淬透性高的合金调质钢，则采用正火加高温回火。例如，40CrNiMo 钢正火后硬度在 400HBW 以上，经高温回火后硬度能降到 230HBW 左右，满足切削要求。合金调质钢的最终热处理为淬火后高温回火（500～600℃），以获得回火索氏体组织，使钢件具有高强度、高韧性相结合的良好综合力学性能。

如果除了要求合金调质钢具备良好的综合力学性能外，还要求其表面具有良好的耐磨性，则可在调质处理后进行表面淬火或渗氮处理。

（3）用途。合金调质钢主要用来制造受力复杂的重要零件，如机床主轴、汽车半轴、柴油机连杆螺栓等。40Cr 钢是一种常用的合金调质钢，有很好的强化效果。38CrMoAl 钢是专用渗氮钢，经调质处理和渗氮后，表面具有很高的硬度、耐磨性和疲劳强度，并且变形很小，常用来制造一些精密零件，如镗床镗杆、磨床主轴等。

3. 合金弹簧钢

合金弹簧钢主要用于制造弹簧等弹性元件，如汽车、拖拉机、坦克、机车的减振板簧和螺旋弹簧，钟表发条等。

（1）成分特点。合金弹簧钢 $w_C = 0.45\% \sim 0.7\%$，常加入硅、锰、铬等合金元素，主要作用是提高淬透性，并提高弹性极限。硅使弹性极限提高的效果很突出，也使钢加热时表面易脱碳；锰能增加淬透性，但也使钢的过热和回火脆性倾向增大。另外，合金弹簧钢中还加入了钨、钼、钒等合金元素，它们可减少硅锰弹簧钢脱碳和过热的倾向，同时可进一步提高弹性极限、耐热性和耐回火性。

【常用弹簧钢的牌号、热处理、性能和应用范围】

（2）热处理及性能特点。合金弹簧钢的热处理一般是淬火加中温回火，以获得回火托氏体组织，使钢具有高的弹性极限和屈服强度。

60Si2MnA 钢是典型的合金弹簧钢，广泛用于汽车、拖拉机上的板簧、螺旋弹簧等。

4. 滚动轴承钢

滚动轴承钢主要用来制造各种滚动轴承元件（如轴承内外圈、滚动体等），还可以用来制造某些工具（如模具、量具等）。

【常用滚动轴承钢的热处理规范及用途】

滚动轴承钢有自己独特的牌号，牌号前面以 G（滚）为标志，其后为铬元素符号 Cr，其质量分数以千分之几表示，其余与合金结构钢牌号规定相同。例如，平均 $w_{Cr} = 1.5\%$ 的滚动轴承钢，其牌号表示为 GCr15。

（1）成分特点。滚动轴承钢在工作时承受很高的交变接触压力，同时滚动体与内外圈之间还产生强烈的摩擦，并受到冲击载荷的作用，以及大气和润滑介质的腐蚀作用。这就要求滚动轴承钢必须具有高而均匀的硬度和耐磨性，高的抗压强度和接触疲劳强度，足够的韧性和对大气、润滑剂的耐蚀能力。为获得上述性能，一般 $w_C = 0.95\% \sim 1.15\%$，$w_{Cr} = 0.4\% \sim 1.65\%$。高碳是为了获得高硬度、耐磨性，铬的作用是提高淬透性，提高回火稳定性。

滚动轴承钢的纯度要求很高，磷、硫含量限制极严，故它是一种高级优质钢（但在牌号后不加 A）。

（2）热处理及性能特点。滚动轴承钢的预备热处理采用球化退火，最终热处理采用淬火与低温回火。

GCr15 钢为常用的滚动轴承钢，具有高的强度、耐磨性和稳定的力学性能。

5.2.4　合金工具钢和高速工具钢

合金工具钢和与合金结构钢基本相同，只是碳的质量分数的表示方法不同。当 $w_C <$ 1.0% 时，以千分之几（一位数）表示；当 $w_C \geqslant$ 1.0% 时，不标数字。合金元素表示方法与合金结构钢相同。

高速工具钢牌号中不标出碳的质量分数。

【常用高速钢的牌号、热处理、性能及用途】

1. 合金工具钢

合金工具钢通常以用途分类，主要分为量具刃具钢、合金模具钢（冷作模具钢及热作模具钢）、耐冲击工具钢、无磁工具钢和塑料模具钢，这里仅介绍量具刃具钢和合金模具钢。

（1）量具刃具钢

量具刃具钢主要用于制造形状复杂、截面尺寸较大的低速切削刃具和机械制造过程中控制加工精度的测量工具，如卡尺、块规、样板等。

量具刃具钢碳的质量分数高，一般为 0.9%～1.5%，合金元素总量少，主要有铬、硅、锰、钨等，其作用是提高淬透性，使钢获得高的强度、耐磨性，保证高的尺寸精度。

量具刃具钢的热处理与碳素工具钢基本相同，预备热处理采用球化退火，最终热处理采用淬火（油淬、马氏体分级淬火或等温淬火）加低温回火。

9SiCr 钢是常用的低合金量具刃具钢。

（2）合金模具钢

① 冷作模具钢。冷作模具钢用于制作使金属冷塑性变形的模具，如冷冲模、冷挤压模等。冷作模具工作时承受大的弯曲应力、压力、冲击及摩擦，因此要求模具钢具有高硬度、高耐磨性及足够的强度和韧性。冷作模具钢的预备热处理采用球化退火，最终热处理采用淬火后低温回火。

② 热作模具钢。热作模具钢用于制作高温金属成形的模具，如热锻模、热挤压模等。热作模具工作时承受很大的压力和冲击，并反复受热和冷却，因此要求模具钢在高温下具有足够的强度、硬度、耐磨性和韧性，以及良好的耐热疲劳性，即在反复的受热、冷却循环中，表面不易热疲劳（龟裂），另外还应具有良好的导热性和高淬透性。

为了达到上述性能要求，热作模具钢的 w_C = 0.3%～0.6%。若过高，则塑性、韧性不足；若过低，则硬度、耐磨性不足。热作模具钢中加入的合金元素有铬、锰、镍、钼、钨、硅等，其中铬、锰、镍的主要作用是提高淬透性，钼、钨能提高耐回火性；铬、钼、钨、硅能提高耐热疲劳性。

热作模具钢的预备热处理采用退火，以降低硬度利于切削加工，最终热处理采用淬火加高温回火。

2. 高速工具钢

高速工具钢（简称高速钢），主要用于制造高速切削刃具，在切削温度高达 600℃ 时硬度仍无明显下降，能以比低合金工具钢更高的速度进行切削，高速钢的名称也由此而来。高速钢刃磨性能良好，比一般低合金工具钢锋利，俗称锋钢。

（1）成分特点。高的含碳量（$w_C = 0.7\% \sim 1.2\%$），但在牌号中不标出，高的合金含量（合金元素总量 $w_{Me} > 10\%$），加入的合金元素有钨、钼、铬、钒，主要作用是提高热硬性，铬还能提高淬透性。

（2）热处理及性能特点。**热处理特点主要是高的淬火加热温度（1200℃以上），高的回火温度（560℃左右），高的回火次数（3次）。** 采用高的淬火加热温度是为了让难溶的特殊碳化物能充分溶入奥氏体，最终使马氏体中钨、钼、钒等含量足够高，保证热硬性足够高。高的回火温度是因为马氏体中的碳化物形成元素含量高，对高速钢在回火时的组织转变起阻碍或延缓作用，因而耐回火性高。多次回火是因为高速钢淬火后残余奥氏体量很大，要多次回火才能消除。正因为如此，高速钢回火时的硬化效果很显著。高速钢淬火冷却通常在油中进行，但复杂刀具为了减少淬火变形可以空冷，也可以分级淬火，即在 M_s 线附近等温停留一段时间后油冷或空冷。

5.2.5　特殊性能钢

特殊性能钢指具有某些特殊的物理性能、化学性能、力学性能，因而能在特殊的环境、工作条件下使用的钢，主要包括不锈钢、耐热钢、耐磨钢。

1. 不锈钢

在腐蚀性介质中具有抗腐蚀性能的钢，一般称为不锈钢。铬是不锈钢获得耐蚀性的基本元素。

（1）分类。

① 按成分，可将不锈钢分为铬不锈钢和铬镍不锈钢。

② 按组织，可将不锈钢分为马氏体不锈钢、铁素体不锈钢和奥氏体不锈钢。

（2）牌号。特殊性能钢牌号的表示方法：$w_C \geq 0.03\%$ 时，推荐取两位小数；$w_C < 0.03\%$ 时，推荐取三位小数。例如，不锈钢 17Cr18Ni9 表示 $w_C = 0.17\%$，06Cr19Ni10 表示 $w_C = 0.06\%$，022Cr19Ni10 表示 $w_C = 0.022\%$。合金元素含量的表示法与合金结构钢相同。

（3）铬不锈钢。铬不锈钢包括马氏体不锈钢和铁素体不锈钢两种类型。12Cr13 和 20Cr13 可制作塑性、韧性较高的受冲击载荷，在弱腐蚀条件工作的零件（1000℃淬火加 750℃高温回火）；30Cr13 和 40Cr13 可制作强度较高、硬度高、耐磨性良好，在弱腐蚀条件下工作的弹性元件和工具等（淬火加低温回火）。

当含铬量较高（$w_{Cr} \geq 15\%$）时，铬不锈钢的组织为单相奥氏体，如 10Cr17 钢，耐蚀性优于马氏体不锈钢。

（4）铬镍不锈钢。铬镍不锈钢 $w_{Cr} = 18\% \sim 20\%$，$w_{Ni} = 8\% \sim 12\%$，经 1100℃水淬固溶化处理（加热 1000℃以上保温后快速冷却），在常温下呈单相奥氏体组织，故也称奥氏体不锈钢。铬镍不锈钢无磁性，耐蚀性优良，塑性、韧性、焊接性优于别的不锈钢，是应用非常广泛的一类不锈钢。由于铬镍不锈钢固态下无相变，因此不能热处理强化，冷变形强化是有效的强化方法。近年来，应用最多的铬镍不锈钢是 06Cr18Ni11Ti。

2. 耐热钢

耐热钢是指在高温下具有热化学稳定性和热强性的钢，包括抗氧化钢和热强钢等。热化学稳定性是指钢在高温下对各类介质化学腐蚀的抗力。热强性是指钢在高温下对外力的抗力。

对耐热钢的主要要求是优良的高温抗氧化性和高温强度；此外，还应有适当的物理性能，如热膨胀系数小和良好的导热性，以及较好的加工工艺性能等。

为了提高钢的抗氧化性，加入合金元素铬、硅和铝，在钢的表面形成完整的稳定的氧化物保护膜；但硅、铝含量较高时钢材变脆，所以一般以加铬为主；加入钛、铌、钒钨、钼等合金元素，以提高热强性。

常用的抗氧化钢有 42Cr9Si2 等，常用的热强钢有 45Cr14Ni14W2Mo（可以制造在 600℃以下工作的零件，如汽轮机叶片、大型发动机排气阀等）。

3. 耐磨钢

对耐磨钢的主要性能要求是很高的耐磨性和韧性。高锰钢能很好地满足这些要求，是非常重要的耐磨钢。

耐磨钢高碳高锰，一般 $w_C = 1.0\% \sim 1.3\%$，$w_{Mn} = 11\% \sim 14\%$。高碳可以提高钢的耐磨性（过高时韧性下降，而且易在高温下析出碳化物），高锰可以保证固溶化处理后获得单相奥氏体。单相奥氏体塑性、韧性很好，开始使用时硬度很低，耐磨性差，当工作中受到强烈的挤压、撞击、摩擦时，工件表面迅速产生剧烈的加工硬化（加工硬化是指金属材料发生塑性变形时，随变形度的增大，金属材料的强度和硬度显著提高，而塑性和韧性明显下降），并且还发生马氏体转变，使硬度显著提高，心部则仍保持原来的高韧性。

耐磨钢主要用于运转过程中承受严重磨损和强烈冲击的零件，如车辆履带板、挖掘机铲斗等。Mn13 是较典型的高锰钢，应用极广泛。

5.3 铸　　铁

从铁碳合金相图知道，$w_C > 2.11\%$ 的铁碳合金称为铸铁，工业上常用的铸铁的成分 $w_C = 2.5\% \sim 4.0\%$，$w_{Si} = 1.0\% \sim 3.0\%$，$w_{Mn} = 0.5\% \sim 1.4\%$，$w_P = 0.01\% \sim 0.50\%$，$w_S = 0.02\% \sim 0.20\%$，有时还含有一些合金元素，如铬、钼、钨、铜、铝等，可见在成分上铸铁与钢的主要区别是铸铁的含碳量和含硅量较高，杂质元素硫、磷含量较多。

虽然铸铁的某些力学性能（抗拉强度、塑性、韧性）较低，但是由于其生产成本低，具有优良的铸造性、可切削加工性、减振性及耐磨性，因此在现代工业中仍得到了普遍的应用，典型的应用是制造机床的床身，内燃机的气缸、气缸套、曲轴等。

铸铁的组织可以理解为在钢的组织基体上分布着不同形状、大小、数量的石墨。

5.3.1　铸铁的石墨化

在铁碳合金中，碳除了少部分固溶于铁素体和奥氏体外，以两种形式存在：碳化物状态——渗碳体（Fe_3C）及合金铸铁中的其他碳化物；游离状态——石墨（以 G 表示）。渗碳体的晶体结构及性能在前面章节已经介绍。石墨的晶格类型为简单六方晶格，其基面中的原子间距为 0.142nm，结合力较强；而两基面间距为 0.340nm，结合力弱，故石墨的基面很容易滑动，其强度、硬度、塑性和韧性很低，常呈片状形态。

影响铸铁组织和性能的关键是碳在铸铁中存在的形式、形态、大小和分布。工程应用铸铁研究的中心问题是如何改变石墨的数量、形状、大小和分布。

铸铁组织中石墨的形成过程称为石墨化过程。一般认为石墨可以从液态中直接析出，也可以从奥氏体中析出，还可以由渗碳体分解得到。

1. 铁碳合金的双重相图

实验表明，渗碳体是一个亚稳定相，石墨才是稳定相。在铁碳合金的结晶过程中，之所以从液体或奥氏体中析出的是渗碳体而不是石墨，通常是因为渗碳体的碳的质量分数（6.69%）较之石墨的碳的质量分数（≈100%）更接近合金成分的碳的质量分数（2.5%～4.0%），析出渗碳体时所需的原子扩散量较小，渗碳体的晶核形成较易。但在极其缓慢冷却（即提供足够的扩散时间）的条件下，或在合金中含有可促进石墨形成的元素（如 Si 等）时，在铁碳合金的结晶过程中，便会直接从液体或奥氏体中析出稳定的石墨相，而不再析出渗碳体。因此对铁碳合金的结晶过程来说，实际上存在两种相图，即 $Fe\text{-}Fe_3C$ 相图和 $Fe\text{-}C$ 相图，如图 5.2 所示，其中实线表示 $Fe\text{-}Fe_3C$ 相图，虚线表示 $Fe\text{-}C$ 相图。显然，按 $Fe\text{-}Fe_3C$ 相图进行结晶，就得到白口铸铁；按 $Fe\text{-}C$ 相图进行结晶，就析出和形成石墨。

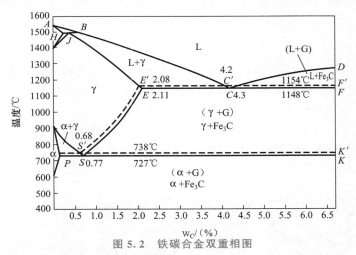

图 5.2　铁碳合金双重相图

备注：为了方便学习，图中用 **G** 代替石墨符号 **C**

2. 铸铁冷却和加热时的石墨化过程

按 $Fe\text{-}C$ 相图进行结晶，则铸铁冷却时的石墨化过程应包括：从液体中析出一次石墨 C_I；通过共晶反应产生共晶石墨 $C_{共晶}$；由奥氏体中析出二次石墨 C_{II}。

铸件加热时的石墨化过程：亚稳定的渗碳体在比较高的温度下长时间加热时，会发生分解，产生石墨，即 $Fe_3C \rightarrow 3\,Fe + C$。加热温度越高，分解速度相对就越快。

无论是冷却还是加热时的石墨化过程，凡是发生在 PSK 线（$Fe\text{-}C$ 相图中）以上，统称第一阶段石墨化；凡是发生在 PSK 线以下，统称第二阶段石墨化。

3. 影响铸铁石墨化的因素

（1）化学成分的影响

碳、硅、磷是促进石墨化的元素，锰和硫是阻碍石墨化的元素。碳、硅的含量过低，铸铁易出现白口组织，力学性能和铸造性能都较差；碳、硅的含量过高，铸铁中石墨数量多且粗大，性能变差。磷对铸铁的石墨化作用并不明显，但能提高铁液的流动性，改善其铸造性能。但由于磷在铸铁中易生成 Fe_3P，常与 Fe_3C 生成共晶组织分布在晶界上，提高了铸铁的硬度和脆性，因此一般应限制其含量，但在耐磨铸铁中其含量可达 0.3% 以上。

（2）冷却速度的影响

冷却速度越慢，即过冷度越小，越有利于按照 Fe-C 相图进行结晶，对石墨化越有利；反之，冷却速度越快，越不利于铁和碳原子的长距离扩散，越有利于按照 Fe-Fe₃C 相图进行结晶，越不利于石墨化的进行。

5.3.2 常用铸铁

国家标准概括地将铸铁分为五个基本类型：灰铸铁、球墨铸铁、可锻铸铁、蠕墨铸铁和白口铸铁。根据碳在铸铁结晶中石墨化的程度或者根据铸铁试样断口的色泽，可将铸铁分为灰铸铁、白口铸铁和麻口铸铁三类。工业中所用的铸铁主要是灰铸铁。根据铸铁中石墨存在的形态不同，可将铸铁分为灰铸铁、球墨铸铁、可锻铸铁和蠕墨铸铁等。灰铸铁、球墨铸铁和蠕墨铸铁中的石墨都是由铁液在结晶过程中获得的，而可锻铸铁中的石墨则是由白口铸铁在加热过程中石墨化获得的。

【灰铸铁的牌号、性能及应用】

1. 灰铸铁

（1）灰铸铁的组织。灰铸铁由片状石墨和钢的基体两部分组成。因石墨化程度不同，得到铁素体、铁素体+珠光体、珠光体三种不同基体的灰铸铁，显微组织如图5.3所示。

（2）灰铸铁的性能。灰铸铁的性能主要取决于基体组织及石墨的形态、数量、大小和分布。因为石墨的力学性能极低，在基体中起割裂、缩减作用，片状石墨的尖端处易造成应力集中，使灰铸铁的抗拉强度、塑性、韧性比钢低很多。

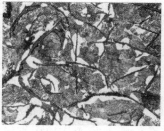

（a）铁素体基体灰铸铁　　（b）铁素体+珠光体基体灰铸铁　　（c）珠光体基体灰铸铁

图5.3　灰铸铁的显微组织

（3）灰铸铁的孕育处理。为提高灰铸铁的力学性能，在浇注前向铁液中加入少量孕育剂（常用硅铁和硅钙合金），使大量高度弥散的难熔质点成为石墨的结晶核心，灰铸铁得到细珠光体基体和细小均匀分布的片状石墨组织，这样的处理称为孕育处理，得到的铸铁称为孕育铸铁。孕育铸铁强度较高，并且铸件各部位截面上的组织和性能比较均匀。

（4）灰铸铁的牌号和应用。灰铸铁的牌号由 HT（"灰铁"两字汉语拼音首字母）及一组数字组成。数字表示最低抗拉强度 R_m 值。如 HT300，代表 $R_m \geqslant 300MPa$ 的灰铸铁。由于灰铸铁的性能特点及生产简便，灰铸铁产量占铸铁总产量的 80% 以上，应用广泛。常用的灰铸铁有 HT150、HT200。HT150 主要用于机械制造业承受中等应力的一般铸件，如底座、刀架、阀体、水泵壳等；HT200 主要用于一般运输机械和机床中承受较大应力的零件和较重要零件，如气缸体、缸盖、机座、床身等。

（5）灰铸铁的热处理。**去应力退火**：铸件凝固冷却时，因壁厚不同等原因造成冷却不均，会产生内应力，或工件要求精度较高时，都应进行去应力退火。**消除白口、降低硬度退火**：铸件较薄截面处，因冷却速度较快会产生白口，使切削加工困难，应进行退火使渗碳体分解，以降低硬度。**表面淬火**：目的是提高铸件表面的硬度和耐磨性，常用方法有火焰加热表面淬火、感应加热表面淬火等。

2. 球墨铸铁

（1）球墨铸铁的组织。按基体组织，可将球墨铸铁分为铁素体基体球墨铸铁、铁素体＋珠光体基体球墨铸铁、珠光体基体球墨铸铁和下贝氏体基体球墨铸铁四种，显微组织如图 5.4 所示。

【球墨铸铁的牌号、性能和用途】

（2）球墨铸铁的性能。由于球墨铸铁的石墨呈球状，因此表面积最小，大大减少了对基体的割裂和尖口作用。球墨铸铁的力学性能比灰铸铁高得多，强度与钢接近，屈强比（$R_{p0.2}/R_m$）比钢高，塑性、韧性虽然大为改善，但仍比钢差。此外，球墨铸铁仍有灰铸铁的一些优点，如较好的减振性及减摩性、低的缺口敏感性、优良的铸造性和切削加工性等。

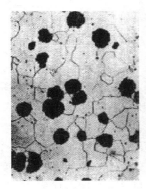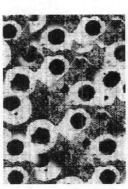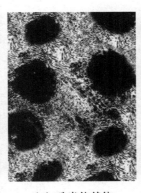

（a）铁素体基体　　（b）铁素体+珠光体　　（c）珠光体基体　　（d）下贝氏体基体
　球墨铸铁　　　　　基体球墨铸铁　　　　球墨铸铁　　　　　球墨铸铁

图 5.4　球墨铸铁的显微组织

但球墨铸铁存在收缩率较大、白口倾向大、流动性稍差等缺陷，故它对原材料和熔炼、铸造工艺的要求比灰铸铁高。

（3）球墨铸铁的牌号和应用。球墨铸铁的牌号由 QT（"球铁"两字汉语拼音首字母）及两组数字组成。第一组数字表示最低抗拉强度 R_m，第二组数字表示最低断后伸长率 A。如 QT600-3，代表 $R_m \geqslant 600MPa$、$A_{5.65} \geqslant 3\%$ 的球墨铸铁。

球墨铸铁的力学性能好，又易于熔铸，经合金化和热处理后可代替铸钢、锻钢，制作受力复杂、性能要求高的重要零件，在机械制造中得到广泛应用。

（4）球墨铸铁的热处理。球墨铸铁的热处理与钢相似，但因含碳量和含硅量较高，有石墨存在，导热性较差，因此球墨铸铁在热处理时，加热温度要略高，保温时间要长，加热及冷却速度相应要慢。常用的热处理方法有以下几种。

① 退火：分为去应力退火、低温退火和高温退火，目的是消除铸造内应力，获得铁素体基体，提高韧性和塑性。

② 正火：分为高温正火和低温正火，目的是增加珠光体数量并提高其弥散度，提高强度和耐磨性，但正火后需回火，以消除正火内应力。

③ 调质处理：目的是得到回火索氏体基体，获得较高的综合力学性能。

④ 等温淬火：目的是获得下贝氏体基体，使其具有高硬度、高强度和较好的韧性。

3. 可锻铸铁

（1）可锻铸铁的组织。可锻铸铁的组织与石墨化退火方法有关，可得到铁素体基体可锻铸铁（又称黑心可锻铸铁）和珠光体基体可锻铸铁，显微组织如图5.5所示。

【可锻铸铁的牌号、性能和用途】

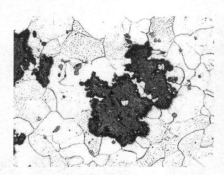

（a）铁素体基体可锻铸铁　　（b）珠光体基体可锻铸铁

图5.5　可锻铸铁的显微组织

【常用蠕墨铸铁的牌号、力学性能和用途】

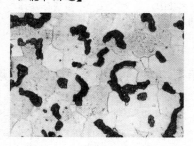

图5.6　铁素体基体蠕墨铸铁的显微组织

（2）可锻铸铁的性能。由于可锻铸铁的石墨呈团絮状，对基体的割裂和尖口作用减轻，因此可锻铸铁的强度、韧性比灰铸铁提高很多。

（3）可锻铸铁的牌号及应用。可锻铸铁的牌号由KT（"可铁"两字汉语拼音首字母）和代表类别的字母（H、Z）及两组数字组成。其中，H代表"黑心"，Z代表珠光体基体。两组数字分别代表最低抗拉强度R_m和最低断后伸长率A。如KTH 370-12，代表$R_m \geqslant$370MPa、$A \geqslant 12\%$的黑心可锻铸铁（铁素体基体可锻铸铁）。可锻铸铁主要用于形状复杂、要求强度和韧性较高的薄壁铸件。

4. 蠕墨铸铁

（1）蠕墨铸铁组织。蠕墨铸铁的组织为蠕虫状石墨，形态介于球状和片状之间，比片状石墨短、粗，端部呈球状，如图5.6所示。蠕墨铸铁的基体组织有铁素体、铁素体＋珠光体、珠光体三种。

（2）蠕墨铸铁的性能。

蠕墨铸铁的力学性能介于灰铸铁和球墨铸铁之间。与球墨铸铁相比，蠕墨铸铁有较好的铸造性、良好的导热性、较低的热膨胀系数，是近三十年来迅速发展的一种铸铁。

（3）蠕墨铸铁的牌号及应用。蠕墨铸铁的牌号由 RuT（"蠕"的汉语拼音和"铁"的汉语拼音首字母）及一组数字组成，数字表示最低抗拉强度，如 RuT300。

5. 合金铸铁

合金铸铁是指常规元素硅、锰高于普通铸铁规定含量或含有其他合金元素，具有较高力学性能或某些特殊性能的铸铁，主要有耐磨合金铸铁、耐热合金铸铁、耐蚀合金铸铁。

【常用钛合金的成分】

【常用钛合金的牌号、状态、性能和用途】

5.4 非铁合金及其他工程材料

工业中通常将钢铁材料以外的金属或合金（即有色金属），统称非铁金属及非铁合金。因其具有优良的物理性能、化学性能和力学性能而成为现代工业中不可缺少的重要的工程材料。有色金属的种类很多，主要有铝、铜、镁、钛等金属及其合金。

5.4.1 铝及铝合金

1. 工业纯铝

工业上使用的纯铝，其纯度（质量分数）为 98.00%～99.7%。

纯铝呈银白色，密度为 $2.7g/cm^3$，熔点为 660℃，具有面心立方晶格，无同素异晶转变，有良好的导电性、导热性。纯铝强度低，塑性好，易塑性变形加工成材；熔点低，可铸造各种形状零件；与氧的亲和力强，在大气中表面会生成致密的 Al_2O_3 薄膜，耐蚀性良好。

纯铝的牌号有 1070A、1060、1050A。工业纯铝主要用于制造电线、电缆、管、棒、线、型材和配制合金。

2. 铝合金的分类及热处理特点

铝合金按成分和工艺特点，可分为变形铝合金和铸造铝合金两类。图 5.7 所示为铝合金相图的一般类型，凡合金成分在 D 点左边的合金，在加热时都能形成单项固溶体组织，这类合金塑性较高，称为变形铝合金。合金成分在 D 点右边的铝合金都具有低熔点共晶组织，流动性好，称为铸造铝合金。

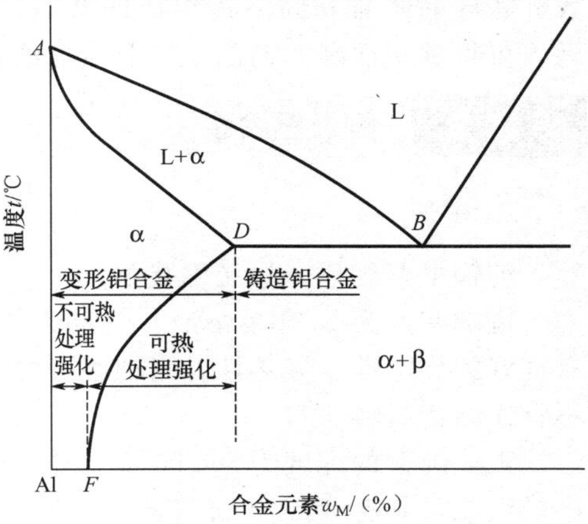

（1）变形铝合金

变形铝合金分为两类，成分在 F 点左边的铝合金称为不可热处理强化铝合金，成分在 F 与 D 点之间的铝合金称为可热处理强化铝合金。

图 5.7 铝合金相图的一般类型

不可热处理强化铝合金主要有防锈铝合金，可热处理强化铝合金主要有硬铝合金、超硬铝合金和锻铝合金。

① 防锈铝合金。防锈铝合金属于 Al－Mg 系或 Al－Mn 系合金，加入锰主要是为了提高合金的耐蚀能力和产生固溶强化，加入镁是为了起固溶强化作用和降低密度。

防锈铝合金强度比纯铝高，并有良好的耐蚀性、塑性和焊接性，但切削加工性较差。防锈铝合金不能热处理强化，只能进行冷塑性变形强化。其典型牌号是 5A05、3A21，主要用于制造构件、容器、管道及需要拉伸、弯曲的零件和制品。

② 硬铝合金。硬铝合金属于 Al－Cu－Mg 系合金，加入铜和镁是为了时效过程产生强化相。

将合金加热至适当温度并保温，使过剩相充分溶解，然后快速冷却以获得过饱和固溶体的热处理工艺称为固溶处理。固溶处理后，铝合金的强度和硬度并不立即升高，而且塑性较好，在室温或高于室温的适当温度保持一段时间后，强度会有所提高，这种现象称为时效。在室温下进行的时效称为自然时效，在高于室温下进行的时效称为人工时效。

硬铝合金典型牌号是 2A01、2A11，主要用于航空工业。

③ 超硬铝合金。超硬铝合金属于 Al－Cu－Mg－Zn 系合金。这类合金经淬火加人工时效后，可产生多种复杂的第二相，具有很高的强度和硬度，切削性能良好，但耐蚀性差。

超硬铝合金典型牌号是 7A04，主要用于航空工业。

④ 锻铝合金。锻铝合金分为 Al－Cu－Mg－Si 系和 Al－Cu－Mg－Fe－Ni 系合金两类。其中 Al－Cu－Mg－Si 系合金元素种类多，但含量少，因而合金的热塑性好，适于锻造，故称锻铝。Al－Cu－Mg－Fe－Ni 系为耐热锻铝合金，常用的牌号有 2A70、2A80、2A90 等，用于制造 50～225℃ 下工作的零件，如喷气发动机压气机叶片、超音速飞机蒙皮等。

（2）铸造铝合金

铸造铝合金按主加元素不同，分为 Al－Si 系、Al－Cu 系、Al－Mg 系和 Al－Zn 系四类。应用广泛的是 Al－Si 系铸造铝合金，通常称为硅铝明。

$w_{Si}=10\%\sim13\%$ 的 Al－Si 二元合金 ZAlSi12，成分在共晶点附近，其铸造组织为粗大针状硅晶体与 α 固溶体组成的共晶，铸造性能良好，但强度、韧性较差，通过变质处理，可得到塑性好的初晶 α 固溶体加细粒状共晶体组织，力学性能显著提高，应用很广。

5.4.2　铜及铜合金

1. 纯铜

纯铜呈紫红色，故又称紫铜。

铜的密度为 8.96 g/cm³，熔点为 1083℃，具有面心立方晶格，无同素异晶转变。它有良好的导电性、导热性、耐蚀性和塑性。纯铜易于热压力和冷压力加工；但强度较低，不宜作结构材料。

工业纯铜的纯度为 99.50%～99.90%，其牌号由 T（"铜"的汉语拼音首字母）及顺序号组成，共有 T1、T2、T3、T4 四个牌号。序号越大，纯度越低。

纯铜广泛用于制造电线、电缆、电刷、铜管、铜棒及配制合金。

2. 铜合金

铜合金有黄铜、青铜和白铜。白铜是铜镍合金，主要用作精密机械、仪表中的耐蚀零件，由于价格高，一般机械零件很少应用。下面主要介绍黄铜和青铜。

（1）黄铜

黄钢是以锌为主要添加元素的铜合金。

① 普通黄铜。铜锌二元合金称为普通黄铜。其牌号由 H（"黄"的汉语拼音首字母）及数字（表示铜的平均质量分数）组成，如 H68 表示铜的质量分数为 68%，其余为锌。

【黄铜的牌号、成分、性能和用途】

锌加入铜中不但能使强度增高，也能使塑性增高。当 $w_{Zn}<32\%$ 时，形成单相 α 固溶体，随着含锌量的增加，其强度增加，塑性改善，适于冷热变形加工；当 $w_{Zn}>32\%$ 时，组织中出现硬而脆的 β 相，使强度升高，而塑性急剧下降；当 $w_{Zn}>45\%$ 时，全部为 β 相组织，强度急剧下降，合金已无使用价值。

② 特殊黄铜。在普通黄铜中再加入其他合金元素便制成特殊黄铜，可提高黄铜强度和其他性能。如加入铝、锡、锰能提高耐蚀性和抗磨性；加入铅可改善切削加工性；加入硅能改善铸造性能等。

特殊黄铜的牌号由 H 与主加合金元素符号、铜的质量分数、合金元素的质量分数组成。如 HPb59-1，表示 $w_{Cu}=59\%$、$w_{Pb}=1\%$，其余成分为锌的铅黄铜。铸造黄铜牌号表示方法与铸造铝合金相同。

（2）青铜

青铜原指铜锡合金，称为锡青铜。但目前已经将含铝、硅、铍、锰等的铜合金都包括在青铜内，统称无锡青铜。

【青铜的牌号、成分、性能和用途】

① 锡青铜。锡青铜是以锡为主要添加元素的铜基合金。按生产方法，锡青铜可分为压力加工锡青铜和铸造锡青铜两类。

压力加工锡青铜中锡的质量分数一般小于 10%，适宜于冷热压力加工。这类合金经形变强化后，强度、硬度提高，但塑性有所下降。

铸造锡青铜中锡的质量分数一般为 10%～14%，在这个成分范围内的合金，结晶凝固后体积收缩很小，有利于获得尺寸接近铸型的铸件。

② 无锡青铜。无锡青铜是指不含锡的青铜，常用的有铝青铜、铍青铜、铅青铜、锰青铜等。

铝青铜是无锡青铜中用途广泛的一种，其强度高、耐磨性好，具有受冲击时不产生火花的特性，而且，铸造时因流动性好，可获得致密的铸件。

5.4.3 轴承合金

滑动轴承中用于制作轴瓦和轴衬的合金称为轴承合金。当轴承支撑轴进行工作时，由于轴的旋转，使轴和轴瓦之间产生强烈的摩擦。为了减少轴承对轴颈的磨损，确保机器的正常运转，轴承合金应具有以下性能要求。

（1）较高的抗压强度和疲劳强度。

（2）摩擦系数小，表面能储存润滑油，耐磨性好。

（3）良好的抗蚀性、导热性和较小的膨胀系数。

（4）良好的磨合性。

（5）加工性能好，原料来源广，价格便宜。

【常用轴承合金的化学成分和力学性能】

为了满足以上性能要求，轴承合金的组织应是在软基体上分布硬质点（如锡基轴承合金、铅基轴承合金）（图 5.8）或硬基体上分布软质点（如铜基轴承合金、铝基轴承合金）。轴承工作时，硬组织起支承抗磨作用；软组织被磨损后形成小凹坑，可储存润滑油，减小摩擦和承受振动。

常用的轴承合金是锡基轴承合金和铅基轴承合金。

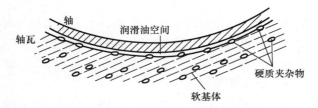

图 5.8 软基体硬质点轴瓦与轴的分界示意图

5.4.4 其他工程材料

1. 粉末冶金

将几种金属或非金属粉末混合后压制成形，并在低于金属熔点的温度下进行烧结，而获得材料或零件的加工方法。其生产过程包括粉末的生产、混料、压制成型、烧结及烧结后的处理等工序。粉末冶金能生产具有特殊性能的材料和制品，是一种少（无）切削精密加工工艺。科技发展对新材料的要求不断增长，粉末冶金材料在民用和国防工业中得到广泛应用。

2. 硬质合金

硬质合金是指以一种或几种高熔点、高硬度的碳化物（如碳化钨、碳化钛等）的粉末为主要成分，加入起黏结作用的金属钴粉末，用粉末冶金法制得的材料。硬质合金具有硬度高（69～81HRC）、热硬性好（900～1000℃时保持 60HRC）、耐磨和高抗压强度等特点。

硬质合金刀具比高速钢刀具切削速度高 4～7 倍，刀具寿命长 5～80 倍，可切削 50HRC 左右的硬质材料。硬质合金制造模具、量具，寿命比合金工具钢高 20～150 倍。

但硬质合金脆性大，不能进行切削加工，难以制成形状复杂的整体刀具，因而常制成不同形状的刀片，采用焊接、黏结、机械夹持等方法安装在刀体或模具体上使用。

小 结

工程材料种类繁多，按化学成分、结合键的特点，可将工程材料分为金属材料、非金属材料和复合材料三大类。金属材料又分为钢、铸铁和有色金属三大类。在金属材料中，碳钢的用量最大。碳钢中的合金元素主要有锰、硅、硫、磷、铜、铬、镍等，它们的存在对钢的性能有重要的影响，通常将合金元素总量小于 5％ 的钢称为低合金钢，合金元素总量在 5％～10％ 的钢称为中合金钢，合金元素总量大于 10％ 的钢称为高合金钢。工程应用铸铁研究的中心问题是如何改变石墨的数量、形状、大小和分布。铸铁组织中石墨的形成过程称为石墨化过程，影响铸铁石墨化的因素有化学成分和冷却速度。根据铸铁中石墨存在的形态，可将铸铁分为灰铸铁、球墨铸铁、可锻铸铁和蠕墨铸铁等，工业上所用的铸铁主要是灰铸铁，而球墨铸铁的石墨呈球状，大大减少了对基体的割裂和尖口作用，其力学性能比普通灰铸铁高得多，强度与钢接近。

自 测 题

一、填空题（每空 2 分，共 12 分）

1. 铸铁的_____性能和_____性能都比钢好。

2. 工程材料的性能包括_____性能和_____性能。

3. 碳钢按钢的用途分为_____和_____。

二、单选题（每小题 2 分，共 16 分）

1. 轴承钢的热处理包括预备热处理（球化退火）和最终热处理，最终热处理采用（   ）。

A. 表面淬火   B. 淬火与高温回火

C. 淬火与中温回火   D. 淬火与低温回火

2. 9Mo2V 是一种合金工具钢，元素前面的数字 9 表示的是（   ）。

A. 钢中含碳量的百分数   B. 钢中含碳量的千分数

C. 钢中含碳量的万分数

3. 防锈铝合金的强度比纯铝高，并且（   ）。

A. 有良好的耐蚀性、塑性和切削加工性

B. 有良好的耐蚀性、焊接性和切削加工性较。

C. 有良好的耐蚀性、塑性和焊接性，但切削加工性较差

4. 冷作模具钢的热处理包括预备热处理（球化退火）和最终热处理，最终热处理采用（   ）。

A. 表面淬火   B. 淬火后低温回火

C. 淬火后中温回火   D. 淬火后高温回火

5. 40Cr 属于（   ）。

A. 合金钢   B. 普通碳素结构钢

C. 优质碳素结构钢   D. 工具钢

6. 切削塑性材料应选用 YT 类牌号的（   ）刀具。

A. 碳素工具钢   B. 合金工具钢

C. 高速钢   D. 硬质合金

7. 制作锉刀、模具时，应选用的材料及热处理是（   ）。

A. 45 钢，淬火＋高温回火   B. T12 钢，淬火＋低温回火

C. T8 钢，淬火＋高温回火   D. T12 钢，正火

8. 40CrNiMo 是一种合金结构钢，元素前面的数字 40 表示的是（   ）。

A. 钢中含碳量的千分数   B. 钢中含碳量的万分数

C. 钢中含碳量的百分数   D. 钢中合金元素的总含量

三、判断题（每题 2 分，共 26 分）

1. ZG200 - 400，表示 $R_{eL} \geqslant 200$MPa，$R_{p0.2} \geqslant 400$MPa。　　　　　　（　　）

2. 合金元素总量在 6%～9% 的钢称为中合金钢。　　　　　　　　　　　（　　）

3. 9SiCr 是一种合金工具钢，元素前面的数字 9 表示钢中含碳量的万分数。（　　）

4. GCr9 表示 $w_{Cr} = 9\%$ 的轴承钢。　　　　　　　　　　　　　　　（　　）

5. Q235 可以不进行热处理而直接使用。　　　　　　　　　　　　　　　（　　）

6. 常用的轴承合金是锡基轴承合金和铜基轴承合金。　　　　　　　　　　（　　）

7. 渗碳钢多用来制造硬度高、耐磨性好的零件，因此常用的渗碳钢的含碳量都很高。

　　　　　　　　　　　　　　　　　　　　　　　　　　　　　　　　（　　）

8. 合金元素都使 $Fe - Fe_3C$ 相图的 S 点和 E 点向左移，即使钢的共析碳的质量分数和碳在铁素体中的最大溶解度降低。　　　　　　　　　　　　　　　　　（　　）

9. 钢中渗碳体量增加，强度提高。　　　　　　　　　　　　　　　　　　（　　）

10. 要获得均匀的奥氏体，合金钢的加热温度应比碳钢高，但保温时间不一定比碳钢长。　　　　　　　　　　　　　　　　　　　　　　　　　　　　　　　（　　）

11. 高速工具钢热处理特点主要是高的加热温度（1200℃ 以上），高的回火温度（560℃ 左右），高的回火次数（3 次）。　　　　　　　　　　　　　　　（　　）

12. 铜合金有黄铜、青铜和红铜，纯铜呈紫红色，又称紫铜。　　　　　　　（　　）

13. 与灰铸铁相比，可锻铸铁具有较高的强度和韧性，故可锻铸铁可以进行锻造。

　　　　　　　　　　　　　　　　　　　　　　　　　　　　　　　　（　　）

四、问答题（共 46 分）

1. 要制造凿子、锯条、塞规，请问分别选择 T7、T10、T13 中的哪种材料？为什么？（16 分）

2. 合金元素对钢加热时奥氏体形成有何影响？（15 分）

3. 影响铸铁石墨化的因素是什么？（15 分）

【第 5 章　自测题答案】

模块2
材料成形工艺

第6章

金属的液态成形

教学要点

1. 理解金属材料的凝固理论及基本概念。
2. 理解铸造成形性能与成形方法。
3. 熟悉铸造工艺设计内容。
4. 掌握铸件结构设计的要求。

引言

材料的成形过程对其制件的使用性能有重要影响。理解并掌握其成形规律对于提高生产效率和产品质量非常重要。铸造过程的传热、收缩与合金材料本身的凝固特性及其相互影响，对获得合格铸件至关重要。本章主要介绍砂型铸造的理论及工艺设计。

6.1　金属液态成形理论基础

6.1.1　材料成形工艺简介

使材料成为零件、部件或构件等制品的工艺过程称为材料成形。材料成形大体上可分为液态成形、固态成形和连接成形三种形式。材料成形技术的发展成果是人类社会文明进步的重要标志。对于金属材料的成形来讲，上述三种成形方法最具代表性的成形工艺分别是铸造、塑性加工和焊接。

铸造是历史悠久的金属液态成形方法。中华民族是世界上最早掌握铸造技术的民族之一，在商周时期，我国的青铜器铸造技术就已相当发达。在人类文明进程相当长的时期内，铸造在金属产品的生产中都居于首要地位，是金属制品在从无到有的生产制作过程中首先要经历的工艺过程，有着不可替代的作用。即使在 21 世纪，铸造仍然是金属制品的重要成形加工方法，铸件在机械设备的零部件组成中占比非常大。

图 6.1 所示为金属制品（包括铸件、锻件、冲压件、焊接件或焊接结构及机械切削加工零件）的制作工艺路线。由图可见，金属液经铸造成为制品的工艺路线最短，相对来讲工艺复杂程度最低。随着人类对金属制品使用性能、外观质量要求的不断提高及近代工业技术的进步，多数的金属制品还需经历塑性加工、焊接等其他的成形工艺过程。

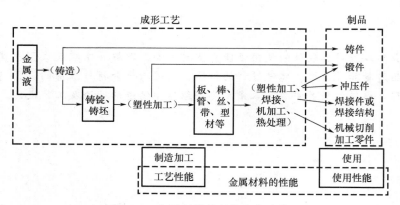

图 6.1　金属制品的制作工艺路线

金属制品在具体的成形工艺中表现出的成形难易程度，称为加工工艺性能或工艺性能。制造加工过程中要重点关注金属材料的工艺性能，工艺性能好有助于降低成形加工成本和环境污染，提高成品率和经济效益。在使用阶段则重点关注金属制品的使用性能（如力学性能等）。

金属材料的加工工艺包括成形工艺（如铸造、锻压及焊接）和改性工艺（如热处理及其他表面处理技术）。金属材料的加工工艺决定了其制品的组织，而组织决定了制品的使用性能。合理选用成形工艺对金属制品的性能及长期、可靠使用至关重要。

不同金属材料的成形工艺有很大不同。如机械设备中常用的铸铁件，100% 要通过铸造成形；而钢制品中，经铸造成形的比例一般不超过 2%，超过 98% 的钢制品要通过图 6.1 所示的塑性加工、焊接等工艺才能成形。

纯金属的结晶

金属液凝固成为晶体的过程称为凝固结晶，简称为结晶。

1. 理论结晶温度与过冷度

纯金属的理论结晶温度 T_m 是该纯金属的液态与固态可以和谐共存的温度，为恒定值。研究结晶常用热分析试验，通过记录凝固过程中不同时刻对应的金属材料的温度，得到温度-时间曲线。大量的试验表明，纯金属都是在低于 T_m 的某一恒定温度 T_i（称实际结晶温度）和一定的时间段 t_i（称凝固时间）内完成结晶的，称 $\Delta T_i = T_m - T_i$ 为过冷度。改变金属液的冷却速度可以改变过冷度 ΔT_i 及凝固时间 t_i，冷却速度越小，则 ΔT_i 越小，t_i 越大，T_i 越接近 T_m。图 6.2 所示为不同冷却速度下纯金属的冷却曲线。

除冷却速度外，过冷度随金属的本性和纯度的不同而变化。金属不同，过冷度的大小也不同；金属的纯度越高，凝固所需的过冷度越大。

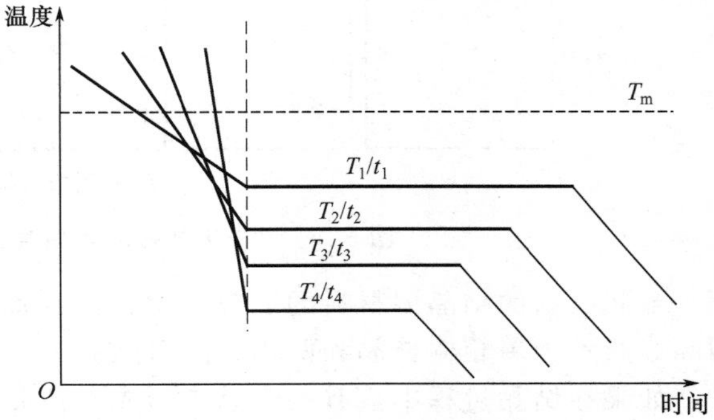

图 6.2 不同冷却速度下纯金属的冷却曲线

2. 结晶潜热

物质从一个相转变为另一个相时，伴随着放出或吸收的热量称为相变潜热。金属熔化时从固相转变为液相是吸收热量，而结晶时从液相转变为固相则放出热量，前者称为熔化潜热，后者称为结晶潜热（可从图 6.3 冷却曲线上反映出来）。当液态金属的温度达到结晶温度 $T_i (i=1, 2, 3, 4, \cdots)$ 时，由于结晶潜热的释放，补偿了散失到周围环境的热量，因此在冷却曲线上出现了平台，平台延续的时间就是结晶过程所用的时间，结晶过程结束，结晶潜热释放完毕，冷却曲线便又继续下降。冷却曲线上的第一个转折点，对应着结晶过程的开始，第二个转折点则对应着结晶过程的结束。

3. 金属结晶的微观过程

金属的结晶过程是形核与长大的过程（参见图 6.3）。结晶时先在液体中形成具有某一临界尺寸的晶核，然后这些晶核不断凝聚液体中的原子继续长大。形核过程与长大过程既紧密联系又相互区别。

当液态金属过冷至理论结晶温度以下的实际结晶温度时，晶核并未立即出生，而是经一定时间后才开始出现第一批晶核。结晶开始前的这段停留时间称为孕育期。随着时间的推移，已形成的晶核不断长大，与此同时，液态金属中又产生第二批晶核。依此类推，原有的晶核不断长大，同时又不断产生新的第三批晶核、第四批晶核……就这样液态金属中不断形成新晶核，旧晶核不断长大，使液态金属越来越少，直到各个晶粒相互接触，液态金属耗尽，结晶过程结束。由一个晶核长成的晶体，就是一个晶粒。由于各个晶核是随机形成的，其位向各不相同，因此各个晶粒的位向也不同，这样就形成一块多晶体金属。工程常用的金属制品在微观上都是多晶体。多晶体要通过液态金属经历凝固结晶过程才能得

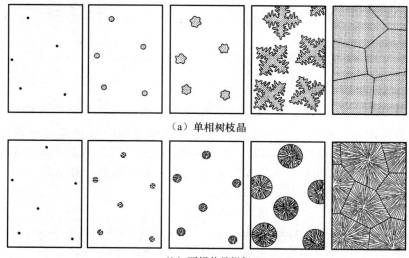

（a）单相树枝晶

（b）两相共晶组织

图 6.3　单相树枝晶和两相共晶组织的等轴凝固过程

到。金属材料的结晶因材料的成分、组元的结晶特性及组元间的相互作用而有很大不同。图 6.3 所示为单相树枝晶和两相共晶组织的等轴凝固过程。

如果在结晶过程中只有一个晶核形成并长大，那么就形成一块单晶体金属。

4．金属结晶的热力学条件

液态金属只有在低于理论结晶温度的条件下才能结晶，这一现象可以用热力学理论给予解释。热力学第二定律指出：在等温等压条件下，物质系统总是自发地从自由能较高的状态向自由能较低的状态转变。

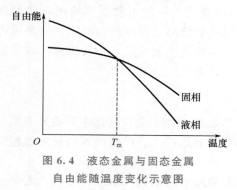

图 6.4　液态金属与固态金属
自由能随温度变化示意图

图 6.4 所示为液态金属（下称液相）与固态金属（下称固相）自由能随温度变化示意图。

由图可见，液相与固相的自由能都随温度的升高而降低，但液相自由能降低的速度更快，所以两条曲线一定有一个交点，在该交点处，液相与固相的自由能相等，即两相同时存在，该交点对应的温度就是 T_m。从图 6.4 可以看出，只有当温度低于 T_m 时，固相的自由能才低于液相的自由能，液相也才可以自发地转变为固相。如果温度高于 T_m，液相的自由能低于固相的自由能，此时只有金属熔化才能降低系统的自由能。由此可见，液相要结晶，其结晶温度一定要低于 T_m，此时固相的自由能低于液相的自由能，固相与液相的自由能之差，就是结晶的驱动力。理论分析表明，自由能差与过冷度成正比，即过冷度越大，结晶的驱动力越大，结晶速度越快。

5．晶核的形成

液相中的原子从大范围看，是无序分布的，原子相互间的位置时刻在变化。但是，有的区域中，液态原子的排列会呈现出十分接近其晶体结构时的规则排列的情况，这种现象称为短程有序。在晶体中，大范围内的原子是有序排列的，称为长程有序。液相中的短程有序的特点是瞬间出现，瞬间消失，此起彼伏，极不稳定。处于短程有序状态的原子集团的空间尺寸也较小。

在过冷金属液中，处于短程有序的原子集团的尺寸可能很大，并且维持的时间也可以稍长，这时这个原子集团就成为晶核的前身——晶胚。晶胚在两种条件下可以转变为晶核，一是其尺寸大于某一临界尺寸从而成为稳定的晶核；二是有其他原子加入，其他无序原子通过扩散附着过来。变成有序原子的过程需要一定的能量才能完成。

宏观上，液态金属具有一个特定的温度，但在微观上，有的区域温度稍高，有的稍低，并且高低温度的区域时刻变化，这种现象称为能量起伏。当足够数量的、处于稍高温度的液态原子附着于晶胚时，晶胚变为晶核所需的原子及能量条件就可同时满足，这时一个稳定的晶核便形成了。

在实际的液态金属中，即便通常所说的纯金属也总会有一定量的固体杂质，这些未熔杂质可以作为现成的晶核，液态金属原子直接附着其上结晶长大。实验表明，大多数金属材料的结晶，固体杂质对形核的贡献远大于金属自身。

6. 形核率与晶核长大

形核率是指单位时间内、单位体积液体中形成的晶核的数目。形核率越高，单位体积的液态金属结晶后得到的晶粒数越多。

只有在过冷的情况下，才能形核。过冷度对形核率的影响：过冷度越大，处于短程有序态的原子集团的尺寸越大，晶核形成的概率越大。但过冷度越大，即温度越低，却越不利于原子的扩散，即越不利于晶核的形成。在这样两种影响的共同作用下，只有当过冷度处于某一最佳范围时，形核率比较大，并会出现最大值。

金属液在熔炼时的温度对形核率有很大影响，如果熔炼温度太高，会使固态杂质大部分熔化，则形核率将大幅降低。

对于金属来讲，晶核是以树枝状的生长方式长成晶粒的。近于球状的晶核在生长过程中，有些方向上生长较快，并越来越突出，成为一次枝晶，当达到一定尺寸后，还会在一次枝晶上生出二次枝晶，二次枝晶上还会生出三次枝晶……直到将液态金属耗尽，最后从最初的晶核生发出的所有的枝晶形成一个晶粒。图 6.5 所示为钢锭凝固过程中的树枝晶。

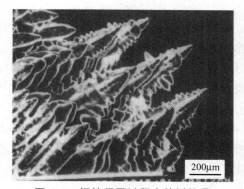

200μm

图 6.5　钢锭凝固过程中的树枝晶

7. 晶粒大小的控制

对不同的多晶体金属进行金相观察发现，过冷度越大，单位面积中的晶粒数越多；对这些金属进行力学性能测试的结果表明，过冷度越大，金属的强度、硬度、塑性、韧性越高。这提示人们，在材料成分不变的情况下，可以用细化晶粒来提高其强度，这种方法称为细晶强化。应当注意，对于在高温下工作的金属材料，晶粒过于细小性能反而不好（因为在高温下晶界对变形的阻力大大减弱，原子沿晶界的扩散比晶内快），一般希望得到适中的晶粒尺寸；对于制造电机和变压器的硅钢片来讲，晶粒越大越好，这时磁滞损耗小。

金属结晶时，每个晶粒都是由一个晶核长大而成的。晶粒的大小取决于形核率和长大速度的相对大小。形核率越大，则单位体积的晶核数目越多，每个晶粒的长大余地越小，因而长成的晶粒越小。同时长大速度越小，长大过程中会有更多的晶核形成，也会使晶粒越小。反之，形核率越小而长大速度越大，则会得到越粗大的晶粒。可见，凡能促进形核、抵制长大的因素，都能细化晶粒。工业生产中，可以采用以下几种方法细化晶粒。

（1）控制过冷度。增大过冷度会导致形核率和长大速度都增加，但形核率的增长速度更快，因而在一般金属结晶时的过冷范围内，过冷度越大，晶粒越细小。增加过冷度的方法主要是提高液态金属的冷却速度。如在铸造中可以用金属型或石墨型代替砂型，增加金属型的厚度，降低金属型的温度，局部加冷铁等。

（2）变质处理。用增加过冷度的方法细化晶粒只对小型或薄壁铸件有效，对较大的厚壁铸件就不适用了。因为当铸件截面较大时，只有表面冷得快，而心部冷得慢，无法使整个铸件都获得细小而均匀的晶粒。这时可用变质处理的方法。

变质处理是在浇注前向液态金属中加入形核剂（又称变质剂），促进形成大量的非均匀晶核来细化晶粒。

（3）振动、搅动。对凝固中的金属进行振动或搅动，一方面可将外部能量输入金属液，促使晶核提前形成，另一方面可使成长中的晶核破碎，使晶核数目增加。进行振动或搅动的方法可以是机械振动、转动，也可以是超声波处理或电磁搅拌等。

6.1.3　合金的结晶

纯金属的组元只有一种，而合金的组元至少是两种。因组元增加，合金的结晶与纯金属的结晶有很大不同，但都是通过形核与长大过程完成的。

1. 固溶体的结晶

合金在液态时，内部除了有短程有序原子集团和能量起伏外，还有成分起伏，即有的微区成分偏高，有的微区成分偏低，这些微区的位置也是时刻变化的。固溶体合金的形核地点就是在这些出现了短程有序原子集团且能量起伏和成分起伏满足特定条件的地方。与纯金属的凝固相对照，固溶体合金的凝固有两个特点。

（1）异分结晶

固溶体合金结晶过程中所结晶出的固相与液相成分不同，这种现象称为异分结晶或选择结晶。异分结晶的特点是，在结晶过程中，溶质原子要在固相与液相之间不断地重新分配。为讨论方便，引入溶质分配系数 k_0，它表示固相溶质浓度 C_S 与液相溶质浓度 C_L 之比，即

$$k_0 = C_S/C_L$$

当液相线和固相线随溶质增加而降低时，$k_0 < 1$；反之，则 $k_0 > 1$。k_0 与 1 的距离越大，说明固溶体合金的液相线和固相线之间的水平距离越远，因而溶质组元分配的强度越大。

（2）需要一定的温度范围

固溶体合金的结晶需要在由液相线和固相线所决定的温度范围内进行，称此温度范围为该合金的凝固温度区间。在凝固温度区间内的每一个温度点，只能结晶出一定数量的固相。随着温度的下降，固相数量增多，同时固相成分和液相成分分别沿固相线和液相线连续改变，直到固相成分与凝固前的液相成分一样时，结晶才结束。这就意味着，固溶体合

金在结晶时，始终在进行着溶质和溶剂原子的扩散，其中不但包括液相和固相内部原子的扩散，还包括液相与固相通过相界面进行的原子互扩散，这需要足够长的时间才能完成。这种在足够长的时间、扩散充分条件下进行的结晶称为平衡结晶。

下面通过一个简化的匀晶相图和成分为 C_0 的合金，说明固溶体合金的平衡结晶过程，如图 6.6 所示。假如成分为 C_0 的合金在温度 T_1 时开始结晶，则形成成分为 k_0C_1 的固溶体晶核。但是由于固相的晶核是在成分为 C_0 的原有液相中形成的，因此势必要将多余的溶质原子通过固液界面向液相排出，使界面处的液相成分达到该温度下的平衡成分 C_1，但此时远离固液界面处的液相成分仍保持着原来的成分 C_0，这样，在界面的邻近区域即形成了浓度梯度，如图 6.7(a) 所示。

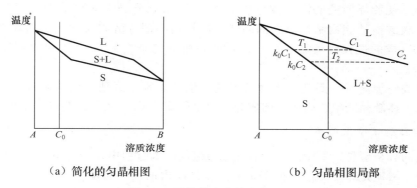

(a) 简化的匀晶相图　　　　　　(b) 匀晶相图局部

图 6.6　固溶体合金的平衡结晶

浓度梯度的存在，必然引起液相内溶质原子和溶剂原子的相互扩散，即界面处的溶质原子向远离界面的液相扩散，而远处液相中的溶剂原子向界面处扩散，结果使界面前液相的溶质原子浓度自 C_1 降至 C_0'，如图 6.7(b) 所示。但是，在温度 T_1 下，在热力学上，只能存在成分为 C_1 的液相与成分为 k_0C_1 的固相之间的平衡，界面处液相成分的任何偏离都将破坏这一相平衡关系，这是不允许的。为了保持界面处应有的相平衡关系，只有使固液界面向液相移动，即晶体长大，通过晶体长大所排出的溶质原子使界面处的液相浓度达到平衡成分 C_1 ［图 6.7(c)］。相界面处相平衡关系的重新建立，又造成液相成分的不均匀，出现浓度梯度，这势必又引起原子的扩散，破坏相平衡，最后导致晶体进一步长大，以维持原来的相平衡。如此反复，直到液相成分全部变到 C_1 为止，如图 6.7(d) 所示。如果温度不再变化，则固相与液相的成分和相对质量分数都将保持不变。

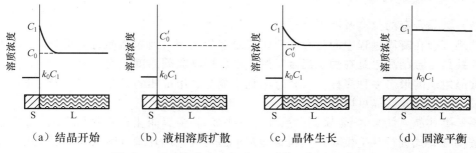

(a) 结晶开始　　　(b) 液相溶质扩散　　　(c) 晶体生长　　　(d) 固液平衡

图 6.7　固溶体合金在温度 T_1 时的平衡结晶过程

当温度自 T_1 降至 T_2 时，结晶过程的继续进行，一方面依赖于在温度 T_1 时所形成晶体的继续长大，另一方面将依赖在温度 T_2 时重新形核并长大。在 T_2 时的重新形核和长大过程与 T_1 时相似，只不过此时液相的成分已是 C_1，新的晶核是在 C_1 成分的液相中形成的，而且晶核的成分为 k_0C_2，与其相邻的液相成分应为 C_2，因为这时能够平衡的是成分为 C_2 的液相与成分为 k_0C_2 的固相。此外，在 T_1 时形成的晶体在 T_2 时继续长大，由于在 T_2 时新生长的晶体成分为 k_0C_2，因此又出现了新旧固相间的成分不均匀问题。这样一来，无论是在液相内还是在固相内都形成了浓度梯度。于是，不但在液相内存在扩散过程，而且在固相内也存在扩散过程，这就使界面处液相和固相的浓度都发生了改变，从而破坏了界面处的相平衡关系。这在热力学上也是不允许的。为了建立 T_2 时的相平衡关系，使相界面处的液相成分仍为 C_2，固相成分仍为 k_0C_2，只有使已结晶的固相进一步长大或由液相内结晶出新的晶体，以排出一部分溶质原子，达到新平衡所需的浓度条件。这样的过程要反复进行，直到液相成分完全变为 C_2，固相成分完全变为 k_0C_2 时才停止。

结晶的进一步进行，要进一步降低温度。依此类推，直到温度达到该合金的固相线时，最后的液体结晶完毕，固溶体的成分与合金的成分 C_0 一致，结晶过程结束。

2. 固溶体的不平衡结晶

从上面的分析可见，平衡结晶只有在极缓慢的降温过程中才能完成，这时溶质与溶剂原子的扩散才可能是充分的，使得在结晶温度区间内的任一温度下，液相成分均匀一致，固相成分也均匀一致（但两者不等）。而在实际生产中，冷却速度都是很快的，扩散过程来不及充分进行温度就已开始继续下降了，这就使得固、液两相，尤其是固相内出现浓度梯度，即成分不均匀。这种条件下的结晶称为不平衡结晶。不平衡结晶对金属的组织与性能影响很大。

由对平衡结晶的分析可知，在一个晶粒内，后结晶部分的成分与先前结晶部分的成分不同。将晶粒内因扩散不充分导致成分上出现差异的现象，称为晶内偏析或枝晶偏析。k_0 与 1 的距离增大或溶质原子的扩散能力减小，都会使晶内偏析倾向增大。晶内偏析是一种微观偏析，其存在的区域是一个晶粒的尺度。

冷却速度对偏析的影响比较复杂，一般来说，冷却速度越大，则晶内偏析程度越大。但是冷却速度越大，过冷度也越大，可以得到较细小的晶粒，尤其对于小型铸件，当以很大的速度过冷至很低的温度时，反而能得到成分均匀的铸态组织。

3. 共晶合金的结晶

（1）共晶合金的分类及特点

共晶合金在凝固过程中同时存在两个或更多的固相，因而结晶行为更复杂。与纯金属一样，共晶合金结晶也是在恒定温度下进行的，即其凝固温度区间为零。

共晶组织的形态多种多样，与合金的化学成分、组成相的晶体学特性及生长条件等因素有关。金属二元共晶可以分为两类。

第一类共晶，如金属-金属共晶系统及一些金属-金属间化合物共晶系统。此类共晶的两相按耦合方式进行共生生长，其典型微观形态为规则层片状（图 6.8），或其中一相为平行排列的棒状（图 6.9）或纤维状。因此，此类共晶组织称为规则共晶。

第二类共晶，如某些金属-金属间化合物共晶系统及金属-非金属共晶系统。此类共晶的两相也按耦合方式进行共生生长，但对凝固条件十分敏感，易发生弯曲或分枝，所得组织无规则，因此称为非规则共晶。

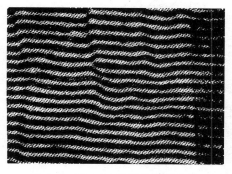
图 6.8　Pb-Sn 层片状规则共晶

图 6.9　Al-Al₃Ni 棒状规则共晶

（2）规则共晶的凝固

① 层片状共晶组织的形核过程。层片状共晶组织是最常见的共生共晶组织，现以球状共晶团为例，讨论层片状共晶组织的形成过程。如图 6.10 所示，设共晶转变开始时，液相内先通过形核而析出富 A 组元的领先相 α 固溶体小球。α 相的析出促使界面前沿 B 组元原子的不断富集，同时 α 相还为新相（β相）的析出提供了有效基底，从而导致 β 相固溶体在 α 相球面上析出。在 β 相析出过程中，向前方的液相中排出 A 组元原子，也向与小球相邻的侧面方向（球面方向）排出 A 原子，从而促使 α 相依附于 β 相的侧面长出分枝。α 相分枝生长又反过来促使 β 相沿着 α 相的球面与分枝的侧面迅速铺展，并进一步导致 α 相产生更多的分枝。如此交替进行，很快就形成了具有两相沿着径向并排生长的球形共生界面双相核心，这就是二元共晶的形核过程。

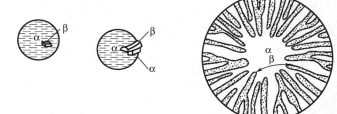
图 6.10　球形共晶的形核与长大

② 层片状共晶组织的扩散耦合生长。层片状规则共晶的生长取决于热流方向及原子扩散，两相并排地向前生长，其长大方向垂直于共同的固、液界面，并借助于 A、B 组元横向的扩散耦合而协同生长。为了方便理解，首先假想共晶两相在相互隔离的两个容器中从共晶成分的液体中生长出来，如图 6.11（a）所示，α 相向液体中析出 B 原子，而 β 相向液体中析出 A 原子。溶质在生长方向必然发生长程扩散，导致从界面开始向前端液相中的溶质分布以指数形式衰减或增加，从而产生图 6.11（a）所示的溶质分布效果。

现在设想将两相并列放在一起，并且两相固、液界面在同一平面上，如图 6.11（b）所示，这相当于层片状规则共晶生长的实际情况，这种情况非常有利于两相的生长，因为由其中一相析出的溶质恰恰满足另一相的生长需求。因此，沿固、液界面的横向扩散将起

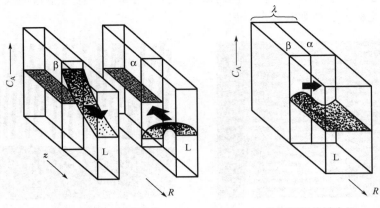

（a）两相相互隔离生长　　　　　　　　（b）两相并排生长

图 6.11　层片状共晶生长时固、液界面前沿成分分布及扩散场示意图

支配性作用 ［图 6.11(b) 中的黑色粗箭头所示］。

（3）不平衡结晶条件下的共晶共生区

根据平衡相图，共晶成分的合金凝固后为 100％ 的共晶组织，而任何偏离共晶成分的合金凝固后都不能获得 100％ 的共晶组织，应为 α 或 β 初生相加共晶组织。然而，实际共晶凝固过程不可能完全遵循平衡相图而获得相应组织，在不平衡条件下通常出现两种情况：①共晶成分的合金在冷却速度较快时不一定能得到 100％ 的共晶组织，而可能得到亚共晶组织或过共晶组织；②有些非共晶成分的合金反而得到 100％ 的共晶组织。

为了解释非共晶成分可以获得完全共晶组织的现象，早期有人提出伪共晶区的概念。依据热力学分析，非共晶成分的合金液过冷到图 6.12(a) 所示的两条液相线的延长线所包围的区域时，它们可以产生完全的共晶组织。因为这时对 α 相及 β 相都具有过冷度，它们可以同时结晶出来，耦合生长成为共晶组织。这样的共晶组织为非共晶成分，称为伪共晶，两条液相线的延长线所包围的区域称为伪共晶区。

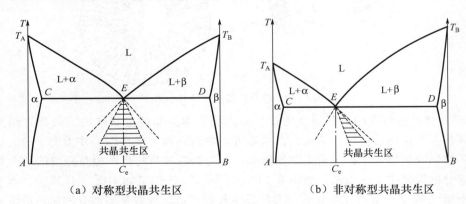

（a）对称型共晶共生区　　　　　　　　（b）非对称型共晶共生区

图 6.12　伪共晶区及共晶共生区

然而，伪共晶区的概念却不能解释共晶成分合金有时得不到 100％ 共晶组织的现象。为此，后来有人进一步提出共晶共生区的概念。该理论认为，一定成分的合金液只有过冷到图 6.12(b) 所示的阴影区域，α 及 β 两相才可能发生共晶共生生长。可见，这一区域只

是两条液相线的延长区内的一部分。所谓共生生长，是指在共晶生长过程中，两相彼此交替相邻且具有共同的生长界面，通过界面前方液相中溶质的横向耦合扩散，互相不断地为相邻的另一相提供生长所需的组元，彼此协同向前生长。前面所讨论的层片状规则共晶的耦合生长方式即典型的共生生长。对应于相图上发生共晶共生生长的区域称为共晶共生区。其中，图 6.12(a) 所示的情况为对称型共晶共生区，发生在两个组元熔点相近、两条液相线基本对称、两相长大速度基本相同的合金中；图 6.12(b) 所示为非对称型共晶共生区，发生在两个组元熔点相差较大、两条液相线不对称、共晶两相性质相差较大的合金中。由此不难理解，在图 6.12(b) 所示的情况下，共晶成分的合金在一定过冷度下先析出初生 α 相，当液相成分进入共生区后才可能发生共生生长，因此得不到 100% 的共晶组织。

6.1.4　金属凝固的宏观组织与缺陷

在实际生产中，液态金属是在铸锭模或铸型中凝固的，前者得到铸锭，后者得到铸件。虽然它们的结晶过程均遵循结晶的普遍规律，但是铸锭或铸件冷却条件的复杂性，给铸态组织带来很多特点。铸态组织包括晶粒的大小、形状和取向，合金元素和杂质的分布及铸锭中的缺陷（缩孔、气孔……）等。对铸件来说，铸态组织直接影响它的力学性能和使用寿命；对铸锭来说，铸态组织不但影响它的压力加工性能，而且影响压力加工后的金属制品的组织及性能。

1. 铸锭三晶区的形成

纯金属铸锭的宏观组织通常由三个晶区组成，即外表层的细晶区、中间的柱状晶区和心部的等轴晶区，如图 6.13 所示。根据浇注条件的不同，铸锭中晶区的数目及其相对厚度可以改变。

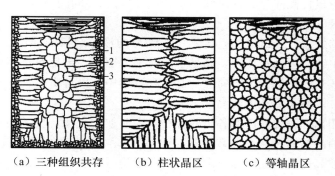

（a）三种组织共存　　（b）柱状晶区　　（c）等轴晶区

1—细晶区；2—柱状晶区；3—等轴晶区

图 6.13　铸锭组织示意图

（1）细晶区

当高温的金属液体倒入铸型后，结晶先从型壁处开始。这是由于温度较低的型壁有强烈的吸热和散热作用，使靠近型壁的一薄层液体产生极大的过冷度，加上型壁可以作为非均匀形核的基底，因此在此一薄层液体中立即产生大量的晶核，并同时向各个方向生长。由于晶核数目很多，邻近的晶粒很快彼此相遇，不能继续生长，这样便在靠近型壁处形成一层很薄的细等轴晶粒区，称为细晶区，又称激冷区。

细晶区的形核数目取决于下列因素：型壁的形核能力及型壁处所能达到的过冷度，后者主要依赖于铸型的表面温度、铸型的热传导能力和浇注温度等因素。如果铸型的表面温度低，热传导能力好及浇注温度较低，就可获得较大的过冷度，从而使形核率提高、细晶区的厚度增加。相反，如果浇注温度高，铸型的散热能力差而使其温度很快升高，就大大降低了晶核数目，细晶区的厚度就会减小。

细晶区的晶粒十分细小，组织致密，力学性能很好。但由于细晶区的厚度一般都很薄，有的只有几毫米，因此没有多大的实际意义。

（2）柱状晶区

柱状晶区由垂直于型壁的粗大柱状晶构成。在表层细晶区形成的同时，一方面型壁的温度由于被液态金属加热而迅速升高，另一方面由于金属凝固后的收缩，使细晶区和型壁脱离，形成空气层，给液态金属的继续散热造成困难。此外，细晶区的形成还释放出大量的结晶潜热，也使型壁的温度升高。上述情况，均使液态金属冷却减慢，温度梯度变得平缓，这时即开始形成柱状晶区，其原因如下。①尽管在结晶前沿液体中有适当的过冷度，但这一过冷度很小，不能生成新的晶核，但有利于细晶区内靠近液相的某些小晶粒的继续长大，而离柱状晶前沿稍远处的液态金属尚处于过热之中，无法另行生核，因此结晶主要靠晶粒的继续长大来进行。②垂直于型壁方向散热最快，因而晶体沿其相反方向择优生长成柱状晶。晶体的长大速度是各向异性的，一次晶轴方向长大速度最大，但是由于散热条件的影响只有那些一次晶轴垂直于型壁的晶粒长大速度最快，迅速地并排优先长入液体中。由于这些优先成长的晶粒并排向液体中生长，侧面受到彼此的限制而不能侧向生长，只能沿散热方向生长，从而形成了柱状晶区。各柱状晶的位向都是一次晶轴方向，结果柱状晶区在性能上就显示出了各向异性。

在柱状晶区，晶粒彼此间的界面比较平直，组织比较致密。但当沿不同方向生长的柱状晶相遇时，会形成柱晶间界。柱晶间界是杂质、气泡、缩孔富集的区域，力学性能差。

（3）等轴晶区

随着柱状晶的发展，经过散热，铸锭中心部分的液态金属的温度全部降至熔点以下，再加上液态金属中杂质等因素作用，满足了形核率的要求，于是在整个剩余液体中同时形核。由于此时的散热已经失去了方向性，晶核在液体中可以自由生长，在各个方向上的长大速度大致相当，因而长成了等轴晶。

与柱状晶区相比，等轴晶区的各个晶粒在长大时彼此交叉，枝叉间的搭接牢靠，力学性能较好；但等轴晶的树枝状晶体较发达，分枝较多，因此显微缩孔较多，组织不致密。但这些缩孔并未被氧化，因此经热压力加工后一般均可焊合，对性能影响不大。因此一般的铸锭或铸件，都要求得到发达的等轴晶组织。

2.铸锭缺陷

常见的铸锭缺陷有缩孔、气孔（气泡）及夹杂物等。

（1）缩孔

金属材料具有热胀冷缩的性质，原来填满铸型的液态金属，凝固后就不会是填满的，如果没有液态金属补充，就会出现收缩孔洞，称为缩孔。缩孔会使铸件的有效承载面积减小，导致应力集中，可能导致开裂，并降低铸件的气密性。缩孔的出现是不可避免的，人们只能通过改变结晶时的冷却条件和铸锭的形状来控制其出现的部位和分布状态。

缩孔分为集中缩孔和分散缩孔（缩松）两类。

① 集中缩孔。图 6.14 为集中缩孔形成示意图。当液态金属浇入铸型后，与型壁先接触的一层液体先结晶，中心部分最后结晶，先结晶部分的体积收缩可以由尚未结晶的液态金属来补充，而最后结晶的部分则没有。因此整个铸锭结晶时的体积收缩都集中到最后结晶的部分，于是便形成了集中缩孔。一般集中缩孔的下部还有些中心线缩孔。

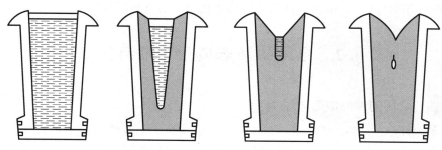

图 6.14　集中缩孔形成示意图

集中缩孔破坏了铸锭的完整性，而且一般富集杂质，因此必须切除。在铸件中，一般集中缩孔出现在厚大的部位。控制集中缩孔的方法：一是加快铸锭底部的冷却速度，如使用冷铁，使凝固尽可能自下而上进行，从而大大减小集中缩孔；二是在铸件的厚大部位旁设置冒口，将集中缩孔引致铸件以外。

② 分散缩孔。大多数金属结晶时以树枝状晶的方式长大，在柱状晶，尤其是粗大的中心等轴晶形成过程中，由于树枝状晶的充分发展及各枝晶间相互穿插和相互封锁，使一部分液体被分割、孤立，凝固收缩得不到液体补充，结晶结束后，便在这些区域形成许多分散的缩孔，称为缩松。一般情况下，缩松分布的区域很大，严重时在整个铸件截面上均有发生。缩松处没有杂质，表面也未氧化，在压力加工中可以焊合。

【铸件缩松的形成过程】

（2）气孔

液态金属中总会溶解一些气体，主要是氢气、氧气和氮气。气体在固体中的溶解度往往比在液体中低很多。当液体凝固时，其所溶解的气体将以分子状态逐渐聚集于固液界面液体一侧，形成气泡。气泡长大到一定程度后会上浮，若来不及浮出金属表面，就会留在金属中，形成气孔。

【气孔】

气孔对铸件造成的危害与缩孔类似。在生产中要对液体金属采取脱气处理。铸锭内部的气孔一般可以焊合，而靠近铸锭表层的气孔则可能由于破裂而被氧化，在压力加工时就不能被焊合了，这时就需要在压力加工前进行切削。

（3）夹杂物

铸锭中的夹杂物，根据其来源可分为两类：一类为外来夹杂物，如在浇注过程中混入的耐火材料等；另一类为内生夹杂物，是在液态金属冷却过程中形成的，如金属与气体形成的金属氧化物或其他金属化合物。夹杂物的存在对铸锭（件）的性能会产生不利影响。

3. 宏观偏析

前面介绍了晶内偏析，它是一种微观偏析，因为存在区域很小，可以通过高温扩散退火来消除。而宏观偏析分布的区域很大，一般很难消除。宏观偏析的存在会使材料的力学性能不均匀，因而是不利的。

（1）区域偏析

一般铸锭（件）后凝固的部分，所含的杂质相对较多，这种情况称为区域偏析。

（2）比重偏析

在凝固过程中，如果先结晶的晶体密度与液体差别较大，则会上浮（密度相对小时）或下沉（密度相对大时），由此产生的偏析称为比重偏析或密度偏析。

6.2　金属的液态成形性能与方法

6.2.1　金属的液态成形方法简介

金属材料的液态成形是指将经冶炼得到的特定成分的金属液通过一定的方式冷却、凝固，得到尺寸准确、外观与内在质量均合格的金属产品的工艺过程。冶炼金属液的原料最初是采取于自然界的矿石，现在也有相当比例的原料是废弃的金属。

金属液态成形方法繁多，理论庞杂。具有代表性的金属液态成形方法：砂型铸造——可以制备由多晶体构成的工程用金属制件或铸锭；定向凝固——可以制备单晶体，如用于制作信息技术核心器件 CPU 的单晶硅和用于航空发动机的单晶叶片；快速凝固——可以制备非晶态合金（又称金属玻璃）。

【挤压铸造
复合材料】

砂型铸造铸件在所有铸件中质量占比最高，除砂型铸造以外的铸造一般统称特种铸造，如熔模铸造、石膏型铸造、消失模铸造、压力铸造、低压铸造、差压铸造、离心铸造、金属型铸造、反重力铸造、挤压铸造、半固态铸造等。

为提高金属的生产效率及金属液的利用率，20 世纪中期以来，连续铸造技术取得长足发展，已成为钢铁厂生产钢材的必备技术。与传统的铸造获得铸锭或铸件不同，连续铸造产品是连铸坯，一般要经过塑性加工等工艺过程才能成为可直接使用的制品。

【离心铸造】

随着近代科学技术的蓬勃发展，金属液态成形理论与工艺技术取得了快速发展，涌现出许多新工艺、新方法，这些液态成形方法在金属材料成形的特定领域都分别取得成功应用，除定向凝固、快速凝固外，还有喷射成形、电磁成形、3D 打印、粉末冶金等。

【熔模铸造】

作为金属制品从无到有过程中的第一个成形工艺，铸造的优点是明显的，具体如下。

① 由原料到制品的技术路线最短，即由液态金属液经铸造直接转变为制品，因而生产成本低。

【金属型铸造】

② 可制作形状复杂，尤其是具有复杂内部空腔的零部件制品。

③ 应用范围广：工业上常用的金属材料几乎都可以经铸造成为使用产品；铸件尺寸可以从毫米至数米；单个铸件的质量最小仅几克，最大可达数百吨。

铸造过程主要包括三个环节。

① 将高温金属液浇入具有特定结构的铸型型腔中。

② 金属液冷却、凝固。

③ 铸件取出及处理。

好的铸件是内在质量与外在质量的统一。内在质量好，意味着组织、成分、性能均匀一致；外在质量好，则包括形状尺寸准确、表面光洁等。

实际铸件经常会有内部和（或）外部缺陷，这些缺陷可通过检验来判定。缺陷检验方法包括凭肉眼（或借助其他设备）的外观检查和检查内部质量的无损探伤检查（如超声波、射线探伤等）。铸件没有超过技术标准规定的缺陷就是合格铸件。

铸造缺陷的产生或合格铸件的获得是金属液和铸型两种材料与型腔结构及充型流动过程、凝固过程综合作用的结果。铸造过程涉及复杂的传热、流动、合金成分变化（如形成各种偏析）及其相互影响、相互作用。铸造工艺设计的主要目的就是结合特定形状、大小的铸件，以及铸造合金和铸型材料的特点，综合控制、平衡这些复杂的相互影响、相互作用因素，将铸造缺陷控制在可接受的程度以内。

为防止产生缺陷，铸造过程中需要重点关注以下几方面。

① 金属液流入铸型并填充型腔，简称充型。

② 金属液在铸型型腔中的凝固过程。

③ 金属的性质及铸型对充型和凝固的影响。

铸造缺陷类型很多，除前面介绍的缩孔、缩松、偏析外，还有浇不足、冷隔、变形与裂纹等。

事实上，充型与凝固不是截然分开的，而是时刻在相互作用、相互影响之中，只是为讲述问题的方便，才人为进行了划分。在充型过程中，影响充型质量的最主要的因素是金属液的充型能力。通常用充型能力、收缩性等指标衡量合金液态成形的难易程度，即衡量合金的铸造性能。

6.2.2 　金属液的流动性与充型能力

液态金属的充型能力是指在充型过程中，液态金属充满铸型型腔，获得形状完整、尺寸精确、轮廓清晰的铸件的能力，简称充型能力。充型能力取决于金属本身的流动能力，即流动性；同时又受外界条件如铸型性质、浇注条件、铸件结构等因素的影响，是各种因素的综合反映。

金属液本身的流动能力即流动性，是液态金属的一项重要的工艺性能，与金属的成分、温度、杂质含量及其物理性质有关。金属的流动性不仅影响充型过程，而且对于排出其中的气体、杂质和凝固后期的补缩、防裂，从而获得优质铸件也至关重要。流动性好的铸造合金其充型能力强，反之亦然。金属液的流动性好，气体和杂质易于上浮，有利于得到没有气孔和夹杂的铸件；有利于铸件在凝固期间的补缩，还能降低热裂的倾向。

【液态合金的流动性与充型能力】

需要注意的是，流动性与充型能力密切相关，但二者是不同的概念。可以这样理解流动性与充型能力的关系：流动性是决定充型能力的内在因素，而充型能力还取决于其他外界因素，充型能力是内因和外因的共同结果。

不同金属液的流动性是不同的，流动性不足会导致浇不足、冷隔等严重的铸造缺陷。影响金属液流动性和充型能力的因素很多，分别列举如下。

1. 金属材料本身的因素

（1）金属材料的凝固温度区间（也称结晶温度范围）：金属材料的液相线温度 T_{liq} 与固相线温度 T_{sol} 之差称为该材料的凝固温度区间，用 ΔT 来表示，$\Delta T = T_{liq} - T_{sol}$。对于纯金属和共晶合金，$\Delta T = 0$；对于其他成分的合金，$\Delta T > 0$。对于特定的合金系来讲，合金的化学成分决定了 ΔT 的大小。金属材料的凝固温度区间越大，金属液的流动性越差。

（2）金属材料的结晶潜热：总体上讲，结晶潜热会延缓合金的温度下降速率，合金放出的潜热越多，相同冷却条件下，温度下降越慢，凝固进程越慢，导致流动性越好。

（3）金属材料的比热容、密度越大，热导率越小，则充型能力越好。

（4）金属液的黏度：一般随着金属液温度的提高，黏度下降，由此导致流动性提高。

（5）金属液的表面张力：金属液的表面张力越大，则流动性越差。

2. 铸型材料方面的因素

（1）铸型材料的比热容、密度、热导率越大，则对金属液的冷却能力越强，导致充型能力变差。

（2）预热铸型能够减小金属液与铸型的温差，从而提高充型能力。

（3）铸型具有一定的发气能力，能在金属液与铸型之间形成气膜，可减小流动的摩擦阻力，有利于充型。但若发气量过大，铸型排气不畅，在型腔内产生气体的反压力，则会阻碍金属液的流动。因此，为了提高型砂（芯）的透气性，在铸型上开设通气孔是十分必要且经常应用的工艺措施。

3. 浇注条件方面的因素

（1）过热度：过热度是金属液的浇注温度与其液相线之差。过热度越大，金属液黏度越小，在液态的驻留时间越长，流动性越好；但高的过热度会加剧氧化、黏砂倾向，导致充型能力下降；同时液态金属溶解气体的量增大，会使凝固后产生气孔的可能性增加；此外，还会引起热膨胀增大，导致冷却收缩增大，直接导致缩孔、缩松、热应力增大。

（2）充型压力与浇注速度：充型压力越大，浇注速度越大，金属液向空气或铸型的传热量越少，即热损失越小，因而流动性越强；金属液的流动速度也不可以过快，过快会引发对铸件来讲致命的湍流。

对于砂型铸造，因其强度不高，可以适应仅依靠重力作用的充型过程；对于离心铸造、压力铸造等，金属液填充铸型时还要受其他形式的力的作用，此时充型压力高，充型速度快，因而对铸型的强度有更高的要求，此时砂型已不适用。

（3）浇注系统：包括直浇道、横浇道、内浇道、冒口等的形状、尺寸和位置都对流动性有很大影响。

（4）型腔结构及在铸型中的位向：铸型型腔的结构及在铸型中的位向也对流动性有很大影响。型腔越细小，结构越复杂，厚薄过渡面越多，则流动阻力越大，金属的充型能力越差。

4. 金属液流动性的测量

我国常采用的测量金属液流动性的方法可以结合图 6.15 来说明。在砂型中制备出如图中所示的螺旋形试样的型腔（图中已包含了浇口杯、直浇道、内浇道、出气孔等浇注系统组成部分），而后用待检金属液进行浇注，金属液在螺旋形型腔中流动的距离越长，则流动性越好。

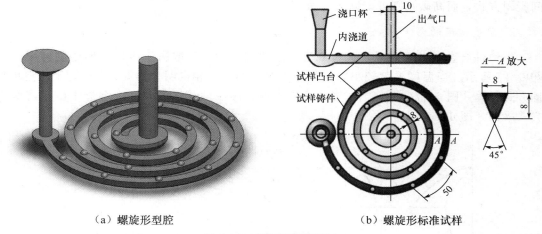

（a）螺旋形型腔   （b）螺旋形标准试样

图 6.15　螺旋形标准试样

图 6.16 所示为铁碳合金流动性与液、固相线（凝固温度区间）的关系。

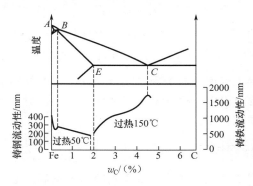

图 6.16　铁碳合金流动性与液、固相线（凝固温度区间）的关系

6.2.3　**金属的凝固方式**

　　工程中常用的金属材料都是以晶核生成、晶核长大的方式完成凝固与结晶的。在凝固过程中，除纯金属与共晶合金外，铸件断面上一般都存在三个区域，即固相区、固液两相区和液相区。根据固液两相区的宽度，可将凝固过程分为逐层凝固方式、糊状凝固方式及中间凝固方式。当固液两相区很窄时为逐层凝固方式，反之为糊状凝固方式，固液两相区宽度介于两者之间的为中间凝固方式。铸件凝固方式对凝固液相的补缩能力影响很大，从而影响最终铸件的致密度和热裂纹的产生。

　　影响铸件凝固方式的因素有合金的凝固温度区间与凝固时铸件中的温度分布情况（即温度梯度）。

　　1. 合金凝固温度区间的影响

　　在铸件断面温度梯度相近的情况下，固液两相区的宽度取决于铸件合金的凝固温度区间。图 6.17（b）所示是凝固温度区间较大的合金凝固时凝固区中的结晶及温度分布。

　　图 6.16 所示的铁碳合金，在砂型中凝固时，低碳钢近于逐层凝固方式，中碳钢为中

间凝固方式，而高碳钢则近于糊状凝固方式。

2. 温度梯度的影响

当铸件合金成分确定后，铸件断面固液两相区的宽度取决于铸件中的温度梯度，如图 6.17 所示。当温度梯度较小即比较平坦时，固液两相区明显加宽，合金近于以糊状凝固方式凝固［图 6.17(b)］；当温度梯度较大时，固液两相区较窄，合金近于以逐层凝固方式凝固［图 6.17(c)］。

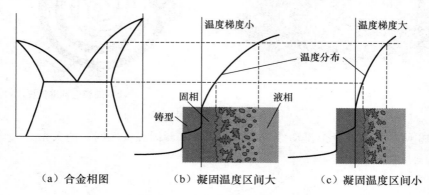

（a）合金相图　　　（b）凝固温度区间大　　　（c）凝固温度区间小

图 6.17　合金类型与凝固方式

如前所述，影响铸件中温度分布的因素很多，其中铸型材料的影响较显著。由于砂型的蓄热系数比金属型的要小得多，因此凝固时温度梯度小。对于同一种合金，采用砂型比金属型时的固液两相区要宽得多。

6.2.4　铸造过程中的传热

热量传输在铸造过程中（包括浇注、凝固到冷却至室温）起着决定性作用。典型的铸造过程的温度分布如图 6.17(c) 所示。高温金属液通过铸型将热量传递出去，进入周围的空气域。一般在铸件与铸型之间、铸型与空气之间有明显的温度差，这分别是由凝固铸件与铸型之间接触不良和空气与铸型之间的边界层导致的。

1. 凝固时间

在凝固的早期，靠近铸型部位会形成凝壳，随着时间的增长，凝壳逐渐变厚，如图 6.18 所示。对于无限大平板铸件的理论分析表明，凝固层的厚度与凝固时间的平方根成正比。因此，凝固时间增加一倍，可以使凝固层厚度变为原厚度的 $\sqrt{2}$ 倍，即净增加 41.4%。

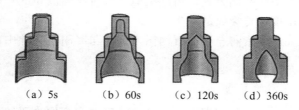

（a）5s　　　（b）60s　　　（c）120s　　　（d）360s

图 6.18　铸钢件的凝壳（在凝固开始后的不同时间，将液态金属倒出去得到）

一般来讲，铸件凝固完成所需的凝固时间是其体积与表面积的函数，即

$$凝固时间 = C\left(\frac{铸件体积}{铸件表面积}\right)^n \tag{6-1}$$

式中　C——由铸型材料、金属材料及浇注温度决定的常数；

　　　n——指数，取值为 1.5～2，一般取 2。

由式（6-1）可知，大的球形铸件要比小的球形铸件需要更多的时间才能冷却到室温。原因是球的体积正比于其半径的立方，而其表面积则正比于其半径的平方。同理可知，立方体形铸件会比与其体积相同的球形铸件凝固快得多。

2. 降温收缩

工程用金属材料的一个共同特点就是密度会随着温度的改变而发生变化，多数情况下这种变化规律是热胀冷缩，即高温金属液在降温过程中总是体积收缩的。铸造过程中金属材料的收缩对于铸造缺陷的形成有重要影响。一般将冷却收缩分为三个阶段。

① 液相收缩。在凝固发生之前，高温金属液的收缩。

② 凝固收缩。在凝固开始到结束之间发生的收缩。

③ 固相收缩。凝固完成之后发生的收缩。

不同金属材料在铸造过程中的体积变化情况见表 6-1。要注意的是，有些金属材料在凝固后会发生体积膨胀，如灰铸铁（原因是石墨析出时体积膨胀）。

表 6-1　不同金属材料在铸造过程中的体积变化情况

收缩/（%）		膨胀/（%）	
铝	7.1	铋	3.3
锌	6.5	硅	2.9
铝-4.5%铜	6.3	灰铸铁	2.5
金	5.5		
白口铸铁	4～5.5		
铜	4.9		
镁	4.2		
90%铜-10%铝	4		
碳钢	2.5～4		
铝-12%硅	3.8		
铅	3.2		

6.2.5　铸造应力、变形与裂纹

铸锭在凝固过程中出现的缺陷一般在铸件中也会出现（参见 6.1.4 节），此外因凝固收缩产生的铸造应力不可忽视。铸件在凝固后的冷却过程中，由于温度下降而产生收缩，有些合金还会发生相变，使铸件尺寸或体积发生变化。当这些变化受阻时，便会在铸件中产生应力，这种应力称为铸造应力。

【热裂和冷裂】

1. 铸造应力的特点及危害

铸造应力按其产生机理可分为三类：铸造热应力、相变应力和机械阻碍应力。铸造应力叠加的结果，可能导致铸件变形，甚至形成裂纹。铸造裂纹分为热裂和冷裂两类。

热裂是在铸件凝固组织已形成骨架，当铸件收缩应力超过合金的抗拉强度或合金应变来不及响应铸件收缩速率时产生的裂纹。这种裂纹在铸件凝固末期的高温阶段形成，故称热裂。

冷裂是铸件已冷却至弹性状态，当铸造应力超过合金的抗拉强度而产生的裂纹。冷裂一般出现在铸件受拉应力部位，特别是存在应力集中的部位，如内角处、铸造缺陷处。

铸件在冷却过程中，各部分冷却速度不一致，会造成同一铸件在同一时期各部分收缩量不一致。由于铸件各部分是一个整体，相互之间存在制约，这样便产生应力。这种由于铸件本身各部分冷却速度不一致而产生的铸造应力称为铸造热应力。

铸件在冷却过程中，由于各部分冷却速度不一致，铸件各部分发生相变的时间就不一致。相变使铸件的体积或尺寸发生变化。由于铸件是一个整体，当各部分的相变时间不一致时，便会产生相互制约，结果产生应力。这种由于铸件各部分相变时间不一致而产生的铸造应力称为铸造相变应力。

铸件冷却过程中，当铸件的收缩受到铸型、型芯、浇冒口的阻碍时，便会在铸件内部产生应力，这种应力称为机械阻碍应力。

铸造合金在高温时处于塑性状态，在应力的作用下很容易发生塑性变形，使应力松弛，甚至彻底消失。随着温度下降，铸造合金弹性增强，直至由塑性状态转变为弹性状态。当合金处于弹性状态时，铸造应力使铸件产生弹性变形和塑性变形。塑性变形使应力松弛，而弹性变形使应力保存下来，即形成所谓的残余应力。

铸造应力可能是临时的，即造成铸件产生应力的原因消除后，铸件应力也随之消失，这种应力称为临时应力。例如，铸件在冷却过程中因受到铸型、型芯、浇注系统的阻碍而产生的应力，一般在铸件落砂清理后便消失。如果铸造应力在铸件落砂清理后仍存在，这种应力称为残余应力。铸造热应力往往会导致残余应力，铸造相变应力要根据铸件材质情况确定，可能是临时应力，也可能是残余应力。

铸造应力对铸件的质量影响很大。如果铸造应力超过铸造合金的屈服强度，会使铸件产生塑性变形，改变铸件的尺寸和形状；如果铸造应力超过铸造合金的强度极限，铸件会产生裂纹；如果铸造应力小于合金的弹性极限，则应力留存于铸件中，即所谓的残余应力。铸件的残余应力在随后的切削加工或使用过程中，会产生应力释放，使工件产生变形，危及工件的几何精度。另外，当残余应力与工件的工作应力方向相同时，应力叠加，使工件的承载能力降低；在腐蚀介质中，残余应力会使材料产生应力腐蚀，加速铸件的损坏。因此，应尽量减小铸造应力，消除铸件的残余应力。

2. 减小铸造应力的方法

铸件产生铸造应力的根源是铸件各部位冷却速度不一致及铸型、浇注系统等因素阻碍铸件收缩。因此，要减少铸造应力，必须从降低铸件冷却过程中各部位的温差、改善型（芯）的退让性等方面着手。

（1）降低铸件冷却过程中各部位的温差

① 从提高铸造工艺性的角度去优化铸件结构，减小铸件壁厚差。

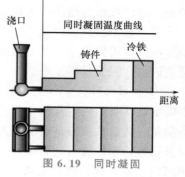

② 砂型铸造时在铸件厚大部位设置冷铁或用蓄热能力大的特种砂造型，如铬铁矿砂、镁砂、锆砂等，加快厚大部位的冷却速度。特种铸造时在铸件厚大部位的铸型内设置水冷管道，通水强制冷却。

③ 采用同时凝固的工艺。同时凝固就是采取一些工艺措施，使铸件各部位的温差很小，几乎同时进行凝固。

④ 中断冷却，保温缓冷工艺。铸件在高温下开箱，并迅速装入保温炉，使铸件以预先设定的温度缓慢冷却。铸件的开箱温度和保温温度必须视铸件的材质成分和结构而定。

总之，只要是降低铸件冷却过程中各部位温差的措施，就可以降低铸造热应力。

图 6.19 同时凝固

（2）改善铸型（芯）的退让性

① 选用退让性较好的型（芯）砂。型（芯）砂的退让性好，铸（芯）型对铸件冷却收缩的阻力就小，因此铸件内产生的铸造应力就小。

② 在型（芯）砂中添加能提高铸型退让性的材料，如木屑、泡沫粒子等。

③ 在保证铸型（芯）使用强度的前提下，应降低型（芯）砂黏结剂加入量，提高铸型（芯）的退让性。

④ 对铸型（芯）局部进行掏空处理或局部放退让性好的松散料（如干砂、碎焦炭等）或放置易烧损的材料（如草绳、泡沫塑料等）。

3. 消除残余应力的方法

铸件的残余应力会随着时间的延长或经切削加工释放，导致铸件变形，降低几何精度。对于一些精度要求高的零件（如机床床身、发动机机体、活塞环等），必须采取措施，消除铸件的残余应力。消除铸件的残余应力的方法有自然时效、人工时效和振动时效等。

（1）自然时效

将铸件长时间置于露天半年、一年，甚至更长时间，日晒雨淋，使其自然地、极慢地变形，使残余应力逐步得到释放，这种方法称为自然时效。自然时效不需要任何设备，不需要消耗能源，但占地面积大，生产周期长，资金占有量大，而且应力消除不彻底。

（2）人工时效

将铸件加热到其合金的弹塑性温度范围保温，使铸件的残余应力逐步得到释放，然后随炉缓慢冷却到常温，这种方法称为人工时效，也称热时效或去应力热处理等。

（3）振动时效

借助外加激振器，使铸件产生低频共振，在共振过程中铸件应力得到释放，实现消除铸件残余应力的目的，这种方法称为振动时效。振动时效的优点是效率高，能耗低；铸件不需要加热，无氧化问题；铸件尺寸不受设备限制，处理大型铸件时显得尤为优越。

4. 变形和裂纹的防止

（1）减小变形的措施

铸件的变形可能会导放机械加工余量不足，或报废，或加大加工量，增加生产成本。对于具有较好塑性的材料（如铸钢、铝合金），可以采用机械的方法矫正铸件变形，但对于脆性材料，则必须在铸造工艺上采取相应的措施，主要如下。

① 设置反变形。在统计铸件产生的变形规律基础上或根据实际经验，在铸造模型上预先做出相当于铸件变形量的反挠度，使铸件浇注成形后得到所希望形状的铸件。

② 设置防变形筋。设置防变形筋是防止铸件产生铸造变形的常用措施，对于较大的平面、曲面或长直结构，可以增设防变形筋来保证所需的形状。

（2）减小裂纹的措施

可以从铸件合金选择、冶金质量、结构设计、铸造工艺和造型（芯）材料等方面开展防止铸件产生裂纹的工作。

① 合理选择铸件合金。铸件材质是由设计师根据产品使用性能和服役环境确定的，在确定铸件材质时一定要注意铸件材质的铸造性能。铸造性能好的合金易于获得稳定的产品质量，铸造性能差的合金产品质量难以稳定。在满足产品基本使用性能要求的前提下，尽量选择铸造性能好的合金。选择结晶温度范围窄、凝固冷却收缩小的合金，可以减少热裂倾向，如铝硅合金尽量选择靠近共晶点的。

② 提高冶金质量。提高冶金质量，不仅可以减少分布于晶间的低熔点共晶体和夹杂物，而且可以提高金属液的流动性，有效地提高铸件的抗热裂性能。

③ 合理的铸件结构设计。设计结构时，要充分运用圆角、斜度，减小铸件截面突变等易于引起应力集中的因素，从而大幅减小裂纹倾向。

④ 加强金属液的熔炼质量。脱氧除渣尽量彻底，减少铸件中的气孔及夹杂物等，并严格控制有害杂质磷、硫、铝等，以防止冷裂纹。

⑤ 对于残余应力大或裂纹倾向严重的铸件，清理或加工前进行时效。

⑥ 选择退让性好的造型（芯）材料，以提高型壳的退让性。

6.2.6　其他液态成形方法与新技术

1. 定向凝固

定向凝固技术在共晶凝固、定向柱状晶生长和单晶铸造等方面都有重要的意义。对于凝固温度范围宽的合金，可通过在铸件的不同部位放置冷铁实现定向凝固。这时凝固界面的温度梯度很大，糊状凝固区域明显减小，因此补缩得到改善，铸件完整性变好，同时铸件的力学性能也得以提高。

20 世纪 60 年代初，为了改善铸造超合金的塑性，有人采用先进的铸件定向凝固技术，制造了单向排列的晶粒组织，从而抑制了晶间断裂。采用定向凝固技术，材料的抗蠕变和抗热疲劳特性都得到了很大程度的提高，因此定向凝固材料的塑性很高（$A \approx 25\%$），而传统铸造合金只有约 2%。

定向凝固技术被成功地用于航空发动机叶片的生产，其基本过程与通常的晶体生长相似。采用这种技术已经制备了柱状晶叶片和单晶发动机叶片。定向凝固装置的工作过程大致为材料在顶部的熔化室中熔化，然后浇注到模型中，模型在一端急冷，可控拉伸装置保证了金属在模具中的定向凝固。定向凝固的单晶叶片是通过对多晶的螺旋选择生长凝固而成的。定向凝固使得类似枝晶的组织在一个特定的方向上生长。在镍基发动机叶片材料中，无论是单晶生长还是柱状晶生长的结构，都可使材料的蠕变特性得到改善。柱状晶结构避免了横向晶界，而横向晶界往往是蠕变失效的发生源。

在进行单晶生长时，必须通过先进的检测手段保证其复杂铸造过程的完整性。这需要运用相应的检测过程。例如，采用实时 X 射线技术保证晶体取向在要求的范围。同样重要的是，在单晶生长过程中不能出现其他晶粒形核。这些检测要求是单晶零件成本相对较高的主要因素，这也大大限制了单晶材料的工程应用。

2. 快速凝固

快速凝固是指采用急冷技术或深过冷技术获得很高的凝固前沿推进速度的凝固过程，通常其界面推进速度大于 10mm/s。在采用急冷方法的快速凝固技术中，液态金属的冷却速度达到 $10^5 \sim 10^{10}$ K/s，而一般凝固过程的冷却速度通常不超过 10^2 K/s。为了获得更高的冷却速度，人们采取了一系列不同于传统方法的冷却模式，从而发展了快速凝固技术。

大量研究表明，快速凝固使金属材料发生了一些前所未有的结构变化，主要如下：形成超细组织；形成溶解度比通常情况下大得多的过饱和固溶体，固溶体中合金元素的含量大大超过平衡相图上合金元素的极限溶解度；形成亚稳相或新的结晶相；形成微晶、纳米晶或金属玻璃。通过形成不同的组织结构，特别是亚稳相、微晶、纳米晶或金属玻璃，可以获得优异的强度、塑性、耐磨性、耐蚀性等，从而满足各种实际应用的需要。

（1）快速凝固方法

采用急冷技术的快速凝固方法主要如下。

① 把金属或合金熔体分散成小液滴（雾化技术、乳化技术或喷射成形技术），以使这些小液滴在凝固前达到很大的过冷度。

② 使液流保持一个很小的截面，并与高效冷却（散热）器接触（熔体旋转法或薄截面连续铸造法）。

③ 使材料的一个薄层快速熔化并与无限大的散热器紧密接触。散热器材料通常就是同一种材料或相关的材料。

在任何一种情况下，都将由于直接通过外加散热器或由于过冷熔体本身的作用而使转变热快速散发，从而实现快速凝固。快速凝固的产品从粉末或条状颗粒，到不连续或连续薄截面条带或丝，直到含有一些孔隙的厚喷射沉积体。这些产品，有些可以直接用于航空工业，如一些很细的轻合金颗粒可以用于航天飞机或卫星发射火箭的燃料或信号剂，平流铸造的薄带可以用作发动机零件的铜垫片。然而，大多数情况下，快速凝固的产品必须通过适当的技术以形成最终的尺寸、密度或零件。这些技术包括聚合物黏结、液态金属渗透，但主要是粉末冶金技术，如热压烧结或热成形技术。

（2）金属玻璃

在金属玻璃中，原子在三维空间呈拓扑无序状态，不存在通常晶态合金所存在的晶界、位错和偏析等缺陷，组成元素在几个晶格常数范围内保持短程有序，形成一种类似原子簇的结构。与晶态合金相比，金属玻璃中构成合金的原子及它们的混合排列完全无序，在空间不呈现周期性，其结构类似于普通玻璃。

从热力学上看，金属玻璃是非平衡态，不稳定。金属玻璃具有优异的力学性能，其抗拉强度可高达 $3 \sim 4$GPa，高于高强度晶态合金的最高值。另外，金属玻璃化学稳定性好，具有优异的磁特性。即使在高频条件下，金属玻璃仍具有优异的磁性能；因为呈非晶态，所以由晶体的对称性而引起的磁各向异性小。不同组成的合金可以具有很好的耐蚀性能、优异的软磁性能、优良的超导性能、较高的热稳定性和较低的表面活性。由于金属玻璃的优异性能，已经或可望应用于机械结构材料、磁性材料、声学材料、仿生材料、光学材料、体育器材及电子材料等。

3. 电磁定向凝固成形

针对高密度、高熔点、高活性（易污染易氧化）、低磁导率和电导率的特种钢、高温合金、钛、锆等特种合金的无污染熔炼、无污染成形中小尺寸异型构件、坯件的成形和凝固组织的控制问题，结合电磁悬浮熔炼与电磁铸造等无坩埚熔炼、无模成形技术和液态金属冷却定向技术的优点，傅恒志院士提出了冷坩埚电磁定向凝固成形技术。

电磁定向凝固成形技术集冷坩埚电磁熔炼、电磁约束成形和强制定向凝固于一体，可以成形具有复杂截面的高熔点、高活性材料部件，是传统方法难以实现的新型定向凝固技术。哈尔滨工业大学采用这一技术，已在实验室制备出了 Ti-Al 合金圆锭和扁锭定向凝固试样。

电磁定向凝固成形技术中的无接触双频电磁约束成形定向凝固技术，完全消除了因坩埚与熔体的部分接触而对液态金属产生污染的可能性，避免了坩埚对成形过程传热的影响，并且可以利用双频加热，大范围控制凝固过程和凝固组织。西北工业大学采用这一技术，已经在实验室获得了具有定向凝固组织的圆形、扁矩形和弯月面形等多种截面形状的合金样件。

6.3 铸造工艺设计

铸造工艺设计是铸造生产的核心环节。铸造工艺设计人员要合理、有效地完成铸造工艺设计任务，不仅要熟悉企业生产工艺装备条件，还要应用所掌握的铸造工艺设计基本知识，分析零件结构的铸造工艺性。只有零件结构符合铸造工艺要求，采用先进合理的铸造工艺及设备，才能生产出优质铸件。

砂型铸造应结合零件的结构特点和技术要求，依据铸件生产批量，合理选择造型和制芯方法及浇注位置和分型面，确定铸造工艺方案，设计砂芯，选择合适的机械加工余量和铸造收缩率等工艺参数，以保证铸件质量的可靠性和稳定性，尽可能达到优质、高效益、低成本、少污染的目的。

砂型铸造工艺方案通常包括以下几个方面的内容：造型与制芯方法及铸型种类的选择，浇注位置与分型面的确定，砂箱中铸件数量及排列的确定等。只有从铸件材料、生产批量、铸件质量要求和生产成本等出发，结合生产工艺条件，才能制订出合理的铸造工艺方案。这里从造型与制芯方法的选择、浇注位置与分型面的确定和铸造工艺参数的选择三方面进行介绍。

6.3.1 造型与制芯方法的选择

1. 优先采用新型无碳黏土湿型

黏土湿型具有适应性强、生产工艺简单、生产周期短和造型材料成本低等优点，是工业化流水作业应用面极广的铸型生产方式，也是砂型铸造工艺方案制订应首先考虑的铸型。东华大学研发的新型无碳黏土湿型砂，与传统黏土湿型砂相比，新型砂采用纯无机材料为原料，完全不加煤粉和任何煤粉代用品，不含任何碳质材料和有机材料，具有绿色环保、低碳节能、循环经济、铸件优质等特点。新型无碳黏土湿型砂呈土黄色，其常规指标与煤粉黏土砂相当，常温湿压强度、流动性、紧实率可调，透气性较好，热湿拉强度高，可保证基本的造型操作和浇注要求。

此外，新型无碳黏土湿型砂高温热压强度高，高温热膨胀率小，回用性更好，铸造过程中不产生废气，产生的少量废砂不存在任何毒性，甚至可以还耕种地。使用该型砂生产的铸件表面粗糙度和尺寸精度得到改善，后续机械加工更加简便，可减少加工和清理的能耗。

2. 适合铸件生产批量

大批量铸件的生产应采用技术先进的造型、制芯工艺，以达到提高生产效率、保证铸件质量、减轻工人劳动强度和改善作业环境的目的。大批量小件的生产，可以采用水平分型或垂直分型的无箱高压造型机生产线；中型零件可采用高压造型、静压造型或气冲造型等造型自动化生产线，制芯可选用冷芯盒、热芯盒、壳芯等高效制芯方法；中等批量的大型铸件可以考虑应用树脂自硬砂或水玻璃砂造型和制芯。

批量生产或长期生产的定型产品采用多箱造型法、劈箱造型法比较适宜，虽然模具、砂箱等投资高，但从节约造型工时、提高产品质量方面可得到补偿。

小批量生产的重型铸件（如大型机床、矿山设备等），手工造型和制芯仍是主要的方法，工艺装备简单，能适应各种复杂的要求，可以用水玻璃自硬砂型、树脂自硬砂型等；单件生产的重型铸件，采用地坑造型法成本低。

3. 适应企业生产条件

不同企业的生产条件（包括设备、场地、员工素质等），生产习惯，积累的经验不同，一个企业往往只有固定的几种造型、制芯方法。例如，同样是生产大型机床床身铸件，有的企业采用砂箱造型法，并制作模样；有的企业则采用组芯造型法，着重考虑设计制造芯盒的通用化问题，不制作模样和砂箱，在地坑中组芯，同样能保证铸件质量。因此，造型、制芯方法的选择要切合企业现场实际条件和生产经验。

4. 兼顾铸件质量和成本

铸件质量因铸造方法不同而有所差异，特别是铸件精度；不同铸造方法的初投资和生产率也不同，最终的经济效益也有差异。铸件生产要做到多、快、好、省，在选用造型、制芯方法时必须对铸件质量和成本进行综合考虑，应根据生产批量初步估算成本，在保证铸件质量要求的前提下，尽可能降低铸件生产成本，提高经济效益。

6.3.2 浇注位置与分型面的确定

1. 浇注位置

铸件的浇注位置是指浇注时铸件在铸型中所处的"位向"。它直接关系到工艺装备（如模样、芯盒等）结构及下芯、合箱和清理等工序操作，还可能影响机械加工。浇注位置与造型（合箱）位置、铸件冷却位置可以不同；水平浇注、垂直浇注和倾斜浇注不代表浇注位置的含义，仅表示浇注时分型面所处的空间位置。

浇注位置一般在选择造型方法之后确定，应结合件的大小及结构特点、合金性能、生产批量及企业的生产条件等加以综合考虑，对拟订的工艺方案进行分析、比较，选择合适的浇注位置。正确的浇注位置应能保证获得健全的铸件，并使造型、制芯和清理方便。确定浇注位置的一般原则如下。

（1）重要部分应置于底部。由于浇注时气体、熔渣、砂粒等杂质会上浮，铸件上部易出现气孔、夹渣、夹砂等缺陷，即铸件上部产生铸造缺陷的可能性远大于铸件下部。此外，铸件下部在凝固过程中受到上部液态金属静压作用并得到补缩，组织致密性较好。因此，铸件的重要部分应尽可能放置在底部。

（2）重要加工面应朝下或放在侧面。铸件上部易出现气孔、夹渣、夹砂等缺陷，下表面或侧立面出现缺陷的可能性小。因此，铸件的重要面应朝下（图 6.20 中车床床身导轨朝下）或放在侧面（图 6.21）。当铸件加工面必须朝上时，应适当放大机械加工余量，以保证加工后不出现缺陷。

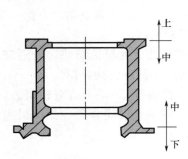

图 6.20　车床床身

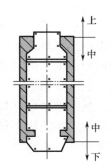

图 6.21　卷扬机滚筒

（3）大平面应朝下或倾斜。铸件大平面充型时，金属液面上升速度较慢，铸型长时间受到金属液的烘烤容易掉砂，在平面上易产生夹砂、气孔、砂眼等缺陷［图 6.22(a)］，故铸件的大平面应尽量朝下［图 6.22(b)］。对于大的平板类铸件，可采用倾斜浇注，使金属液充型液流尽量集中，同时增大金属液面的上升速度，防止夹砂结疤类缺陷。

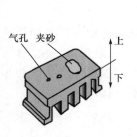

（a）大平面上的缺陷

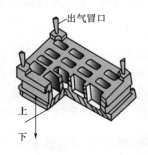

（b）大平面应朝下

图 6.22　大平面浇注位置的选择

（4）保证铸件的充型能力。铸件薄壁处充型阻力大，冷却速度快，充型能力差，应将薄壁部分放在下半部、侧面或置于内浇道以下，以免出现浇不足和冷隔等缺陷。

（5）有利于所确定的凝固顺序。浇注位置应有利于所确定的凝固顺序。对于合金体收缩率大或结构厚薄不均匀而易出现缩孔、缩松缺陷的铸件，浇注位置的选择应优先考虑实现顺序凝固。顺序凝固原则的示意图如图 6.23 所示。铸件的厚大部分尽可能位于上部或侧面，以便于安放冒口补缩（图 6.24）。

（6）有利于砂芯的定位和稳固支撑，便于下芯、合箱及检验。浇注位置应有利于砂芯的定位和稳固支撑，排气通畅。

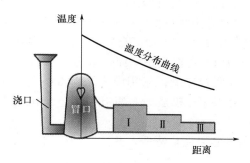

图 6.23　顺序凝固原则的示意图

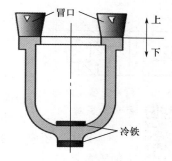

图 6.24　冒口补缩

（7）尽量使合箱位置、浇注位置和铸件冷却位置一致。由于翻转铸型不仅劳动强度大而且容易引起砂芯移动等缺陷。因此，工艺设计时应使合箱位置、浇注位置和铸件冷却位置一致，避免在合箱或浇注后再次翻转铸型。有时为了方便造型，采用"横做立浇"（如生产球墨铸铁曲轴时，浇注后将铸型竖立起来，使冒口处于最上端以利于补缩）或"平做斜浇"（如平板件倾斜浇注）。当浇注位置与合箱位置（或铸件冷却位置）不一致时，应在铸造工艺图上注明。

以上是确定浇注位置的一般原则。在同一铸件上往往并不能同时满足或体现这些原则，有时这些原则在同一铸件实施中甚至会存在矛盾。这就需要设计人员灵活地根据铸件的结构特点及质量要求和生产条件进行浇注位置的确定，以便于生产操作，避免或减少铸件缺陷，保证铸件质量。

2. 分型面

分型面是铸型组元间的接触面。铸造通常只有一个分型面，即采用两箱造型；有时有两个及以上分型面，即采用多箱造型。合理地选择分型面，对于简化铸造工艺、提高生产效率、降低成本、提高铸件质量等都有直接影响。分型面的选择应尽量与浇注位置一致，避免合箱后翻转，减少工作量，防止铸型产生损伤。除此之外，分型面的选择一般还要遵循如下原则。

（1）应使铸件全部或主要部分置于同一半型。分型面是为了取出模样而设置的，对铸件尺寸精度有不利影响。分型面设置不合理会使铸件产生错偏［图 6.25（a）］，这是合箱对准误差产生错型引起的。因此，铸件全部或主要部分应尽可能在同一半型［最好是下型，图 6.25（b）］。凡是铸件上要求严格的尺寸部分，尽量不被分型面穿越。

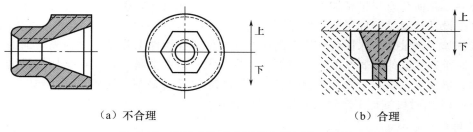

（a）不合理　　　　　　　　　　　　　　（b）合理

图 6.25　铸件全部或主要部分置于同一半型

铸件的加工定位面和主要加工面应尽量放在同一箱内，以减小加工定位的尺寸偏差。

图 6.26 用外型芯减少
绳轮分型面

【砂型铸造机器
造型生产线】

（2）尽量减少分型面的数目。分型面少，铸件尺寸精度容易保证，并且砂箱数目少。机器造型生产中，小件一般只有一个分型面（图 6.26），以便充分发挥造型机的生产率。

（3）分型面尽可能选用平面。采用图 6.27(a) 所示方案必须挖砂或假箱造型；采用图 6.27（b）所示方案因分型面平直，可采用分模造型，使造型工艺简化，易于保证铸件尺寸精度。

此外，还应尽可能少用型芯以简化造型，并注意减少清理和减小机械加工余量。

浇注位置与分型面的选择有密切关系。通常采用在确定好浇注位置后再选择分型面方案，有时分型面的选择会与浇注位置的确定相矛盾。对于铸件质量要求高的铸件，应以浇注位置为重；对于一般要求的铸件，则以简化工艺的分型面方案为重。

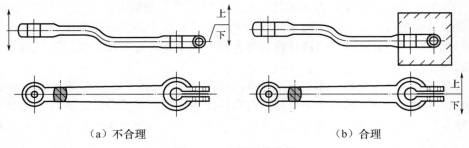

（a）不合理　　　　　　　　　（b）合理

图 6.27　分型面的选择

6.3.3　铸造工艺参数的选择

铸造工艺参数是指铸造工艺设计时需要确定的一些数据。铸造工艺参数选择得当，能保证铸件尺寸及形状精确，提高铸造生产率，降低成本。铸造工艺参数选择不当，则铸件精度降低，也可能因尺寸超标而报废。工艺参数的选择与铸件尺寸、铸造合金、铸造方法和铸件验收条件有关。

铸造工艺参数主要有铸件尺寸公差、机械加工余量、铸件重量公差、铸造收缩率、起模斜度、最小铸出孔（槽）等。

1. 铸件尺寸公差和机械加工余量

铸件尺寸公差是指铸件公称尺寸的两个允许极限尺寸之差。GB/T 6414—2017《铸件尺寸公差、几何公差与机械加工余量》规定了铸件尺寸公差等级和要求的机械加工余量等级。这是设计和检验铸件尺寸的依据。

机械加工余量是为保证铸件加工面尺寸和精度，在铸件工艺设计时预先增加的而在机械加工时予以去除的金属厚度。机械加工余量过大，浪费金属而且使机械加工量增大，成本增加；机械加工余量过小，则不能完全去除铸件表面缺陷，达不到设计要求。GB/T 6414—2017 中对机械加工余量有规定，可参照执行。

2. 铸件重量公差

铸件重量公差是铸件实际重量与公称重量的差与铸件公称重量的比值（用百分率表示）。铸件公称重量包括机械加工余量和其他工艺余量等因素引起的铸件重量的变动量。

GB/T 11351—2017《铸件重量公差》规定了铸件重量公差的数值、确定方法检验规则。

3. 铸造收缩率

由于收缩铸件的尺寸会缩小，因此制造模样时，模样的尺寸应比设计的铸件尺寸放大一些，对于一般的铸件，可依据铸造合金、所用铸型和收缩情况，参照相关资料选取铸造收缩率。铸造收缩率常以铸件线收缩率表示。

4. 起模斜度

起模斜度是指在模样平行于起模方向的壁上设置的斜度，以便于起模。当铸件本身在起模方向没有足够的结构斜度时，应在铸造工艺设计时给出合适的起模斜度。起模斜度应根据起模高度、模样材料、造型方法、造型材料及表面粗糙度而定，一般用角度或宽度表示，参见 JB/T 5105—1991《铸件模样 起模斜度》的相关规定。

5. 最小铸出孔（槽）

铸件上往往有孔、槽和台阶，既可通过铸造铸出，也可由机械加工制成。铸件上的孔或槽采用铸造铸出时，可以减小机械加工量，节约金属，避免局部过厚所产成的缩孔、缩松问题。但是，当铸件上的孔或槽的尺寸较小，而铸件又较厚时，会使铸件产生黏砂，造成清理和机械加工困难，此时孔或槽不宜铸出。

最小铸出孔（槽）的尺寸，与铸件的生产批量、合金种类、铸造方法、铸件大小和铸件壁厚及孔（槽）的深度等因素有关。灰铸铁件和铸钢件的最小铸出孔直径参见表 6-2。

表 6-2　灰铸铁件和铸钢件的最小铸出孔直径

生　产　量	最小铸出孔直径/mm	
	灰铸铁件	铸钢件
大量生产	12～15	—
成批生产	15～30	30～50
单件生产	30～50	50

6. 芯头

芯头是指伸出铸件以外不与金属接触的型芯部分（图 6.28）。它主要起定位和支撑型芯、排除型芯内气体的作用。

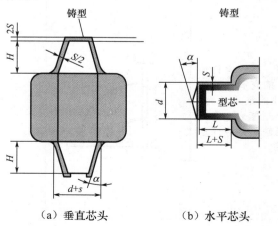

（a）垂直芯头　　　　（b）水平芯头

图 6.28　芯头

6.4　铸件结构设计

零件结构的铸造工艺性是指零件的结构应符合铸造工艺要求，从而有利于保证铸件质量，简化生产操作。

零件结构的铸造工艺性分析主要从避免缺陷和简化工艺两个方面着手，根据零件图对产品结构及技术经济性进行审查，以保证铸件质量的可靠性和稳定性，降低生产成本。审查零件结构的铸造工艺性有两方面作用。第一，审查零件结构本身是否符合铸造工艺要求。设计者往往只顾及零件的功用，而忽视了铸造工艺要求。审查发现结构设计有不合理之处要与设计单位和使用单位相关人员沟通，在保证使用要求的前提下改进结构。第二，在既定的零件结构条件下，考虑铸造生产可能出现的铸造缺陷，在工艺方案制订及具体设计时采取相应的预防措施。

铸件设计步骤主要包括：功用设计，依据铸造经验修改和简化设计，冶金设计（铸件材质的选择和适用性），经济性评价。在一些情况下，改善结构工艺性所带来的技术经济效益完全可与生产过程合理化、机械化、自动化的作用效果相提并论。但在分析零件结构的铸造工艺性时，必须首先考虑保证铸件质量和使用要求，要防止片面追求简化工艺的倾向。零件结构的铸造工艺性要求与合金种类和铸造方法密切相关。本节主要分析砂型铸造零件结构的铸造工艺性。

6.4.1　铸件质量对零件结构的要求

合理的零件结构可避免许多铸造缺陷。为保证获得优质铸件，对零件结构的要求应考虑以下几个方面，见表 6 - 3。

表 6 - 3　以减少铸造缺陷为目的的零件结构设计

类别	对铸件结构的要求	图　例	
		不　合　理	合　理
铸件的壁厚	铸件的最小壁厚。在一定铸造条件下，铸造合金能充满铸型的最小厚度称为铸件的最小壁厚。为了保证合金的充型能力，避免产生浇不足、冷隔缺陷，铸件壁厚不得小于最小壁厚	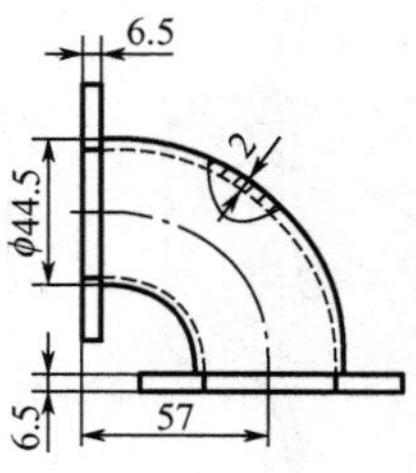	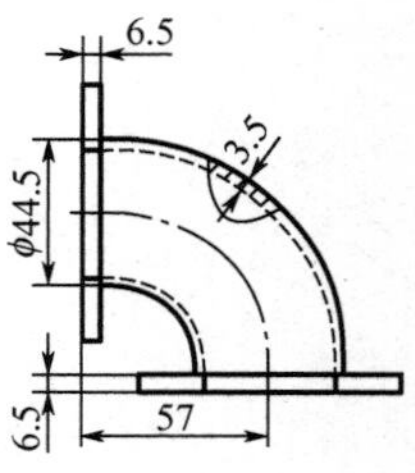

类别	对铸件结构的要求	图 例	
		不 合 理	合 理
铸件的壁厚	铸件的最大壁厚。铸件壁厚增大，对铸造合金充满铸型虽然有利，但铸件易产生缩孔、缩松、组织粗大和成分偏析等缺陷，导致铸件的力学性能下降，对于各种铸造合金铸件都存在一个最大壁厚。可采用加强筋减小铸件壁厚，使铸件壁厚在最小壁厚与最大壁厚之间		
	铸件的内壁厚度。铸件内壁散热条件较差，冷却凝固速度较慢，在内、外壁交接处易产生热应力，导致铸件产生裂纹，对于凝固收缩大的铸造合金还易产生缩孔和缩松。因此，铸件的内壁应比外壁薄		$a<b$
	铸件壁厚应尽可能均匀，以防止产生收缩缺陷，如缩孔或缩松及热应力		
铸件壁的连接和过渡	铸件壁的连接形式。在壁的连接处因厚度增加凝固速度慢，易产生应力集中、裂纹、变形、缩孔和缩松等缺陷。因此，壁的连接形式应注意选用 L 形，以避免连接处厚大	缩孔	$L=2\delta$

137

类别	对铸件结构的要求	图 例	
		不 合 理	合 理
铸件壁的连接和过渡	壁连接处应有结构圆角，因直角连接处易出现收缩缺陷		【铸造圆角】
	当连接处壁间呈锐角连接且壁的厚度差别较大时，应采用先直角再转角且壁厚渐变过渡的方式，防止壁厚突变		
轮辐的设计	设计轮辐时，应尽量使其能够自由收缩，以防产生裂纹。采用直线偶数轮辐，不如采用曲线偶数轮辐或奇数直线轮辐		
加强筋的使用	为防止裂纹，可在易裂处设加强筋。加强筋的方向应与应力方向一致，筋的厚度应为连接壁厚的1/4～1/3		
	为防止平板类铸件的翘曲变形，可设加强筋，以提高铸件的刚度		

续表

类别	对铸件结构的要求	图 例	
		不 合 理	合 理
对称截面	对于细长易变形的铸件，应尽量设计成对称截面	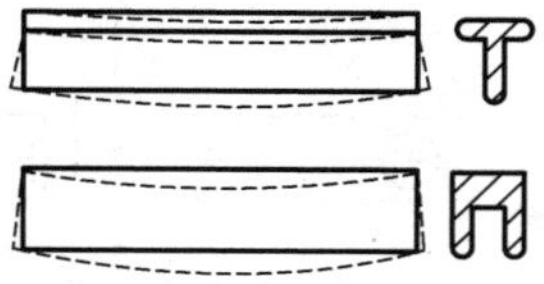	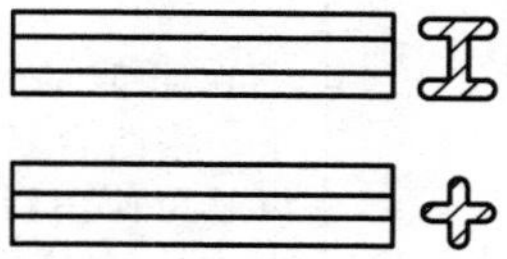
避免大水平面	如水平方向出现较大平面，金属液在该位置的充填因截面增大而缓慢，金属液长时间烘烤顶面型壁，易造成夹砂、黏砂、砂眼、浇不足等缺陷；应改为斜壁，若无法改变结构，应采用倾斜浇注	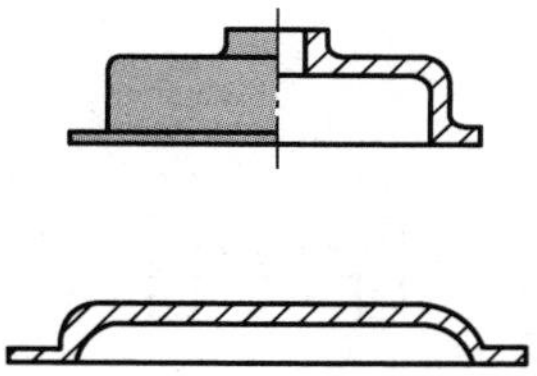	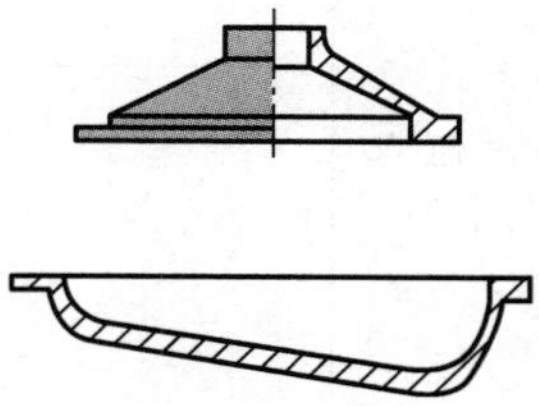

6.4.2　铸造工艺对零件结构的要求

　　零件的结构不仅应有利于保证铸件的质量，还应考虑模样制造、造型、制芯和清理等操作的方便，以简化铸造工艺，提高生产率，降低铸件成本，相应的基本要求见表 6-4。

表 6-4　以简化铸造工艺为目的的零件结构设计

对铸件结构的要求		图 例	
		不 合 理	合 理
方便起模与造型	合理设计铸件壁上的凸台、凸缘和筋板，避免侧凹结构，以简化造型或起模	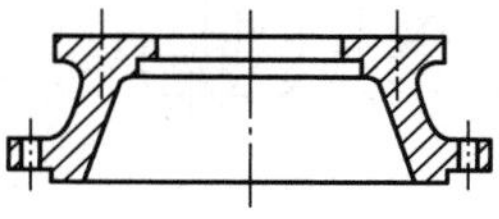	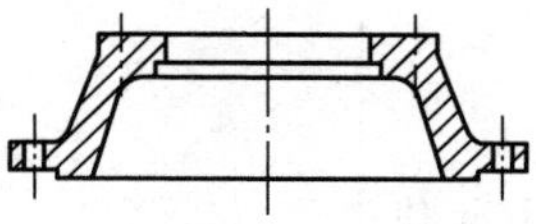

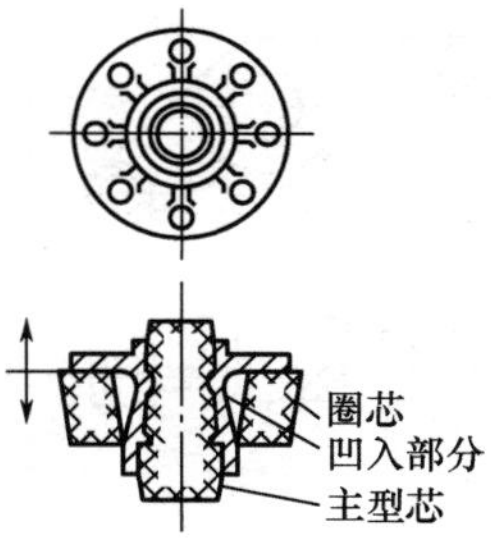

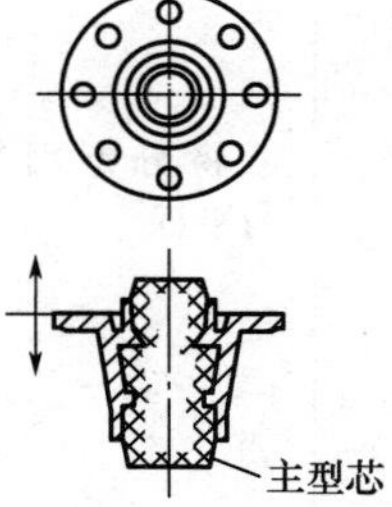

续表

对铸件结构的要求	图 例	
	不 合 理	合 理
方便起模与造型	在可能的情况下，将凸台延伸，以避免使用活块，可大大方便造型与起模	
	垂直于分型面的不加工表面，最好有结构斜度	
尽量使分型面为平面，以简化或减少分型面	将挖砂操作去掉	
	将分型面简化为平面	

续表

对铸件结构的要求	图 例		
		不 合 理	合 理
尽量不用或少用型芯	不合理设计采用中空结构，要用悬臂型芯和型芯撑加固；合理结构采用开式结构，省去了型芯	A—A	B—B
	不合理设计中因下方出口处尺寸小，要用型芯形成内腔；合理设计中扩大了出口，故可用砂垛形成内腔，不必用型芯	型芯	自带型芯
应有足够的芯头，以便于型芯的固定、排气和清理	不合理设计中采用悬臂型芯，需用型芯撑加固，使下芯、合型和清理费工；合理设计中增加了两个工艺孔，因而避免了型芯撑，并使型芯固定稳固，有利于排气和清理。工艺孔可在加工后用螺钉封堵	型芯撑 型芯	工艺孔
	不合理设计中砂芯2呈悬臂式，定位困难，改进后悬臂砂芯和轴孔砂芯连成一体，变成一个砂芯，定位、固定和排气都很好	1 2 1,2—砂芯 上 下	上 下

续表

对铸件结构的要求	图　例	
	不　合　理	合　理
减少铸件清理的工作量	对不合理设计中铸钢箱体进行改进后，便于切割去除冒口 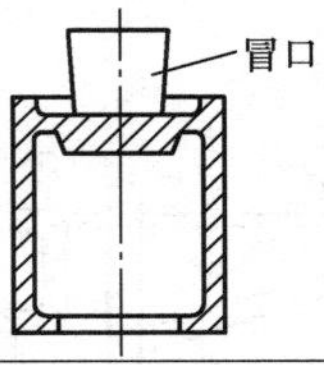 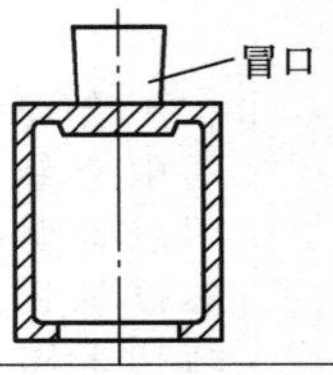	
	零件结构改进后，冒口便于切割，除芯也更容易，从而减少了铸件的清理工作 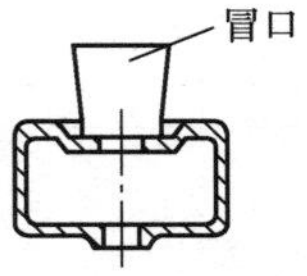 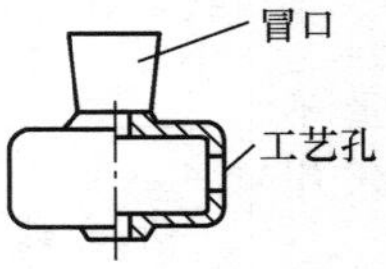	

　　应该指出，上表所列内容仅是原则性要求。由于各类合金的铸造性能不同，因而它们的结构要求也各有特点。灰铸铁铸造性能优良，缩孔、缩松、热裂倾向均小，所以对铸件壁厚的均匀性、壁间过渡、轮辐形式等的要求均不像铸钢件那样严格，许多情况下表中列为不合理的结构也可以用，但其力学性能对壁厚的敏感性大，故以薄壁结构为宜。灰铸铁的牌号高，则铸造性能变差，故对铸件结构的要求也随之提高。钢的铸造性能差，其流动性差，收缩率高，因此铸钢件在砂型铸造时壁厚不能过薄，并要注意补缩工艺设计。

小　结

　　金属材料的液态成形具有工艺路线短、成形方便的特点，但铸态组织的力学性能相对不高。这主要取决于金属材料在特定凝固方式下所表现出的凝固结晶特性及凝固缺陷的程度。工程常用的金属材料都是多晶体。多晶体的凝固有三种典型类型：纯金属的凝固、固溶体的凝固和共晶凝固。因组元、凝固相的不同，不同合金的凝固行为迥异，但都遵循形核与长大的规律。一般情况下合金的凝固温度区间大于零，导致其具有异分结晶的特点，在冷却速度较大的情况下，容易出现偏析和收缩等问题；同时因凝固温度区间、温度梯度的不同，金属材料在凝固时表现出不同的凝固方式。砂型铸造时，金属液的流动性关系到铸件的完整性，除金属材料本身的性质外，工艺条件对流动性或充型能力的影响也不容忽视。铸造工艺设计包括造型方法、浇注位置、分型面和铸造工艺参数的确定等。铸件结构设计要充分考虑铸件质量对零件结构的要求及铸造工艺对零件结构的要求。

自　测　题

一、名词解释（每小题 2 分，共 10 分）
1. 结晶
2. 过冷度

3. 变质处理

4. 细晶强化

5. 铸造应力

二、填空题（每空 1 分，共 15 分）

1. 影响过冷度的主要因素是_____，过冷是结晶的_____条件。

2. 结晶过程是依靠两个密切联系的基本过程来实现的，这两个过程是_____和_____。

3. 细化晶粒的方法主要有三种，分别是_____、_____和_____。

4. 当对金属液体进行变质处理时，变质剂的作用是_____。

5. 可以通过高温退火而消除的偏析是_____，其他的偏析形式还有_____、_____等。

6. 铸造工艺参数包括_____、_____、_____、_____等。

三、选择题（每小题 1 分，共 10 分）

1. 下列金属材料中，流动性较好的是（   ）。

A. 纯金属与共晶型合金   B. 结晶温度区间很窄的合金

C. 结晶温度区间很宽的合金

2. 下列选项中有利于提高液态合金充型能力的是（   ）。

A. 提高合金液的温度   B. 提高充型压力   C. 提高铸型温度

3. 下列措施中，可以减小铸造应力的是（   ）。

A. 提高砂型的退让性   B. 选用结晶温度区间窄的合金

C. 减小铸件各部位的温差

4. 可以简化造型与起模的措施是（   ）。

A. 垂直于分型面的不加工表面有斜度   B. 铸件侧向不要有内凹

C. 铸件壁厚均匀

5. 金属结晶时，冷却速度越大，其实际结晶温度将（   ）。

A. 越高   B. 越低   C. 越接近理论结晶温度

6. 铸造条件下，冷却速度越大，则（   ）。

A. 过冷度越大，晶粒越细   B. 过冷度越大，晶粒越粗

C. 过冷度越小，晶粒越细   D. 过冷度越小，晶粒越粗

7. 从液态转变为固态时，为了细化晶粒，可采用（   ）。

A. 快速浇注   B. 加变质剂   C. 以砂型代金属型

8. 消除残余应力的方法有（   ）。

A. 自然时效   B. 人工时效   C. 振动时效   D. 机械加工

9. 铸造应力按其产生机理可分为（   ）。

A. 铸造热应力   B. 相变应力   C. 机械阻碍应力   D. 时效应力

10. 下列特种铸造方法中，金属充型压力明显高于砂型铸造的是（   ）。

A. 熔模铸造   B. 低压铸造   C. 消失模铸造   D. 压力铸造

E. 离心铸造

四、判断正误（每题 1 分，共 10 分）

1. 细化晶粒虽然能提高金属的强度，但增大了金属的脆性。   （   ）

2. 合金材料（含共晶合金）凝固都是在恒温下完成的。 （　　）

3. 平衡凝固时固、液相中都有溶质与溶剂原子的扩散，非平衡凝固时则没有扩散。

（　　）

4. 所有有利于减小铸造应力的措施均有利于防止铸件变形或开裂。 （　　）

5. 凡是由液体凝固成固体的过程都是结晶过程。 （　　）

6. 金属由液态转变为固态的结晶过程，就是由短程有序向长程有序转变的过程。

（　　）

7. 在实际金属和合金中，自发形核常常起着优先和主导的作用。 （　　）

8. 纯金属结晶时，形核率随过冷度的增大而不断提高。 （　　）

9. 随着过冷度的增大，晶核的长大速度增大。 （　　）

10. 过冷度的大小取决于冷却速度和金属的本性。 （　　）

五、问答题（共 55 分）

1. 如何选择砂型铸造的浇注位置？（8 分）

2. 为减少铸造缺陷，应如何设计铸件的壁厚？（8 分）

3. 如何防止铸件变形？（8 分）

4. 砂型铸造时选择分型面应遵循的原则是什么？（8 分）

5. 如果其他条件相同，试比较在下列铸造条件下铸件晶粒的大小。（13 分）

（1）金属型浇注与砂型浇注。

（2）变质处理与不变质处理。

（3）铸成薄件与铸成厚件。

（4）浇注时采用振动与不采用振动。

【手放进去会凝
固的神奇液体】

6. 相同体积的三个铸件，形状分别是球形、立方体和圆柱（直径与高度相等），哪个凝固时间最短？哪个最长？假定 $n=2$。（10 分）

思考题：结合以下的视频资料，利用本章的有关知识，解释视频中的结晶现象。

http://tv.cntv.cn/video/VSET100158570946/

48f77a8a7e9d49599fb71cef419fd7bf

【第 6 章　自测题答案】

第 **7** 章
金属的塑性成形

教学要点

1. 理解塑性变形过程及对金属组织与性能的影响。
2. 理解塑性变形金属的加热、回复与再结晶。
3. 了解自由锻和锤上模锻的特点及工艺过程。
4. 掌握锻件及冲压件的结构工艺性。

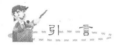

引言

  金属的塑性成形是指利用金属在外力作用下产生的塑性变形，获得具有一定形状、尺寸和力学性能的原材料、毛坯或零件的生产方法。其主要优点：改善金属内部组织，提高金属的力学性能，节省金属材料，具有较高的生产率。金属塑形成形在机械制造、汽车、拖拉机、仪表、造船、冶金及国防等工业中占有重要的地位并得到广泛应用，常用来制造主轴、连杆、曲轴、齿轮、高压法兰、容器、汽车外壳、电机硅钢片、武器、弹壳等。本章主要介绍金属塑性成型理论基础、金属的塑形成形方法、锻压工艺设计和结构设计。

7.1 塑性成形理论基础

塑性变形是金属压力加工的理论基础。它不仅是考虑金属成形方法的基础知识，而且是制订压力加工工艺、保证锻压件质量、降低原材料和变形能量消耗的重要环节。

7.1.1 塑性变形过程及组织、性能的变化

1. 单晶体的塑性变形

实际使用的金属材料，都是由无数晶粒构成的多晶体，其塑性变形过程比较复杂。为便于了解金属塑性变形的实质，首先讨论单晶体的塑性变形。单晶体的塑性变形的基本形式有滑移和孪生两种，如图 7.1 所示。

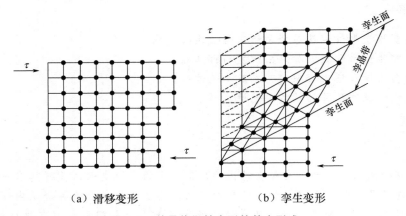

(a) 滑移变形　　　　　　(b) 孪生变形

图 7.1 单晶体塑性变形的基本形式

（1）滑移变形

滑移变形即在一定的切应力作用下，晶体的一部分相对于另一部分沿一定的晶面（称滑移面，是晶体中原子密度最大的晶面）上的一定的晶向（称滑移方向，是晶体中原子密度排列最大的晶向）发生滑移。原子从一个平衡位置移到另一个平衡位置，应力去除后，原子不能恢复原状，它不破坏晶体中的原子排列规则性和改变晶体晶格类型，其移动距离是原子距离的整倍数，晶体呈现新的平衡状态。滑移变形是金属中主要的一种塑性变形方式。

研究表明，滑移变形并不是滑移面两侧晶体的整体移动的刚性滑移，而是通过晶内的位错运动实现的，如图 7.2 所示。当一个位错移动到晶体表面时，就产生一个位移量。滑移变形是位错在切应力作用下运动的结果。滑移是由滑移面上的位错运动造成的。有位错的晶体，在切应力作用下，使位错中心附近的原子做微量移动，就可使位错中心向右迁移。当位错中心移动到晶体表面时，就造成了一个原子间距的滑移，于是晶体就产生塑性变形。由此可见，通过位错运动方式的滑移，并不需要整个晶体上半部原子相对于下半部原子同时移动，只需位错中心附近的少量原子做微量移动。因此，位错移动所需要的临界切应力远远小于刚性滑移的相应值。

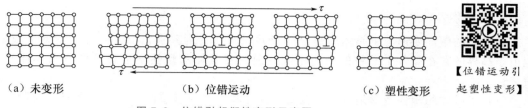

（a）未变形　　　　　　（b）位错运动　　　　　　（c）塑性变形

【位错运动引起塑性变形】

图 7.2　位错引起塑性变形示意图

金属材料的塑性变形主要是滑移变形，但滑移变形并不是沿着任何晶面和晶向发生的，而是沿着晶格中原子密度最大的滑移面和滑移方向进行的。不同晶格类型的晶体，滑移面与滑移方向的数目是不同的，常将一个滑移面和其上的一个滑移方向合称为一个滑移系。三种常见金属晶体结构的滑移系如图 7.3 所示。一般金属的滑移系越多，金属发生滑移的可能性就越大，则金属的塑性变形越容易。滑移方向对塑性变形的作用比滑移面的大，由于体心立方晶格的滑移面包含两个滑移方向，面心立方晶格的滑移面包含三个滑移方向，因此具有面心立方晶格结构的金属具有良好的塑性。

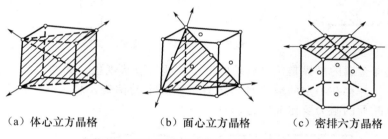

（a）体心立方晶格　　　　（b）面心立方晶格　　　　（c）密排六方晶格

图 7.3　三种常见金属晶体结构的滑移系

滑移总是沿晶体中原子排列最密的面和方向进行，这是因为在原子排列最密的晶面和晶向上的原子结合力最强，而这样的两个密排面（011）面间距最大，结合力弱，如图 7.4 所示。

（2）孪生变形

孪生变形即在切应力作用下，晶体的一部分相对另一部分沿一定的晶面（称双晶面或孪生面）和一定的晶向（称孪生方向）产生切变，如图 7.5 所示。孪生面两侧的晶体形成镜面对称，发生孪生部分称为孪生带。孪生带中相邻原子面的相对位移为原子距离的分倍数。孪生变形所需的切应力比滑移变形大得多，变形量小，速度快（音速），孪生变形常发生在受冲击载荷或低温和复杂晶格（密排六方晶格）的晶体中。

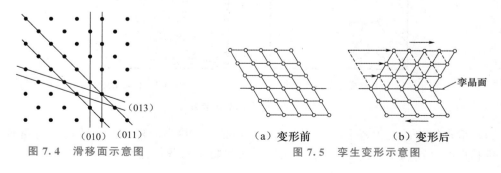

图 7.4　滑移面示意图　　　　　图 7.5　孪生变形示意图

2. 多晶体的塑性变形

多晶体的塑性变形与单晶体的塑性变形并无本质上的差别，都是由位错运动造成的，但由于晶界的存在和各个晶粒的位向不同，因此多晶体的塑性变形过程要比单晶体复杂得多。

（1）多晶体的塑性变形是每个晶粒变形的总和。在变形过程中并不是所有晶粒同时变形，而是逐步进行的。由于与外力作用方向成 45°的切应力分力最大，故多晶体的变形首先从滑移面和滑移方向与外力成 45°的晶粒开始，这种晶粒称为软位向晶粒。在变形的同时，晶格方位略向外力作用的方向转动，接着滑移面方位略大于 45°或小于 45°的次软位向晶粒变形，并同样发生转动。依次顺序逐步变形，如图 7.6 所示。

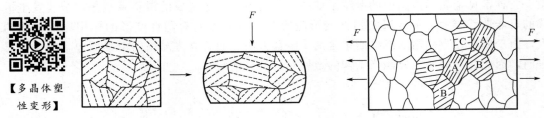

图 7.6　多晶体塑性变形示意图

（2）多晶体金属的晶界是位错运动的壁垒，即竹节状现象，如图 7.7 所示。晶界处原子排列不规则，并存在一定的应力场，还有杂质原子的偏聚，晶界两侧的晶格方位不同，所以位错通过晶界的阻力要比晶内运动时大得多。

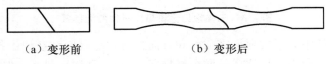

（a）变形前　　　　（b）变形后

图 7.7　竹节状现象

（3）冷变形纤维组织。随着变形的进行，晶粒外形沿作用力的方向被拉长，并且发生晶格歪斜。由于大量位错堆积和缠结，在晶粒内部会产生亚晶粒或形成碎晶，使得位错运动阻力增大。当变形量很大时，晶粒变成细条状，金属中的夹杂物也被拉长，称为冷变形纤维组织，如图 7.8 所示。这种纤维组织的性能呈现各向异性，材料内部产生残余应力。

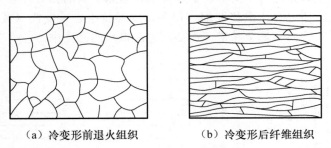

（a）冷变形前退火组织　　　　（b）冷变形后纤维组织

图 7.8　冷变形纤维组织

（4）变形织构。由于每个晶粒变形过程中，晶格方位会沿外力方向转动，当变形量达到一定程度时（70%～90%），每个晶粒位向大致趋于一致，这种在晶体中某一晶面的取向基本相同的现象称为变形织构（也称择优取向），如图 7.9 所示。变形织构也使金属材料具有各向异性。变形织构的形成在大多数情况下对金属材料的性能是不利的。如果用有变形织构组织的退火坯料拉深杯形零件，会出现边缘不整齐的"制耳"现象，如图 7.10（b）所示。只有在少数情况下才是有利的，如为了提高变压器的矽（硅）钢片某一方向的磁导率，在生产上有意识地形成变形织构。

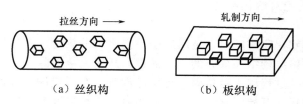

（a）丝织构　　　　　　　（b）板织构

图 7.9　变形织构

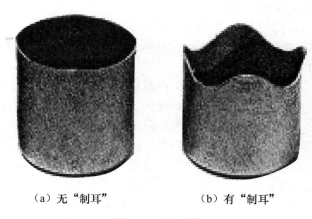

（a）无"制耳"　　　　　　　（b）有"制耳"

图 7.10　深冲件

3. 塑性变形对金属组织和性能的影响

金属经塑性变形后，内部组织和宏观力学性能发生了很大的变化。

（1）加工硬化

金属在室温下塑性变形，由于内部晶粒沿变形最大方向伸长并转动，晶格扭曲畸变，以及晶内、晶间产生碎晶的综合影响，增大了进一步滑移的阻力，使继续滑移难以进行。这种随变形程度增大，金属的强度、硬度上升，塑性、韧性下降的现象称为加工硬化。

加工硬化在生产中很有实用意义，利用加工硬化可以提高金属的强度和硬度，这是工业生产中强化金属材料的重要方法之一，对于不能热处理强化的金属和合金尤为重要。纯金属和某些不能通过热处理方法强化的合金，如低碳钢、形变铝合金、奥氏体不锈钢、高锰钢等，可以通过冷拔、冷轧、冷挤压等方法来提高其强度和硬度。但在压力加工生产中，也会由于加工硬化给继续进行塑性变形带来困难，如果变形程度过大，容易产生破裂，此时要在工序之间适当穿插热处理工艺来消除加工硬化。

（2）回复

加工硬化是一种不稳定的现象，具有自发地回复到稳定状态的倾向，但在室温下不易实现。将已产生加工硬化的金属加热到一定温度，原子获得的热能可以将原子回复到正常排列位置，消除了晶格扭曲，降低了内应力，从而部分消除了加工硬化，使强度、硬度略有下降，塑性、韧性略有上升，这一过程称为回复。此时的温度称为回复温度，即

$$T_{回} = (0.25 \sim 0.3)T_{熔}$$

式中　$T_{回}$——金属的绝对回复温度；

　　　$T_{熔}$——金属的绝对熔化温度。

（3）再结晶

当温度继续升高到一定程度时，金属原子获得更高的热能，开始以某些碎晶或杂质为核心，按变形前的晶格结构结晶成新的细小晶粒，从而完全消除了加工硬化，这种以新的晶粒代替原变形晶粒的过程称为再结晶。再结晶没有一个固定的温度，随着温度和时间的延长，再结晶不断进行，开始的再结晶温度称为最低再结晶温度。

$$T_{再} = 0.4T_{熔}$$

式中　$T_{再}$——金属的绝对再结晶温度。

一般地，$T_{再}(℃) = [T_{熔}(℃) + 273] \times 0.4 - 273$。

金属通过再结晶过程，内应力得到全部消除，力学性能改变，降低了变形抗力，增加了金属的塑性，如图 7.11 所示。

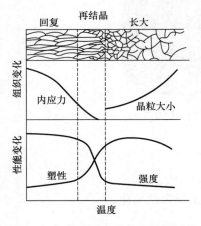

图 7.11　塑性变形金属的再结晶过程

常用材料的最低再结晶温度可在有关手册上查得，如纯铁 $T_{再} = 451℃$，碳钢 $T_{再} = 500 \sim 650℃$。

再结晶退火：把冷塑性变形后金属加热到再结晶温度以上，使其发生再结晶，从而消除加工硬化，提高塑性，这种热处理称为再结晶退火。再结晶退火温度要比再结晶温度高 $100 \sim 200℃$。

（4）晶粒长大

冷变形金属在再结晶刚完成时，一般可得到细小的等轴晶粒组织。如果继续提高加热温度并增加保温时间，则晶粒会进一步长大，最后得到粗大晶粒的组织，使金属的强度、硬度、塑性、韧性等力学性能都显著降低。一般情况下应避免晶粒长大。

晶粒长大实质上是一个晶界位移的过程。当金属变形较大，产生织构，含有较多的杂质时，晶界的迁移将受到阻碍，因而只会有少数处于优越条件（如尺寸较大，取向有利等）的晶粒优先长大，并迅速合并周围大量小晶粒，最后获得异常粗大晶粒的组织。这种不均匀的长大过程类似于再结晶的生核（较大稳定亚晶粒生成）和长大（吞并周围的小亚晶粒）的过程，所以称为二次再结晶。它将显著降低金属的力学性能。

（5）再结晶后的晶粒大小

影响金属和合金在再结晶退火后晶粒大小的主要因素是加热温度和预先变形度。

① 加热温度。加工硬化金属刚完成再结晶转变时，晶粒细小，具有较好的力学性能。随着再结晶时加热温度的升高，原子扩散能力增强，晶界易迁移，则得到的晶粒就大。此外，加热温度一定时，而保温时间延长，同样也会使晶粒长大。加热温度与晶粒大小的关系如图 7.12 所示。

② 预先变形度。再结晶退火后的晶粒大小还与预先变形度有关，预先变形度很小时，再结晶退火后，因不足以引起再结晶，晶粒大小基本不变。预先变形度在 2%～10% 时，因变形不均匀，再结晶时容易发生吞并而呈现晶粒特别粗大，这一范围的预先变形度称为临界变形度。生产中应尽可能避开在临界变形度范围内变形。各种金属的临界变形度一般在 2%～10%，如纯铁为 2%～10%、钢为 5%～10%、铜约为 5%、铝为 2%～4%。当超过临界变形度范围变形时，晶粒大小随预先变形度的增大而减少。但预先变形度超过 90% 时，可能产生变形结构而使晶粒变大。预先变形度与晶粒大小的关系如图 7.13 所示。

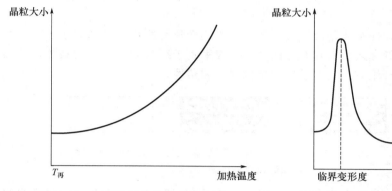

图 7.12　加热温度与晶粒大小关系

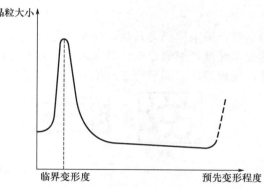

图 7.13 预先变形度与晶粒大小的关系

4. 热变形对金属组织和性能的影响

（1）热变形的组织与性能特性

由于金属在不同的温度下变形后的组织和性能不同，**通常以再结晶温度为界，将金属的塑性变形分为冷变形和热变形两种。**在再结晶温度以下的加工变形称为冷变形，在再结晶温度以上的加工变形称为热变形。

冷变形过程中无再结晶现象，变形后有硬化现象。因此冷变形时需要很大的变形力，变形程度一般不宜太大，以免降低模具寿命或使工件破裂。经冷变形的工件，具有较高的强度、硬度和低的表面粗糙度值，常用于已热变形后的坯料的再加工，如冷挤、冷拉、冷轧等。

热变形时加工硬化随时被再结晶过程消除，变形后具有再结晶组织而无硬化痕迹。所以热变形时变形抗力小，能量消耗少，并且塑性始终良好，可以加工尺寸较大和形状比较复杂的工件。但热变形是在高温下进行的，因而金属在加热过程中，表面容易形成氧化皮，导致产品的尺寸精度和表面质量较低。热轧、热挤压、自由锻和模锻等工艺都属于热变形。

热变形与冷变形的机制相同，热变形虽不引起加工硬化，但也会使金属的组织和性能发生很大的变化，主要如下。

① 铸态金属中的气孔、缩松等缺陷被压合，从而使金属的致密度、性能得到提高。

② 可使金属中粗大树枝晶、大晶块和碳化物破碎，并通过再结晶获得等轴细晶粒，提高力学性能，如图 7.14 所示。

③ 使金属中的杂质随晶粒变形而被拉长，而拉长的晶粒通过再结晶仍可恢复为等轴

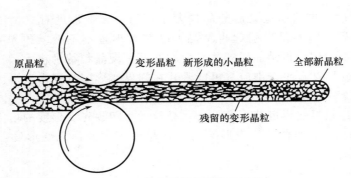

图 7.14　热变形的组织变化过程

细晶粒，而杂质仍为条状，使金属呈现纤维形态，称为热变形纤维组织，如图 7.15 所示。热变形纤维组织的出现，使金属材料具有方向性。一般垂直于纤维方向具有较高的弯曲强度、抗剪强度，而平行于纤维方向具有较好的抗拉强度和塑性。

　　　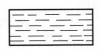

（a）变形前　　　（b）变形后　　　（c）再结晶　　　（d）纤维组织

图 7.15　热变形纤维组织

热变形后的金属强度和硬度并没有提高，只是金属具有了明显的方向性。所以只有当零件某种载荷的方向与纤维方向一致时，才显示出提高材料的性能。

（2）热变形纤维组织的利用

热变形的主要方法是热轧和锻造。

① 热轧是生产各种型材的主要方法，通常在再结晶温度以上进行，热轧后型材沿轴线形成热变形纤维组织。所以，使用型材时必须合理利用纤维方向，充分发挥材料的作用。

② 锻造选用型材作为坯料，一般也在再结晶温度以上进行。锻造一方面可以获得所需零件的毛坯形状，另一方面可使坯料的纤维方向重新分布。所以在设计零件时，应尽可能使纤维组织（锻造流线）沿零件的轮廓线分布而不被切断，最大正应力与纤维方向平行，最大切应力与纤维方向垂直，从而达到较高的力学性能。

热变形纤维组织的应用常见的有弯曲形成的吊钩、拔长及错移形成的曲轴、局部镦粗的螺栓头及热轧齿轮等，如图 7.16 所示。

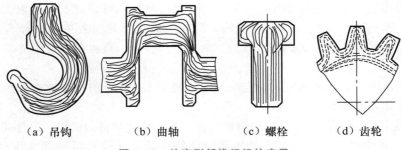

（a）吊钩　　　（b）曲轴　　　（c）螺栓　　　（d）齿轮

图 7.16　热变形纤维组织的应用

7.1.2　金属的塑性成形性能

金属的塑性成形性能用于衡量金属材料利用锻压加工方法成形的难易程度，是金属的工艺性能指标之一。金属的塑性成形性能常用金属的塑性和变形抗力两个指标来衡量。金属塑性好，变形抗力低，则塑性成形性能好；反之，则差。

影响金属材料塑性和变形抗力的主要因素有两个方面。

1. 金属的本质

（1）金属的化学成分。不同化学成分的金属，其塑性不同，塑性成形性能也不同。一般纯金属的塑性成形性能较好。金属组成合金后，强度提高，塑性下降，塑性成形性能变差。例如，碳钢随着碳的质量分数的增加，塑性下降，塑性成形性能变差；合金钢随着合金元素的含量增多，塑性成形性能变差。钢中的硫、磷杂质越多，塑性成形性能越差。

（2）金属的组织状态。单相组织（纯金属和单相不饱和固溶体）比多相组织的塑性成形性能好，金属中的化合物相使其塑性成形性能变差。因此，一般金属锻造时，最好使其处于单相不饱和固溶体状态，而化合物相的数量越多越难进行塑性加工。此外，铸态组织和粗晶组织由于塑性较差，不如锻轧组织和细晶组织的塑性成形性能好。

2. 金属的变形条件

（1）变形温度。随着温度的升高，金属原子动能升高，易于产生滑移变形，材料的塑性提高而变形抗力减小。同时，大多数钢在高温下为单一的固溶体（奥氏体）组织，而且变形的同时再结晶也非常迅速，所有这些都有利于改善金属的塑性成形性能。所以加热是锻压生产中很重要的变形条件。

变形温度升高，可以使金属的塑性变好，变形抗力降低，锻造性能提高。但是加热要控制在一定的范围内，如果温度过高，晶粒会急剧长大，金属的力学性能降低，这种现象称为"过热"。若加热温度更高，接近熔点，致使晶界氧化破坏了晶粒间的结合，使金属失去塑性，坯料报废，这种现象称为"过烧"。金属锻造加热允许的最高温度称为始锻温度。始锻温度低于 AE 线 $150\sim250℃$。始锻温度过高，金属会出现氧化、脱碳、过热、过烧的缺陷。在锻造过程中，金属坯料的温度不断降低，当温度降低到一定程度时，塑性变差，变形抗力增大，不能再锻，否则引起加工硬化甚至开裂，此时停止锻造的温度称为终锻温度。终锻温度也不能太高，否则无法充分利用有利的变形条件，而且增加了加热火次，还容易使锻件在冷却后得到粗晶组织。始锻温度与终锻温度之间的温度范围，称为锻造温度范围。锻造时，应严格把加热温度控制在锻造温度范围内。碳钢锻造温度范围与奥氏体晶粒的长大示意图如图 7.17 所示。

（2）变形速率。变形速率即单位时间的变形程度。它对可锻性的影响是矛盾的，一方面随着变形速率的增大，回复和再结晶不能及时克服冷变形强化，金属则表现出塑性下降，变形抗力增大，可锻性变差，如图 7.18 所示。另一方面，金属在变形过程中，消耗于塑性变形的能量有一部分转换为热能（称为热效应现象），改善着变形条件。变形速率越大，热效应现象越明显，则金属的塑性提高，变形抗力下降，可锻性变得更好。这种热效应现象在高速锤等设备的锻造中较明显，在一般压力加工的变形过程中，因变形速度低，不易出现。

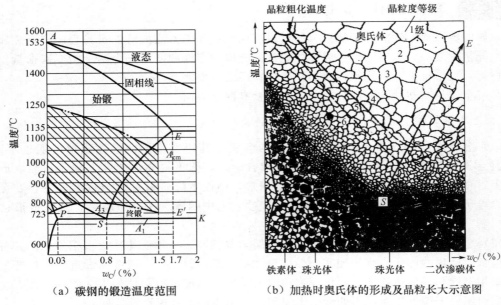

（a）碳钢的锻造温度范围　　　　　（b）加热时奥氏体的形成及晶粒长大示意图

图 7.17　碳钢的锻造温度范围与奥氏体晶粒的长大示意图

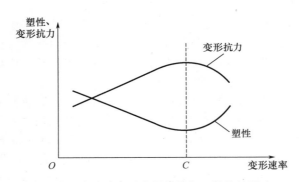

图 7.18　变形速率对金属塑性加工性能的影响

（3）变形时的应力状态。金属内的拉应力使原子趋向分离，从而可能导致坯料破裂；反之，压应力状态可提高金属的塑性。金属在经受不同方式的塑性变形时，其内部的应力状态是不同的。金属变形时（挤压、自由锻镦粗和拉拔时坯料内部不同点上）的应力状态如图 7.19 所示。挤压时，由于变形金属内部存在三向压应力，即使在较低的变形温度下，本质塑性较差的金属都表现出较好的塑性；自由锻镦粗时，坯料心部存在三向压应力，而表层金属存在沿水平方向的切向拉应力，如果变形量过大，则易在坯料表面产生纵向（由上到下）裂纹；拉拔时，由于存在较大的轴向拉应力，变形量过大则可使坯料沿横截面断裂。应该指出，压应力在提高金属塑性的同时，使变形抗力大大增加。

综上所述，影响金属塑形成形性能的因素是很复杂的，既取决于金属的本质，又取决于变形条件。在压力加工过程中力求创造最有利的变形条件，充分发挥金属的塑性，降低变形抗力，使功耗最少，变形进行得充分，获得合格的锻压件。

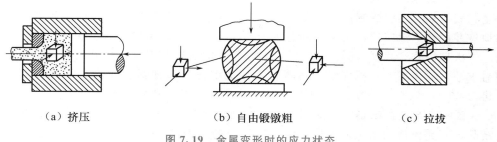

（a）挤压　　　　　　（b）自由锻镦粗　　　　　　（c）拉拔

图 7.19　金属变形时的应力状态

7.2　金属的塑性成形方法

7.2.1　塑性成形方法概述

金属的塑性成形是利用金属在外力作用下所产生的塑性变形，来获得具有一定形状、尺寸和力学性能的原材料、毛坯或零件的生产方法。金属的塑性成形方式有轧制、挤压、拉拔、自由锻、模锻和板料冲压等，如图 7.20 所示。

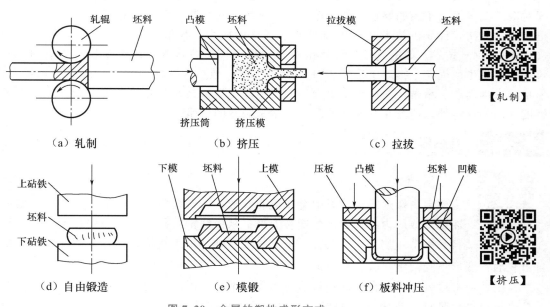

（a）轧制　　　　　　（b）挤压　　　　　　（c）拉拔

（d）自由锻造　　　　　　（e）模锻　　　　　　（f）板料冲压

图 7.20　金属的塑性成形方式

锻压是指对坯料施加外力，使之产生塑性变形，以改变形状、尺寸，并改善其内部组织和性能，从而获得所需毛坯或零件的加工方法，是锻造和冲压的总称。锻造是指在加压设备及工（模）具的作用下，使坯料、铸锭产生局部或全部的塑性变形，以获得一定几何尺寸、形状和质量的锻件的加工方法，包括自由锻、模锻、胎模锻等。冲压是指使坯料经分离或成形而得到制件的加工方法。总之，锻压加工是以金属的塑性变形为基础的，用于锻压的金属应具有良好的塑性。

金属锻压加工在机械制造、汽车、拖拉机、仪表、造船、冶金及国防等工业中占有重要的地位并得到广泛应用，常用来制造主轴、连杆、曲轴、齿轮、高压法兰、容器、汽车外壳、电机硅钢片、武器、弹壳等。随着科学技术的发展及工业化程度的日益提高，对锻件的需求数量逐年增长。据预测，飞机上采用的锻压（包括板料成形）零件将占 85%，汽车将占 60%～70%，农机、拖拉机占 70%。金属锻压加工主要有以下优点。

（1）改善了金属内部组织，提高了金属的力学性能。坯料在锻造过程中经过塑性变形和再结晶，其晶粒得到细化，并使原铸造组织中的内部缺陷（如微裂纹、气孔、缩松等）得以压合，组织更加致密，因而锻件的力学性能明显好于相同化学成分的铸件。

（2）节省金属材料。由于锻压加工提高了金属的强度等力学性能，因此，相对地缩小了同等载荷下的零件的截面尺寸，减轻了零件的质量。另外，采用精密锻压时，可使锻压件的尺寸精度和表面粗糙度接近成品零件，做到少切削或无切削加工。

（3）具有较高的生产率。除自由锻外，其他几种锻压加工方法都具有较高的生产率，如齿轮轧制、滚轮轧制等制造方法均比机械加工的生产率高出几倍甚至几十倍以上。

锻压加工的缺点：不能获得形状很复杂的制件；制件的尺寸精度、形状精度和表面质量还不够高；锻压生产需要重型的机器设备和复杂的工模具，对于厂房的基础要求较高，初次投入费用大。

当代科学技术的发展对锻压生产本身的完善和发展有着重大影响。首先，新材料的出现对锻压技术提出了新的要求，如高温合金、金属间化合物、陶瓷材料等难变形材料的成形问题。其次，计算机技术在锻压技术各个领域的应用，如锻模计算机辅助设计与制造（CAD/CAM）技术，锻造过程的计算机有限元数值模拟技术等。这些新技术的应用，缩短了锻件的生产周期，提高了锻模设计和生产水平。最后，锻件的尺寸、质量越来越大，形状越来越复杂、精密，一些重要受力件的工作环境更苛刻，受力状态更复杂。除了更换强度更高的材料外，研究和开发新的锻压技术是必然的出路。

7.2.2　自由锻

1. 概述

【自由锻】

自由锻是将加热好的金属坯料，放在锻造设备的上、下砧铁之间，施加冲击力或压力，使之产生塑性变形，从而获得所需锻件的一种加工方法。坯料在锻造过程中，除与上、下砧铁或其他辅助工具接触的部分表面外，都是自由表面，变形不受限制，故称自由锻。

自由锻通常可分为手工自由锻和机器自由锻。手工自由锻主要是依靠人力、利用简单工具对坯料进行锻打，改变坯料的形状和尺寸，从而获得所需锻件。手工自由锻生产率低，劳动强度大，锤击力小，在现代工业生产中已为机器自由锻代替。机器自由锻依靠专用的自由锻设备和专用工具对坯料进行锻打，改变坯料的形状和尺寸，从而获得所需锻件。自由锻的优点是所用工具简单、通用性强、灵活性大，适合单件和小批量锻件，特别是特大型锻件的生产。自由锻的缺点是锻件精度低、加工余量大、生产效率低、劳动强度大等。机械自由锻根据锻造设备的不同，分为锤锻自由锻和水压机自由锻两种。前者用于锻造中、小型锻件，后者主要用以锻造大型锻件。

2.自由锻设备

（1）锤锻自由锻

锤锻自由锻的通用设备是空气锤和蒸汽-空气自由锻锤。

① 空气锤由自身携带的电动机直接驱动，落下部分质量在 40～1000kg，锤击能量较小，只能锻造 100kg 以下的小型锻件。为满足锻造的稳定性，砧座的质量要求大于或等于落下部分质量的 12～15 倍。

② 蒸汽-空气自由锻锤。蒸汽-空气自由锻锤利用压力为 0.6～0.9MPa 的蒸汽或压缩空气作为动力，蒸汽或压缩空气由单独的锅炉或空气压缩机供应，投资比较大。

（2）水压机自由锻

自由锻水压机是锻造大型锻件的主要设备。大型锻造水压机的制造和拥有量是一个国家工业水平的重要标志。我国已经能自行设计制造 125000kN 以下的各种规格的自由锻水压机。水压机是根据液体的静压力传递原理（即帕斯卡原理）设计制造的。

3.自由锻工序

根据作用与变形要求，自由锻的工序分为基本工序、辅助工序和精整工序三类。

（1）基本工序是指改变坯料的形状和尺寸以达到锻件基本成形的工序，包括镦粗、拔长、冲孔、弯曲、切割、扭转、错移等工步。

（2）辅助工序是为了方便基本工序的操作，使坯料预先产生某些局部变形的工序，如倒棱、压肩等工步。

（3）精整工序是指修整锻件的最后尺寸和形状，提高锻件表面质量，使锻件达到图纸要求的工序，如修整鼓形、平整端面、校直弯曲等工步。

任何一个自由锻件的成形，上述三类工序中的各工步可以按需要单独使用或进行组合。自由锻工序见表 7-1。

表 7-1 自由锻工序

工序	典型工步		
基本工序	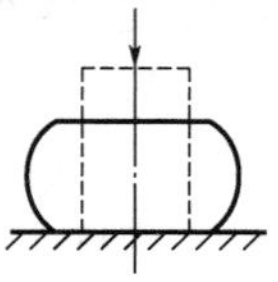 镦粗	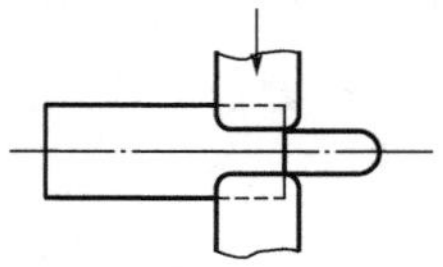 拔长	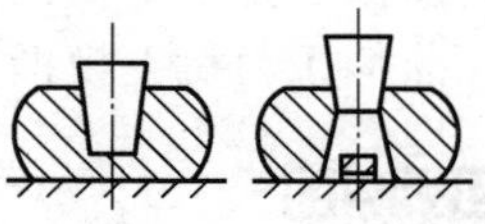 冲孔
	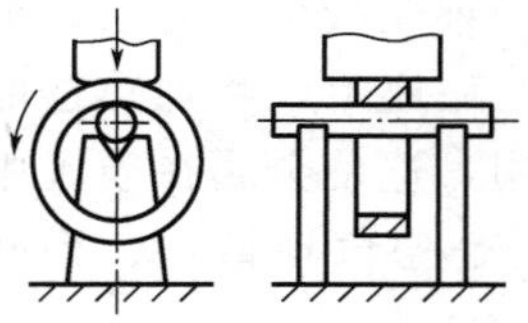 芯轴扩孔	 芯轴拔长	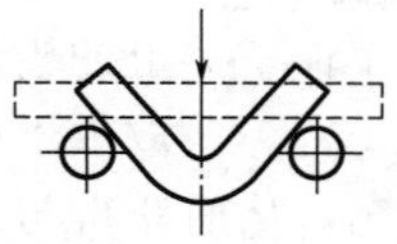 弯曲
	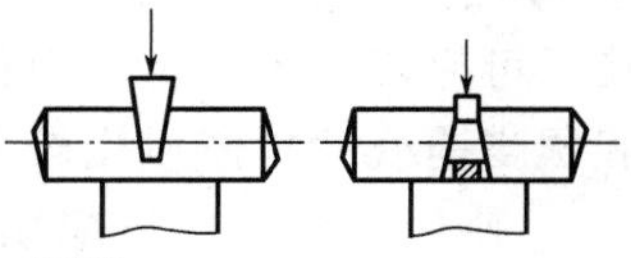 切割	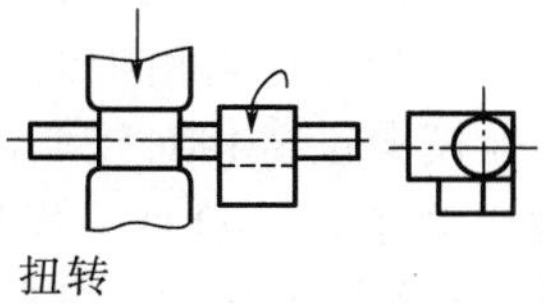 扭转	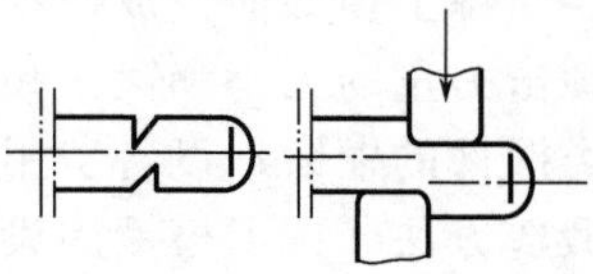 错移

续表

工序	典 型 工 步		
辅助工序	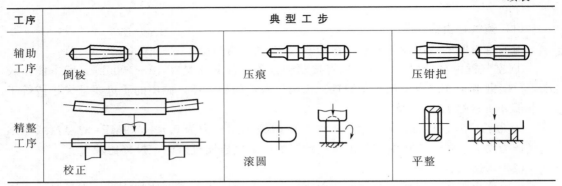 倒棱	压痕	压钳把
精整工序	校正	滚圆	平整

7.2.3　模锻

【模锻】

　　模锻是将加热到锻造温度的金属坯料放在锻模模膛内，在冲击力或压力的作用下使坯料变形而获得锻件的一种加工方法。坯料变形时，金属的流动受到模膛的限制，从而获得与模膛形状一致的锻件。

　　与自由锻相比，模锻的优点如下。

　　（1）由于有模膛引导金属的流动，因此锻件的形状可以比较复杂。

　　（2）锻件内部的锻造流线按锻件轮廓分布，从而提高了零件的力学性能和使用寿命。

　　（3）锻件表面光洁、尺寸精度高、节约材料和切削加工工时。

　　（4）操作简单，易于实现机械化，生产率较高。

　　但是，由于模锻是整体成形，并且金属流动时与模膛之间产生很大的摩擦阻力，因此所需设备吨位大，设备费用高；锻模加工工艺复杂、制造周期长、费用高，所以模锻只适用于中、小型锻件的成批或大量生产。不过随着 CAD/CAM 技术的飞速进步，锻模的制造周期将大大缩短。

　　根据使用的设备，模锻的基本方法有锤上模锻和其他设备上模锻（曲柄压力机上模锻、摩擦压力机上模锻、平锻机上模锻、液压机上模锻和胎模锻等）。这里仅介绍锤上模锻、曲柄压力机上模锻和平锻机上模锻。

　　1. 锤上模锻

【锤上模锻】

　　（1）概述

　　锤上模锻是在自由锻基础上发展起来的一种模锻生产方法，即在模锻锤上的模锻。它将上、下模块分别固紧在锤头与砧座上，将加热透的金属坯料放入下模模膛中，借助于上模向下的冲击作用，迫使金属在模膛中塑性流动和填充，从而获得与模膛形状一致的锻件。模锻锤包括蒸汽-空气模锻锤、无砧座锤、高速锤和螺旋锤，其中蒸汽-空气模锻锤是普遍应用的模锻锤。

　　锤上模锻能完成镦粗、拔长、滚挤、弯曲、成形、预锻和终锻等各变形工步的操作，锤击力量的大小和锤击频率可以在操作中自由控制和变换，可完成各种长轴类锻件和短轴类锻件的模锻；设备费用比其他模锻设备相对较低，是我国当前模锻生产应用较多的一种锻造方法。锤上模锻因设备结构简单、造价低、操作简单、使用灵活，广泛应用于汽车、船舶及航空锻件的生产。但锤上模锻工作时振动和噪声大，劳动条件仍然较差；难以实现较高程度的操作机械化；完成一个变形工步要经过多次锤击，生产率仍不太高，因而，在大批生产中有逐渐被压力机上模锻取代的趋势。

（2）锻模

【锻模】

锻模由上、下模组成。上模和下模分别安装在锤头下端和模座上的燕尾槽内，用楔铁紧固，如图7.21所示。上、下模合在一起，其中部形成完整的模膛。根据功用，可将模膛分为制坯模膛和模锻模膛两大类。

①制坯模膛。对于形状复杂的模锻件，原始坯料进入模锻模膛前，先放在制坯模膛（图7.22）制坯，按锻件最终形状进行初步变形，使金属能合理分布和很好地充满模膛。制坯模膛有以下几种。

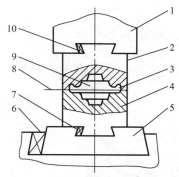

a. 拔长模膛［图7.22（a）］。其作用是减小坯料某部分的横截面积，增加该部分的长度。当模锻件沿轴向各横截面积相差较大时，采用拔长模膛。

b. 滚压模膛［图7.22（b）］。其作用是减小坯料某部分的横截面积，增大另一部分的横截面积。当模锻件沿轴线的各横截面积相差不很大时或作修整拔长后的毛坯时，采用滚压模膛。

1—锤头；2—上模；3—飞边槽；
4 —下模；5—模垫；6、7、10—坚固楔铁；
8—分模面；9—模膛
图7.21　锤上模锻

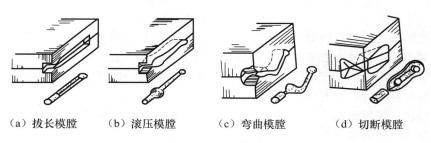

（a）拔长模膛　　（b）滚压模膛　　（c）弯曲模膛　　（d）切断模膛
图7.22　制坯模膛

c. 弯曲模膛［图7.22（c）］。其作用是弯曲杆类模锻件的坯料。

d. 切断模膛［图7.22（d）］。其作用是切断金属。单件锻造时，用切断模膛从坯料上切下锻件或从锻件上切下钳口；多件锻造时，用切断模膛分离成单个件。

生产中，根据锻件的复杂程度，可将锻模分为单膛锻模和多膛锻模两种。单膛锻模是在一副锻模上只具有一个模膛，如图7.21所示；多膛锻模是在一副锻模上具有两个及以上的模膛，即把制坯模膛或预锻模膛与终锻模膛做在同一副锻模上，如图7.23所示。

②模锻模膛。模锻模膛分为预锻模膛和终锻模膛两种。

a. 预锻模膛。预锻模膛的作用是使坯料变形到接近于锻件的形状和尺寸，这样再进行终锻时金属容易充满终锻模膛，同时减少了终锻模膛的磨损，延长了锻模的使用寿命。预锻模膛的形状和尺寸与终锻模膛相近似，只是模锻斜度和圆角半径稍大，没有飞边槽。对于形状简单或批量不大的模锻件可不设置预锻模膛。

【汽车连杆
生产过程】

b. 终锻模膛。终锻模膛的作用是使坯料最后变形到锻件所要求的形状和尺寸，因此它

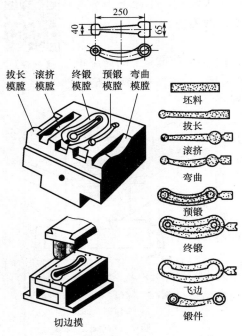

图 7.23　多膛模锻

的形状应和锻件的形状相同。但因锻件冷却时要收缩，因此终锻模膛的尺寸应比锻件尺寸放大一个收缩量。沿模膛四周有飞边槽，如图 7.23 所示。锻造时部分金属先压入飞边槽内形成毛边，毛边很薄，最先冷却，可以阻碍金属从模膛内流出，以促使金属充满模膛，同时容纳多余的金属。对于具有通孔的锻件，由于不可能靠上、下模的凸起部分把金属完全挤压掉，故终锻后在孔内留下一薄层金属，称为冲孔连皮，把冲孔连皮和飞边冲掉后，才能得到有通孔的模锻件。

2. 曲柄压力机上模锻

曲柄压力机上模锻是一种比较先进的模锻方法。曲柄压力机的吨位一般是 2000kN，可以锻造 2.5～80kg 的锻件。

与锤上模锻相比，曲柄压力机模锻具有以下优点。

（1）作用于坯料上的锻造力是压力，不是冲击力，因此工作时的振动和噪声小，劳动条件得到改善。

（2）坯料的变形速度较低。这对于低塑性材料的锻造有利，某些不适于在锤上锻造的材料，如耐热合金、镁合金等，可在曲柄压力机上锻造。

（3）锻造时滑块的行程不变，每个变形工步在滑块的一次行程中即可完成，并且便于实现机械化和自动化，具有很高的生产率。

（4）滑块运动精度高，并有锻件顶出装置，使锻件的模锻斜度、机械加工余量和锻造公差大大减小，因而锻件精度比锤上模锻件高。

曲柄压力机模锻的主要缺点：设备费用高，模具结构比一般锤上模锻的模具复杂，仅适用于大批量生产；对坯料的加热质量要求高，不允许有过多的氧化皮；由于滑块的行程和压力不能在锻造过程中调节，因此不能进行拔长、滚挤等工步的操作。

3. 平锻机上模锻

平锻机又称卧式锻造机，从运动原理上属于曲柄压力机。它沿水平方向对坯料施加锻造压力。按照分模面的位置，可将平锻机分为垂直分模平锻机和水平分模平锻机。

平锻机上模锻在工艺上有如下特点。

（1）锻造过程中坯料水平放置，坯料都是棒料或管材，并且只进行局部（一端）加热和局部变形加工。因此，可以完成在立式锻压设备上不能锻造的某些长杆类锻件，也可用长棒料连续锻造多个锻件。

（2）锻模有两个分模面，锻件出模方便，可以锻出在其他设备上难以完成的在不同方向上有凸台或凹槽的锻件。

（3）需配备对棒料局部加热的专用加热炉。与曲柄压力机上模锻类似，平锻机上模锻也是一种高效率、高质量、容易实现机械化的锻造方法，劳动条件也较好，但平锻机是模锻设备中结构较复杂的一种，价格高、投资大，仅适用于大批量生产。目前平锻机已广泛用于大批量生产气门、汽车半轴、环类锻件等。

7.2.4　板料冲压

1. 概述

板料冲压是利用冲模使金属或非金属板料产生分离或变形的压力加工方法。这种加工方法通常是在常温下进行的，所以又称冷冲压。板料冲压通常是用来加工具有足够塑性的金属材料（如低碳钢、铜及其合金、铝及其合金、镁合金及塑性高的合金钢）或非金属材料（如石棉板、硬橡皮、胶木板、皮革等），用于加工的金属板料厚度小于6mm。

板料冲压具有下列特点。

（1）可以冲压出形状复杂的零件。

（2）产品具有足够高的精度，较低的表面粗糙度，质量稳定，互换性好，一般不需要再进行切削加工便可使用。

（3）产品具有质量轻、强度高和刚性好的特点，材料消耗少。

（4）冲压操作简单，生产率高，易于实现机械化和自动化。

（5）冲模精度要求高，结构较复杂，制造成本较高，适用于大批量生产。

【板料冲压的应用】

板料冲压可应用于一切有关制造金属或非金属薄板成品的工业部门中，特别是在汽车、拖拉机、航空、电器、电机、仪表和日用工业品等领域，得到了广泛的应用。

2. 冲压设备

板料冲压设备主要是剪床和冲床。

（1）剪床。剪床用于把板料剪切成所需宽度的条料，以供冲压工序使用。

（2）冲床。除剪切之外，板料冲压的基本工序都是在冲床上进行的。冲床按结构可分为单柱式和双柱式两种。

3. 板料冲压的基本工序

板料冲压的基本工序按变形的性质可分为分离工序和变形工序两大类，每一类又包含不同的工序。

（1）分离工序

分离工序是使坯料的一部分与另一部分相分离的工序，主要有冲裁、修整、切断、切口等。这里仅介绍冲裁和修整。

① 冲裁。冲裁是使板料沿封闭的轮廓线分离的工序，包括冲孔和落料。这两个工序的坯料变形过程和模具结构都是一样的，二者的区别在于冲孔是在板料上冲出孔洞，被分离的部分为废料，而周边是带孔的成品；落料是被分离的部分是成品，周边是废料。

冲裁时板料的变形和分离过程如图7.24所示。凸模和凹模的边缘都带有锋利的刃口。当凸模向下运动压住板料时，板料受到挤压，产生弹性变形并进而产生塑性变形，当上、下刃口附近材料内的应力超过一定限度后，开始出现裂纹。随着凸模继续下压，上、下裂纹逐渐向板料内部扩展直至汇合，板料被切离。

冲裁后的断面可明显地区分为光亮带、剪裂带、圆角（塌角）和毛刺四部分。其中光亮带具有较高的尺寸精度和低的表面粗糙度，其他三个区域（尤其是毛刺）则降低冲裁件

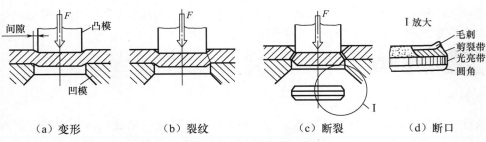

（a）变形　　　　（b）裂纹　　　　（c）断裂　　　　（d）断口

图 7.24　冲裁时板料的变形和分离过程

的质量。这四个部分的尺寸比例与材料的性质、板料厚度、模具结构和尺寸、刃口锋利程度等冲裁条件有关。为了提高冲裁质量，简化模具制造，延长模具寿命及节省材料，设计冲裁件及冲裁模具时应考虑以下问题。

a. 冲裁件的尺寸和形状在满足使用要求的前提下，应尽量简化，多采用圆形、矩形等规则形状，以便于使用通用机床加工模具，并减少钳工修配的工作量。线段相交处必须圆弧过渡。冲圆孔时，孔径不得小于板料厚度 δ；冲方孔时，孔的边长不得小于 0.9δ；孔与孔之间或孔与板料边缘的距离不得小于 δ。

b. 冲裁模具尺寸。凸凹模间隙对冲裁件断面质量具有重要影响，冲裁模合理的间隙值可按表 7-2 选择。在设计冲孔模具时，应使凸模刃口接近或等于所要求孔的最大极限尺寸，凹模刃口尺寸则是孔尺寸加上 2 倍的间隙值。设计落料模具时，则应使凹模刃口尺寸接近或等于成品的最小极限尺寸，凸模则减去两倍的间隙值。

表 7-2　冲裁模合理的间隙值

材料种类	材料厚度 δ/mm				
	0.1～0.4	0.4～1.2	1.2～2.5	2.5～4.0	4.0～6.0
黄铜、低碳钢	0.01～0.02	(7%～10%)δ	(9%～12%)δ	(12%～14%)δ	(15%～18%)δ
中、高碳钢	0.01～0.05	(10%～17%)δ	(18%～25%)%δ	(25%～27%)%δ	(27%～29%)δ
磷青铜	0.01～0.04	(8%～12%)δ	(11%～14%)δ	(14%～17%)δ	(18%～20%)δ
铝及铝合金（软）	0.01～0.03	(8%～12%)δ	(11%～12%)δ	(11%～12%)δ	(11%～12%)δ
铝及铝合金（硬）	0.01～0.03	(10%～14%)δ	(13%～14%)δ	(13%～14%)δ	(13%～14%)δ

② 修整。修整工序是利用修整模沿冲裁件的外缘或内孔切去一薄层金属，以除去剪裂带、圆角和毛刺等，从而提高冲裁件的尺寸精度和降低表面粗糙度。只有当对冲裁件的质量要求较高时，才需要增加修整工序。修整在专用的修整模上进行，模具间隙为 0.001～0.01mm。修整后的切面粗糙度值可达 $Ra1.6～Ra0.8\mu m$，尺寸精度可达 IT7～IT6 级。

（2）变形工序

变形工序是使坯料的一部分与另一部分产生相对位移而不破坏的工序，主要有弯曲、拉深、成形等。

① 弯曲。弯曲是将平直板料弯成一定角度和圆弧的工序，弯曲过程如图 7.25 所示。

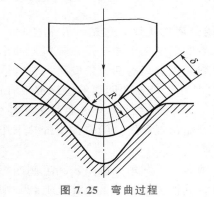

【弯曲】

图 7.25　弯曲过程

弯曲时，坯料外侧的金属受拉应力作用，发生伸长变形。坯料内侧金属受压应力作用，产生压缩变形。在这两个应力-应变区之间存在一个不产生应力和应变的中性层，其位置在板料的中心部位。当外侧的拉应力超过材料的抗拉强度时，将产生弯裂现象。坯料越厚、内弯曲半径 r 越小，坯料的压缩和拉伸应力越大，越容易弯裂。为防止弯裂，弯曲模的弯曲半径要大于限定的最小弯曲半径 $r_{\min}$。此外，弯曲时应尽量使弯曲线和坯料纤维方向垂直，这样不仅能防止弯裂，而且有利于提高零件的使用性能。

【弯曲件生产过程】

在外加载荷的作用下，板料产生的变形由弹性变形和塑性变形两部分组成。当外载荷去除后，塑性变形保留下来，而弹性变形部分则要恢复，从而使板料产生与弯曲方向相反的变形，这种现象称为弹复，又称回弹。

弹复会影响弯曲件的尺寸精度。弹复角（回弹角）的大小与材料的力学性能、弯曲半径、弯曲角等因素有关。材料的屈服强度越高、弯曲半径越大（即弯曲程度越轻），则在整个弯曲过程中，弹性变形所占的比例越大，弹复角越大。这就是曲率半径大的零件不易弯曲成形的道理。此外，在弯曲半径不变的条件下，弯曲角越大，变形区的长度就越大，因而，弹复角也越大。

为了克服弹复对弯曲零件尺寸的影响，通常采取的措施是利用弹复规律，增大凸模压下量，或适当改变模具尺寸（如设计弯曲模时，使模具的角度比成品件的角度小一个弹复角），使弹复后达到零件要求的尺寸。此外，也可通过改变弯曲时的应力状态，把弹复现象限制在最小的范围内。

② 拉深。拉深是利用拉深模使平面板料变为开口空心件的冲压工序，又称拉延。拉深可以制成筒形、阶梯形、球形及其他复杂形状的薄壁零件。

拉深过程如图 7.26 所示，经拉深后变成杯形零件。凸模压入过程中，伴随着坯料变形和厚度的变化。拉深件的底部一般不变形，厚度基本不变。其余环形部分坯料经变形成为空心件的侧壁，厚度有所减小。侧壁与底之间的过渡圆角部位被拉薄

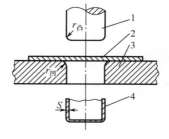
【拉深】
1—凸模；2—毛坯；3—凹模；4—工件
图 7.26 拉深过程

最严重。拉深件的平板凸缘（法兰）部分，厚度有所增加。拉深件的成形是金属材料产生塑性流动的结果，坯料直径越大，空心件直径越小，变形程度越大。

拉深件最容易产生的缺陷是拉裂和起皱（皱褶）。产生拉裂的最危险的部位是侧壁与底的过渡圆角处。为使拉深过程正常进行，底部和侧壁的拉应力应限制在不使材料发生塑性变形的限度内，而环形区内的径向拉应力，则应达到和超过材料的屈服极限，并且，任何部位的应力总和都必须小于材料的强度极限，否则，就会造成图 7.27(a) 所示的拉穿缺陷。起皱是拉深时坯料的平板凸缘部分受到切向压应力的作用，使整个法兰产生波浪形的连续弯曲现象。环形变形区内的切向压应力很大，

（a）拉穿　　（b）皱褶
图 7.27 拉深件的缺陷

163

很容易使板料产生图 7.27(b) 所示的皱褶现象，从而造成废品。

拉深系数（拉深后的工件直径与拉深前工件或毛坯直径之比）越小，拉深件直径越小，变形程度越大，越容易产生拉裂废品。拉深系数一般不小于 0.5～0.8，塑性好的材料可取下限值。

当拉深系数过小，不能一次拉深成形时，可采用多次拉深工艺。但多次拉深过程中，加工硬化严重。为保证坯料有足够的塑性，在一、二次拉深后，应安排工序间的退火处理。而且在多次拉深中，拉深系数应一次比一次大，以确保拉深件的质量，总拉深系数值等于各次拉深系数的乘积。

为了减少由于摩擦引起的拉深件内应力的增加及减少模具的磨损，拉深前要在工件上涂润滑剂。

为防止产生皱褶，通常都用压边圈将工件压住。压边圈上的压力不宜过大，能压住工件不致起皱即可。

③成形。成形是使板料或半成品改变局部形状的工序，包括压肋、压坑、胀形、翻边等。

a. 压肋和压坑（包括压字、压花）是压制出各种形状的凸起和凹陷的工序。采用的模具有刚模和软模两种。刚模压坑如图 7.28 所示。与拉深不同，此时只有凸模下的这一小部分金属在拉应力作用下产生塑性变形，其余部分的金属并不发生变形。

软模压肋如图 7.29 所示，软模是用橡胶等柔性物体代替一半模具。这样，可以简化模具制造，冲制形状复杂的零件。但软模块使用寿命低，需经常更换。此外，也可采用气压或液压成形。

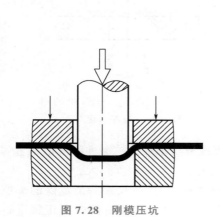

图 7.28　刚模压坑

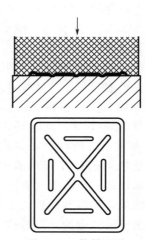

图 7.29　软模压肋

b. 胀形是将拉深件轴线方向上局部区段的直径胀大，也可采用刚模或软模进行，如图 7.30、图 7.31 所示。

刚模胀形时，由于芯子的锥面作用，分瓣凸模在压下的同时沿径向扩张，使工件胀形。顶杆将分瓣凸模顶回起始位置后，即可将工件取出。显然，刚模的结构和冲压工艺比较复杂，而采用软模则简便得多。因此，软模胀形得到广泛应用。

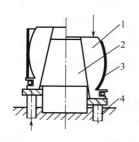

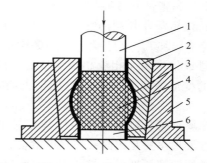

1—分瓣凸模；2—芯子；3—工件；4—顶杆

图 7.30　钢模胀形

1—凸模；2—凹模；3—工件；4—橡胶；5—外套；6—垫块

图 7.31　软模胀形

c. 翻边是在板料或半成品上沿一定的曲线翻起竖立边缘的冲压工序。按变形的性质，翻边可分为伸长翻边和压缩翻边。当翻边在平面上进行时，称为平面翻边；当翻边在曲面上进行时，称为曲面翻边，如图 7.32 所示。孔的翻边是伸长类平面翻边的一种特定形式，称为翻孔，其过程如图 7.33 所示。

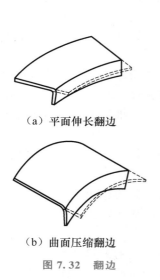

（a）平面伸长翻边

（b）曲面压缩翻边

图 7.32　翻边

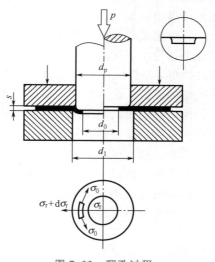

图 7.33　翻孔过程

7.2.5　其他塑性成形方法与新技术

提高锻压件的性能和质量，使锻压件的外形尺寸接近零件尺寸，实现少（无）切削加工和污染，做到清洁生产，提高自动化程度，提高零件的生产效率，降低生产成本，是现代锻压生产的发展趋势。下面介绍部分先进的锻压新技术。

1. 超塑性成形技术

超塑性是指金属在特定的组织、温度条件和变形速度下变形时，塑性比常态提高几倍到几百倍（部分金属的延伸率大于 1000%），而变形抗力降低到常态的三分之一甚至几十分之一的异乎寻常的性质，如纯钛的伸长率可达 300% 以上，锌铝合金的延伸率可达

1000%以上。超塑性有微细晶粒超塑性（又称恒温超塑性）和相变超塑性等。

微细晶粒超塑性是利用变形和热处理方法获得 $0.5\sim5\mu m$ 的超细等轴晶粒而具有超塑性的。它在 $0.5T_{熔}$（变形温度和很小的变形速率 $10^{-5}\sim10^{-2}\,m/s$）下进行锻压加工，其伸长率可成倍增长。相变超塑性是金属材料在相变温度附近进行反复加热、冷却并使其在一定的变形速率下变形时，呈现出高塑性、低的变形抗力和高扩散能力等超塑性特点。

利用金属材料在特定条件下所具有的超塑性来进行塑性加工的方法，称为超塑性成形。超塑性变形主要是由晶粒边界的滑动和转动引起的，与一般金属的变形方式不同。

目前常用的超塑性成形材料主要有铝锌合金、钛合金及高温合金等，常用的超塑性成形方法有超塑性模锻和超塑性挤压等。金属在超塑性状态下不产生缩颈现象，变形抗力很小，因此利用金属材料在特定条件下所具有的超塑性来进行塑性加工，可以加工出复杂的零件。超塑性成形加工具有金属填充模膛性能好、锻件尺寸精度高、机械加工余量小、锻件组织细小均匀的特点。

2. 高速高能成形技术

高速高能成形有多种加工形式，其共同特点是在很短的时间内，将化学能、电能、电磁能和机械能传递给被加工的金属材料，使金属材料迅速成形。高速高能成形分为爆炸成形、放电成形、电磁成形和高速锻造等，具有成形速度高，可加工难加工的金属材料，加工精度高，设备投资小等优点。

（1）爆炸成形。爆炸成形是利用炸药爆炸时产生的高能冲击波，通过不同的介质使坯料产生塑性变形的方法。成形时在模膛内置入炸药，炸药爆炸时产生的大量高温、高压气体呈辐射状传递，从而使坯料成形。该方法适合于多品种小批生产，尤其适合于一些难加工金属材料，如钛合金、不锈钢的成形及大件的成形。

（2）放电成形。放电成形的原理与爆炸成形有相似之处。它是利用放电回路中产生的强大的冲击电流使电极附近的水汽化膨胀，从而产生很强的冲击压力，使金属坯料成形。与爆炸成形相比，放电成形时能量控制和调整简单，成形过程稳定、安全，噪声低，生产率高。但放电成形受设备容量限制，不适合于较大工件的成形，特别适合于管类工件的胀形加工。

（3）电磁成形。电磁成形是指利用电流通过线圈所产生的磁场，其磁力作用于坯料使工件产生塑性变形的方法。成形线圈中的脉冲电流可在很短的时间内迅速增长和衰减，并在周围空间形成一个强大的变化磁场。坯料置于成形线圈内部，在此变化磁场的作用下，坯料内产生感应电流，坯料内感应电流形成的磁场和成形线圈产生的磁场相互作用，使坯料在电磁力的作用下产生塑性变形。这种成形方法所用的材料应当具有良好的导电性，如铜、铝和钢等。如果加工导电性差的材料，则应在坯料表面放置用薄铝板制成的驱动片，促使坯料成形。电磁成形不需要用水和油等介质，工具几乎没有消耗，设备清洁，生产率高，产品质量稳定，适合于加工厚度不大的小零件、板材或管材等。

（4）高速锻造。高速锻造是指利用高速的高压空气或氮气，使滑块带着模具进行锻造或挤压的加工方法。高速锻造可以锻打强度高、塑性低的材料如高强度钢、耐热钢、工具钢、高熔点合金等，其锻造工艺性能好，质量和精度高，设备投资少，适合于加工叶片、涡轮、壳体、接头、齿轮等。

3. 液态模锻

液态模锻是指对定量浇入铸型型腔中的金属液施加较大的机械压力，使其成形、结晶凝固而获得铸件的一种加工方法。它是一种介于铸造和锻造之间的新工艺，并具有这两种加工工艺的优点，也称挤压铸造。由于结晶过程是在压力下进行的，改变了常态下结晶的组织特征，可以获得细小的等轴晶粒。液态模锻的工件尺寸精度高、力学性能好，可用于各种类型的合金（如铝合金、铜合金、灰铸铁、不锈钢等），工艺过程简单，容易实现自动化。

4. 精密模锻

精密模锻是在普通的模锻设备上锻制形状复杂的高精度锻件（如锥齿轮、汽轮机叶片、航空零件、电器零件等）的一种模锻工艺，锻件公差可在±0.02mm以下。

精密模锻具有如下工艺特点。

（1）应精确计算原始坯料的尺寸，严格按坯料质量下料，否则，会增大锻件尺寸公差，降低精度。

（2）需要仔细清理坯料表面，除净坯料表面的氧化皮、脱碳层及其他缺陷等。

（3）为提高锻件的尺寸精度和降低表面粗糙度而采用少（无）氧化加热方法，尽量减少坯料表面形成氧化皮。

（4）精密模锻的锻件精度在很大程度上取决于锻模的加工精度。因此精锻模腔的精度一般要比锻件高两级。精锻模一定要有导柱、套筒结构以保证合模准确。为排除模腔中的气体，减小金属流动阻力，使金属更好地充满模腔，模腔内应开有排气小孔。

（5）严格控制模具温度、锻造温度、润滑条件及操作方法。精密模锻宜在刚度大、精度高的模锻设备上（如摩擦压力机或高速锤等）进行。

7.3 锻件工艺设计

7.3.1 自由锻工艺规程的制订

制订自由锻的工艺规程包括绘制锻件图、确定变形工序、计算坯料的质量和尺寸、确定锻造温度范围等。

1. 绘制锻件图

锻件图是锻造生产中必不可少的工艺技术文件。它是计算坯料的相关参数、确定变形工艺、设计工具和检验锻件的主要依据。锻件图是根据零件图，考虑机械加工余量、锻造公差和敷料（余块）等绘制而成的。敷料是为了简化锻件形状，便于锻造，在机械加工余量之外又增加的一部分金属。图7.34所示的六段台阶轴零件，经过增加敷料，成为三段台阶轴的锻件，使锻造工艺大大简化。画锻件图时，以粗实线表示锻件的形状，双点画线表示零件的轮廓形状，锻件的尺寸注在尺寸线的上面，零件的尺寸注在尺寸线下面的括号内，供参考。

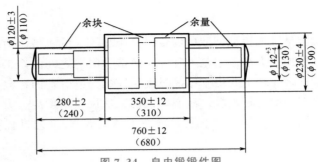

图 7.34 自由锻锻件图

2. 确定变形工序

确定变形工序的依据是锻件的形状特征、尺寸、技术要求、生产批量和生产条件等。

按自由锻件的外形及其成形方法，可将自由锻件分为六类：饼块类、空心类、轴杆类、曲轴类、弯曲类和复杂形状类。各类锻件的变形工序方案如下。

(1) 饼块类

基本工序：镦粗。

辅助及修整工序：倒棱、滚圆、平整等。

实例：圆盘、叶轮、齿轮等。

(2) 空心类

基本工序：镦粗、冲孔、扩孔或芯轴拔长。

辅助及修整工序：倒棱、滚圆、校正。

实例：圆环、齿圈、轴承环、缸体、空心轴等。

(3) 轴杆类

基本工序：拔长或镦粗＋拔长。

辅助及修整工序：倒棱和滚圆。

实例：传动轴、轧辊、立柱、拉杆等。

(4) 曲轴类

基本工序：拔长、错移和扭转。

辅助及修整工序：分段压痕、局部倒棱、滚圆和校正。

实例：各种曲轴、偏心轴。

(5) 弯曲类

基本工序：拔长、弯曲。

辅助及修整工序：分段压痕、滚圆和平整。

实例：吊钩、弯杆、轴瓦等。

(6) 复杂形状类

各类工序、工步的组合。

实例：阀体、叉杆、吊环体、十字轴等。

3. 计算坯料质量和尺寸

锻造用坯料有两类：一类是钢材和钢坯，用于中小型锻件；另一类是钢锭，用于大中型锻件。这里主要讨论以圆钢为坯料的中小型锻件。坯料的质量可按下式计算。

$$m_{坯}＝m_{锻}＋m_{损}＝m_{锻}＋m_{烧}＋m_{芯}＋m_{切}$$

式中 　$m_{坯}$——坯料质量；

　　　$m_{锻}$——锻件质量；

　　　$m_{损}$——坯料在加热和锻造过程中的总损耗量；

　　　$m_{烧}$——坯料在加热时因表面氧化而烧损的质量，与材料的种类、加热的火次等有
　　　　　　关，常取锻件质量的 2.5% 左右；

　　　$m_{芯}$——冲孔时的芯料质量；

　　　$m_{切}$——锻造中被切掉部分的质量，如修切端部的料头，采用钢锭时
　　　　　　切掉的钢锭头部和尾部等。

　　根据坯料的质量和密度，可算出坯料的体积。确定坯料尺寸时，还要考虑锻件的锻造比和所采取的变形方式。

【锻造比】

4. 确定锻造温度范围

　　锻造温度范围是否合适，对于锻件的质量、锻造生产率及材料和能源的消耗都有直接影响。碳钢的锻造温度范围参见图 7.17(a)。常用金属材料的锻造温度范围见表 7-3。

表 7-3　常用金属材料的锻造温度范围

种　　类	始锻温度/℃	终锻温度/℃
低碳钢	1200～1250	800
中碳钢	1150～1200	800
合金结构钢	1100～1150	850
铝合金	450～500	350～380
铜合金	800～900	650～700

5. 自由锻工艺规程实例

　　齿轮坯自由锻工艺见表 7-4。

表 7-4　齿轮坯自由锻工艺

锻件名称	齿　轮　坯	工艺类别	机器自由锻
材料	45 钢	设备	65kg 空气锤
加热火次	1	锻造温度	1150～800℃
锻件图		坯料图	

锻件图：$\phi28\pm1.5$，29 ± 1，44 ± 1，$\phi58\pm1$，$\phi92\pm1$

坯料图：$\phi60$，125

锻件名称		齿 轮 坯	工艺类别	机器自由锻
序号	工序名称	工 序 简 图	使用工具	操 作 要 点
1	镦粗	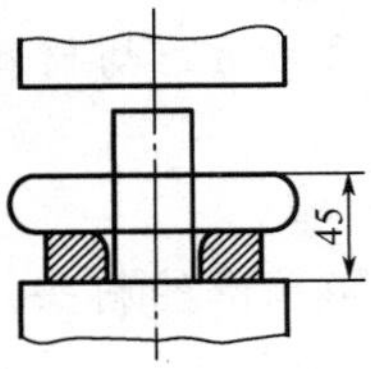	夹钳 镦粗漏盘	控制镦粗后的高度为 45mm
2	冲孔	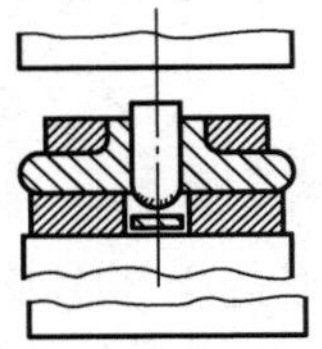	夹钳 镦粗漏盘 冲子 冲孔漏盘	注意冲子对中 采用双面冲孔，图为翻转冲透的状态
3	修整外圆	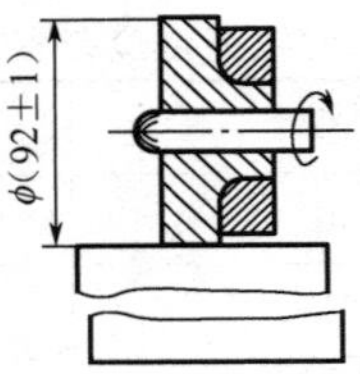	夹钳、冲子	边轻打边旋转锻件，使外圆消除纹形并达到 $\phi(92\pm1)$mm
4	修整平面	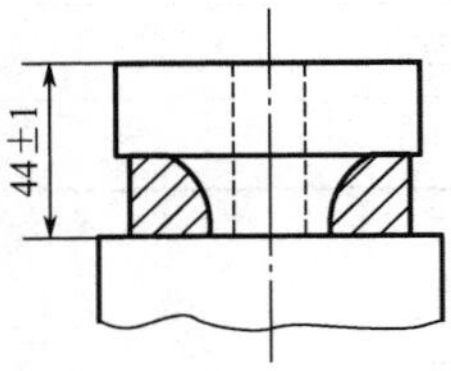	夹钳 镦粗漏盘	轻打（如砧面不平，需边打边转动锻件），使锻件厚度达到 (44 ± 1)mm

7.3.2　模锻工艺规程的制订

模锻工艺规程包括制订锻件图、确定模锻工步（模腔）、计算坯料的质量和尺寸、选择设备及安排修整工序等。

1. 制订锻件图

锻件图是生产和检验锻件及设计锻模的依据。制订锻件图时应考虑如下问题。

（1）分模面的确定

分模面是指上、下锻模在模锻件上的分界面，其位置影响锻件成形、锻件出模、模具加工、工步安排、金属材料消耗和锻件质量。确定分模面应遵循以下原则。

① 保证模锻件能从模腔取出，应在最大截面处分模。如图 7.35 所示，a—a 面不合理。

② 应使模腔深度最浅，以利于金属充满模腔，模具加工。如图 7.35 所示，b—b 面不合适。

③ 节约金属、减少切削加工量。如图 7.35 所示，b—b 面无法锻出孔。

④ 防止错模，应使上、下模腔轮廓相同。如图 7.35 所示，c—c 面不合理。

⑤ 使分模面为平面，并使上、下模膛深度基本一致。如图 7.35 所示，d—d 面作为分模面最合适。

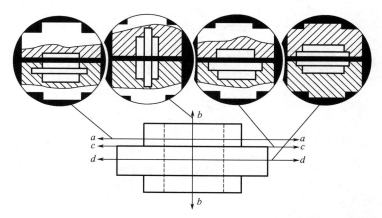

a—a 面：取不出锻件；b—b 面：模膛深、余块多；c—c 面：不易发现错模；d—d 面：合理分模面

图 7.35　分模面的选择比较

（2）确定加工余量、公差、余块、模锻斜度、圆角半径、冲孔连皮

① 加工余量、公差、余块。模锻件的加工余量、公差、余块比自由锻件小，孔应有冲孔连皮（图 7.36）。

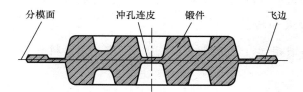

图 7.36　带有冲孔连皮和飞边的锻件

② 模锻斜度。模锻斜度是为取出模锻件，在平行于锤击方向的表面设计的斜度，如图 7.37 所示。

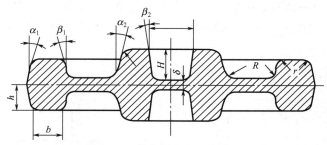

图 7.37　模锻斜度和圆角半径

③ 圆角半径。在模锻件上所有两平面的交角处均需做成圆角（图 7.37），以增加锻件强度，使锻造时金属易于充填模膛，避免裂纹，减轻锻模磨损。

最后绘制锻件图。图 7.38 为齿轮坯的模锻件图。

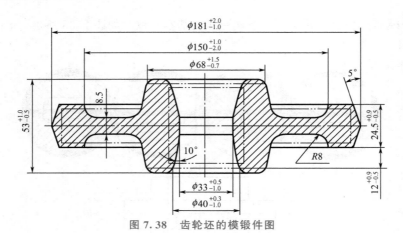

图 7.38　齿轮坯的模锻件图

2. 确定模锻工步

（1）长轴类

长轴类零件是指长度明显大于宽度和高度的零件，如台阶轴、曲轴、连杆等。长轴类零件在锻造时常选用拔长、滚压、弯曲、预锻、终锻等工步。

（2）盘类

盘类零件是指轴向尺寸较短，在分模面上投影为圆形或长宽尺寸相近的零件，如齿轮、凸缘、十字轴等盘类零件在锻造时常采用镦粗、终锻等工步。

3. 计算坯料的质量和尺寸

计算方法与自由锻相同，包括锻件、飞边、连皮、钳口料头和氧化皮的质量。

4. 选择模锻设备

生产长轴类和短轴类锻件时可以选择模锻锤，但该设备工作时振动和噪声大，劳动条件较差，难以实现较高程度的操作机械化，生产率不太高。因而，在大批生产中有逐渐被压力机上模锻取代的趋势。

大批量生产某些不适于在锤上锻造的低塑性材料（如耐热合金、镁合金等），可在曲柄压力机上锻造，但不能进行拔长、滚挤等工步的操作。平锻机可以锻造出在其他设备难以完成的在不同方向上有凸台或凹槽的锻件，如气门、汽车半轴、环类锻件等。

5. 安排修整工序

（1）切边和冲孔。 图 7.39 所示为切边模和冲孔模。

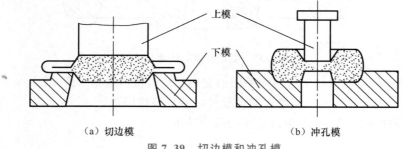

（a）切边模　　　　　　　　　　（b）冲孔模

图 7.39　切边模和冲孔模

（2）校正。

（3）热处理。正火或退火。

（4）清理。去除氧化皮，油污及其他表面缺陷。

（5）精压。平面精压或体积精压。

7.4 锻件与冲压件结构设计

7.4.1 自由锻件的结构工艺性

由于锻造是在固态下成形的，锻件的形状、结构所能达到的复杂程度远不如铸件，而且自由锻所使用的工具一般是简单的通用性工具，因此锻件的形状和尺寸要求主要靠工人的操作技能来保证。因此，对自由锻件结构工艺性总的要求是在满足使用要求的前提下，锻件形状应尽量简单和规则。

设计锻造成形零件的结构时，除应满足使用性能要求外，还必须考虑锻造方法、相应的锻压设备和工具特点及材料的锻造性能等对锻压件的结构工艺性要求，使其结构在锻造成形时操作方便，节约金属，保证质量并能提高生产率。

自由锻件结构工艺性的具体要求见表 7-5。

表 7-5　自由锻件结构工艺性的具体要求

结构工艺性要求	图　例	
	不　合　理	合　理
尽量避免锥面、斜面和曲面	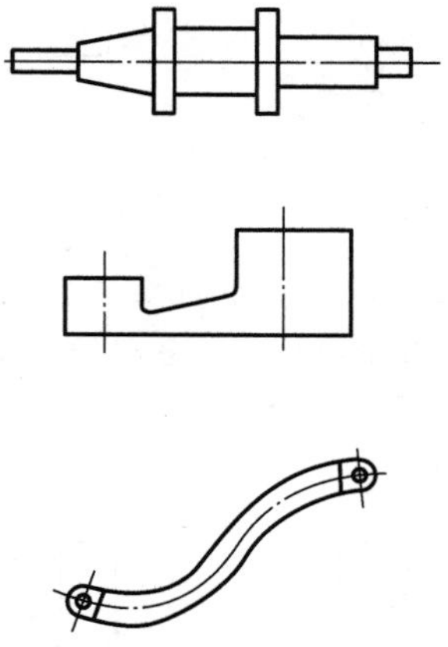	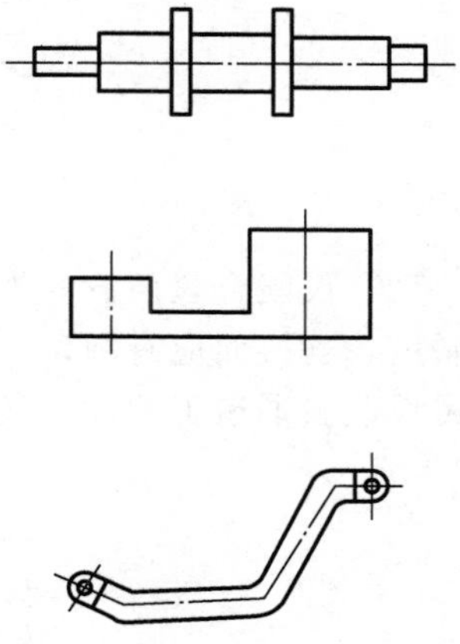
不允许有特形及相贯面	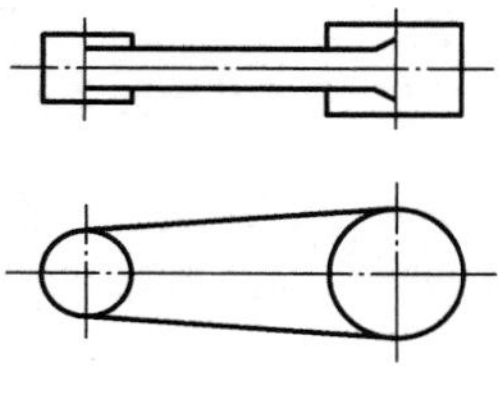	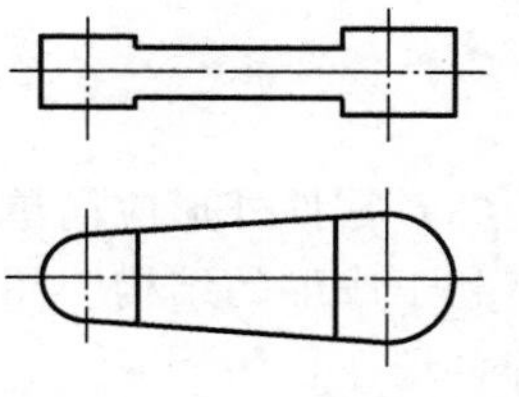

续表

结构工艺性要求	图 例	
	不 合 理	合 理
不允许有加强筋、凸台、工字形截面	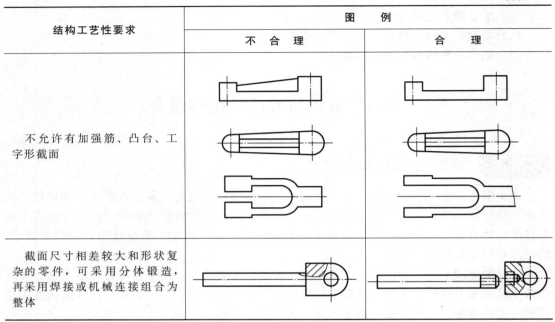	
截面尺寸相差较大和形状复杂的零件,可采用分体锻造,再采用焊接或机械连接组合为整体		

7.4.2　模锻件的结构工艺性

设计模锻件时,应根据模锻特点和工艺要求,使零件结构符合下列原则。

(1) 模锻件的分模面尺寸应当是零件的最大尺寸,并且分模面应为平面 [图 7.40(b)]。

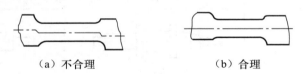

（a）不合理　　　　　　　　（b）合理

图 7.40　模锻件的分模面

(2) 仅配合表面设计为加工面,其余为非加工面,与锤击方向平行的非加工面应有模锻斜度,连接面应有圆角。模锻件的圆角半径通常应设计得大一些 [图 7.41(b)],这样既可以改善锻造工艺性,又可以减少应力集中。

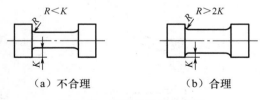

（a）不合理　　　　　　　　（b）合理

图 7.41　模锻件的圆角半径

(3) 零件外形应简单、平直和对称,截面相差不宜过于悬殊,避免高肋、薄壁、凸起等不利于成形的结构。图 7.42(a)～图 7.42(c)所示的结构均不利成形,而图 7.42(d)所示结构合理。

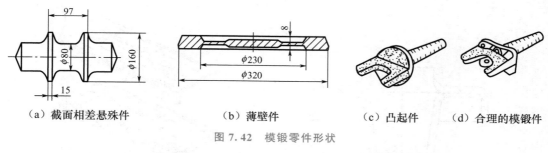

（a）截面相差悬殊件　　　　　（b）薄壁件　　　　　（c）凸起件　　　（d）合理的模锻件

图 7.42　模锻零件形状

（4）应避免窄沟、深槽、深孔及多孔结构，以利于充填和模具制造。

（5）形状复杂的锻件应采用锻焊或锻机械连接组合工艺，以减少余块，简化模锻工艺。

7.4.3　板料冲压件的结构工艺性

设计冲压件时，应在满足使用要求的前提下，使其具有良好的冲压工艺性能，从而保证产品质量，提高生产率，节约金属材料，降低生产成本。

1. 对各类冲压件的共同要求

（1）尽量选用普通材料，尽量采用较薄板料和加强肋结构（图 7.43）。

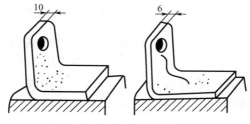

图 7.43　加强肋结构

（2）尽量采用简单而对称的外形，使坯料受力均衡，简化工序，便于模具制造，如图 7.44 所示。

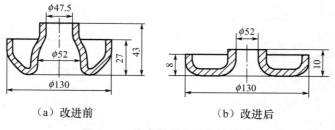

（a）改进前　　　　　　　（b）改进后

图 7.44　消声器后盖形状的改进

（3）精度要求不宜过高，否则会增加精压工序。

（4）尽量改进结构，简化工艺，节约材料，如图 7.45 所示的冲焊组合结构和图 7.46 所示的冲口工艺。

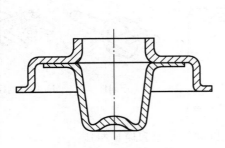

图 7.45 冲焊组合结构

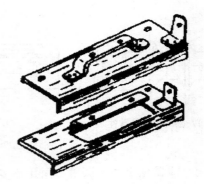

图 7.46 冲口工艺

2. 对冲裁件的要求

（1）工件外形应尽量符合既质量好又无废料的排样要求，如图 7.47（b）所示。

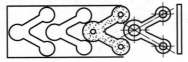

（a）不合理

（b）合理

图 7.47 零件形状与材料利用率的关系

（2）冲孔时应力求简单、对称，尽量采用圆形、矩形等规则形状。

（3）避免长槽与细长悬臂结构，图 7.48 所示为不合理的长槽结构。

（4）圆孔直径、方孔边长、孔距等符合图 7.49 所示的要求。冲裁线相交处应有圆角过渡，以避免模具开裂，圆角半径应大于 0.5δ（δ 为板厚）。

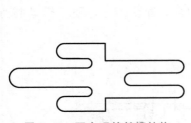

图 7.48 不合理的长槽结构

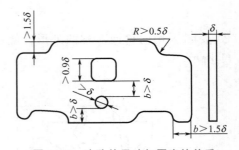

图 7.49 冲孔件尺寸与厚度的关系

（5）冲裁件的尺寸标注应考虑冲模磨损，以零件一边为基准标注尺寸，当冲模磨损后，将引起孔间距的误差 [图 7.50（a）]；如果直接标注孔间距的尺寸 [图 7.50（b）]，可较好地保证两孔之间的距离。

冲裁件的尺寸标注还应考虑冲压过程，不合理的标注方法只能将坯料冲压成形后才能冲孔 [图 7.51（a）]，加工困难。合理的标注可以在冲裁时一起完成冲孔 [图 7.51（b）]，节省工序，提高了生产率。

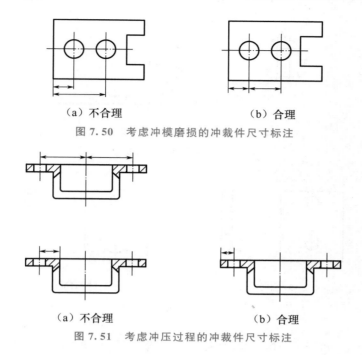

（a）不合理　　　　　　　　　　（b）合理

图 7.50　考虑冲模磨损的冲裁件尺寸标注

（a）不合理　　　　　　　　　　（b）合理

图 7.51　考虑冲压过程的冲裁件尺寸标注

3. 对拉深件的要求

（1）外形力求简单，尽量采用轴对称形状，以减少拉深次数。拉深件周围凸边的尺寸大小和形状要合适，边宽最好相同 [图 7.52(b)]。

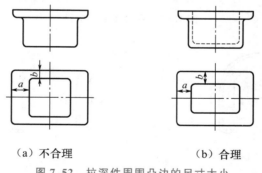

（a）不合理　　　　　　　　　　（b）合理

图 7.52　拉深件周围凸边的尺寸大小

（2）尽量避免深度过大。

（3）拉深件的圆角半径要合适。

4. 对弯曲件的要求

（1）弯曲件形状尽量对称，弯曲半径不得小于材料允许的最小半径。

（2）弯曲边不宜过短，如图 7.53(a) 所示。

（3）弯曲带孔件时，孔的位置 L 应大于 $(1.5\sim2)\delta$，如图 7.53(b) 所示。弯曲带孔件时为避免孔的变形，可在零件的弯折圆角部分的曲线上冲出工艺孔或月牙槽 [图 7.54(b)]。对有宽度要求的薄板弯曲件在弯曲处要有切口 [图 7.55(b)]，以避免弯曲处变宽。为了避免弯曲件上起皱，可切去弯曲处的部分竖边 [图 7.56(b)]。

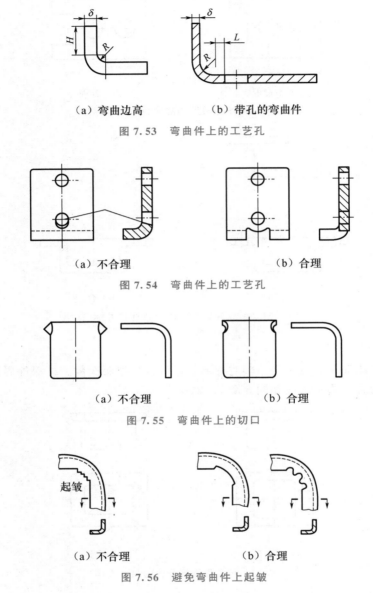

（a）弯曲边高　　　　　（b）带孔的弯曲件

图 7.53　弯曲件上的工艺孔

（a）不合理　　　　　　　（b）合理

图 7.54　弯曲件上的工艺孔

（a）不合理　　　　　　　（b）合理

图 7.55　弯曲件上的切口

（a）不合理　　　　　　　（b）合理

图 7.56　避免弯曲件上起皱

小　　结

　　塑性变形是金属压力加工的基础。单晶体的塑性变形方式有滑移和孪生两种。多晶体的塑性变形是每个晶粒变形的总和。塑性变形后，内部组织和宏观力学性能发生很大的变化。冷塑性变形产生加工硬化现象，随着温度的升高依次经历回复、再结晶和晶粒长大三个过程。利用加工硬化可以提高金属的强度和硬度，这也是工业生产中强化金属材料的重要方法。热变形与冷变形的机制相同，也会使金属的组织和性能发生很大的变化。金属的塑性成形方法主要有自由锻、模锻和板料冲压。锻件工艺过程设计主要有自由锻工艺规程设计和模锻工艺规程设计。在结构设计时，除应满足使用性能要求外，还必须考虑锻造方法、相应的锻压设备和工具特点及材料的锻造性能等对锻件的结构工艺性要求，使其结构在锻造成形时操作方便，节约金属，保证质量和提高生产率。

自 测 题

一、填空题（每空 1 分，共 20 分）

1. 影响合金锻造性能的内因有_____和_____两方面，外因包括_____、_____、_____和_____。

2. 冲压的基本工序包括_____和_____两类。

3. 绘制自由锻件图时应考虑_____、_____和_____等工艺参数问题。

4. 锻压生产的实质是_____，所以只有_____材料适合于锻造。

5. 根据使用的设备，模锻的基本方法包括_____和_____。

6. 热变形是指_____温度以上的变形。

7. 金属的锻造性能取决于金属的_____和变形的_____。

8. 锻造时，金属允许加热到的最高温度称为_____，停止锻造的温度称为_____。

二、选择题（每小题 2 分，共 20 分）

1. 带凹档、通孔和凸缘类回转体模锻件的锻造应选用（　　）。
  A. 模锻锤　　　　　　B. 摩擦压力机　　　　C. 平锻机

2. 薄板弯曲件，若弯曲半径过小会产生（　　）。
  A. 回弹严重　　　　　B. 起皱　　　　　　　C. 裂纹

3. 下列铁碳合金锻造性最好的是（　　）。
  A. $w_C = 0.77\%$　　　B. $w_C = 0.2\%$　　　C. $w_C = 1.2\%$

4. 下列三种锻造方法中，锻件精度最高的是（　　）。
  A. 自由锻　　　　　　B. 胎模锻　　　　　　C. 锤上模锻

5. 下列三种锻造设备中，对金属施加冲击力的是（　　）。
  A. 蒸汽-空气锤　　　B. 曲柄压力机　　　　C. 摩擦压力机

6. 下列三种锻件的结构设计中，不能有加强筋、表面凸台及锥面结构的是（　　）。
  A. 自由锻件　　　　　B. 锤上模锻件　　　　C. 压力机上模锻件

7. 重要的巨型锻件（如水轮机主轴）应该选用（　　）方法生产。
  A. 自由锻　　　　　　B. 曲柄压力机上模锻　　C. 锤上模锻

8. 下列冲压工序中，凹凸模之间的间隙大于板料厚度的是（　　）。
  A. 拉深　　　　　　　B. 冲孔　　　　　　　C. 落料

9. 冲裁模的凸模与凹模均有（　　）。
  A. 锋利的刃口　　　　B. 圆角过渡　　　　　C. 负公差

10. 在冲床的一次冲程中，在模具的不同部位上同时完成数道冲压工序的模具，称为（　　）。
  A. 复合冲模　　　　　B. 连续冲模　　　　　C. 简单冲模

【复合冲模】

【连续冲模】

【简单冲模】

三、名词解释（每小题 4 分，共 20 分）

1. 塑性变形

2. 加工硬化

3. 纤维组织

4. 可锻性

5. 自由锻

四、简答题（每小题 10 分，共 40 分）

1. 某车床主轴零件如图 7.57 所示，要求自由锻，试述在绘制锻件图时应考虑哪些因素？试绘出锻件图。

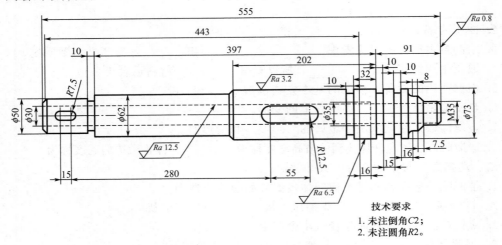

图 7.57 习题四（1）题

2. 碳钢在锻造温度范围内变形时，是否会产生冷变形强化？

3. 模锻的设备主要有哪些？其特点及应用范围如何？

4. 指出并改正图 7.58 所示的模锻零件结构的不合理之处。

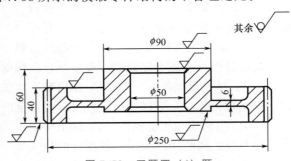

图 7.58 习题四（4）题

【第 7 章 自测题答案】

第**8**章
金属的焊接成形

教学要点

1. 了解电弧焊的基本知识
2. 理解焊接接头的组织与性能
3. 掌握金属材料的焊接性
4. 熟悉焊接工艺设计

引言

　　焊接是使相互分离的金属材料借助于原子间的结合力连接起来的一种热加工工艺方法。它与机械连接、胶接统称为三大连接技术。焊接具有连接性好、省工省料和结构质量轻的特点，广泛应用于锅炉、压力容器、船舶、桥梁及化工设备等的制造。本章主要介绍各种焊接的工艺原理和方法，以及常用金属材料的焊接性和焊接结构工艺设计。

8.1 焊接成形理论基础

焊接是通过加热或加压（或两者并用）及用或不用填充材料，使焊件形成原子间结合的一种连接方法。焊接实现的连接是不可拆卸的永久性连接。采用焊接方法制造金属结构，可以节省材料，简化制造工艺，缩短生产周期，而且连接处具有良好的使用性能。但焊接不当也会产生缺陷、应力和变形等。

焊接方法很多，按焊接过程的物理特点和工艺特点，可进行如下分类，如图 8.1 所示。

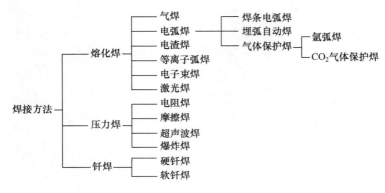

图 8.1 常用焊接方法

熔化焊是将焊件连接部位局部加热至熔化状态，随后冷却凝固成一体，不加压力完成焊接的方法。

压力焊是焊接过程中必须对焊件施加压力，同时加热或不加热，以完成焊接的方法。

钎焊是采用低熔点的填充金属（钎料）并在其熔化后，与固态焊件金属相互扩散形成原子间的结合而实现连接的方法。

焊接在工业生产中的应用主要如下。

（1）制造金属结构件。焊接广泛应用于各种金属结构件的制造，如桥梁、船舶、压力容器、化工设备、机动车辆、矿山机械、发电设备及飞行器等。

（2）制造机器零件和工具。焊接件具有刚性好、改型快、生产周期短和成本低的优点，适合于单件或小批量生产加工各类机器零件和工具，如机床的机架和床身、大型齿轮和飞轮及各种切削工具等。

（3）修复。采用焊接方法修复某些有缺陷、失去精度或有特殊要求的工件，可延长其使用寿命，提高使用性能。

8.1.1 熔化焊的冶金过程

熔化焊的焊接过程是利用热源先把工件局部加热到熔化状态，形成熔池，然后随着热源向前移去，熔池液体金属冷却结晶，形成焊缝。其焊接过程包括热过程、冶金过程和结晶过程。根据热源的不同，熔化焊可分为气焊 、电弧焊、电渣焊、等离子弧焊、电子束焊和激光焊等，以下以电弧焊为例来分析。

1. 焊接电弧的产生

焊接电弧是在焊条端部与焊件之间的空气电离区内产生的一种强烈而持久的放电现象，实质上，电弧是在一定条件下电荷通过两电极间气体空间的一种导电过程。通常情况下气体是不导电的，焊接引弧时，焊条和焊件瞬时接触形成短路，由于接触面凹凸不平，在某些接触点处通过的电流密度很大，使接触点被加热熔化甚至蒸发，焊条刚刚提起的瞬间，在电场作用下，热的金属发射大量电子，电子碰撞气体使之电离，正、负离子和电子分别奔向两极，此时两极表面放出大量的光和热，同时温度升高，电弧即被引燃。只要能维持一定的电压，电弧就能连续燃烧。

2. 焊接电弧的构造

焊接电弧由阴极区、阳极区和弧柱区三部分组成，如图 8.2 所示。

（1）阴极区。阴极区是电子发射区。发射电子需消耗一定能量，阴极区产生的热量略少，约占电弧热量的 36%，其平均温度为 2400K。

（2）阳极区。阳极区表面受高速电子的撞击，产生较大的能量，约占电弧热量的 43%，其平均温度为 2600K。

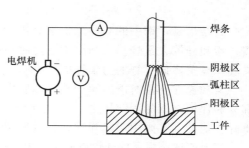

图 8.2 焊接电弧示意图

（3）弧柱区。弧柱区长度几乎等于电弧长度，弧柱区产生的热量仅占电弧热量的 21%，但弧柱中心温度高达 6000～8000K。

焊条电弧焊时，电弧产生的热量只有 65%～85% 用于加热和熔化金属，其余的热量散失在电弧周围和飞溅的金属滴中。

3. 焊接的冶金过程

熔化焊焊缝的形成经历了局部加热熔化，使分离工件的结合部位产生共同熔池，再经凝固结晶成为一个整体的过程。焊缝的形成过程如图 8.3 所示。

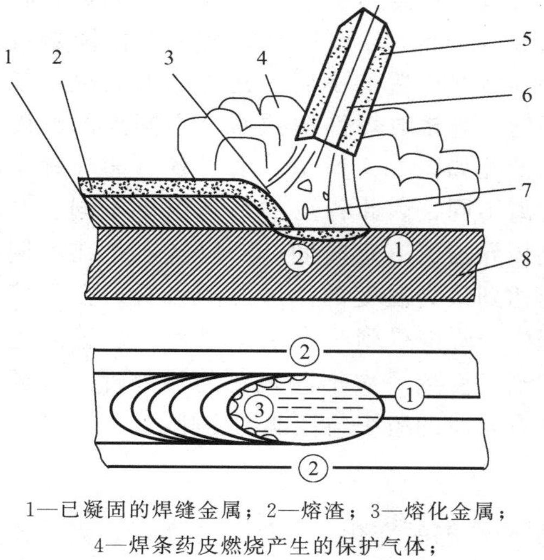

在电弧高温作用下，焊条和工件同时产生局部熔化，形成熔池。熔化的填充金属呈球滴状过渡到熔池。电弧在沿焊接方向的移动过程中，熔池前部不断参与熔化，并依靠电弧吹力和电磁力的作用，将熔化金属吹向熔池后部，逐步脱离电弧高温而冷却结晶。所以电弧的移动形成动态熔池，熔池前部的加热熔化与后部的顺序冷却结晶同时进行，形成完整的焊缝。

1—已凝固的焊缝金属；2—熔渣；3—熔化金属；
4—焊条药皮燃烧产生的保护气体；
5—焊条药皮；6—焊条芯；7—金属熔滴；8—母材

图 8.3 焊缝的形成过程

焊接区内各种物质在高温下相互作用，产生一系列变化的过程称为冶金过程。同小型电弧炼钢炉中炼钢一样，熔池中进行着熔化、氧化、还原、造渣、精炼和渗合金等一系列物理化学过程。焊接的冶金过程与一般的冶炼过程相比，具有以下特点：温度远高于一般冶炼温度，因此金属元素强烈蒸发，并使电弧区的气体分解为原子状态，使气体的活性大为增强，导致金属元素烧损或形成有害杂质；冷却速度快，熔池体积小，四周又是冷的金属，因此熔池处于液态的时间很短，一般在 10s 左右，故各种化学反应难以达到平衡状态，致使化学成分不均匀，气体和杂质来不及浮出，从而产生气孔和夹渣等缺陷。

鉴于上述特点，在焊接过程中如不加以保护，空气中的氧、氮和氢等气体会侵入焊接区，并在高温作用下分解出原子状态的氧、氮和氢，与金属元素发生一系列物理化学反应。

$$Fe+O \longrightarrow FeO \qquad 4FeO \longrightarrow Fe_3O_4+Fe$$
$$C+O \longrightarrow CO \qquad C+FeO \longrightarrow Fe+CO$$
$$Mn+O \longrightarrow MnO \qquad Mn+FeO \longrightarrow Fe+MnO$$
$$Si+2O \longrightarrow SiO_2 \qquad Si+2FeO \longrightarrow 2Fe+SiO_2$$

其结果是，钢中的一些元素被氧化，形成 $FeO \cdot SiO_2$ 及 $Mn \cdot SiO_2$ 等熔渣，使焊缝中碳、锰和硅等大量烧损。当熔池迅速冷却后，一部分氧化物熔渣残存在焊缝金属中，形成夹渣，显著降低焊缝的力学性能。

氢和氮在高温时能溶解于液态金属内，氮和铁还可以形成 Fe_4N 及 Fe_2N。冷却后，一部分氮保留在钢的固溶体中，Fe_4N 则呈片状夹杂物留存在焊缝中，使焊缝的塑性和韧性下降。氢的存在则引起氢脆性，促进冷裂纹的形成，并且易造成气孔。

综上所述，为了保证焊缝质量，焊接过程中必须采取必要的工艺措施，来限制有害气体进入焊缝区，并补充一些烧损的合金元素。焊条电弧焊焊条的药皮及埋弧自动焊的焊剂等均能起到这类作用。气体保护焊的保护气体虽不能补充金属元素，但也能起到保护作用。

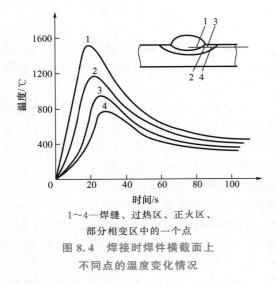

1~4—焊缝、过热区、正火区、
部分相变区中的一个点

**图 8.4 焊接时焊件横截面上
不同点的温度变化情况**

4. 焊接工件温度的变化与分布

焊接时，电弧沿着工件逐渐移动并对工件进行局部加热。因此在焊接过程中，焊缝区的金属都是由常温状态开始被加热到较高的温度，然后逐渐冷却到常温。但随着各点金属所在位置的不同，其最高加热温度是不同的。焊接时焊件横截面上不同点的温度变化情况如图 8.4 所示。由于各点离焊缝中心距离不同，因此各点的最高温度不同。又因热传导需要一定时间，所以各点是在不同时间达到最高温度的。但总的来看，在焊接过程中，焊缝受到一次冶金过程，焊缝附近区相当于受到一次不同规范的热处理，因此必然有相应的组织与性能的变化。

5. 焊接接头金属组织与性能的变化

以低碳钢为例，说明焊接过程造成金属组织和性能的变化。如图 8.5 所示，受焊接热循环的影响，焊缝附近的母材组织或性能发生变化的区域，称为热影响区。熔焊焊缝和母材的交界线称为熔合线，熔合线两侧有一个很窄的焊缝与热影响区的过渡区，称为熔合区。焊接接头由焊缝区、熔合区和热影响区组成。

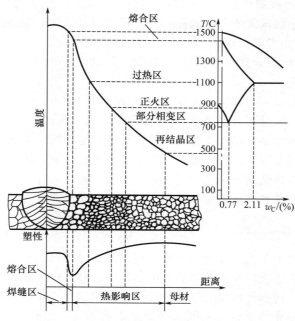

图 8.5　低碳钢焊接接头组织变化示意图

（1）焊缝区

从熔池和母材的交界处开始，依附于母材晶粒的现成表面而形成共同晶粒并向熔池中心生长，形成柱状晶。因结晶时各个方向的冷却速度不同，因而形成柱状的铸态组织，由铁素体和少量珠光体组成。因结晶是从熔池底壁的半熔化区开始逐渐进行的，低熔点的硫、磷杂质和氧化铁等易偏析集中在焊缝中心区，从而影响焊缝的力学性能，因此应慎重选用焊条或其他焊接材料。

焊接时，熔池金属受电弧吹力和保护气体吹动，使熔池底壁的柱状晶成长受到干扰，因此柱状晶呈倾斜层状，晶粒有所细化。又因焊接材料的渗合金作用，焊缝金属中锰和硅等合金元素的含量可能比基本金属的高，所以焊缝金属的性能可不低于基本金属。

（2）熔合区

熔合区是焊缝和基本金属的交界区，相当于加热到固相线和液相线之间，焊接过程中母材部分熔化，所以也称半熔化区。熔化的金属凝固成铸态组织，未熔化的金属因加热温度过高而成为过热粗晶。在低碳钢焊接接头中，熔合区虽然很窄（0.1～1mm），但因强度、塑性和韧性都下降，而此处接头断面发生变化，引起应力集中，在很大程度上决定着焊接接头的性能。焊接接头中熔合区的性能是最差的。

（3）热影响区

热影响区是指焊缝附近因焊接热作用而发生组织或性能变化的区域。由于焊缝附近各点受热情况不同，热影响区可分为过热区（又称粗晶区）、正火区（又称细晶区或重结晶区）和部分相变区（又称不完全重结晶区、不完全正火区）等。

① 过热区。过热区被加热到 Ac_3 以上 100～200℃ 至固相线温度区间，奥氏体晶粒急剧长大，形成过热组织，因而过热区的塑性及韧性降低。对于易淬火硬化钢材，过热区的

脆性更大。

② 正火区。正火区被加热到 Ac_3 至 Ac_3 以上 100～200℃温度区间，金属发生重结晶，冷却后得到均匀而细小的铁素体和珠光体组织，其力学性能优于母材。

③ 部分相变区。相当于加热到 Ac_1～Ac_3 温度区间，珠光体和部分铁素体发生重结晶，使晶粒细化，还有部分铁素体来不及转变，冷却后晶粒大小不匀，因此力学性能稍差。

另外，加热温度在 450℃～Ac_1 区间时（即低碳钢为 450～750℃时），对于经过压力加工（如经过塑性变形）的母材，晶粒发生破碎现象，在此温度区间，再次变成完整的晶粒，称为再结晶。在再结晶区没有发生同素异构转变，组织没有变化，因此金属的力学性能变化不大，仅塑性稍有改善。对于焊前未经塑性变形的母材，再结晶区不出现。

从图 8.5 左侧缝焊横截面下部的性能变化曲线可以看出，在热影响区中，过热区的性能最差，产生裂缝和局部破坏的倾向性也最大，应使之尽可能减小。

8.1.2　焊接应力与变形

焊接过程是一个极不平衡的热循环过程，焊件各部分的温度不同，随后冷却速度也不同，因而焊件各部位在热胀冷缩和塑性变形的影响下，必然产生应力、变形或裂纹。

焊接应力的存在，对构件质量、使用性能和焊后机械加工精度都有很大影响，甚至导致整个构件断裂；焊接变形不仅给装配工作带来很大困难，而且会影响构件的工作性能。变形量超过允许数值时必须进行矫正，矫正无效时只能报废。因此，在设计和制造焊接结构时，应尽量减小焊接应力和变形。

（1）焊接过程中，对焊接件进行不均匀加热和冷却，是产生焊接应力和变形的根本原因。

（2）常见的焊接变形有收缩变形、角变形、弯曲变形、扭曲变形和波浪变形五种形式，如图 8.6 所示。

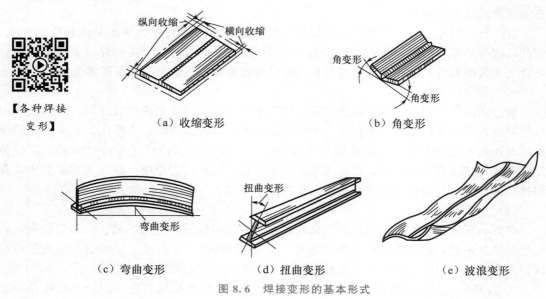

【各种焊接变形】

（a）收缩变形　　　　（b）角变形

（c）弯曲变形　　　（d）扭曲变形　　　（e）波浪变形

图 8.6　焊接变形的基本形式

收缩变形是由于焊缝金属沿纵向和横向的焊后收缩而引起的；角变形是由于焊缝截面上下不对称，焊后沿横向上下收缩不均匀而引起的；弯曲变形是由于焊缝布置不对称，焊缝较集中的一侧纵向收缩较大而引起的；扭曲变形常常是由于焊接顺序不合理而引起的；波浪变形则是由于薄板焊接后焊缝收缩时，产生较大的收缩应力，使焊件丧失稳定性而引起的。

（3）减少焊接应力与变形的措施：除了设计时应考虑之外，可采取一定的工艺措施，如预留变形量，采取反变形法［图 8.7(a)］、刚性固定法［图 8.7(b)］、锤击焊缝法［图 8.7(c)］及加热"减应区"法［图 8.7(d)］等。重要的是，选择合理的焊接顺序［图 8.7(e)］，尽量使焊缝自由收缩。焊前预热和焊后缓冷也很有效。详细可参阅有关资料。

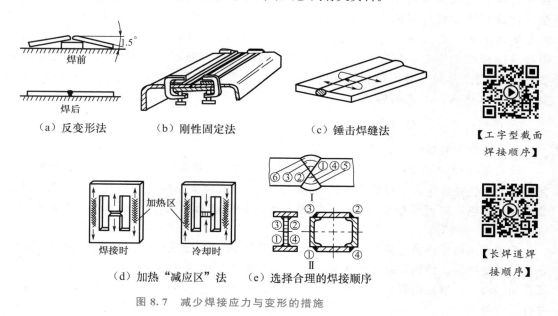

（a）反变形法　　（b）刚性固定法　　（c）锤击焊缝法　　【工字型截面焊接顺序】

（d）加热"减应区"法　　（e）选择合理的焊接顺序　　【长焊道焊接顺序】

图 8.7　减少焊接应力与变形的措施

8.1.3　常用金属材料的焊接

1. 金属材料的焊接性

（1）金属材料的焊接性概念

金属材料的焊接性是金属材料的一种加工性能。可以说，金属材料的焊接性受金属材料和焊接工艺条件两个因素的影响。焊接工艺条件主要是指焊接工艺方法，此外还有焊接材料（如焊条类型）等。随着焊接技术的发展，金属材料的焊接性也在改变。例如，钛在气焊及焊条电弧焊工艺条件下是不能焊接的，而在氩弧焊工艺条件下可以焊接。影响金属材料的焊接性的主要因素是金属材料的种类、化学成分和性能，如一般说低碳钢好焊，中碳钢及合金钢不好焊，铸铁难焊等。评定金属材料的焊接性的直接方法是各种焊接性试验。粗略预测碳钢和普通低合金钢的焊接性可以采用碳当量等间接评价方法。

（2）碳当量

影响碳钢和普通低合金钢焊接性的主要因素是化学成分。钢中的碳和合金元素对焊接性会产生影响，但其影响程度不同。在钢的主要元素中，碳的影响最明显。在粗略预测碳钢和低合金钢的焊接性时，可以把钢中的合金元素（包括碳）的含量按其对焊接性的影响程度换算成碳的相当含量，其总和称为碳当量，用 CE 表示。通过大量的试验研究和实践经验，国际焊接学会推荐碳钢和普通低合金钢焊接的碳当量 CE 计算公式为

$$CE = w_C + w_{Mn}/6 + (w_{Cr} + w_{Mo} + w_V)/5 + (w_{Ni} + w_{Cu})/15$$

如果评价某个牌号钢的焊接性，应取其组成元素的最高含量来计算其碳当量，因为碳当量越高，焊接性越差，越难焊。如果评价某种钢一般情况下（有代表性）的焊接性，也可以取其组成元素的平均含量来计算其碳当量，因为大多数钢冶炼出来的含量，在这种钢含量范围的平均值附近。经验表明，当 $CE < 0.4\%$ 时，钢材焊接时淬硬冷裂倾向不大，焊接性良好，焊接时一般不需预热；当 $CE = 0.4\% \sim 0.6\%$ 时，钢材焊接时冷裂倾向明显，焊接性较差，焊接时一般需要预热和采取其他工艺措施来防止裂纹；当 $CE > 0.6\%$ 时，钢材焊接时冷裂倾向严重，焊接性差，需要采取较高的预热温度和其他严格的工艺措施。

2. 碳钢的焊接

(1) 低碳钢的焊接

低碳钢的 $w_C \leqslant 0.25\%$，所以这类钢的焊接性良好，焊接时一般不需要采取特殊的工艺措施，用各种焊接方法都能获得优质焊接接头。只有厚大结构件在低温下焊接时，才应考虑焊前预热，如板厚小于 20mm、温度低于 $-10℃$ 或板厚大于 50mm、温度低于 $0℃$，应预热 $100 \sim 150℃$。

低碳钢结构件焊条电弧焊时，根据母材强度等级，一般选用酸性焊条 E4303、E4320 等；承受动载荷、结构复杂的厚大焊件，选用抗裂性好的碱性焊条 E4215、E4316 等。埋弧自动焊时，一般选用焊丝 H08A 或 H08MnA 配合焊剂 HJ431。采用电渣焊时，焊后应进行正火处理。

(2) 中、高碳钢焊接

中碳钢焊接时，热影响区组织淬硬倾向增大，较易出现裂纹和气孔，为此要采取一定的工艺措施。如焊接 35 钢、45 钢时，焊前应预热，预热温度为 $150 \sim 250℃$。根据母材强度级别，选用焊条 E5015、E5016 等。为避免母材过量熔入焊缝中导致碳含量升高，要开坡口并采用细焊条、小电流、多层焊等工艺。焊后缓冷，并进行 $600 \sim 650℃$ 回火，以消除应力。

高碳钢碳的 $w_C \geqslant 0.60\%$，淬硬倾向大，易出现各种裂纹和气孔，焊接性差，一般不用来制作焊接结构，只用于破损工件的焊补。焊补时通常采用焊条电弧焊或气焊，焊条选用 E6015、E7015 等，预热温度为 $250 \sim 350℃$，焊后缓冷，并立即进行 $650℃$ 以上高温回火，以消除应力。

中、高碳钢焊条电弧焊时，若焊件无法预热，应选用奥氏体不锈钢焊条进行焊接。

3. 低合金结构钢的焊接

普通低合金钢主要是指用于制造金属结构的建筑和工程用钢，其性能的主要要求是强度（同时要求有良好的塑性、韧性），所以也称强度用钢，一般称低合金高强度

钢。普通低合金钢主要用于制造压力容器、锅炉、桥梁、船舶、车辆、起重机和工程机械等。

普通低合金钢常采用焊条电弧焊和埋弧自动焊，相应的焊接材料见表8-1。此外，也可采用气体保护焊，强度级别较低的可以用 CO_2 气体保护焊，焊丝采用 H08Mn2SiA，屈服点大于 500MPa 的，宜用混合气体保护焊（如 80% Ar＋20% CO_2）。

表8-1 常用普通低合金钢及其焊接材料示例

强度等级		牌 号	碳当量/	电弧焊焊条	埋弧自动焊	
kgf/mm²	MPa		（%）		焊 条	焊 剂
30	295	09Mn2	0.36	E4303 E4215	H08A H08MnA	HJ431
35	345	Q345	0.39	E5003 E5015 E5016	H08A（不开坡口） H08MnA（开坡口） H10Mn2（开坡口）	HJ431
40	390	15MnV	0.40	E5003 E5015 E5001 E5515	不开坡口对接 H08MnA	HJ431
					中板开坡口 H10Mn2 H08MnSiA	HJ431
					厚板深坡口 H08MnMoA	HJ350 HJ250
45	390	15MnVN	0.41	E5515 E6015	H08MnMoA H04MnVTiA	HJ431 HJ350
50	490	14MnMoV 18MnMoNb	0.50 0.50	E6015 E7015	H08Mn2MoA H08Mn2MoVA	HJ250 HJ350

强度级别较低的普通低合金钢，如屈服点为 345MPa 的 Q345 钢，碳及合金元素含量低，碳当量约为 0.40%，焊接性良好，一般不需要预热。焊接 Q345 钢，当板厚大于 40mm 或环境温度较低时，则应该预热。不同环境温度下焊接 Q345 钢的预热温度见表8-2。

表8-2 不同环境温度下焊接 Q345 钢的预热温度

板厚/mm	不同气温下的预热温度
＜16	不低于－10℃不预热，－10℃以下预热温度为 100～150℃
16～24	不低于－5℃不预热，－5℃以下预热温度为 100～150℃
25～40	不低于 0℃不预热，0℃以下预热温度为 100～150℃
＞40	均预热温度为 100～150℃

采用 Q345 钢制造的板厚大于 30mm 的锅炉、压力容器等重要结构，焊后应进行消除应力热处理。

强度级别大于等于 390MPa 的普通低合金钢，淬硬、冷裂倾向增大，焊接性较差，一般都要预热。预热温度可参考有关资料和生产实践经验，或经焊接性试验确定。普通低合金钢焊接的最主要问题是冷裂纹。在焊接时要在工艺上采取一系列措施防止冷裂纹：采用低氢焊条（即碱性焊条）并严格按规定参数烘干焊条；清除坡口及两侧各 20mm 范围内的锈、水、油污；焊前预热；采用小焊接电流、多层多道焊和合理的焊接顺序以减小焊接应力；焊后缓冷，必要时采取消氢处理和及时进行消除焊接残余应力的热处理等。

珠光体耐热钢的主要合金元素是铬和钼（如 15CrMo），淬硬倾向较大，焊接时的主要问题也是冷裂纹。焊接珠光体耐热钢常采用焊条电弧焊和埋弧自动焊。采用焊条电弧焊时，选用相同化学成分类型的铬钼珠光体耐热钢焊条，焊接时一般要预热。如果珠光体耐热钢焊前不能进行预热，可以采用奥氏体不锈钢焊条来焊接，但要保证焊缝有足够的铬和镍，使焊缝组织为奥氏体，避免马氏体组织，因此要选铬、镍含量较高类型的奥氏体不锈钢焊条，如 A302 或 A307。焊接后一般要进行消除应力热处理。耐热钢管常用钨极氩弧焊打底或用氩弧焊焊接，此外也可用等离子弧焊。

低温钢中镍含量较高的 5Ni、9Ni 钢等，焊前不需预热，焊条成分要与母材匹配，焊接时能量输入要小，焊后回火注意避开回火脆性区。

耐蚀钢中除磷含量较高的钢以外，其他耐蚀钢焊接性较好，不需预热或焊后热处理等，但要选择与母材相匹配的耐蚀焊条。

4. 不锈钢的焊接

奥氏体型不锈钢如 06Cr19Ni10 等，虽然铬、镍含量较高，但碳含量低，焊接性良好，焊接时一般不需要采取工艺措施，因此它在不锈钢焊接中应用最广。焊条电弧焊、埋弧自动焊、钨极氩弧焊时，焊条、焊丝和焊剂的选用应保证焊缝金属与母材成分类型相同。焊接时采用小电流、快速不摆动焊，焊后加大冷却速度，接触腐蚀介质的表面应最后施焊。

铁素体型不锈钢如 10Cr17 等，焊接时热影响区中的铁素体晶粒易过热粗化，使焊接接头的塑性、韧性急剧下降，甚至开裂。因此，焊前预热温度应在 150℃ 以下，并采用小电流、快速焊等工艺，以降低晶粒粗大倾向。

马氏体型不锈钢焊接时，在空冷条件下焊缝就可转变为马氏体组织，所以焊后淬硬倾向大，易出现冷裂纹。如果碳含量较高，淬硬倾向和冷裂纹现象更严重。因此，焊前应预热，预热温度为 200～400℃，焊后要进行热处理。如果不能实施预热或热处理，应选用奥氏体不锈钢焊条。

焊接铁素体型不锈钢和马氏体型不锈钢常用焊条电弧焊和氩弧焊。

5. 铸铁的焊补

铸铁中碳、硅、锰、硫、磷的含量比碳钢中的高，焊接性差，不能作为焊接结构件，但对铸铁件的局部缺陷进行焊补很有经济价值。

铸铁焊补主要有两个问题：一个是焊接接头易生成白口组织和淬硬组织，难以机加工；另一个是焊接接头易出现裂纹。

根据焊前预热温度，将铸铁焊补分为不预热焊法和热焊法两种。

（1）不预热焊法

焊前工件不预热（或局部预热至300～400℃，称半热焊），焊后缓慢冷却。常用的焊补方法是焊条电弧焊。焊条的选择根据保证焊缝中碳、硅含量合适而不致生成白口组织或使焊缝组织为塑性好的非铸铁型组织，并保证焊后工件的加工性能和使用性能来选定。

铸铁件裂纹的不预热焊法：先将裂纹处清理干净，并在裂纹两端钻止裂孔，防止裂纹扩展。焊接时采用与焊条种类相适应的工艺，焊后采用缓慢冷却和锤击焊缝等方法，防止白口组织生成，减少焊接应力。

铸铁焊补的焊条有多种，如镍基铸铁焊条、纯铁芯和低碳钢芯铸铁焊条及铁基铸铁焊条等。镍基铸铁焊条的焊缝金属有良好的抗裂性和加工性，但价格较高，主要用于重要铸铁件，如机床导轨面的焊补。纯铁芯和低碳钢芯铸铁焊条与铁基铸铁焊条的熔合区和焊缝区易出现白口组织和裂纹，适于非加工面或刚度小的小型薄壁件的焊补。

不预热焊法生产率高，劳动条件好，工件焊补成本低，应尽量多用。

（2）热焊法

焊前把工件预热至600～700℃，并在此温度下施焊，焊后缓慢冷却或在600～700℃保温消除应力。常用的焊补方法是焊条电弧焊和气焊。焊条电弧焊适于中等厚度以上（＞10mm）的铸铁件，选用铁基铸铁焊条或低碳钢芯铸铁焊条。10mm以下薄件为防止烧穿，采用气焊，用气焊火焰预热并缓慢冷却焊件，选用铁基铸铁焊丝并配合焊剂使用。

热焊法劳动条件差，一般用于焊补后还需机械加工的复杂、重要铸铁件，如汽车的缸体、缸盖和机床导轨等。

6. 非铁金属的焊接

常用的非铁金属有铝、铜、钛及其合金等。由于非铁金属具有许多特殊性能，在工业中的应用越来越广，其焊接技术也越来越重要。

（1）铝及铝合金的焊接

铝及铝合金焊接的主要问题如下。

① 极易氧化。铝极易生成难熔的 Al_2O_3 薄膜（熔点为2050℃），覆盖在金属表面，阻碍母材熔合。薄膜相对密度大，易进入焊缝造成夹杂而脆化。

② 易生成气孔。氢在液态铝合金中的溶解度比固态高20多倍，所以熔池凝固时氢气来不及完全逸出，造成焊缝气孔。另外，Al_2O_3 薄膜易吸附水分，使焊缝出现气孔的倾向增大。

③ 熔融状态难控制。铝及铝合金从固态转化为液态时颜色无明显变化，令操作者难以识别，不易控制熔融时间和温度，有可能出现烧穿等缺陷。

采用氩弧焊焊接铝及铝合金，由于有"阴极破碎"作用可解决氧化问题，惰性气体保护等措施可以解决气孔问题，因此在氩弧焊条件下，纯铝、防锈铝合金及少部分铸造铝硅合金的焊接性较好。

目前，氩弧焊是焊接铝及铝合金理想的熔化焊方法。为保证焊接质量，焊前要严格清洗焊件、焊丝，并一定要干燥后再焊，否则焊缝中易出现气孔。焊接时尽量选用与母材化

工程材料及机械制造基础

学成分相近的专用焊丝。若没有专用焊丝也可从母材上切下窄条替代焊丝（钨极氩弧焊和气焊时）。还可使用电阻焊、钎焊和气焊焊接铝材，但焊前必须清除焊件表面的氧化膜。气焊时需使用焊剂去除氧化物，但焊剂同时也使工件焊后的耐腐蚀性下降，而且气焊生产率低，工件变形大。

（2）铜及铜合金的焊接

铜及铜合金分为纯铜、黄铜和青铜等。焊接结构件常用的是纯铜和黄铜。铜及铜合金焊接的主要问题如下。

① 难熔合及易变形。由于铜的导热性很强，约为钢的 6 倍，焊接时热量极易散失，不易达到焊接所需的温度，出现填充金属与母材金属难熔合、工件未焊透及焊缝成形差等缺陷。铜的线膨胀系数和凝固时的收缩率都大，导热性强，热影响区范围宽，导致焊接应力大，易变形。

② 热裂纹倾向大。铜和铜合金中一般含有硫、磷、铋等杂质，铜在液态时氧化形成 Cu_2O，硫化形成 Cu_2S。Cu_2O、Cu_2S、磷、铋都能与铜形成低熔点共晶体存在于晶界上，易引起热裂纹。

③ 易产生气孔。氢在液态铜中的溶解度比在固态铜中的溶解度高数倍，焊缝凝固时氢来不及完全析出；氢还与熔池中的 Cu_2O 反应生成水蒸气，造成焊缝中易出现氢气和水蒸气气孔。

由于上述原因，铜及铜合金焊接接头的塑性和韧性下降明显，为此采用焊接强热源设备和焊前预热（150～550℃）来防止难熔合、未焊透现象并减少焊接应力与变形；严格限制杂质含量，加入脱氧剂，控制氢来源，降低溶池冷却速度等以防止裂纹、气孔缺陷；焊后采用退火处理以消除应力；等等。

焊接铜和铜合金常用的方法有氩弧焊、气焊和钎焊。氩弧焊是焊接铜和铜合金应用广泛的熔化焊方法。纯铜钨极氩弧焊时的焊丝可采用 HS201 等。焊接铜合金时通常采用与母材相同成分的焊丝。黄铜常采用气焊，填充金属常采用 $w_{Si}=0.3\%～0.7\%$ 的黄铜焊丝 HS224。铜及铜合金气焊时还需要采用气焊熔剂 CJ301，以去除氧化物。纯铜及铜合金的焊接也可采用焊条电弧焊，选用与母材相同成分的铜焊条。

铜及铜合金的钎焊性优良，硬钎焊时采用铜基钎料、银基钎料，配合硼砂、硼酸混合物等作为钎剂；软钎焊时可用锡铅钎料，配合松香、焊锡膏作为钎剂。

（3）钛及钛合金的焊接

钛及钛合金具有高强度、低密度、强抗腐蚀性和好的低温韧性，是航天工业的理想材料，因此焊接该种材料成为在尖端技术领域必然要遇到的问题。

由于钛及钛合金化学性质非常活泼，极易出现多种焊接缺陷，焊接性差，因此主要采用氩弧焊，还可采用等离子弧焊、真空电子束焊和钎焊等。

钛及钛合金极易吸收各种气体，使焊缝出现气孔。过热区晶粒粗化或钛马氏体生成，以及氢、氧、氮与母材金属的激烈反应，都使焊接接头脆化，产生裂纹。氢是使钛及钛合金焊接出现延迟裂纹的主要原因。

3mm 以下薄板钛合金的钨极氩弧焊焊接工艺比较成熟，但焊前的清理工作、焊接中工艺参数的选定和焊后热处理工艺都要严格控制。

8.2 焊接成形方法

常用的焊接方法有焊条电弧焊、气焊、埋弧自动焊、气体保护焊（氩弧焊和 CO_2 气体保护焊）、电渣焊、等离子弧焊、压力焊和钎焊等。

8.2.1 焊条电弧焊

利用电弧作为热源，用手工操纵焊条进行焊接的熔化焊方法，称为焊条电弧焊（过去称为手工电弧焊）。

1. 焊条的组成和作用

焊条由焊芯和药皮两部分组成。焊芯是金属丝，药皮是压涂在焊芯表面的涂料层。

（1）焊芯的作用有两个：一是作为电极传导电流，二是熔化后作为填充金属与母材形成焊缝。焊芯的化学成分和杂质含量直接影响焊缝质量。生产中有不同用途的焊芯（焊丝），如焊条焊芯、埋弧焊焊丝、CO_2 气体保护焊焊丝、电渣焊焊丝等。

（2）药皮由多种矿石粉、铁合金粉和黏结剂等原料按一定比例配制而成。其主要作用如下。

① 改善焊接工艺性，如使电弧易于引燃，保持电弧稳定燃烧，有利于焊缝成形，减少飞溅等。

② 机械保护作用，在高温电弧的作用下，药皮分解产生大量气体并形成熔渣，对熔化金属起保护作用。

③ 冶金处理作用，通过冶金反应去除有害杂质（如氧、氢、硫、磷等），同时添加有益的合金元素，改善焊缝质量。

2. 焊条分类

焊条有很多种，按照药皮类型不同，可分为酸性焊条和碱性焊条两大类。药皮成分以酸性氧化物为主的，称为酸性焊条，生产中常用的酸性焊条有钛钙型焊条；药皮成分以碱性氧化物为主的，称为碱性焊条，生产中常用的碱性焊条是以碳酸盐和萤石为主的低氢型焊条。酸性焊条电弧较稳定，适应性较强，交、直流电焊机均可适用，但是，焊缝的力学性能一般，抗裂性较差。碱性焊条引弧较困难，电弧不够稳定，适应性较差，仅适用于直流弧焊机，但是，焊缝的力学性能和抗裂性较好，适用于中碳钢、高碳钢的焊接。

焊条型号是国家标准中规定的焊条代号。焊接结构生产中应用广泛的碳钢（非合金钢）焊条和低合金钢（热强钢）焊条，相应的国家标准为 GB/T 5117—2012 和 GB/T 5118—2012。标准规定，非合金钢焊条型号由字母 E 和四位数字组成，如 E4303，其含义如图 8.8 所示。

3. 焊条的选用原则

（1）等强度原则。焊接低碳钢和低合金钢时，一般应使焊缝金属与母材等强度，即选用与母材同强度等级的焊条。

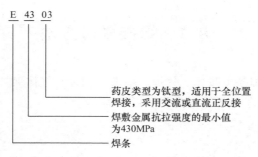

图 8.8　焊条型号的含义

（2）同成分原则。焊接耐热钢、不锈钢等金属材料时，应使焊缝金属的化学成分与母材的化学成分相同或相近，即按母材化学成分选用相应成分的焊条。

（3）抗裂缝原则。焊接刚度大、形状复杂、要承受动载荷的结构时，应选用抗裂性好的碱性焊条，以免在焊接和使用过程中接头产生裂纹。

（4）抗气孔原则。受焊接工艺条件的限制，如对焊件接头部位的油污、铁锈等清理不便，应选用抗气孔能力强的酸性焊条，以免焊接过程中气体滞留于焊缝中，形成气孔。

（5）低成本原则。在满足使用要求的前提下，尽量选用工艺性能好、成本低和效率高的焊条。

此外，应根据焊件的厚度、焊缝位置等条件，选用不同直径的焊条。一般焊件越厚，选用焊条的直径就越大。

4. 焊条电弧焊的特点和应用范围

焊条电弧焊与气焊相比有如下特点：首先，由于热源（电弧）温度高，热量集中，因此焊接速度快，生产率高，热影响区小，焊接变形小；其次，焊条药皮熔化后产生气体和熔渣，机械保护效果较好，而且药皮还有冶金处理作用——去除有害元素，添加合金元素，因此焊条电弧焊焊缝的化学成分较好。总之，焊条电弧焊焊接质量好，生产率高，焊接变形小。焊条电弧焊与埋弧自动焊相比有如下特点：设备简单，操作灵活，适应性强，各种焊接位置、焊接结构中焊机不能到达的部位及各种不规则的焊缝，焊条电弧焊都能实施焊接；但焊条电弧焊对焊工操作技术的要求高，焊接质量不易稳定，厚工件、长焊缝焊接时生产率较低。

在我国焊条电弧焊仍然是应用较多的一种焊接方法。一般焊条电弧焊适用于单件、小批量生产，用于厚度 2mm 以上，各种焊接位置，短的、不规则的焊缝，以及焊机不能到达部位的焊接。但这种焊接方法一定要有电源和相应的焊条，钛等易氧化的金属不能用焊条电弧焊焊接。

8.2.2　气焊

气焊是利用可燃气体燃烧的高温火焰来熔化母材和填充金属的一种焊接方法。

1. 气焊的焊接过程

气焊通常使用的气体是乙炔和氧气，前者用作可燃气体，后者用作助燃气体，并使用不带涂料的焊丝做填充金属。气体在焊炬中混合均匀后，从焊嘴中喷出燃烧，将工件和焊丝熔化形成熔池，冷却后形成焊缝。与此同时，燃烧产生大量的 CO 和 CO_2 气体，包围熔池使其不易被氧化。气焊火焰的温度较电弧低，最高温度在 3150℃ 左右，热量比较分散，因而适于焊接厚度在 3mm 以下的低碳钢薄板、高碳钢、铸铁及铜、铝等有色金属及其合金。气焊的生产率比电弧焊低，应用也不如电弧焊广。但气焊不需要电源，所以可以在没有电源的地点应用。

2. 焊丝与焊剂

（1）焊丝。气焊的焊丝在焊接时作为填充金属与熔化的母材一起形成焊缝，因此，焊丝质量对焊缝性能有很大影响。焊接时，常根据焊件材料选择相应的焊丝。例如，焊接低碳钢时，常用的焊丝为 H08 和 H08A；焊接有色金属时，一般选用与被焊金属成分相同的焊丝；焊接铸铁时，采用硅含量较高的铸铁棒。焊丝直径一般和工件厚度相适应。

（2）焊剂。焊剂的作用是保护熔池金属，去除焊接过程中形成的熔渣，增加液态金属的流动性。焊接低碳钢时，由于中性焰本身具有相当的保护作用，可不用焊剂。我国气焊焊剂的牌号有 CJ101（焊接不锈钢或耐热钢）、CJ201（焊接铸铁）、CJ301（焊接铜合金）、CJ401（焊接铝合金）等。焊剂的主要成分有硼酸、硼砂、碳酸钠等。

8.2.3　埋弧自动焊

埋弧自动焊又称焊剂层下电弧焊。它是通过保持在光焊丝和工件之间的电弧将金属加热，使焊件之间形成刚性连接。

【埋弧自动焊】

1. 埋弧自动焊的焊接过程

埋弧自动焊的焊接过程如图 8.9 所示。埋弧自动焊时，焊剂由给送焊剂管流出，均匀地堆敷在装配好的焊件（母材）表面。焊丝由自动送丝机构自动送进，经导电嘴进入电弧区。焊接电源分别接在导电嘴和焊件上，以便产生电弧。给送焊剂管、自动送丝机构及控制盘等通常都装在一台电动小车上。小车可以按调定的速度沿着焊

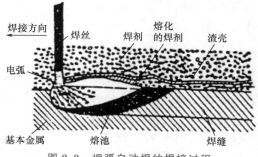

图 8.9　埋弧自动焊的焊接过程

缝自动行走。颗粒状焊剂层下的焊丝末端与母材之间产生电弧，电弧热使邻近的母材、焊丝和焊剂熔化，并有部分蒸发。焊剂蒸气将熔化的焊剂（熔渣）排开，形成一个与外部空气隔绝的封闭空间，这个封闭空间不仅很好地隔绝了空气与电弧和熔池的接触，而且可完全阻挡有害电弧光的辐射。电弧在这里继续燃烧，焊丝便不断地熔化，呈滴状进入熔池并与母材中熔化的金属及焊剂提供的合金元素相混合。熔化的焊丝不断地补充，送入电弧中，同时不断地添加焊剂。随着焊接过程的进行，电弧向前移动，焊接熔池随之冷却而凝固，形成焊缝。密度较小的熔化焊剂浮在焊缝表面形成熔渣层。未熔化的焊剂可回收再用。

2. 埋弧自动焊的特点及应用

埋弧自动焊的主要优点如下。

（1）焊接质量好。焊接过程能够自动控制；各项工艺参数可以调节到最佳数值；焊缝的化学成分比较均匀和稳定；焊缝光洁平整，有害气体难以侵入，熔池金属冶金反应充分，焊接缺陷较少。

（2）生产率高。焊丝从导电嘴伸出长度较短，可用较大的焊接电流，而且连续施焊的时间较长，这样就能提高焊接速度。同时，焊件厚度在 14mm 以内的对接焊缝可不开坡口，不留间隙，一次焊成，故生产率高。

（3）节省焊接材料。焊件可以不开坡口或开小坡口，可减少焊缝中焊丝的填充量，也可减少因加工坡口而浪费的焊件材料。同时，焊接时金属飞溅少，又没有焊条头的损失，所以可节省焊接材料。

（4）易实现自动化，劳动条件好，强度低，操作简单。

埋弧自动焊的缺点：适应性差，通常只适用于焊接水平位置的直缝和环缝，不能焊接空间焊缝和不规则焊缝，对坡口的加工、清理和装配质量要求较高。

埋弧自动焊通常用于碳钢、低合金结构钢、不锈钢和耐热钢等中厚板结构的长直缝、直径大于 300mm 环缝的平焊。此外，它还用于耐磨、耐腐蚀合金的堆焊，大型球墨铸铁曲轴及镍合金、铜合金等材料的焊接。

8.2.4 气体保护焊

气体保护焊是指用外加气体作为电弧介质并保护电弧和焊接区的电弧焊。

气体保护焊是明弧焊接，焊接时便于监视焊接过程，故操作方便，可实现全位置自动焊接，焊后不用清渣，可节省大量辅助时间，大大提高了生产率。另外，由于保护气流对电弧有冷却压缩作用，电弧热量集中，因而热影响区窄，工件变形小，特别适合于薄板焊接。

【熔化极氩弧焊】

1. 氩弧焊

氩弧焊是以氩气作为保护气体的电弧焊方法。按照电极结构的不同，氩弧焊分为非熔化极氩弧焊和熔化极氩弧焊两种，如图 8.10 所示。

（1）非熔化极氩弧焊。手工钨极氩弧焊是各种氩弧焊方法中应用广泛的一种，焊接时，钨极不熔化，仅起引弧和维持电弧的作用，填充金属从一侧送入，在电弧的高温作用下，填充金属与焊件熔融在一起形成焊接接头。从喷嘴流出的氩气在电弧和熔池周围形成连续封闭的气流，在整个焊接过程中起保护作用。

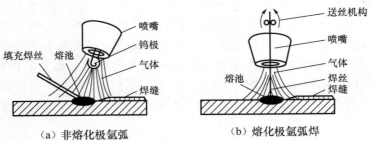

（a）非熔化极氩弧　　　（b）熔化极氩弧焊

图 8.10　氩弧焊示意图

非熔化极氩弧焊电源多采用直流正接，以减少钨极的烧损，通常适于焊接 4mm 以下的薄板。

（2）熔化极氩弧焊。熔化极氩弧焊利用金属丝作电极并兼作填充金属。焊接时，焊丝和焊件间在氩气保护下产生电弧，焊丝连续送进，金属熔滴呈很细颗粒喷射过渡进入熔池。熔化极氩弧焊电源通常采用直流反接，以使电弧稳定，适于焊接较厚（25mm 以下）的工件。

氩弧焊用氩气保护效果很好，电弧稳定，电弧的热量集中，热影响区较小，焊后工件变形小，表面无熔渣，因此，可获得高质量的焊接接头；而且操作灵活，适于各种位置的焊接，便于实现机械化和自动化。但是，由于氩气价格较高，焊接设备比较复杂，氩弧焊焊接成本较高。氩弧焊主要用于焊接易氧化的有色金属（如铝、镁、钛及其合金），高强度合金钢及一些特殊性能合金钢（如不锈钢、耐热钢）等。

2. CO_2 气体保护焊

CO_2 气体保护焊是利用廉价的 CO_2 作为保护气体的电弧焊。CO_2 气体保护焊的焊接装置如图 8.11 所示。它是利用焊丝作电极，焊丝由送丝机构通过软管经导电嘴送出。电弧在焊丝与工件之间产生。CO_2 气体从焊枪喷嘴中以一定的流量喷出，包围电弧和熔池，从而防止空气对液体金属的有害作用。CO_2 气体保护焊可分为自动焊和半自动焊，应用较多的是半自动焊。

【CO_2 气体保护焊】

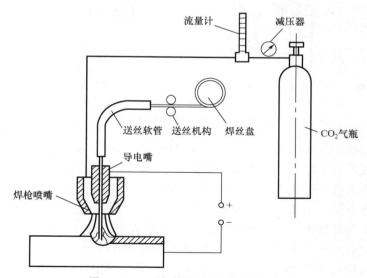

图 8.11　CO_2 气体保护焊的焊接装置

CO_2 气体保护焊除具有气体保护焊的共同优点外，还具有特有的优点：焊缝含氢量低，抗裂性能好；CO_2 气体价格低、来源广泛，故生产成本低等。

由于 CO_2 气体是氧化性气体，高温时可分解成 CO 和氧原子，易造成合金元素烧损、焊缝吸氧，导致电弧稳定性差、飞溅较多、弧光强烈、焊缝表面成形不够美观等缺点，若控制或操作不当，还容易产生气孔。为保护焊缝的合金元素，须采用锰、硅含量较高的焊接钢丝或含有相应合金元素的合金钢焊丝。

常用的 CO_2 气体保护焊焊丝是 H08Mn2SiA，适于焊接低碳钢和普通低合金结构钢

工程材料及机械制造基础

($R_m<600MPa$)；还可使用 Ar 和 CO_2 气体混合保护，焊接强度级别较高的普通低合金结构钢。为了稳定电弧，减少飞溅，CO_2 气体保护焊电源采用直流反接。

由于 CO_2 气体是氧化性气体，因此 CO_2 气体保护焊不适于焊接有色金属和高合金钢，主要用于焊接低碳钢和某些低合金结构钢。CO_2 气体保护焊除了应用于焊接结构生产外，还用于耐磨零件堆焊、铸钢件的焊补。

8.2.5 电渣焊

电渣焊是利用电流通过液态熔渣时所产生的电阻热熔化母材和填充金属进行焊接的方法。它与电弧焊不同，除引弧外，焊接过程中不产生电弧。电渣焊的焊接过程如图 8.12 所示。

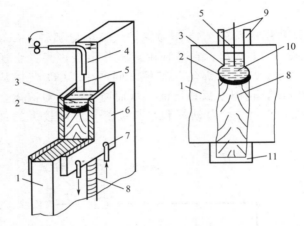

1—工件；2—金属熔池；3—熔渣；4—导丝管；5—焊丝；6—强制成形装置；7—冷却水管
8—焊缝；9—引出板；10—金属熔滴；11—引弧板

图 8.12 电渣焊的焊接过程

焊件与填充焊丝接电源两极，在接头底部焊有引弧板，顶部装有引出板。在接头两侧还装有强制成形装置即冷却滑块（一般用铜板制成并通水冷却），以利于熔池冷却结晶。焊接时将焊剂装在引弧板、冷却滑块围成的盒状空间里。送丝机构送入焊丝，同引弧板接触后引燃电弧。电弧高温使焊剂熔化，形成液态熔渣池。当渣池液面升高淹没焊丝末端后，电弧自行熄灭，电流通过熔渣，进入电渣焊过程。由于液态熔渣具有较大的电阻，电流通过时产生的电阻热将使熔渣温度升高达 $1700\sim2000℃$，使与之接触的那部分焊件边缘及焊丝末端熔化。熔化的金属在下沉过程中，同熔渣进行一系列冶金反应，最后沉积于渣池底部，形成金属熔池。以后随着焊丝的不断送进与熔化，金属熔池不断升高并将渣池上推，冷却滑块也同步上移，渣池底部则逐渐冷却凝固成焊缝，将两焊件连接起来。相对密度小的渣池浮在上面既作为热源，又隔离空气，保护熔池金属不受侵害。

电渣焊的特点如下。

（1）对于厚大截面的焊件，工件不开坡口，仅留出 $25\sim35mm$ 的间隙即可一次焊成，生产率高。焊接同等厚度的工件，焊剂消耗量只是埋弧自动焊的 $1/50\sim1/20$。电能消耗量是埋弧自动焊的 $1/3\sim1/2$，焊条电弧焊的 $1/2$，因此，电渣焊的经济效果好，生产成本低。

（2）由于熔渣对熔池保护严密，避免了空气对金属熔池的有害影响，而且熔池金属保持液态时间长，有利于冶金反应充分，焊缝化学成分均匀；而且焊缝自下而上结晶，有利于熔池中气体和杂质的上浮排除。因此焊缝金属比较纯净，质量较好。

（3）焊接速度慢，焊件冷却慢，因此焊接应力小。但热影响区却比其他焊接方法的宽，造成接头晶粒粗大，力学性能下降。所以电渣焊后，要对焊件进行正火处理，以细化晶粒。

电渣焊主要用于焊接厚度大于 30mm 的厚大工件。由于焊接应力小，它不仅适于低碳钢的焊接，而且适于中碳钢和合金结构钢的焊接。电渣焊是制造大型铸-焊、锻-焊复合结构（如水压机、水轮机和轧钢机上大型零件）的重要工艺方法。

8.2.6　等离子弧焊

等离子弧的产生原理可参考图 8.13 所示。钨极与工件之间加一高压，经高频振荡器的激发，使气体电离形成电弧，电弧通过细孔喷嘴时，弧柱截面缩小，产生机械压缩效应；向喷嘴内通入高速保护气流（如氩气、氮气等），此冷气流均匀地包围着电弧，使弧柱外围受到强烈冷却，于是弧柱截面进一步缩小，产生了热压缩效应。此外，带电离子在弧柱中的运动可看作无数根平行的通电"导体"，其自身磁场所产生的电磁力使这些"导体"互相吸引靠拢，电弧受到进一步压缩，这种作用称为电磁压缩效应。这三种压缩效应作用在弧柱上，使弧柱被压缩得很细，电流密度极大提高，能量高度集中，弧柱区内的气体完全电离，从而获得等离子弧。这种等离子弧的热力学温度可高达 15000～16000K，能够用于焊接和切割。

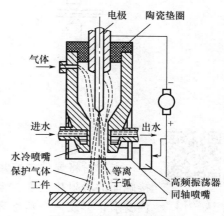

图 8.13　等离子弧焊原理

利用等离子弧作为热源的焊接方法称为等离子弧焊。焊接时，在等离子弧周围还要喷射保护气体以保护熔池，一般保护气体和等离子气体相同，通常为氩气。

按焊接电流大小，等离子弧焊分为微束等离子弧焊和大电流等离子弧焊两种。微束等离子弧焊的电流一般为 0.1～30A，可用于厚度为 0.025～2.5mm 箔材和薄板的焊接。大电流等离子弧焊主要用于焊接厚度大于 2.5mm 的焊件。

等离子弧焊具有能量集中、穿透能力强、电弧稳定等优点。因此，焊接 12mm 厚的工件可不开坡口，能一次单面焊透双面成型；其热影响区小，焊件变形小；而且焊接速度快，生产率高。但等离子弧焊设备复杂，气体消耗大，焊接成本较高，并且只适宜于室内焊接，因此应用范围受到一定限制。

等离子弧焊已广泛应用于化工、原子能、精密仪器仪表及尖端技术领域的不锈钢、耐热钢、铜合金、铝合金、钛合金及钨、钼、钴、铬、镍、钛的焊接。

此外，利用高温高速的等离子弧还可以切割任何金属和非金属材料（包括氧-乙炔焰不能切割的材料），而且切口窄而光滑，切割效率比氧-乙炔焰切割提高 1～3 倍。

8.2.7　压力焊

利用加压（或同时加热）的方法使两工件的结合面紧密接触并产生一定的塑性变形，借用原子之间的结合力将它们牢固地连接起来，这类焊接方法称为压力焊。根据加热加压的方式，压力焊可分为电阻焊、摩擦焊、超声波焊、扩散焊和爆炸焊等。这里以电阻焊为例进行介绍。

电阻焊是利用电流通过焊件及其接触处产生的电阻热，将焊件局部加热到塑性或熔化状态，然后在压力下形成焊接接头的焊接方法。

电阻焊的基本形式有点焊、缝焊、对焊三种，如图 8.14 所示。

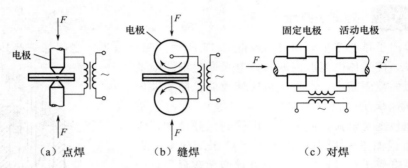

（a）点焊　　　　　　（b）缝焊　　　　　　（c）对焊

图 8.14　电阻焊的基本形式

【点焊】

1. 点焊

点焊时将焊件搭接并压紧在两个柱状电极之间，然后接通电流，焊件间接触面的电阻热使该点熔化形成熔核，同时熔核周围的金属也被加热产生塑性变形，形成一个塑性环，以防止周围气体对熔核的侵入和熔化金属的流失。断电后，在压力下凝固结晶，形成一个组织致密的焊点，由于焊接时的分流现象，两个焊点之间应有一定的距离。

点焊接头采用搭接形式。点焊主要适用于焊接厚度小于 4mm 的薄板结构和钢筋构件，广泛应用于汽车、飞机等制造业。

【缝焊】

2. 缝焊

缝焊过程与点焊相似，只是用盘状滚动电极代替了柱状电极。焊接时，转动的盘状电极压紧并带动焊件向前移动，配合断续通电，形成连续重叠的焊点，所以，缝焊的焊缝具有良好的密封性。

缝焊的分流现象比点焊严重，在焊接同样厚度的焊件时，焊接电流为点焊的 1.5～2 倍。缝焊主要适用于焊接厚度小于 3mm、要求密封性的容器和管道等。

【对焊】

3. 对焊

对焊就是用电阻热将两个对接焊件连接起来。按焊接工艺，对焊可分为电阻对焊和闪光对焊两种。

（1）电阻对焊的焊接过程：预压→通电→顶锻、断电→去压。电阻对焊只适于焊接截面形状简单、直径小于 20mm 和强度要求不高的焊件。

（2）闪光对焊的焊接过程：通电→闪光加热→顶锻、断电→去压。闪光对焊的焊接质量较高，常用于焊接重要零件；适用范围广，可进行同种和异种金属焊接。

对焊广泛用于焊接杆状和管状零件。

电阻焊的生产率高，不需填充金属，焊接变形小；操作简单，易于实现机械化和自动化；但是，由于焊接时电流很大（几千安至几万安），因此要求电源功率大，设备也较复杂，投资大，通常只用于大批量生产。

8.2.8 钎焊

钎焊是采用比母材熔点低的金属材料作钎料，将焊件接头和钎料同时加热到钎料熔化而焊件不熔化，使液态钎料渗入接头间隙并向接头表面扩散，形成钎焊接头的方法。按钎料熔点，钎焊可分为硬钎焊和软钎焊。

【钎焊】

（1）硬钎焊的钎料熔点在 450℃ 以上，常用的是铜基钎料和银基钎料。硬钎焊接头强度较高（大于 200MPa），主要用于接头受力较大、工作强度较高的焊件，如各种零件的连接、刀具的焊接等。

（2）软钎焊的钎料熔点在 450℃ 以下，常用的是锡基钎料。软钎焊接头强度较低（小于 70MPa），主要用于接头受力不大、工作强度较低的焊件，如电子元件和线路的连接等。

钎焊时一般要使用钎剂。钎剂是钎焊时使用的熔剂，其作用是清除钎料和母材表面的氧化物，并保护焊件和液态钎料在钎焊过程中免于氧化，改善液态钎料对焊件的润湿性。硬钎焊时，常用钎剂有硼砂、硼酸、氯化物等；软钎焊时，常用钎剂有松香、氯化锌溶液等。

按钎焊过程中的加热方式，钎焊可分为烙铁钎焊、火焰钎焊、电阻钎焊、感应钎焊和炉中钎焊等。

钎焊和熔化焊相比，加热温度低，接头的金属组织和性能变化小，焊接变形也小，焊件尺寸容易保证；生产率高，易于实现机械化和自动化；可以焊接异种金属，甚至连接金属与非金属；还可以焊接某些形状复杂的接头。但是，钎焊接头强度较低，耐热能力较差，焊前准备工作要求较高。钎焊主要用于焊接电子元件、精密仪表机械等。

8.3 焊接工艺设计

8.3.1 焊接结构生产工艺过程

各种焊接结构，其主要的生产工艺过程：备料→装配→焊接→焊接变形矫正→质量检验→表面处理（油漆、喷塑或热喷涂等）。其中，前三项具体内容如下。

（1）备料，包括型材选择，型材外形矫正，按比例放样、划线，下料切割，边缘加工，成形加工（折边、弯曲、冲压、钻孔等）。

（2）装配，利用专用卡具或其他紧固装置将加工好的零件或部件组装成一体，进行定位焊，准备焊接。

（3）焊接，根据焊件材质、尺寸、使用性能要求、生产批量及现场设备情况选择焊接方法，确定焊接工艺参数，按合理顺序施焊。

8.3.2 焊接结构工艺设计

焊接结构各式各样，在焊接材料确定以后，对焊接结构进行工艺设计主要包括三方面内容：焊缝布置、焊接方法选择和焊接接头设计。

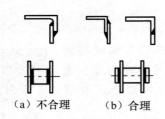

（a）不合理　　　（b）合理

图 8.15　焊条电弧焊焊缝位置

1. 焊缝布置

焊缝布置直接影响结构件的焊接质量和生产率。因此，设计焊缝位置时应考虑下列原则。

（1）焊缝要布置在便于施焊的位置。采用焊条电弧焊时，焊条要能伸到焊缝位置，如图 8.15 所示。

采用点焊、缝焊时，电极要能伸到待焊位置，如图 8.16 所示。

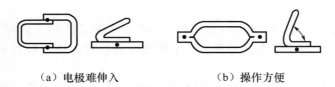

（a）电极难伸入　　　　　（b）操作方便

图 8.16　点焊、缝焊焊缝位置

采用埋弧自动焊时，要考虑焊缝所处的位置能否存放焊剂。设计时若忽略了这些问题，则无法施焊。

（2）焊缝布置应避免密集或交叉。焊缝密集或交叉，会使接头处严重过热，导致焊接应力与变形增大，甚至开裂。因此两条焊缝之间应隔开一定距离，一般焊条电弧焊焊缝位置要求大于 3 倍的板材厚度，并且不小于 100mm，如图 8.17 所示。

（3）焊缝布置应尽量对称。当焊缝布置对称于焊件截面中心轴或接近中心轴时，可使焊接中产生的变形相互抵消而减少焊后总变形量。焊缝位置对称分布在梁、柱、箱体等结构的设计中尤其重要。如图 8.18（a）所示，焊缝布置在焊件的非对称位置，会产生较大弯曲变形，不合理；如图 8.18（b）所示，焊缝对称布置，可减少弯曲变形。

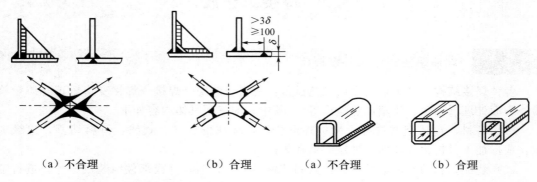

（a）不合理　　　（b）合理　　　　　（a）不合理　　　（b）合理

图 8.17　焊缝布置避免密集和交叉　　　　　图 8.18　焊缝布置对称

（4）焊缝布置应尽量避开最大应力处或应力集中处，特别是要避开应力集中处。由于焊接接头的性能下降，韧性往往低于母材性能，而且焊接接头还有焊接残余应力，因此要求焊缝避开应力大的部位，如图8.19所示，特别是要避开结构上应力集中的部位。对于要求较高的压力容器，特别是中、高压容器，应采用椭圆封头，而且还需要有一小段直边，如图8.20所示。

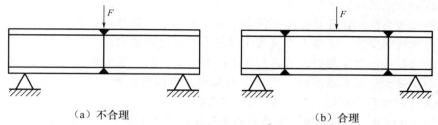

（a）不合理　　　　　　　　　（b）合理

图 8.19　焊缝应避开应力大的部位

（5）焊缝布置应避开机械加工表面。有些焊件某些部位需切削加工，如采用焊接结构制造的零件——轮毂等，为机加工方便，先车削内孔后焊接轮辐，为避免内孔加工精度受焊接变形影响，必须采用图8.21（b）所示结构［而不采用图8.21（a）所示结构］，焊缝布置离加工面远些。对机加工表面要求高的零件，由于焊后接

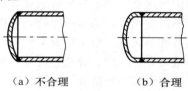

（a）不合理　　　　（b）合理

图 8.20　压力容器封头示例

头处的硬化组织，影响加工质量，焊缝布置应避开机加工表面，因此图8.21（d）所示结构比图8.21（c）所示结构合理。

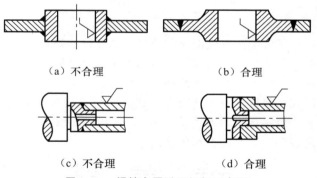

（a）不合理　　　　　　　　　（b）合理

（c）不合理　　　　　　　　　（d）合理

图 8.21　焊缝布置避开机加工表面

（6）尽量减少焊缝数量及长度，缩小不必要的焊缝截面尺寸。设计焊件结构时，可通过选取不同形状的型材、冲压件来减少焊缝数量。图8.22所示的箱式结构，若用平板拼焊需四条焊缝，若改用槽钢拼焊需两条焊缝。焊缝数量的下降，既可减少焊接应力和变形，又可提高生产率。

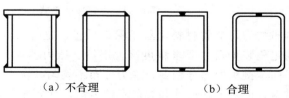

（a）不合理　　　　　　　　（b）合理

图 8.22　减少焊缝数量示例

2. 焊接方法的选择

各种焊接方法都有其各自特点及适用范围，选择焊接方法时要根据焊件的结构形状及材质、焊接质量要求、生产批量和现场设备等，在综合分析焊件质量、经济性和工艺可行性之后，确定最适宜的焊接方法。

选择焊接方法时应依据下列原则。

（1）焊接接头使用性能及质量要符合结构技术要求。选择焊接方法时，既要考虑焊件能否达到力学性能要求，又要考虑接头质量能否符合技术要求。例如，点焊、缝焊都适于薄板轻型结构焊接，缝焊能焊出有密封要求的焊缝。又如，氩弧焊和气焊虽然都能焊接铝材容器，但是接头质量要求高时，应采用氩弧焊；焊接低碳钢薄板，若要求焊接变形小，应选用 CO_2 气体保护焊或点（缝）焊，而不宜选用气焊。

（2）提高生产率，降低成本。若板材是中等厚度，选择焊条电弧焊、埋弧自动焊和气体保护焊均可，如果是平焊长直焊缝或大直径环焊缝，批量生产，应选用埋弧自动焊。若是位于不同空间位置的短曲焊缝，单件或小批量生产，采用焊条电弧焊为好。氩弧焊几乎可以焊接各种金属及合金，但成本较高，所以主要用于焊接铝合金、镁合金、钛合金结构及不锈钢等重要焊接结构。焊接铝合金工件，板厚大于 10mm 采用熔化极氩弧焊适宜，板厚小于 6mm 采用钨极氩弧焊适宜。若是板厚大于 40mm 钢材的直立焊缝，采用电渣焊适宜。

（3）焊接现场设备条件及工艺可能性。选择焊接方法时，要考虑现场是否具有相应的焊接设备，野外施工有没有电源等。此外，要考虑拟定的焊接工艺能否实现。例如，无法采用双面焊工艺又要求焊透的工件，采用单面焊工艺时，若先用钨极氩弧焊（甚至钨极脉冲氩弧焊）打底焊接，更易于保证焊接质量。

3. 焊接接头设计

焊接接头设计包括焊接接头形式设计和坡口形式设计。设计焊接接头形式主要考虑焊件的结构形状和板厚、焊接接头使用性能要求等因素。设计坡口形式主要考虑焊缝能否焊透、坡口加工难易程度、生产率、焊条消耗量、焊后变形等因素。

（1）焊接接头形式。焊接接头按其结合形式分为对接接头、盖板接头、搭接接头、T形接头、十字形接头、角接接头和卷边接头等，如图 8.23 所示。其中常见的焊接接头形式有对接接头、搭接接头、T形接头和角接接头。

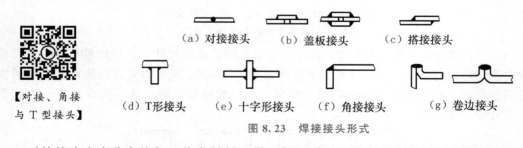

【对接、角接与T型接头】

（a）对接接头　（b）盖板接头　（c）搭接接头
（d）T形接头　（e）十字形接头　（f）角接接头　（g）卷边接头

图 8.23　焊接接头形式

对接接头应力分布均匀，节省材料，易于保证质量，是焊接结构中应用较多的一种，但对下料尺寸和焊前定位装配尺寸要求精度高。锅炉、压力容器等焊件常采用对接接头。搭接接头不在同一平面，接头处部分相叠，应力分布不均匀，会产生附加弯曲力，降低了疲劳强度，多耗费材料，但对下料尺寸和焊前定位装配尺寸要求精度不高，并且接头结合面大，增加承载能力，所以薄板、细杆焊件（如厂房金属屋架、桥梁、起重机吊臂等桁架结构）常用搭接接头。点焊、缝焊工件的接头为搭接接头，钎焊也多采用搭接接头，以增加结合面。角接接头和 T 形接头的根部易出现未焊透，引起应力集中，因此接头处常开坡口，以保证焊接质量，角接接头多用于箱式结构。对于 1～2mm 厚的薄板，气焊或钨极氩弧焊时为避免接头烧穿又节省填充焊丝，可采用卷边接头。

（2）坡口形式。开坡口的根本目的是使接头根部焊透，同时也使焊缝成型美观，此外通过控制坡口大小，能调节焊缝中母材金属与填充金属的比例，使焊缝金属达到所需的化学成分。

焊条电弧焊的对接接头、角接接头和 T 形接头中有各种形式的坡口（图 8.24），其选择主要取决于焊件板材厚度。

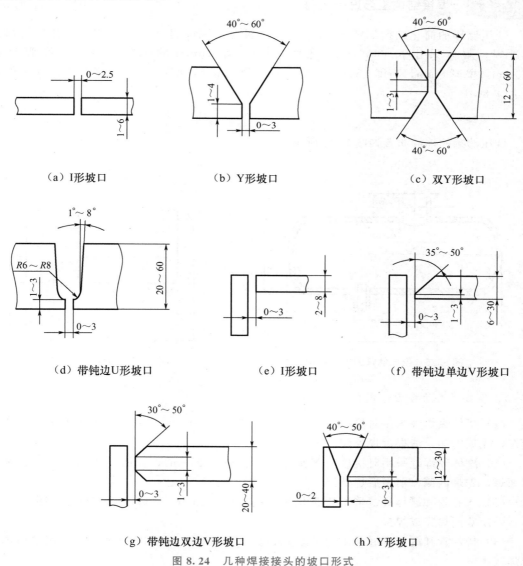

（a）I 形坡口   （b）Y 形坡口   （c）双 Y 形坡口

（d）带钝边 U 形坡口   （e）I 形坡口   （f）带钝边单边 V 形坡口

（g）带钝边双边 V 形坡口   （h）Y 形坡口

图 8.24　几种焊接接头的坡口形式

焊条电弧焊焊接板厚小于 6mm 时，一般采用 I 形坡口；重要结构件板厚大于 3mm 就需开坡口，以保证焊接质量；板厚在 6～26mm 可采用 Y 形坡口，这种坡口加工简单，但焊后角变形大；板厚在 12～60mm 可采用双 Y 形坡口，同等板厚情况下，双 Y 形坡口比 Y 形坡口需要的填充金属量约少 1/2，并且焊后角变形小，但需双面焊；带钝边 U 形坡口比 Y 形坡口省焊条，省焊接工时，但坡口加工麻烦，需切削加工。

埋弧自动焊焊接较厚板采用 I 形坡口时，为使焊剂与焊件贴合，接缝处可留一定间隙。

8.3.3　焊接结构工艺设计实例

低压储罐的简化结构如图 8.25 所示，材料为 20 钢，生产 2 台。焊接方法采用焊条电弧焊。罐体采用长 6000mm、宽 2000mm、厚 10mm 的钢板制造；入孔管直径 450mm，壁厚 8mm，高度 250mm；排污管直径 89mm，壁厚 4mm。储罐的设计工作压力为 0.8MPa。

1. 焊缝布置

低压储罐的焊缝布置如图 8.26 所示。

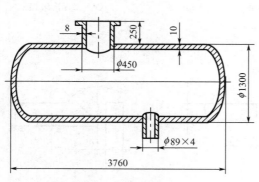

图 8.25　低压储罐的简化结构

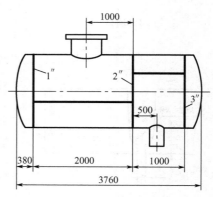

图 8.26　储罐的焊缝布置

2. 各类焊缝的接头形式和坡口形式

（1）罐体纵焊缝采用对接接头 Y 形坡口（钝边约 2mm），如图 8.27(a) 所示；采用双面焊，先焊内侧，清根后焊外侧。

（2）罐体环焊缝采用对接接头 Y 形坡口（钝边约 2 mm），如图 8.27(b) 所示；采用双面焊，先焊内侧，清根后焊外侧。

（3）入孔管和罐体焊缝采用 T 形接头带钝边（约 2mm）单边 V 形坡口，如图 8.28 所示；采用双面焊完成焊接。

（4）排污管和罐体焊缝采用角接接头单边 V 形坡口，如图 8.29 所示；采用单面焊完成焊接。

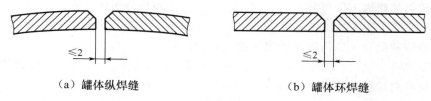

（a）罐体纵焊缝　　　　　　　　（b）罐体环焊缝

图 8.27　罐体各焊缝的接头形式和坡口形式

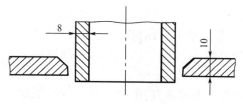

图 8.28　入孔管和罐体焊缝的
接头形式和坡口形式

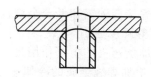

图 8.29　排污管和罐体焊缝
接头形式

小　　结

　　焊接是金属材料进行连接的一种重要工艺方法，较其他连接方法具有更好的力学性能与使用性能。按焊接过程的物理特点和工艺特点，可以将焊接分为熔化焊、压力焊和钎焊三类。焊接过程中，焊缝受到一次冶金过程，焊缝附近热影响区相当于受到一次不同规范的热处理。对常见的焊条电弧焊，焊条的选用非常重要。焊条由焊芯和药皮两部分组成。焊芯的作用：作为电极传导电流；熔化后作为填充金属，与母材形成焊缝。药皮的作用：改善焊接工艺性，机械保护和冶金处理。不同焊接方法的焊接性能有较大差别，有不同的适用范围，其焊接接头的组织不均匀，焊接过程所造成的结构应力与变形及各种裂纹问题需具体分析。焊接结构件工艺设计主要包括三方面内容：焊缝布置、焊接方法选择和焊接接头设计。

自　测　题

一、填空题（每空 1 分，共 20 分）

　　1. 按焊接过程的特点，焊接方法可归纳为_____、_____和_____三大类。

　　2. 焊接电弧由_____、_____和_____三部分组成，其中_____区的温度最高。

　　3. 焊条是由_____和_____两部分组成的。

　　4. 焊接接头的常见形式有_____、_____、_____和_____四种，其中___接头最容易实现，也最容易保证质量，有条件时应尽量采用。

　　5. 为防止普通低合金钢材料焊后产生冷裂纹，焊前应对工件进行_____处理，采用_____焊条，以及焊后立即进行_____。

6. 低碳钢的热影响区可分为_____、_____和部分相变区等。

二、选择题（每小题 2 分，共 30 分）

1. 低碳钢和低合金结构钢薄板焊接的适宜方法是（　　）。

A. 氩弧焊　　　　　　　　B. 焊条电弧焊　　　　　　　C. CO_2 气体保护焊

2. 下列材料焊接性能最好的是（　　）。

A. Q345　　　　　　　　　B. 铝合金　　　　　　　　　C. W18Cr4V

3. 下列焊接方法属于压力焊的是（　　）。

A. CO_2 气体保护焊　　　　B. 氩弧焊　　　　　　　　　C. 电阻焊

4. 焊接低碳钢和低合金结构钢时，选用焊条的基本原则是（　　）。

A. 等强度原则　　　　　　B. 同成分原则　　　　　　　C. 经济性原则

5. 焊条药皮的主要作用是（　　）。

A. 增加焊缝金属的冷却速度　B. 起机械保护和稳弧作用　　C. 减小焊缝裂纹

6. 下列焊接方法中，属于熔化焊的是（　　）。

A. 埋弧自动焊　　　　　　B. 摩擦焊　　　　　　　　　C. 电阻焊

7. 电阻点焊必须用（　　）接头。

A. 对接　　　　　　　　　B. 搭接　　　　　　　　　　C. 角接

8. 对焊缝金属进行保护的方式为气渣联合保护的焊接方法是（　　）。

A. 埋弧自动焊　　　　　　B. 摩擦焊　　　　　　　　　C. 电阻焊

9. 使用（　　）焊条，在焊接时一定要用直流焊机。

A. E4303　　　　　　　　　B. E4315　　　　　　　　　C. E5015

10. 焊接过程中减少熔池中氢、氧等气体含量的目的是防止或减少产生（　　）。

A. 气孔　　　　　　　　　B. 夹渣　　　　　　　　　　C. 烧穿

11. 一般气焊火焰的最高温度比电焊电弧火焰的最高温度（　　）。

A. 高　　　　　　　　　　B. 低　　　　　　　　　　　C. 相等

12. 酸性焊条是指药皮中的酸性氧化物与碱性氧化物之比（　　）。

A. 大于 1　　　　　　　　B. 小于 1　　　　　　　　　C. 等于 1

13. 焊接时，加热时间越长，焊件的变形越（　　）。

A. 大　　　　　　　　　　B. 小　　　　　　　　　　　C. 不变

14. 焊条电弧焊焊接薄板时，为防止烧穿，常采用的工艺措施之一是（　　）。

A. 直流正接　　　　　　　B. 直流反接　　　　　　　　C. 氢气保护

15. 焊接形状复杂或刚度大的结构及承受冲击载荷或交变载荷的结构时，选用（　　）。

A. 酸性焊条　　　　　　　B. 碱性焊条　　　　　　　　C. 两者均可

三、名词解释（每小题 4 分，共 20 分）

1. 热影响区
2. 焊接
3. 焊接电弧
4. 酸性焊条
5. 焊接性

四、问答题（每题 10 分，共 30 分）

1. 焊缝形成过程中对焊接质量有何影响？试说明其原因。

2. 熔化焊、压力焊、钎焊三者的主要区别是什么？

3. 什么是酸性焊条和碱性焊条？从焊条的药皮组成、焊缝力学性能及焊接工艺等方面比较其差异及适用性。

【第 8 章　自测题答案】

模块3

材料机械加工工艺

第 9 章
机 械 加 工

教学要点

1. 理解进给速度、进给量、背吃刀量、切削层参数及积屑瘤等概念，掌握金属切削过程的基本规律。

2. 理解刀具的"三面、两刃、一尖"，主偏角、副偏角、前角、后角等刀具角度及机床的分类、型号等，掌握金属切削机床及刀具的基本知识。

3. 理解车、铣、刨、磨等工种的特点、应用范围，以及加工余量、工序尺寸公差等概念，学会制订中等复杂程度零件的机械加工工艺过程，熟悉和掌握典型零件的加工工艺。

4. 了解计算机辅助设计、数控技术及柔性制造技术，熟悉计算机技术在机械制造领域的应用。

引 言

机械制造业是现代工业的主体，是国民经济的支柱产业，是国家工业体系的重要基础和国民经济各部门的装备部。本章主要介绍机械加工过程，包括金属切削过程及其基本规律，机床、刀具的基本知识，机械加工工艺过程的设计，现代制造技术发展的前沿与趋势。

9.1 切削加工的基础知识

9.1.1 切削运动与切削要素

1. 工件表面

工件表面通常是几种简单表面，如平面、直线成形表面、圆柱面、圆锥面等的组合。这些简单表面按照几何成形原理，都可以看成是一条线（线1）为素线（母线），以另一条线（线2）为轨迹线（导线）做相对运动而形成的，如图9.1所示。平面、直线成形表面和圆柱面，其素线和轨迹线的作用可以互换，称这些表面为可逆表面；而圆锥面、球面、

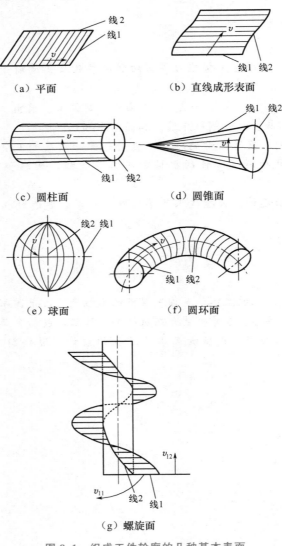

（a）平面　　　　　　　　　（b）直线成形表面

（c）圆柱面　　　　　　　　（d）圆锥面

（e）球面　　　　　　　　　（f）圆环面

（g）螺旋面

图 9.1　组成工件轮廓的几种基本表面

圆环面和螺旋面，其素线和轨迹线的作用不可以互换，称这些表面为非可逆表面。

2. 形成发生线的方法

发生线是由刀具的切削刃与工件间的相对运动得到的。由于使用的刀具切削刃形状和采取的加工方法不同，形成发生线的方法有如下四种。

（1）轨迹法。轨迹法是指利用刀具做一定规律的轨迹运动对工件进行加工的方法。如图 9.2 所示，刀刃切削点 1 按一定轨迹运动，形成所需的发生线 2，形成发生线需要一个成形运动。

（2）成形法。成形法是指利用成形刀具对工件进行加工的方法。如图 9.3 所示，刀刃为切削线 1，它的形状和长短与需要形成的发生线 2 完全重合。

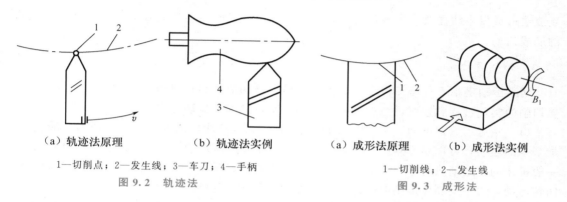

（a）轨迹法原理　　（b）轨迹法实例
1—切削点；2—发生线；3—车刀；4—手柄
图 9.2　轨迹法

（a）成形法原理　　（b）成形法实例
1—切削线；2—发生线
图 9.3　成形法

（3）相切法。相切法是指利用铣刀、砂轮等刀具边旋转边做轨迹运动对工件进行加工的方法。如图 9.4 所示，切削点 1 的运动轨迹与工件相切，形成了发生线 2。由于刀具上有许多切削点，发生线 2 是刀具上所有的切削点在切削过程中共同形成的。因此利用相切法形成发生线需要两个成形运动：刀具的旋转运动和刀具中心按一定规律的运动。

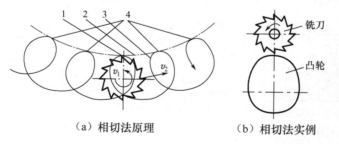

（a）相切法原理　　（b）相切法实例
1—切削点；2—发生线；3—切削点的运动轨迹；4—工件中心
图 9.4　相切法

（4）展成法。展成法是指利用工件和刀具做展成运动对工件进行加工的方法，如图 9.5 所示。需要注意的是，发生线 2 实际上是切削线 1 在整个加工过程中连续的包络线。

刀刃为切削线 1，它的形状和长短与需要形成的发生线 2 的形状不吻合，切削线 1 与发生线 2 彼此做无滑动的纯滚动，发生线 2 就是切削线 1 在切削过程中连续位置的包络线。在形成发生线 2 的过程中，或者仅由切削线 1 沿着由它生成的发生线 2 滚动；或者切削线 1 和发生线 2（工件）共同完成复合的纯滚动，这种运动称为展成运动。因此，利用

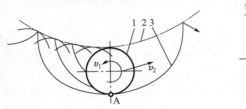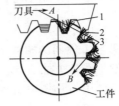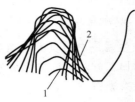

（a）展成法原理　　　　　　　　　（b）展成法实例

1—切削线；2—发生线；3—复合运动轨迹

图 9.5　展成法

展成法形成发生线需要一个成形运动，即刀具和工件之间不是彼此独立的，而是相互关联的展成运动。

3. 切削运动

切削运动是指刀具与工件之间的相对运动，该相对运动在机械加工设备上完成。按金属切削的实现过程和连续进行的关系，切削运动可分为主运动和进给运动。

（1）主运动（速度为 v_c）。主运动是使工件与刀具产生相对运动以进行切削的最主要、最基本的运动，可以是刀具的运动，也可以是工件的运动。通常主运动速度、功率最高。一般机床的主运动只有一个，如车削加工时工件的回转运动，镗削、铣削和钻削时刀具的回转运动，用牛头刨床刨削时刨刀的直线运动等都是主运动。

（2）进给运动（速度为 v_f）。进给运动是与主运动配合，使主运动能够持续切除工件上多余的金属，以便形成工件表面所需的运动。进给运动可以是刀具的运动，也可以是工件的运动；可以是连续的运动，也可以是断续的运动；可以是一个运动，也可以是多个运动，而且消耗的动力较少。进给运动可以分为轴向进给运动（如钻床）、垂直方向和水平方向进给运动（如铣床）。几种加工方法的切削运动与加工表面如图 9.6 所示。

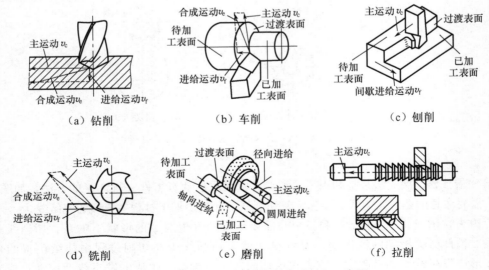

图 9.6　几种加工方法的切削运动与加工表面

在大多数切削加工中，主运动和进给运动是同时进行的，二者的合成切削运动称为合成运动（速度为 v_e）。一般切削运动及其方向用合成运动的速度矢量来表示。

除了上述分法，按工件表面的形状和成形方法，切削运动可以分为简单成形运动和复合成形运动两类。

4. 切削过程中的工件表面

在主运动和进给运动的共同作用下，工件表面的一层金属不断地被刀具切削下来并转变为切屑，从而加工出所需要的工件新表面。在新表面的形成过程中，工件上有三个不断变化着的表面，即待加工表面、过渡表面（切削表面）和已加工表面，如图 9.6(b)、图 9.6(c)、图 9.6(e) 所示。

5. 切削要素

切削要素指切削用量和切削层参数。

【切削层参数（车外圆）】

切削用量包括切削速度 v_c，进给量 f（或进给速度 v_f、每齿进给量 f_z）和背吃刀量 a_p（或切削深度），这三个量的大小不仅对切削过程有着重要的影响，而且是计算生产率、设计相关工艺装备的依据，故称切削用量三要素。

（1）切削用量

① 切削速度 v_c。切削速度是在单位时间内，工件与刀具沿主运动方向的相对位移。磨削速度的单位是 m/s，其他加工的切削速度习惯上用 m/min，但国际标准化组织规定用 m/s。

若主运动为回转运动（如车、铣、内外圆磨削、钻、镗），其切削速度 v_c 为工件待加工表面直径或刀具切削刃最大直径处的线速度，计算公式为

$$v_c = \frac{\pi dn}{1000} \quad \text{（m/s 或 m/min）}$$

式中　d——工件待加工表面的直径或刀具切削刃的最大直径（mm）；

　　　n——刀具或工件的转速（r/s 或 r/min）。

若主运动为往复直线运动（如刨削、插削），切削速度 v_c 的平均值为

$$v_c = \frac{2Ln_r}{1000} \quad \text{（m/s 或 m/min）}$$

式中　L——往复运动的行程长度（mm）；

　　　n_r——主运动的往复次数（str/min）。

② 进给量 f。进给量 f 是指主运动每转一转（即刀具或工件每转一转）或每一个往复行程内，刀具与工件间沿进给方向上的相对位移，单位为 mm/r 或 mm/str。进给量还可以用进给速度 v_f 或每齿进给量 f_z 来表示。进给速度 v_f 是指单位时间内刀具与工件沿进给方向上的相对位移，单位为 mm/s 或 mm/min。对于多齿刀具（如麻花钻、铰刀、铣刀等）而言，当刀具转过一个刀齿时，刀具与工件沿进给运动方向上的相对位移为每齿进给量 f_z，单位为 mm/z。

进给量 f、进给速度 v_f 和每齿进给量 f_z 的关系为

$$v_f = nf = nf_z z$$

式中　n——主运动转速（r/s 或 r/min）；

　　　z——刀具的圆周齿数。

③ 背吃刀量 a_p。已加工表面与待加工表面之间的垂直距离称为背吃刀量，单位

为 mm。

对于外圆车削

$$a_p = \frac{d_w - d_m}{2}$$

式中　d_w——工件待加工表面的直径（mm）;

　　　d_m——工件已加工表面的直径（mm）。

对于钻孔

$$a_p = \frac{d_0}{2}$$

式中　d_0——麻花钻直径（mm）。

选取切削用量的原则是在保证加工质量、降低成本和提高生产率的条件下，使 a_p、f、v_c 的乘积最大。切削用量的选取方法有计算法和查表法。对于大量生产的场合，切削用量按公式计算决定。但大多数情况下，是根据给定的条件按金属切削用量手册或根据实践经验及实验数据来合理选定切削用量的。

（2）切削层参数

切削层是指刀具的切削刃在一次走刀的过程中，从工件表面上切下的一层金属。切削层的截面尺寸称为切削层参数。切削层参数不仅决定了切屑尺寸的大小，而且对切削过程中产生的切削变形、切削力、切削热和刀具磨损等现象也有一定的影响。

以外圆车削为例，如图 9.7 所示，当工件旋转一转时，刀具沿进给方向向前移动一个进给量，即从位置 I 移动到位置 II，此时切下的一层金属为切削层。过切削刃的某一个选定点，在基面内测量切削层的截面尺寸即为切削层参数。

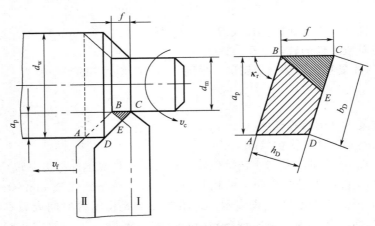

图 9.7　外圆车削时的切削层参数

① 切削层公称厚度 h_D。在基面内垂直于主切削刃方向测量的切削层尺寸为切削层公称厚度，单位为 mm。

$$h_D = f \sin\kappa_r$$

式中　κ_r——刀具的主偏角。

② 切削层公称宽度 b_D。在基面内沿着主切削刃方向测量的切削层尺寸为切削层公称宽度，单位为 mm。

$$b_D = \frac{a_p}{\sin\kappa_r}$$

③ 切削层公称面积 A_D。在基面内测量的切削层横截面积为切削层公称面积，单位为 mm^2。由图 9.7 可以看出，切削层横截面并非平行四边形 $ABCD$，而是近似于平行四边形的 $ABED$，两者相差一个 $\triangle BCE$。在切削过程中，切削刃没有切下 $\triangle BCE$ 区域的金属，而是残留在工件的已加工表面上，这一区域称为残留面积 ΔA_D。残留面积的存在使工件已加工表面变得粗糙。因此当残留面积 ΔA_D 较小时，切削层公称面积可近似按下式计算。

$$A_D \approx h_D b_D = f a_p$$

9.1.2　切削刀具

刀具是完成工件切削加工必不可少的因素。它对工件的加工质量、生产效率和加工经济性有重要影响。

1. 刀具类型

刀具按结构可分为整体式刀具、焊接式刀具、机夹重磨式刀具和机夹可转位式刀具等。

刀具还可按以下分类方法进行分类：按加工方法和用途分为车刀、铣刀、拉刀、镗刀、螺纹刀、齿轮刀、数控机床刀和磨具等；按刀具材料可分为高速钢刀、硬质合金刀、陶瓷刀、立方氮化硼刀（CBN）和金刚石刀，其中高速钢刀和硬质合金刀最常见；按是否标准化可分为标准化刀具和非标准化刀具。

2. 刀具切削部分的组成

各种类型刀具的切削刃口都可以看作由外圆车刀的刀头部分演化而来，因此现以外圆车刀的刀头部分来说明刀具切削部分的组成。如图 9.8 所示，外圆车刀的切削部分（即刀头）结构可归纳为"三面、两刃、一尖"。

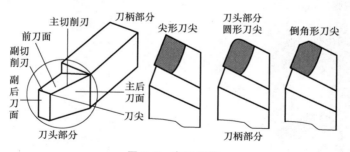

图 9.8　车刀结构

（1）三面

车刀的切削部分由三个面组成，即前刀面、主后刀面和副后刀面。前刀面是刀具上切屑流过的表面。与工件新形成的过渡表面相对的刀面为主后刀面；与工件已加工表面相对的刀面称为副后刀面。

（2）两刃

车刀前刀面上拟做切削的刃，有主切削刃和副切削刃之分。主切削刃是前刀面与主后刀面的交线，担任主要切削任务。副切削刃是前刀面与副后刀面的交线，起辅助切削作用，并最终形成加工表面。

（3）一尖

主切削刃与副切削刃的连接处相当少的一部分切削刃，称为刀尖。实际刀具的刀尖并非绝对尖刃，而是一小段曲线或直线。刀尖有尖形、圆形和倒角形三种。

【车刀的组
成部分及
刀具角度】

3. 刀具角度

刀具要从工件上切除余量，就必须使它的切削部分具有一定的切削角度。为统一定义，规定不同角度，并适应刀具在设计、制造及工作时的多种需要，需选定适当的组合的基准坐标平面作为参考系。其中用于定义刀具设计、制造、刃磨和测量时的几何参数的参考系，称为刀具静止参考系；用于规定刀具进行切削加工时的几何参数的参考系，称为刀具工作参考系。工作参考系与静止参考系的区别在于用实际的合成运动方向取代假定的主运动方向，用实际的进给运动方向取代假定的进给运动方向，这里主要介绍刀具静止参考系。

（1）刀具静止参考系

刀具静止参考系主要包括基面、切削平面、正交平面和假定工作平面等，如图 9.9 所示。

① 基面。过切削刃选定点，垂直于该点假定主运动方向的平面为基面，以 P_r 表示。

② 切削平面。过切削刃选定点，与切削刃相切，并垂直于基面的平面为切削平面，主切削平面以 P_s 表示，副切削平面以 P_s' 表示。

③ 正交平面。过切削刃选定点，并同时垂直于基面和切削平面的平面为正交平面，以 P_o 表示。

④ 假定工作平面。过切削刃选定点，垂直于基面并平行于假定进给运动方向的平面为假定工作平面，以 P_f 表示。

（2）刀具的标注角度

刀具的标注角度是指在刀具图样上标注的角度（也称刃磨角度），对切削加工质量和刀具寿命有重要影响。在车刀设计、制造、刃磨及测量时，必须考虑的主要角度（图 9.10）有以下几个。

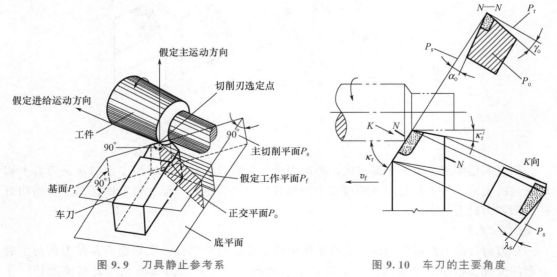

图 9.9　刀具静止参考系　　　　　图 9.10　车刀的主要角度

① 前角 γ_o。在正交平面中测量的前刀面与基面之间的夹角称为前角。根据前刀面和

基面相对位置的不同，分别规定了正前角、零度前角和负前角，如图9.11所示。当取较大的前角时，切削刃锋利，切削轻快，即切削层材料变形小，切削力也小；但当前角过大时［图9.12(a)］，切削刃和刀头的强度、散热条件和受力状况变差，将使刀具磨损加快，耐用度降低，甚至崩刃、损坏；当取较小的前角时［图9.12(b)］，虽然切削刃和刀头较强固，散热条件和受力状况也较好，但切削刃变钝，对切削加工不利。需要注意的是，图9.12中的箭头表示在加工过程中刀具受到的工件对其的反向切削力。

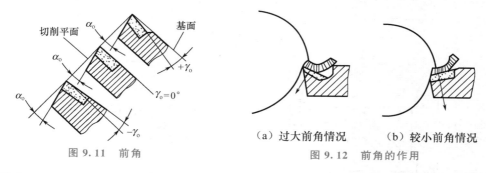

图9.11　前角

（a）过大前角情况　　（b）较小前角情况

图9.12　前角的作用

前角的大小常常根据工件材料、刀具材料和加工性质来选择。当工件材料塑性大、强度和硬度低或刀具材料的强度和刃性好或精加工时，取较大的前角；反之取较小的前角。例如，用硬质合金车刀切削结构钢件，γ_o可取$10°\sim20°$；切削灰铸铁件，γ_o可取$5°\sim15°$。

② 后角α_o。过主切削刃上选定点，在正交平面内测量的刀具主后刀面与切削平面之间的夹角称为后角。后角的主要作用是减少刀具主后刀面与工件已加工表面间的摩擦，并配合前角改变切削刃的锋利度与强度，后角大则摩擦小，切削刃锋利；但后角过大，将使切削刃变弱，散热条件变差，加剧刀具的磨损。

后角的大小常根据加工的种类和性质来选择。例如，粗加工或工件材料较硬时，要求切削刃强固，后角取较小值，$\alpha_o=6°\sim8°$；反之，对切削刃强度要求不高，主要希望减小摩擦和已加工表面的粗糙度值时，后角可取稍大值，$\alpha_o=8°\sim12°$。

③ 主偏角和副偏角。

主偏角κ_r：在基面中测量的主切削平面与假定工作平面之间的夹角。

副偏角κ_r'：在基面中测量的副切削平面与假定工作平面之间的夹角。

主偏角主要影响切削层截面的形状和参数，影响切削分力的变化，并和副偏角一起影响已加工表面的粗糙度；副偏角还有减小副后刀面与已加工表面两者间摩擦的作用。如图9.13所示，当背吃刀量和进给量一定时，主偏角越小，切削层公称宽度越大而公称厚度越小，即切下宽而薄的切屑。这时，主切削刃单位长度上的负荷较小，并且散热条件较好，有利于刀具耐用度的提高。由图9.14可

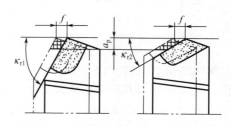

图9.13　主偏角对切削层参数的影响

以看出，当主、副偏角小时，已加工表面残留面积的高度h_c也小，因而可以减小表面粗糙度值，并且刀尖强度和散热条件较好，有利于提高刀具耐用度。但是，当主偏角减小时，背向力将增大，若加工刚度较差的工件（如车细长轴），则容易引起工件变形，并可能产生振动。主、副偏角应根据工件的刚度及加工要求选取合理的数值。一般车刀常用的主偏

角有 45°、60°、75°、90° 等几种，副偏角为 5°～15°，粗加工时取较大值。

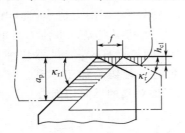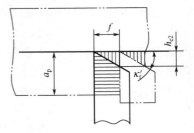

（a）主偏角对残留面积的影响

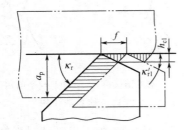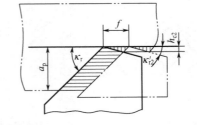

（b）副偏角对残留面积的影响

图 9.14　主、副偏角对残留面积的影响

④ 刃倾角 λ_s。在主切削平面中测量的主切削刃与基面之间的夹角称为刃倾角。与前角类似，刃倾角也有正、负和零值之分，如图 9.15 所示。

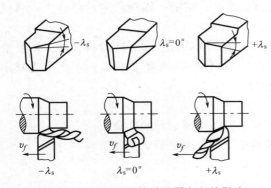

图 9.15　刃倾角及其对排屑方向的影响

刃倾角主要影响刀头的强度、切削分力和排屑方向。负的刃倾角可起到增强刀头的作用，但会使背向力增大，有可能引起振动，而且会使切屑排向已加工表面，可能划伤和拉毛已加工表面。因此，粗加工时为了增强刀头，λ_s 常取负值；精加工时，为了保护已加工表面，λ_s 常取正值或零度。车刀的刃倾角一般在 $-5°～+5°$ 选取。有时为了提高刀具耐冲击的能力，可取绝对值较大的负值。

（3）刀具的工作角度

刀具标注角度是在静止状态下获得的，但实际切削加工时，因刀具安装、进给运动的影响，基面、切削平面和正交平面会发生变化，从而引起刀具的工作角度发生变化。

因此，以切削过程中的工作基面、工作切削平面和工作正交平面为参考系所确定的刀具角度，称为刀具的工作角度。通常刀具的进给速度很小，在一般安装条件下（如车刀刀尖与工件回转轴线等高、刀柄纵向轴线垂直于进给方向等），刀具的工作角度与标注角度相差不大，但在切断、车螺纹及加工非圆柱表面等情况下，刀具角度值变化较大时，需要计算工作角度。

如图 9.16 所示，车外圆时，若刀尖高于工件的回转轴线，则工作前角 $\gamma_{oe} > \gamma_o$，而工作后角 $\alpha_{oe} < \alpha_o$；反之，若刀尖低于工件的回转轴线，则 $\gamma_{oe} < \gamma_o$，$\alpha_{oe} > \alpha_o$。镗孔时的情况正好相反。当车刀刀柄的纵向轴线与进给方向不垂直时，将会引起主偏角和副偏角的变化，如图 9.17 所示。

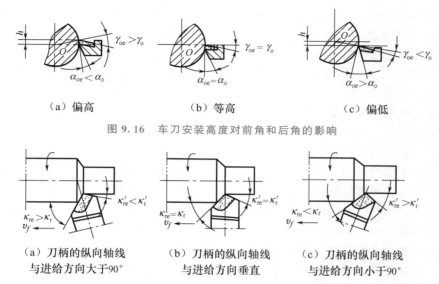

（a）偏高　　　　　　　（b）等高　　　　　　　（c）偏低

图 9.16　车刀安装高度对前角和后角的影响

（a）刀柄的纵向轴线　　　（b）刀柄的纵向轴线　　　（c）刀柄的纵向轴线
　　与进给方向大于90°　　　　与进给方向垂直　　　　　与进给方向小于90°

图 9.17　车刀安装偏斜对主偏角和副偏角的影响

4. 刀具材料

刀具材料是指刀具切削部分的材料。在切削加工中，刀具的切削部分完成切除余量和形成已加工表面的任务。刀具材料是工艺系统中影响加工效率和加工质量的重要因素，也是最灵活的因素。合理的刀具材料可显著提高切削生产效率，降低刀具消耗，保证加工质量。

（1）刀具材料应具备的性能

刀具材料在高温下工作，并承受较大的压力、摩擦、冲击和振动等，因此应具备以下基本性能。

① 足够的硬度和耐磨性。刀具切削部分材料的硬度必须高于工件材料硬度，一般认为其硬度应是工件材料硬度的 1.3～1.5 倍，硬度值不低于 60HRC。除常温硬度要求外，还要求刀具材料有高的热硬性和热强度，以便在高速切削中不因高温而降低刀具硬度。刀具还要耐磨，以抵抗切削过程中的磨损，维持一定的切削时间。

② 足够的强度和韧性。切削加工中，刀具承受较大的切削力、冲击力和振动，因此刀具材料要有较高的抗弯强度，以使刀具能承受更大的切削力。高韧性使刀具不至于在大切削负荷下断裂、崩刃。

③ 高的耐热性（热硬性）。耐热性是衡量刀具材料切削性能的主要标志，是指刀具材料在高温下保持硬度、耐磨性、强度和韧性的性能。刀具材料的耐热性越好，则刀具的切削性能越好，允许的切削速度也越高。

④ 导热性和耐热冲击性。刀具材料应具有良好的导热性，以便切削时产生的热量能迅速散走，有利于降低切削温度。刀具在断续切削时，常常受到很大的热冲击（温度变化剧烈），为避免刀具内部产生裂纹而导致断裂，要求刀具材料具备耐热冲击性。

⑤ 良好的工艺性和经济性。刀具制造工艺复杂，要经过锻、轧、焊、机加工和热处理等。对热轧刀具还要求高温塑性好，选择刀具材料时，要尽量利用国内资源，以降低刀

具材料成本。

由于刀具材料性能要求很难兼顾，比如硬度高，则韧性可能下降；耐磨性好，则刀具刃磨困难。因此，要根据加工材料和加工质量等要求，从主要矛盾出发，选择合适的刀具材料。

（2）刀具材料的种类

① 工具钢。工具钢包括碳素工具钢和合金工具钢两部分。

碳素工具钢指 $w_C=0.35\%\sim0.65\%$ 的优质中、高碳钢。这种钢加工工艺性好，刃口可刃磨得非常锋利，而且价格低廉，热处理后硬度为 $63\sim65$HRC。碳素工具钢的不足之处是高温下强度低，淬火时易变形开裂，热硬性差，允许切削温度不超过 $250℃$，故切削速度很低。因此，这种材料只适合于制造低速手工工具，如锉刀、锯条、刮刀、小丝锥、手工铰刀等；若制造机用刀具，则只适于切削速度不超过 5m/min 和小进给量的切削。碳素工具钢刀具的代表牌号有 T7A、T8A、T10、T12、T12A 等。

合金工具钢的各方面性能都优于碳素工具钢。合金工具钢中加入了不超过 $3\%\sim5\%$ 的合金元素（如铬、硅、钨、锰、钒等），热处理后硬度为 $63\sim66$HRC，合金元素增加了刀具的韧性、耐磨性和耐热性，使刀具的允许切削温度达 $350\sim400℃$，切削速度可达 $10\sim15$m/min。合金工具钢适合于制造细长或截面面积大、刀刃复杂的刀具，如铰刀、丝锥、板牙等。合金工具钢刀具的代表牌号有 CrWMn、9SiCr、9Mn2V 等。

② 高速工具钢。加入较多的铬、钨、钼、钒等合金元素，$w_C=0.7\%\sim1.65\%$ 的高合金工具钢，称为高速工具钢（简称高速钢），是目前应用的主要刀具材料。其突出优点是强度高、加工性能好、韧性好，硬度尤其是热硬性高（加入铬提高淬透性，还能提高钢的抗氧化、脱碳的能力；加入钨、钼能够保证刀具材料的高热硬性；加入钒的材料非常稳定，极难熔解，极大地提高了钢的硬度和耐磨性）。当切削温度达 $600℃$ 以上时，高速钢仍然保持较高硬度，可达 60HRC，切削速度可达 $25\sim30$m/min。高速钢广泛应用于制造复杂、精密的刀具，如钻头、铣刀、齿轮加工刀具和成形刀具等。

高速钢按用途分为通用高速钢和高性能高速钢；按化学成分分为钨系高速钢、钨钼系高速钢和钼系高速钢；按制造工艺分为熔炼高速钢和粉末冶金高速钢。

国内外使用较多的通用高速钢牌号是 W6Mo5Cr4V2（简称 M2 钼系）及 W18Cr4V（简称 W18 钨系），$w_C=0.7\%\sim0.9\%$，硬度为 $63\sim66$HRC，不适于高速和硬材料切削。

新牌号的通用高速钢 W9Mo3Cr4V（简称 W9）是根据我国资源情况研制的，含钨量较多、含钼量较少的钨钼钢。其硬度为 $65\sim66.5$HRC，有较好的硬度和韧性，热塑性、热稳定性都较好，焊接性能、磨削加工性能都较高，磨削效率比 M2 钼系高速钢高 20%，表面粗糙度值也小。

高性能高速钢是在通用高速钢中加入一些合金元素，如钴、铝等，使其耐热性、耐磨性又有进一步的提高，热稳定性提高，但综合性能不如通用高速钢，不同牌号只有在各自规定的切削条件下，才能达到良好的加工效果。我国正努力提高高性能高速钢的应用水平，如发展低钴高速钢 W12Mo3Cr4V3Co5Si 与含铝的超硬高速钢 W6MoCr4V2Al、W10Mo4Cr4V3Al，它们的韧性、热塑性、导热性都很好，硬度达 $67\sim69$HRC，可用于制造出口钻头、铰刀、铣刀等。

③ 硬质合金。硬质合金是由高硬度、高熔点的碳化钨、碳化钛、碳化铌等金属碳化物粉末，用金属钼、锂等为黏结剂，用粉末冶金工艺制成的。金属碳化物粉末决定刀具的硬度（达 $74\sim81$HRC）、耐磨性与耐热性（达 $800\sim1000℃$），黏结剂决定刀具的强度和韧

性。硬质合金刀具切削速度比高速钢刀具高 5～10 倍，能加工淬硬钢。但硬质合金的抗弯强度和韧性较低，很少制成整体刀具，经焊接或机夹在车刀、刨刀、铣刀、钻头等刀体上使用。硬质合金刀具的刃口也难磨得很锋利。

切削工具所用的硬质合金分为 P、M、K、N、S 及 H 六类，前三类使用较广泛，其中 K 类即旧牌号钨钴类（YG），常用的牌号有 K20、K10 等；P 类即旧牌号钨钴钛类（YT），常用的牌号有 P30、P20 等；M 类即旧牌号钨钛钽钴类（YW），常用的牌号有 M20、M10 等。

④ 新型刀具材料。

涂层刀具材料。涂层刀具材料是采用化学气相沉积或物理气相沉积法，在硬质合金或其他材料刀具基体上涂覆耐磨性高的难熔金属（或非金属）化合物薄层而得到的刀具材料。其较好地解决了材料硬度、耐磨性、强度及韧性四者间的矛盾。涂层刀具的镀膜可以防止切屑和刀具直接接触，减小摩擦，降低各种机械应力及热应力。使用涂层刀具，可缩短切削时间，降低成本，减少换刀次数，提高加工精度，而且刀具使用寿命长。涂层刀具可减少或取消切削液的使用。

陶瓷刀具材料。陶瓷刀具材料是以 Al_2O_3 或 Si_3N_4 为基底成分，在高温下烧结而成的。陶瓷刀具的硬度可达 91～95HRC，耐磨性比硬质合金刀具高十几倍；在高温（1200℃）下仍能切削，高温硬度可达 80HRC，在 540℃时为 90HRC，切削速度比硬质合金刀具高 2～10 倍；良好的抗黏性，使它与多种金属的亲和力小；化学稳定性好，即使在熔化时，也与钢不发生相互作用；抗氧化能力强。陶瓷刀具的主要缺点是脆性大、强度低、导热性差。因此陶瓷刀具适合于淬硬钢、冷硬铸铁的半精加工和精加工。

金刚石。金刚石有天然及人造两类，除少数超精密仪器及特殊用途外，工业上多使用人造金刚石作为刀具及磨具材料。人造金刚石刀具硬度高（达 10000HV），耐磨性好，导热性高，切削性能良好，但耐热性差（温度不超过 700～800℃），适合加工陶瓷、高硅铝合金、硬质合金等高硬、耐磨材料，还适合精密和超精密加工有色金属及其合金等软材料，可以获得很高的表面质量，但不适合加工铁族材料，因刀具中的碳基与铁材中的碳有亲和力，导致刀具易磨损。

立方氮化硼。立方氮化硼硬度很高（达 8000～9000HV），仅次于金刚石；热稳定性好（达 1300～1500℃），比金刚石高 1 倍；有优良的化学稳定性；导热性比金刚石差，但比其他材料高得多，抗弯强度和断裂韧性介于硬质合金和陶瓷之间。立方氮化硼刀具可以高速切削高温合金，切削速度比硬质合金刀具高 3～5 倍；适于加工钢铁材料；可以加工过去只能磨削加工的特种钢；还非常适合在数控机床上使用。

9.1.3　切削过程及物理现象

金属切削过程是指在刀具和切削力的作用下形成切屑的过程，在这一过程中，始终存在刀具切削工件和工件材料抵抗切削的矛盾，产生许多物理现象，如切削力、切削热、积屑瘤、刀具磨损和加工硬化等。

【切削力的来源】

1. 切屑形成过程

金属材料受压时其内部产生应力应变。与受力方向约成 45°的斜平面内，剪应力随载荷增大而逐渐增大，并且有剪应变产生。开始是弹性变形，此时若去掉载荷，材料将恢复原状；若载荷增大到一定程度，剪切变形进入塑性流动阶段，金属材料内部沿

【金属切屑的
形成过程】

着剪切面发生相对滑移，于是金属材料被压扁（对于塑性材料）或剪断（对于脆性材料）。

切削时金属层受前刀面挤压的情况与上述金属材料变形过程相似，只是受压金属层只能沿剪切面向上滑移。如果是脆性材料（如铸铁），则沿此剪切面被剪断。如果刀具不断向前移动，则此种滑移将持续下去，被切金属层就转变为切屑（图 9.18、图 9.19）。

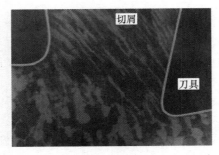

图 9.18　金属切屑根部金相图片

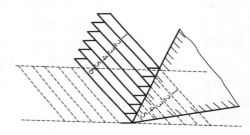

图 9.19　金属切削变形过程示意图

从该切削模型可以看出，金属切削过程就是工件的被切金属层在刀具前刀面的推挤下，沿着剪切面（滑移面）产生剪切变形并转变为切屑的过程，因而可以说，金属切削过程就是金属内部不断滑移变形的过程。

2. 切屑种类

由于工件材料的塑性不同，刀具的前角不同或采用不同的切削用量等，会形成不同种类的切屑，并对切削加工产生不同的影响。常见的切屑有如下几种（图 9.20）。

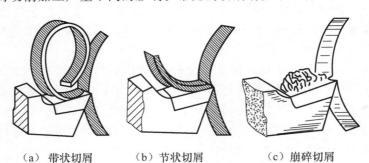

（a）带状切屑　　　（b）节状切屑　　　（c）崩碎切屑

图 9.20　切屑种类

（1）带状切屑。在用大前角的刀具、较高的切削速度和较小的进给量切削塑性材料时，容易得到带状切屑 [图 9.20(a)]。形成带状切屑时，切削力较平稳，加工表面较光洁，但切削连续不断，不太安全或可能刮伤已加工表面，因此要采取断屑措施。

（2）节状（挤裂）切屑。采用较低的切削速度和较大的进给量粗加工中等硬度的钢材时，容易得到节状切屑 [图 9.20(b)]。形成节状切屑时，金属材料经过弹性变形、塑性变形、挤裂和切离等阶段，是典型的切削过程，由于切削力波动较大，工件表面较粗糙。

（3）崩碎切屑。在切削铸铁和黄铜等脆性材料时，切削层金属发生弹性变形以后，一般不经过塑性变形就会突然崩落，形成不规则的碎块状屑片，即为崩碎切屑 [图 9.20(c)]。产生崩碎切屑时，切削热和切削力都集中在主切削刃和刀尖附近，刀尖容易磨损，并容易产生振动，影响表面质量。

切屑的形状可以随切削条件而改变。在生产中，常根据具体情况采取不同的措施来得到需要的切屑，以保证切削加工顺利进行。例如，加大前角、提高切削速度或减小进给量，可将节状切屑转变为带状切屑，使加工表面较光洁。

3. 积屑瘤

在切削速度不高而又能形成连续性切屑的情况下，加工一般钢铁或其他塑性材料时，常在前刀面切削处黏着一块剖面呈三角状的硬块。它的硬度很高，通常是工件材料的 2~3 倍，在处于比较稳定的状态时，能够代替切削刃进行切削，这块冷焊在前刀面上的金属称为积屑瘤，如图 9.21 所示。

切削速度不同，积屑瘤生长所能达到的最大高度也不同，如图 9.22 所示。根据积屑瘤有无及生长高度，可以把切削速度分为四个区域。

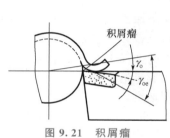

图 9.21　积屑瘤

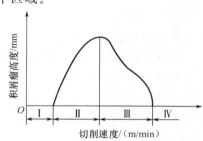

图 9.22　切削速度与积屑瘤高度的关系

Ⅰ区：切削速度很低，形成粒状或节状切屑，没有积屑瘤生成。

Ⅱ区：形成带状切屑，冷焊条件逐渐形成，随着切削速度的提高积屑瘤高度也增加。由于摩擦阻力 F_f 的存在，使得切屑滞留在前刀面上，积屑瘤高度增加；但与此同时，切屑流动时所形成的推力 T 欲将积屑瘤推倒。当 $T<F_f$ 时，积屑瘤高度继续增加；当 $T>F_f$ 时，积屑瘤被推走；$T=F_f$ 时的积屑瘤高度为临界高度。在这个区域内，积屑瘤生长的基础比较稳定，即使脱落也多半是顶部被挤断，这种情况下能代替刀具进行切削，并保护刀具。

Ⅲ区：积屑瘤高度随切削速度的提高而减小，当达到该区域右边界时，积屑瘤消失。随着切削速度的进一步提高，切屑底部由于切削温度升高而开始软化，剪切屈服极限 τ_s 下降，摩擦阻力 F_f 下降，切屑的滞留倾向减弱。因而积屑瘤的生长基础不稳定，结果积屑瘤的高度减小。在此区域内经常脱落的积屑瘤硬块不断滑擦刀面，使刀具磨损加快。

Ⅳ区：切削速度进一步提高，由于切削温度较高而冷焊消失，此时积屑瘤不再存在，但切屑底部的纤维化依然存在，切屑的滞留倾向也依然存在。

积屑瘤对切削过程有以下几方面影响。

（1）保护刀具。积屑瘤包围着刀刃和刀面，如果积屑瘤生长稳定，则可替代刀刃和前刀面进行切削，因而保护了刀刃和刀面，延长了刀具的使用寿命。

（2）增大前角。积屑瘤具有 30° 左右的前角，因而减小了切屑变形，降低了切削力，从而使切削过程容易进行。

（3）增大切削厚度。积屑瘤的前端伸出切削刃之外，伸出量为 H_b，如图 9.23 所示，有积屑瘤时的切削厚度比没有积屑瘤时增大了 Δh_D，从而影响了工件的加工精度。

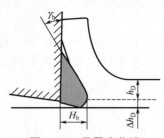

**图 9.23 积屑瘤前端
伸出量与切削厚度**

（4）增大已加工表面的粗糙度。积屑瘤的外形极不规则，因此增大了已加工表面的粗糙度。

（5）加速刀具磨损。如果积屑瘤频繁脱落，则积屑瘤碎片反复挤压前刀面和主后刀面，会加速刀具磨损。

显然积屑瘤有利有弊。粗加工时，对精度和表面的粗糙度要求不高，如果积屑瘤稳定生长，则可以代替刀具进行切削，保护刀具，同时减小切削变形。精加工时，绝对不希望积屑瘤出现。控制积屑瘤的形成，实质上就是要控制刀-屑界面处的摩擦系数。改变切削速度是控制积屑瘤生长的有效措施。加注切削液和增大前角也可以抑制积屑瘤的形成。

9.1.4　切削条件的合理选择

1. 切削用量的选择顺序

对于刀具的使用寿命，有三项重要的影响因素，即切削速度 v_c、进给量 f、背吃刀量 a_p。切削速度对刀具使用寿命的影响最大，其次是进给量，背吃刀量对刀具使用寿命的影响最小。所以在提高生产率又使刀具使用寿命下降得不多的情况下，优选切削用量的顺序是，先尽量选用大的背吃刀量，然后根据加工条件和加工要求选取允许的最大进给量，最后根据刀具的使用寿命或机床的功率情况选取最大的切削速度。

2. 背吃刀量的选择

选择合理的切削用量，必须考虑加工的性质，即要考虑粗加工、半精加工和精加工三种情况。

（1）在粗加工时，尽可能一次切除粗加工全部加工余量，即选择背吃刀量值等于粗加工余量值。

（2）对于粗大毛坯，如切除余量较大，受工艺系统刚性和机床功率的限制，应分几次走刀切除全部余量，但应尽量减少走刀次数。在中等功率的普通机床（如 C6140）上加工时，背吃刀量最大可取 8～10mm。

（3）切削表层有硬皮的铸锻件或切削不锈钢等冷硬较严重的材料时，应尽可能使背吃刀量超过硬皮层或冷硬层，以预防刀刃过早磨损或破损。

（4）在半精加工时，如单面余量 $h>2$mm，则应分两次走刀切除。第一次取 $a_p=(2/3～3/4)h$，第二次取 $a_p=(1/4～1/3)h$；如 $h\leqslant2$mm，可一次切除。

（5）在精加工时，应一次切除精加工余量，即 $a_p=h$。h 只可按工艺手册选定。

3. 进给量的选择

由于切削面积 $A_D=a_pf$，因此当 a_p 选定后，A_D 取决于 f，而 A_D 决定了切削力的大小。所以选择进给量时要考虑切削力。进给量还影响已加工表面粗糙度。因此，允许选用的最大进给量受下列因素限制：①机床的有效功率和转矩；②机床进给机构传动链的强度；③工件刚度；④刀柄刚性；⑤图样规定的加工表面粗糙度。

4. 切削速度的选择

当 a_p 和 f 选定后，v_c 可按公式或查表法（查相关手册中的表）选定，计算公式为

$$v_c = \frac{C_v k_v}{T^m a_p^{\frac{m}{p}} f^{\frac{m}{n}}}$$

式中，C_v、k_v（切削速度修正系数）、m/p、m/n、m，其值见相关手册。T、a_p、f、v_c 的单位分别是 min、mm、mm/r、m/min。

9.1.5　金属切削机床的基础知识

1. 机床的基本组成

各类机床通常都是由下列基本部分组成的。

（1）动力源。为机床提供动力（功率）和运动的驱动部分为动力源，如各种交流电动机、直流电动机和液压传动系统的液压缸、液压马达等。

（2）运动执行机构。运动执行机构即机床执行运动的部件，包括：①与最终实现切削加工的主运动和进给运动有关的执行部件，如主轴及主轴箱、工作台及其溜板箱或滑座、刀架及其溜板和滑枕等；②与工件和刀具安装及调整有关的部件和装置，如自动上下料装置、自动换刀装置、砂轮修整器等；③与上述部件或装置有关的分度、转位、定位机构和操作机构。

（3）传动系统。传动系统包括主传动系统、进给传动系统和其他运动的传动系统，如变速箱、进给箱等部件。传动系统将机床动力源的运动和动力传递给运动执行机构，或将运动由一个执行机构传递到另一个执行机构，以保持两个运动之间的准确关系。

（4）控制系统。控制系统用于控制各工作部件的正常工作，主要是电气控制系统，有些机床局部采用液压控制系统或气动控制系统，数控机床则是数控系统。

（5）支撑系统。支撑系统是机床的基础构件，用于安装和支撑其他固定的或运动的部件，承受其重力和切削力，如床身、底座、立柱等。

（6）冷却系统和润滑系统。冷却系统用于对加工工件、刀具及机床的某些发热部件进行冷却；润滑系统用于对机床的运动副（如轴承、导轨等）进行润滑，以减少摩擦、磨损和发热。

2. 机床的分类

表 9-1 所示为常见的几种机床分类方法。

表 9-1　常见的几种机床分类方法

分类方法	机床种类
按加工性质和所用刀具	车床、钻床、镗床、磨床、齿轮加工机床、螺纹加工机床、铣床、刨床、插床、拉床、锯床及其他机床
按机床的通用性程度	通用机床、专门化机床和专用机床
按加工精度	普通精度机床、精密机床和高精度机床
按自动化程度	手动、机动、半自动和自动机床
按质量大小和尺寸	仪表机床、中型机床、大型机床、重型机床和超重型机床
按机床主要工作部件数目	单轴机床、多轴机床、单刀机床和多刀机床

3. 机床型号

机床型号是机床产品的代号，用于简明地表示机床的类型、性能和结构特点、主要技术参数等。我国的机床型号是按 2008 年颁布的 GB/T 15375—2008《金属切削机床 型号编制方法》编制的。

(1) 通用机床型号的编制方法

通用机床型号由基本部分和辅助部分组成，中间用"/"隔开，读作"之"。前者需统一管理，后者纳入型号与否由企业自定。通用机床型号构成如图 9.24 所示。

△—阿拉伯数字；○—大写的汉语拼音字母；⊘—大写的汉语拼音字母，
或阿拉伯数字，或两者兼有；( )—当无内容时不表示，若有内容则不带括号

图 9.24　通用机床型号构成

机床的类代号见表 9-2。类代号用大写的汉语拼音字母表示，必要时，每类可分为若干分类，分类代号在类代号之前，作为型号的首位，并用阿拉伯数字表示，第一分类代号前的"1"省略。

表 9-2　机床的类代号

类别	车床	钻床	镗床	磨床			齿轮加工机床	螺纹加工机床	铣床	刨床、插床	拉床	锯床	其他机床
代号	C	Z	T	M	2M	3M	Y	S	X	B	L	G	Q
读音	车	钻	镗	磨	二磨	三磨	牙	丝	铣	刨	拉	割	其

机床的特性代号表示机床的特定性能，包括通用特性和结构特性。通用特性代号见表 9-3；为了区分主参数相同而结构不同的机床，用结构特性代号予以区分，如 CA6140 型卧式车床型号中的"A"，可理解为这种型号车床在结构上区别于 C6140 型车床。

表 9-3　机床的通用特性代号

通用特性	高精度	精密	自动	半自动	数控	加工中心（自动换刀）	仿形	轻型	加重型	柔性加工单元	数显	高速
代号	G	M	Z	B	K	H	F	Q	C	R	X	S
读音	高	密	自	半	控	换	仿	轻	重	柔	显	速

每类机床按其结构性能及使用范围划分为十个组，用数字 0～9 表示。每个组又划分为十个系。组的划分原则：在同一类机床中，主要布局或使用范围基本相同的机床，即为同一组。系的划分原则：在同一组机床中，主参数相同、主要结构及布局形式相同的机床，即为同一系。机床的组、系代号分别用一位阿拉伯数字表示，位于类代号或特性代号之后，具体见 GB/T 15375—2008。

机床主参数代表机床规格的大小，用折算值（主参数乘以折算系数，如 1/10 等）表示。

某些通用机床，无法用一个主参数表示时，则在型号中用设计顺序号表示，设计顺序号由1起始，当设计顺序号小于10时，由01开始编号。当机床的性能及结构布局有重大改进，并按新产品重新设计、试制和鉴定时，在原机床型号的尾部加重大改进顺序号，以区别于原机床型号。顺序号按A、B、C等字母的顺序选用（I、O两个字母不得选用）。

CA6140型卧式车床：

C	A	6	1	40
机床类代号	机床特性代号	机床组代号	机床系代号	机床主参数
（车床类）	（结构特性）	（落地及卧式车床组）	（卧式车床系）	（最大车削直径400mm）

MG1432A型高精度万能外圆磨床：

M	G	1	4	32	A
机床类代号	机床特性代号（通用特性，高精度机床）	机床组代号（外圆磨床组）	机床系代号（万能外圆磨床型）	机床主参数（最大磨削直径320mm）	重大改进顺序号（第一次重大改进）
（磨床类）					

（2）专用机床型号的编制方法

专用机床的型号一般由设计单位代号和设计顺序号组成。设计单位代号包括机床生产厂和机床研究单位代号，设计顺序号按该单位的设计顺序号排列，由001起始。例如，北京第一机床厂设计制造的第15种专用机床为专用铣床，其型号为B1-015。

（3）机床自动线型号的编制方法

由通用机床或专用机床组成的机床自动线，其代号为"ZX"（读作"自线"），设计顺序号的排列与专用机床的设计顺序号相同。例如，北京机床研究所（单位代号JCS）为某厂设计的第一条机床自动线，其型号为JCS-ZX001。

4. 金属切削机床的机械传动方式

普通机床的机械传动方式有旋转到旋转的传动方式、旋转到直线或直线到旋转的传动方式、变速传动方式和换向传动方式。

（1）旋转到旋转的传动方式

① 通过带传动，在平行轴之间实现旋转到旋转的传动，其传动比等于两轴上带轮的直径比。

② 通过齿轮传动，在平行轴（如通过直齿圆柱齿轮传动、斜齿圆柱齿轮传动）或相交轴（如通过锥齿轮传动）之间实现旋转到旋转的传动，其传动比等于啮合齿轮副间的齿数比。

③ 通过蜗轮蜗杆传动，在相错轴之间实现旋转到旋转的传动。若使用单头蜗杆，则传动比等于蜗轮齿数；若使用多头蜗杆，则传动比等于蜗轮齿数/蜗杆头数。

（2）旋转到直线或直线到旋转的传动方式

① 齿轮和齿条间的传动。齿条的直线移动距离 $l=\pi mnz$，这里 m 为齿轮模数，n 为齿轮转速，z 为齿轮齿数。

② 丝杠和螺母间的传动。若螺母固定位置旋转，则丝杠移动，如千斤顶。若丝杠固定位置旋转，则螺母移动，如车床的溜板箱，用开合螺母配合固定位置旋转的丝杠，若丝杠是多头丝杠，则开合螺母移动速度（即溜板箱移动速度）是丝杠头数的倒数。

（3）变速传动方式

① 通过滑动齿轮实现不同齿数的齿轮啮合来实现变速。

② 通过牙嵌离合器实现变速。

（4）换向传动方式

通过介轮（或惰轮）的加入或退出，实现改变旋转方向的传动。

9.2 零件表面的切削加工方法

9.2.1 外圆表面的加工

1. 外圆表面的车削加工

车削是外圆表面的主要加工方法，车削时，工件装夹在车床主轴上做回转运动，刀具沿一定轨迹做直线运动或曲线运动，刀尖相对工件运动的同时切除一定的工件材料，从而形成相应的工件表面。

（1）加工方法

外圆车削可分为粗车、半精车、精车和精细车四个阶段。

① 粗车。车削加工是外圆粗加工最经济、有效的方法。由于粗车的目的主要是迅速地从毛坯上切除多余的金属，因此提高生产效率是其主要任务。粗车通常采用尽可能大的背吃刀量和进给量来提高生产效率。而为了保证必要的刀具使用寿命，切削速度则通常较低。粗车时，车刀应选取较大的主偏角，以减小背向力，防止工件的弯曲变形和振动；选取较小的前角、后角和负值的刃倾角，以增强车刀切削部分的强度。粗车能达到的加工公差等级为 IT12～IT11 级，表面粗糙度值为 $Ra12.5～Ra6.3\mu m$。

② 半精车。半精车可作为中等精度外圆表面的最终工序，也可作为磨削或其他加工工序的预加工。半精车的背吃刀量和进给量比粗车稍小，切削速度比粗车稍大，能达到的加工公差等级为 IT10～IT9 级，表面粗糙度值为 $Ra6.3～Ra1.6\mu m$。

③精车。精车的主要任务是保证零件所要求的加工精度和表面质量。精车外圆表面一般采用较小的背吃刀量与进给量和较高的切削速度。在加工大型轴类零件外圆时，则常采用宽刃车刀低速精车。精车时车刀应选用较大的前角、后角和正值的刃倾角，以提高加工表面质量。精车可作为较高精度外圆的最终加工或作为精细加工的预加工。精车的加工公差等级可达 IT8～IT7 级，表面粗糙度值可达 $Ra0.8～Ra0.4\mu m$。

④ 精细车。精细车的特点是背吃刀量和进给量极小，切削速度可达 $150～200m/min$。精细车一般采用立方氮化硼、金刚石等超硬材料刀具进行加工，所用机床也必须是主轴能做高速回转且具有很高刚度的高精度机床或精密机床。精细车的加工精度及表面粗糙度与普通外圆磨削大体相当，加工公差等级可达 IT6～IT5 级，表面粗糙度值可达 $Ra0.1～Ra0.025\mu m$。精细车多用于磨削加工性不好的有色金属工件的精密加工，对于容易堵塞砂轮气孔的铝和铝合金等工件，精细车更有效。在加工大型精密外圆表面时，精细车可以代替磨削加工。

（2）提高外圆表面车削生产效率的方法

车削是轴类、套类和盘类零件外圆表面加工的主要工序，也是这些零件加工耗费工时最多的工序。提高外圆表面车削生产效率的途径主要有以下几种。

① 采用高速切削。通过提高切削速度来提高加工生产效率。切削速度的提高除要求车床具有高转速外，主要受刀具材料的限制。

② 采用强力切削。通过增大切削面积（fa_p）来提高生产效率，适用于刚度较好的轴类零件的加工，对机床的刚度要求也较高。

③ 采用多刀加工。一次进给完成多个表面的加工，从而减少刀架行程，提高生产效率。

2. 外圆表面的磨削加工

磨削是外圆表面精加工的主要方法。它既能加工淬火的黑色金属零件，也可以加工不淬火的黑色金属和有色金属零件。外圆磨削分为粗磨、精磨、精密磨削、超精密磨削和镜面磨削，后三种属于光整加工。粗磨后工件的公差等级可达 IT8～IT7 级，表面粗糙度值为 $Ra3.2～Ra0.8\mu m$，精磨后工件的公差等级可达 IT6～IT5 级，表面粗糙度值为 $Ra0.2～Ra0.025\mu m$。

【外圆的磨削加工】

（1）外圆磨削方式

① 外圆表面的中心磨削。中心磨削是指在外圆磨床上，采用工件的两顶尖定位进行磨削，可分为纵磨、横磨和复合磨，此外还可对端面进行磨削。

纵磨：也就是纵向进给磨削，如图 9.25 所示。砂轮旋转是主运动，工件除了旋转（转速为 n_w）外，还和工作台一起纵向往复运动，完成轴向进给运动。工件每往复一次（或单行程），砂轮向工件做径向进给运动，磨削余量在多次往复行程中磨去。在磨削的最后阶段，要做几次无径向进给的光磨行程，以消除由于径向磨削力的作用在机床加工系统中产生的弹性变形，直到磨削火花消失为止。

纵磨的磨削深度小、磨削力小、散热条件好、磨削精度较高及表面粗糙度较小，但由于工作行程次数多，生产效率较低。纵磨适于单件、小批量生产中磨削较长的外圆表面。

横磨：也就是横向进给磨削，又称切入磨削，如图 9.26 所示。其砂轮宽度大于磨削宽度，砂轮旋转是主运动，工件也旋转（转速为 n_w），砂轮还相对工件做连续或断续的径向进给运动，直到磨去全部余量。

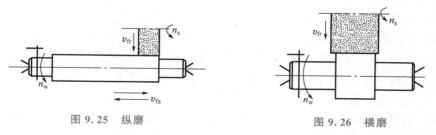

图 9.25 纵磨　　　　　　　　　　图 9.26 横磨

横磨生产效率高，但加工精度低，表面粗糙度较大。这是因为横向进给磨削时工件与砂轮接触面积大，磨削力大，发热量较多，磨削温度高，工件易发生变形和烧伤。它适于在大批量生产中加工刚性较好的工件外圆表面，如将砂轮修整成一定形状，还可以磨削成形表面。

复合磨：对于刚性较好的长轴外圆表面，可以先用横磨分段粗磨外圆表面的全长，相邻各段留 5～15mm 的重合区域，再用纵磨进行精磨，这就是复合磨。复合磨兼有横磨的高生产效率和纵磨加工质量较好的优点。

在万能外圆磨床上，可利用砂轮的端面来磨削工件的台阶面和端平面。磨削开始前，应该使砂轮端面缓慢地靠近工件的待磨表面，磨削过程中，要求工件的轴向进给量 f_a 很小。这是因为砂轮端面的刚性很差，基本上不能承受较大的轴向力，所以最好的办法是使用砂轮的外圆锥面来磨削工件的端面，此时，工作台应该扳动较大角度。

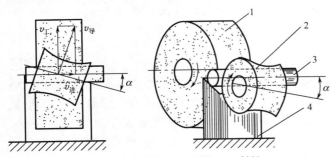

1—砂轮；2—导轮；3—工件；4—托板

图 9.27　无心磨削示意图

② 外圆表面的无心磨削。如图 9.27 所示，磨削时工件放在砂轮与导轮之间的托板上，不用中心孔支承，故称无心磨削。导轮是用摩擦系数较大的橡胶或树脂结合剂制成的磨粒较粗的砂轮，其转速很低（20～80mm/min）。工件由导轮的摩擦力带动做圆周运动，工件的线速度（mm/min）基本上与导轮的线速度（mm/min）相等，改变导轮的速度，便可以调节工件的圆周进给速度。砂轮转速（m/s）很高，所以在砂轮与工件之间有很高的相对速度，即切削速度。无心磨削时砂轮和工件的轴线总是水平放置的，而导轮的轴线通常要在垂直平面内倾斜一个角度 $\alpha(1°～6°)$，其目的是使工件获得一定的轴向进给速度。

无心磨削的生产效率高，容易实现工艺过程的自动化，但所能加工的零件具有一定的局限性，不能磨削带长键槽和平面的圆柱表面。磨削前工件的形状误差会影响磨削的加工精度，磨削后的加工表面易成为多菱形，同时不能改善加工表面与工件上其他表面的位置精度（如垂直度、同轴度等）。

（2）提高磨削效率的途径

① 高速磨削和超高速磨削。凡砂轮线速度 $v_s > 45\text{m/s}$ 的磨削都可称为高速磨削，凡砂轮线速度 $v_s > 300\text{m/s}$ 的磨削都可称为超高速磨削。磨削速度越高，单位时间内参与切削的磨粒数越多，磨除的磨屑越多，故高速磨削和超高速磨削会使磨削效率大幅提高。此外，由于每颗磨粒的切削厚度薄，表面切痕减小，因而减小了表面粗糙度。同时作用在工件上的法向磨削力也相应减小，可以提高工件的加工精度，这对于磨削细长轴类零件十分有利。

② 强力磨削。强力磨削是采用较高的砂轮速度、较大的磨削深度（一次切深可达 6mm 以上）和较小的轴向进给，直接从毛坯上磨出加工表面。它可以替代车削和铣削，生产效率很高。强力磨削的特点是磨削力和磨削热显著增大，因此机床的功率要加大，砂轮防护罩要加固，切削液要充分供应，机床还必须有足够的刚性。

③ 宽砂轮磨削和多砂轮磨削（图 9.28）。一般外圆磨削砂轮宽度仅为 50mm 左右，宽砂轮磨削与多砂轮磨削的实质就是通过增加砂轮宽度来提高磨削的生产效率。

3. 外圆表面的光整加工

光整加工是从工件表面不切除或切除极薄金属层，以提高工件表面的尺寸精度和形状精度、减小表面粗糙度值和提高表面性能为目的的加工方法，加工公差等级能达到 IT6 级以上，表面粗糙度值能达到小于 $Ra0.2\mu\text{m}$。外圆表面的光整加工有高精度磨削、超精加工、研磨、珩磨及抛光（后两项本文不做介绍）等。

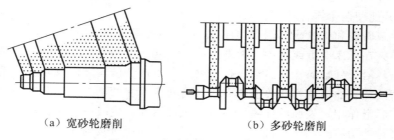

（a）宽砂轮磨削　　　　　　　　（b）多砂轮磨削

图 9.28　宽砂轮磨削和多砂轮磨削

（1）高精度磨削

使工件表面粗糙度值小于 $Ra0.16\mu m$ 的磨削工艺，通常称为高精度磨削。它是在普通磨削的基础上，通过调整与磨削精度相关的因素来实现提高磨削精度的目的，主要调整因素如下。

① 采用高精度的磨床，磨床要恒温、隔离安装。

② 采用合适的砂轮，常用刚玉类磨料（如白刚玉、铬刚玉或白刚玉与绿碳化硅混合的磨料）。这类砂轮的韧性好，在修整时和磨削时都能形成并保持微刃的等高性，有利于获得小的表面粗糙度。高精度磨削时，应选用中软砂轮；镜面磨削时，宜用超软砂轮，并且要求砂轮硬度均匀性好。

③ 选择合适的磨削用量，高精度磨削时宜取较低的砂轮速度，一般取 $17\sim20m/s$；应该在保证不产生烧伤的前提下选用较低的工件速度；应该在不产生烧伤缺陷和螺旋形缺陷的前提下，选用较大的工件轴向进给量；磨削深度（背吃刀量）应取较小值。

（2）超精加工

超精加工是用细粒度的油石（磨条或砂带）进行微量磨削的一种加工方法，其加工原理如图 9.29 所示。加工时工件做低速旋转（$0.03\sim0.33m/s$），油石以恒定压力 P（$0.1\sim0.4MPa$）压向工件表面，在磨头沿工件轴向进给的同时，油石做轴向低频振动（振动频率为 $8\sim30Hz$，振幅为 $2.5\sim4mm$），在大量切削液的环境下对工件表面进行加工。

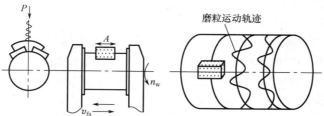

图 9.29　超精加工原理

超精加工时磨粒的运动轨迹复杂，并能由切削过程过渡到摩擦抛光过程，因而可以获得表面粗糙度值为 $Ra0.08\sim Ra0.01\mu m$ 的工件表面。超精加工只能切去工件表面凸峰，故加工余量很小（$0.005\sim0.025mm$）。超精加工的切削速度很低，油石压力小，加工时发热量小，工件表面变质层浅，没有烧伤现象。但这种方法不能纠正工件圆度和同轴度误差，主要用来减小工件的表面粗糙度。

（3）研磨

研磨是由游离的磨粒通过研具对工件进行微量切削的过程，其精度可达亚微米级（尺寸精度可达到 $0.025\mu m$），圆柱体的圆柱度可达到 $0.1\mu m$，表面粗糙度值可达到

$Ra0.01\mu m$，并能使两个零件达到精密配合。

研磨分手工研磨和机械研磨两种。图 9.30 所示是手工研磨外圆柱面。将工件利用直尾鸡心夹头装夹在车床卡盘或顶尖上做低速旋转运动，如图 9.30(a) 所示。研具套在工件上，手动使研具沿工件轴向往复运动进行研磨。在工件和研具之间须填充研磨剂，研磨剂由磨料、研磨液和表面活性物质等混合而成。磨料主要起切削作用，具有较高的硬度；研磨液起冷却、润滑作用；表面活性物质附着在工件表面，生成一层很薄的易于切除的软化膜。机械研磨是使用研具和研磨膏，在一定的压力下利用研具与工件间的相对滑动，从工件表面磨削掉一层极薄的金属，以提高工件尺寸、形状精度和表面粗糙度的光整加工方法。在机械研磨中使用的研磨机是研磨平面的一种专用设备，按其结构形式分机械研磨机和电磁振动研磨机等。其中机械研磨机又分为单面研磨机和双面研磨机。一些自动化程度较高的研磨机，还可以自动加压和自动测量工件厚度，研磨效率较高。

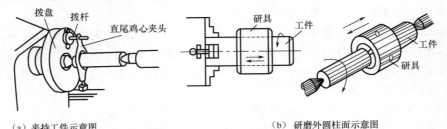

（a）夹持工件示意图　　　　　　　（b）研磨外圆柱面示意图

图 9.30　手工研磨外圆柱面

研磨的主要特点是尺寸精度高、形状精度高、表面粗糙度值低，但它不能提高工件各表面之间的相对位置精度，生产效率低。研磨能有效提高零件表面的耐磨性和疲劳强度，适应性好，加工范围广，因此应用较广泛。

9.2.2　孔的加工

1. 孔加工概述

孔加工约占整个金属切削加工的 40%，因此孔加工在机械制造中占有十分重要的地位。孔的分类方法有多种，按照与其他零件的相对连接关系，可分为配合孔和非配合孔；按其几何特征，可分为通孔、不通孔、阶梯孔、锥孔等；按其几何形状，可分为圆孔、非圆孔。

由于孔是零件的内表面，对加工过程的观察、控制比较困难，加工难度要比外圆表面的开放型表面的加工难度大得多。孔加工过程的主要特点如下。

（1）孔加工刀具多为定尺寸刀具，如钻头、铰刀等。在加工过程中，磨损造成的刀具形状和尺寸变化直接影响被加工孔的精度。

（2）由于受被加工孔尺寸的限制，切削速度很难提高，影响生产效率和加工表面质量，尤其是对较小的孔进行精密加工时，为达到所需的速度，需要使用专门的装置，对机床的性能也提出了很高的要求。

（3）刀具的结构受孔的直径和长度限制，刚性较差。加工时由于轴向力的影响，刀具容易产生弯曲变形和振动，孔的长径比（孔深度与直径之比）越大，刀具刚性对加工精度的影响就越大。

（4）加工孔时，刀具一般在半封闭的空间工作，排屑困难；切削液难以进入切削区域，散热条件差，切削区域热量集中，温度较高，影响刀具的使用寿命和孔的加工质量。

所以在孔加工中，必须解决好冷却问题、排屑问题、刚性导向问题和速度问题等。在对实体零件进行钻孔加工时，对应大小和深度不同的被加工孔有各种结构的钻头，其中常用的是标准麻花钻，孔系的位置精度主要由钻床夹具保证。对已有孔进行精加工时，铰削和镗削是有代表性的精加工方法。铰削适用于对较小孔的精加工，但铰削的生产效率一般不高，而且不能提高位置精度。镗削则可以获得较高的精度和较小的表面粗糙度值，若用金刚镗床和坐标镗床加工，则加工质量可以更好。

2. 钻孔

钻孔是在实体材料上加工孔的第一个工序，是孔从无到有的过程。钻孔直径一般小于 80mm，由于构造上的限制，钻头的弯曲刚度和扭转刚度均较低，加之定心性不好，钻孔加工的精度较低，一般只能达到 IT13～IT11 级，表面粗糙度也较差，一般为 $Ra50$～$Ra12.5\mu m$，但钻孔的金属切除率大、切削效率高。钻孔主要用于加工质量要求不高的孔，如螺栓孔、螺纹底孔、油孔等。对于加工精度和表面质量要求较高的孔，则应在后续加工中通过扩孔、铰孔、镗孔、磨孔和珩磨孔来达到要求。常用的钻孔刀具有麻花钻、中心钻、深孔钻等，其中最常用的是麻花钻。

（1）钻孔方式

钻孔加工有两种方式。一种是钻头旋转，工件不动，如在钻床、铣床上钻孔。用这种方式钻孔时，由于钻头切削刃不对称且钻头刚性不足容易引偏，导致被加工孔的轴线偏斜或不直，但孔的直径基本不变。因此，在大批量生产时常用钻套来引导钻头，在单件、小批量生产时可以先用小顶尖钻头预钻锥形孔，再进行钻孔。另一种是钻头不动，工件旋转，如在车床上钻孔。这种方式的特点是钻头引偏导致孔的直径变化，产生圆柱度误差，但孔的轴线仍是直线，并且与工件回转轴线一致。解决这一问题的途径是采用钻套导向，也可以设置钻头中心稳定结构。

（2）麻花钻

麻花钻是一种粗加工刀具，由工具厂大量生产，供应市场。其常备规格为 $\phi0.1$～$\phi80$mm。麻花钻按柄部形状，分为直柄麻花钻和锥柄麻花钻；按制造材料，分为高速钢麻花钻和硬质合金麻花钻。硬质合金麻花钻一般是镶片焊接的，直径在 5mm 以下的硬质合金麻花钻制成整体的。

图 9.31 所示为麻花钻的组成与结构，其中图 9.31(a) 所示为锥柄麻花钻结构，图 9.31(b) 所示为直柄麻花钻结构。锥柄麻花钻由工作部分、柄部和颈部组成，直柄麻花钻一般没有颈部。

① 工作部分 ［图 9.31(c)］。麻花钻的工作部分分为切削部分和导向部分。切削部分担负主要的切削工作，包括以下结构要素。

前刀面：毗邻切削刃，是起排屑和容屑作用的螺旋槽表面。

主后刀面：位于工作部分的前端，与工作加工表面（即孔底的锥面）相对，其形状由刃磨方法决定，在麻花钻上一般为螺旋圆锥面。

主切削刃：前刀面与主后刀面的交线。由于麻花钻前刀面和主后刀面各有两个，因此主切削刃也有两条。

横刃：两个主后刀面相交所形成的切削刃。它位于切削部分的最前端，切削被加工孔的中心部分。

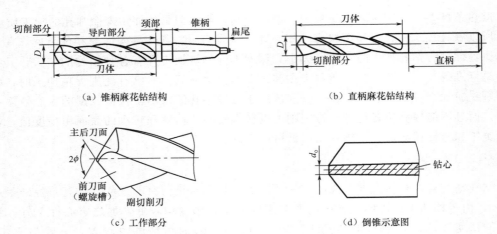

（a）锥柄麻花钻结构　　　　　　　　　　（b）直柄麻花钻结构

（c）工作部分　　　　　　　　　　（d）倒锥示意图

图 9.31　麻花钻的组成与结构

副切削刃：与工件孔壁相对的两条刃带为副后刀面，刃带与螺旋槽的两条交线为副切削刃。

刀尖：主切削刃与副切削刃的交点，显然，麻花钻上有两个刀尖。

② 导向部分。导向部分在钻削过程中起导向作用，并作为切削部分的后备部分。它包含刃沟、刃瓣和刃带。刃带是其外圆柱面上两条螺旋形的棱边，由它们控制孔的廓形和直径，保持钻头进给方向。为减少刃带与已加工孔的孔壁之间的摩擦，一般将麻花钻做成倒锥，即从切削部分向柄部每 100mm 长度上钻头直径减少 0.03～0.12mm。钻头的实心部分称为钻心，它用来连接两个刃瓣，为了增强钻头强度和刚度，从钻尖向柄部每 100mm 长度上钻心直径增大 1.4～2.0mm，如图 9.31(d) 所示。

③ 柄部。柄部用于装夹钻头和传递动力。钻头直径小于 12mm 时，通常制成直柄（圆柱柄）；直径在 12mm 以上时，制成莫氏锥度的圆锥柄。

④ 颈部。柄部和工作部分的连接部分，并作为磨外径时砂轮退刀和打印标记处。小直径的钻头做不出颈部。

（3）钻孔的特点及应用

钻孔与切削外圆相比，工作条件要困难得多。钻削加工属于半封闭的切削方式，钻头的工作部分处在已加工表面的包围中，因而引起一些特殊问题，如钻头的刚度和强度、容屑和排屑、导向和冷却、润滑等，其特点如下。

① 容易引起引偏。引偏是指工件加工时因钻头弯曲而引起的孔径扩大、孔不圆或孔的轴线歪斜等缺陷，如图 9.32 所示。为防止或减小钻孔的引偏，对于较小的孔，先在孔的中心处打样冲孔，以利于钻头的定位；直径较大的孔，可用小顶角（$2\phi=90°$～$100°$）的短而粗的麻花钻预钻一个锥形定心坑，然后用所需钻头

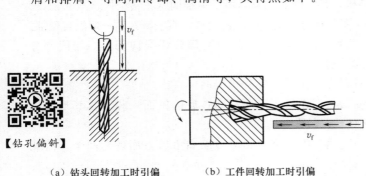

【钻孔偏斜】

（a）钻头回转加工时引偏　　　（b）工件回转加工时引偏

图 9.32　钻头的引偏

钻孔，如图 9.33 所示。在大批量生产中，以钻模为钻头导向，如图 9.34 所示，这种方法对在斜面或曲面上钻孔更为必要；尽量把钻头两条主切削刃磨得对称一致，使径向切削力互相抵消。

（a）较小直径孔情况　　　（b）较大直径孔情况

图 9.33　预钻定心坑

麻花钻
钻套
钻模板
工件

图 9.34　以钻模为钻头导向

② 排屑困难。钻孔时，由于主切削刃全部参加切削，切屑较宽，容屑槽尺寸受限制，因而切屑与孔壁发生较大摩擦和挤压，易刮伤孔壁，降低孔的表面质量。有时切屑还能阻塞在容屑槽里，卡死钻头，甚至将钻头扭断。

③ 钻头易磨损。钻削时产生的热量很大，又不易散发，加之刀具、工件与切屑间摩擦很大，使切削温度升高，加速了刀具磨损，切削用量和生产效率提高受到限制。

3. 扩孔

扩孔是用扩孔钻（图 9.35）对工件上已有的孔进行加工，以扩大孔径，常用于孔的半精加工，也普遍用于铰孔前的预加工。与钻孔相比，扩孔的工艺特点如下。

【扩孔】

（1）因容屑槽较窄，扩孔钻上有 3～4 个刀齿，导向性好，切削比较稳定，同时提高了生产效率。

（2）扩孔钻没有横刃，并且切削刃不是从外圆延伸到中心的，避免了横刃和由横刃引起的不良影响，切削条件好。

（3）加工余量较小，容屑槽可以做得浅些，钻芯可以做得粗些，刀体强度和刚性较好。

（4）由于背吃刀量小，排屑容易，因而不易擦伤已加工表面。

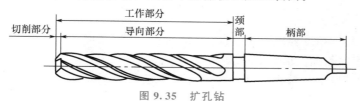

工作部分
切削部分
导向部分
预部
柄部

图 9.35　扩孔钻

扩孔的加工质量比钻孔好，一般精度可达 IT10～IT9 级，表面粗糙度值为 $Ra6.3～Ra3.2\mu m$。扩孔可以在一定程度上校正轴线的偏斜，可作为铰孔前的预加工，当孔的精度要求不高时，扩孔也可用于孔的终加工，在成批和大量生产时应用较广。

在钻直径较大（$D\geqslant30mm$）的孔时，常先用小钻头（直径为孔径的 0.5～0.7）预钻孔，再用原尺寸的扩孔钻扩孔，这样可以提高生产效率。

4. 铰孔

铰孔是用铰刀从孔壁上切除微量金属，以提高孔的尺寸精度和降低表面

【铰孔】

粗糙度的加工方法。它是孔的一种精加工方法，其纠正位置误差和原孔轴线歪斜的能力很差。正确地选择加工余量对铰孔质量影响很大，余量太大，铰孔不光，尺寸公差不易保证；余量太小，不能去掉上道工序留下的刀痕，达不到要求的表面粗糙度。

（1）铰刀

铰刀一般分为机用铰刀和手用铰刀两种。铰削不仅可以用（圆柱铰刀）来加工圆柱形孔，而且可用（锥度铰刀）来加工圆锥形孔。

图9.36所示为铰刀的典型结构。铰刀由柄部、颈部和工作部分组成。工作部分包括切削部分和校准部分。切削部分担任主要的切削工作，校准部分起导向、校准和修光作用。为减小校准部分刀齿与已加工孔壁的摩擦，并防止孔径扩大，校准部分的后端为倒锥形状。

（2）铰孔的特点及应用

铰孔的切削条件和铰刀的结构与扩孔相比，更为优越，有如下特点。

① 刚性和导向性好。铰刀的切削刃多（6～12个），排屑槽很浅，刀心截面很大，故其刚性和导向性比扩孔钻更好。

② 铰刀具有校准部分，其作用是校准孔径、修光孔壁，从而进一步提高了孔的加工质量。

③ 铰刀的加工余量小，切削力小，所产生的热量较少，工件的受力变形较小；并且铰孔切削速度低，可避免积屑瘤的不利影响。因此，铰孔质量较高。

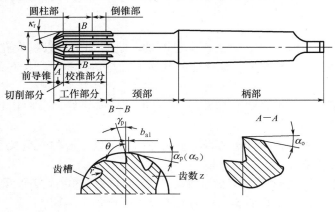

图9.36 铰刀的典型结构

铰孔适用于加工精度要求较高、直径不大而又未淬火的孔。机铰的加工精度一般可达IT8～IT7级，表面粗糙度值为$Ra3.2～Ra0.8\mu m$。

对于中等尺寸以下较精密的孔，在单件、小批量乃至大批量生产中，"钻—扩—铰"是常采用的典型工艺。但"钻—扩—铰"只能保证孔本身的精度，而不能保证孔与孔之间的尺寸精度和位置精度。要解决这一问题，可以采用钻床夹具（钻模）进行加工或者采用镗削加工。

5. 镗孔

镗孔是用镗刀对已钻出孔或毛坯孔做进一步加工的方法，可分为粗镗、半精镗、精镗和精细镗（金刚镗）。粗镗的加工公差等级可达IT11级，表面粗糙度值为$Ra25～Ra6.3\mu m$；半精镗的加工公差等级为IT10～IT9级，表面粗糙度值为$Ra3.2～Ra0.8\mu m$；精镗的加工公差等级为IT8～IT7级，表面粗糙度值为$Ra0.8～Ra0.4\mu m$；精细镗的加工公差等级为 IT7～IT5 级，表面粗糙度值为 $Ra0.2$～$Ra0.05\mu m$。

（1）镗孔方式

① 工件回转，刀具做进给运动。在车床上镗孔大都属于这一方式。如图 9.37 所示，工件安装在镗床主轴上，工作台带动镗刀做进给运动。其工艺特点是加工后孔的轴心线与工件的回转轴线一致，孔的圆度主要取决于机床主轴的回转精度，孔的轴向几何形状误差主要取决于刀具进给方向相对于工件回转轴线的位置精度。这种镗孔方式适合加工与外圆表面有同轴度要求的孔。

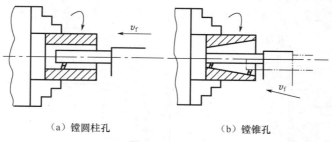

（a）镗圆柱孔   （b）镗锥孔

图 9.37 工件回转、刀具进给的镗孔加工方式

② 刀具回转，工件做进给运动。在镗床上镗孔即为这种方式。如图 9.38 所示，镗刀安装在镗床主轴上，工作台带动工件做进给运动。其工艺特点是易于保证工件孔与孔、孔与平面间的位置精度。镗杆的变形对孔的轴向形状精度无影响，工作台进给方向的偏斜或不直会使孔轴线产生位置误差。

为了提高镗孔精度，常采用镗模来进行镗削，如图 9.39 所示。镗杆支承在镗模的两个导向套中，减小了镗杆的变形。镗杆与机床主轴采用浮动连接，主轴只传递扭矩，镗孔精度由镗模来保证。当工件随着镗模向右进给时，镗刀与支撑套的距离是变化的，如果用普通单刃镗刀会使工件产生轴向形状误差；若改用双刃浮动镗刀，则径向力可相互抵消，从而避免轴向误差。

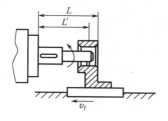

图 9.38 刀具回转、工件进给的镗孔加工方式

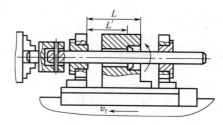

图 9.39 采用镗模进行镗孔

③ 工件不动，刀具回转并做进给运动。这种镗孔方式是在镗床类机床上进行的，如图 9.40 所示。其工艺特点是基本能保证镗孔的轴线与机床主轴轴线一致。但随着镗杆伸出长度的增加，镗杆变形会逐步增大，使得镗出的孔直径逐步减小，形成锥孔。所以，这种镗孔方式只适合加工较短的孔。

（2）镗刀

镗刀按切削刃数量，可分为单刃镗刀、双刃镗刀和多刃镗刀；按工件的加工表面，可分为通孔镗刀、不通孔镗刀、阶梯孔镗刀和端面镗刀；按刀具结构，可分为整体式、装配式和可调式。下面介绍单刃镗刀和双刃镗刀。

① 单刃镗刀。普通单刃镗刀只有一条主切削刃在单方向参与切削，其结构简单、制造方便、通用性强，但刚性差，镗孔尺寸调节不方便，生产效率低，对工人操作技术要求高。图 9.41 所示为不同结构的单刃镗刀。加工小直径孔的镗刀通常做成整体式，加工大直径孔的镗刀可做成机夹式或机夹可转位式。镗杆不宜太细太长，以免切削时产生振动。为了使刀头在镗杆内有较大的安装长度，并具有足够的位置压紧螺钉和调节螺钉，在镗不通孔或阶梯孔时，刀头在镗杆上的安装倾斜角一般取 $10° \sim 45°$，镗通孔时安装倾斜角一般为 $0°$，以便于镗杆的制造。通常压紧螺钉从镗杆端面或顶面来压紧刀头。新型的微调镗刀调节方便，调节精度高，适于在坐标镗床、自动线和数控机床上使用。

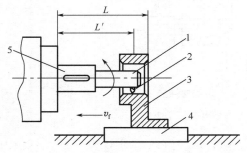

1—镗杆；2—镗刀；3—工件；4—工作台；5—主轴
图 9.40　刀具既回转又进给的镗孔加工方式

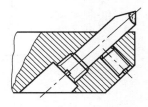

（a）镗通孔时的刀头安装　（b）镗不通孔或阶梯孔时的刀头安装
图 9.41　不同结构的单刃镗刀

② 双刃镗刀。双刃镗刀是定尺寸的镗孔刀具，通过改变两切削刃之间的距离，实现对不同直径孔的加工。常用的双刃镗刀有固定式双刃镗刀、可调式双刃镗刀和浮动式双刃镗刀三种。

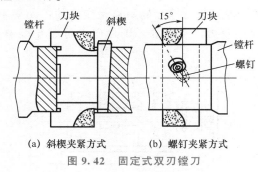

（a）斜楔夹紧方式　（b）螺钉夹紧方式
图 9.42　固定式双刃镗刀

固定式双刃镗刀：如图 9.42 所示，工作时，刀块可以通过斜楔或者倾斜的螺钉等夹紧在镗杆上。刀块相对于轴线的位置误差会造成孔径的误差，所以，刀块与镗杆上方孔的配合要求较高，刀块安装方孔对轴线的垂直度与对称度误差不大于 0.01mm。固定式双刃镗刀块用于粗镗或半精镗直径大于 40mm 的孔。

可调式双刃镗刀：采用一定的机械结构可以调整两刀片之间的距离，从而使一把刀具可以加工不同直径的孔，并可以补偿刀具磨损的影响。

浮动式双刃镗刀：其特点是刀块自由地装入镗杆的方孔中，不需夹紧，通过作用在两个切削刃上的切削力来自动平衡其切削位置，因此它能自动补偿由刀具安装误差、机床主轴偏差而造成的加工误差，能获得较高的孔的直径尺寸精度（IT7～IT6 级），但它无法纠正孔的直线度误差和位置误差，因而要求预加工孔的直线性好，表面粗糙度值不大于 $Ra3.2\mu m$。

（3）镗孔的特点及应用

① 镗孔的特点。镗削可以加工机座、箱体、支架等外形复杂的大型零件上的直径较大的通孔、不通孔、阶梯孔等，特别是有位置精确要求的孔和孔系。因为镗床的运动形式较多，工件安装在工作台上，可方便、准确地调整被加工孔与刀具的相对位置，通过一次

装夹就能实现多个表面的加工，能保证被加工孔与其他表面间的相对位置精度。

在镗床上利用镗模能校正原有孔的轴线歪斜与位置误差。

镗孔刀具结构简单，并且径向尺寸大都可以调节，用一把刀具就可加工直径不同的孔，在一次安装中，既可进行粗加工，又可进行半精加工和精加工。

镗削加工操作技术要求高，生产效率低。要保证工件的尺寸精度和表面粗糙度，除取决于所用的设备外，更主要的是操作人员的技术水平。由于机床、刀具调整时间较长，镗削加工时参加工作的切削刃少，因此一般情况下，镗削加工生产效率较低。使用镗模可提高生产效率，但成本增加，一般用于大量生产。

② 镗孔的应用。如上所述，镗孔适合于加工单件、小批量生产中复杂、大型工件上的孔系。这些孔除了有较高的尺寸精度要求外，还有较高的相对位置精度要求。此外，对于直径较大的孔（直径大于 82mm）、内成形表面、孔内环槽等，镗孔是唯一适合的加工方法。

6. 其他孔的加工方法

（1）磨孔

磨孔是指用直径较小的砂轮加工圆柱孔、圆锥孔、孔端面和特殊形状内孔表面的方法，如图 9.43 所示。

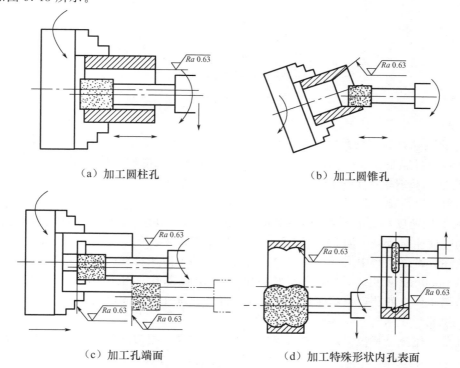

（a）加工圆柱孔　　　　（b）加工圆锥孔

（c）加工孔端面　　　　（d）加工特殊形状内孔表面

图 9.43　内圆表面磨削方法

（2）珩磨孔

珩磨孔是利用带有磨条（油石）的珩磨头对孔进行精整、光整加工的方法。珩磨时，工件固定不动，珩磨头由机床主轴带动旋转并做往复直线运动。在相对运动过程中，珩磨头以一定的压力作用于工件表面，从工件表面上切除一层极薄的材料。其切削轨迹是交叉的网纹，如图 9.44 所示。为使磨条磨粒的运动轨迹不重复，珩磨头每分钟往复次数与转数之比应取非整数，如珩磨时，珩磨头每分钟往复次为 8，则珩磨头每分钟转数可以为 3，不能为 4，否则磨条磨粒的运动轨迹将会重复。

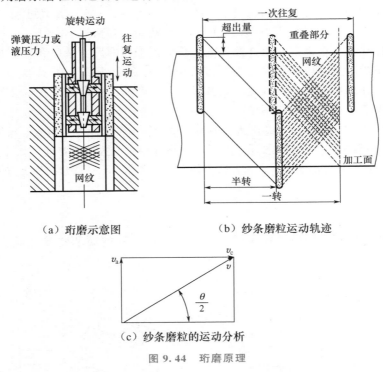

（a）珩磨示意图　　　（b）纱条磨粒运动轨迹

（c）纱条磨粒的运动分析

图 9.44　珩磨原理

珩磨的特点及应用如下。

① 珩磨能获得较高的尺寸精度和形状精度，加工公差等级为 IT7～IT4 级，孔的圆度和圆柱度误差可控制在 3～5μm，但珩磨不能提高被加工孔的位置精度。

② 珩磨能获得较高的表面质量，表面粗糙度值为 $Ra0.8～Ra0.012\mu m$，表层金属的变质缺陷层深度极微（2.5～25μm）。

③ 与磨削速度相比，珩磨头的圆周速度虽不高，但由于磨条与工件的接触面积大，往复运动速度相对较高，因此珩磨仍具有较高的生产效率。

珩磨在大批量生产中广泛应用于发动机缸孔及各种液压装置中精密孔的加工，孔径一般为 φ15～φ50mm 或更大，并可加工长径比大于 10 的深孔。但珩磨不适于加工塑性较大的有色金属工件上的孔，也不能加工带键槽的孔、花键孔等断续表面。

（3）拉孔

拉孔是在拉床上用拉刀对孔进行精加工的一种方法。拉刀是一种多齿刀具，沿着拉刀运动方向刀齿逐渐增加，从而一层层地从工件上切下余量，并获得较高的尺寸精度和较好的表面质量。拉刀的切削过程如图 9.45 所示。拉刀后一刀齿（或一组刀齿）比前一刀齿在拉削方向上的增加量称为齿升量 a_f。拉孔过程只有沿拉刀轴向的运动，没有进给运动。在拉刀轴线方向，齿升量从大到小阶梯式递减，从而完成粗拉、半精拉、精拉。孔的最终精度则由拉刀最

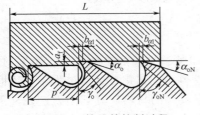

图 9.45　拉刀的拉削过程

后几个校准刀齿来保证。因此，拉削效率和加工精度都比较高，应用很广泛。拉削加工不但能加工孔，而且可以通过改变拉刀的形状来加工多种内外表面，如图9.46所示。

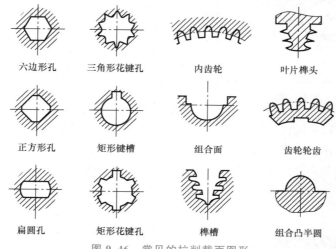

六边形孔　　三角形花键孔　　内齿轮　　叶片榫头

正方形孔　　矩形键槽　　组合面　　齿轮轮齿

扁圆孔　　矩形花键孔　　榫槽　　组合凸半圆

图9.46　常见的拉削截面图形

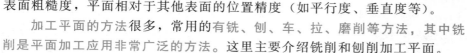

9.2.3　平面的加工

平面是盘类和板类零件的主要表面，也是箱体类、支架类零件的主要表面之一。平面加工的技术要求包括平面本身的精度（如直线度、平面度），表面粗糙度，平面相对于其他表面的位置精度（如平行度、垂直度等）。

加工平面的方法很多，常用的有铣、刨、车、拉、磨削等方法，其中铣削是平面加工应用非常广泛的方法。这里主要介绍铣削和刨削加工平面。

【轮廓铣削】

1. 铣削

铣削是平面加工的主要方法之一。此外，铣削还适于加工台阶面、沟槽、各种形状复杂的成形表面（如齿轮、螺纹等），还用于切断。铣削时，铣刀安装在铣床主轴上，其主运动是绕自身轴线的高速旋转运动。

由于铣刀是多刃刀具，同时参加切削的齿数多，没有空程损失，并且主运动为回转运动，可实现高速切削，因此铣平面的生产效率一般都比刨平面高。其加工质量与刨削的相当，经过粗铣、精铣后，尺寸公差等级可达IT7级，表面粗糙度值可达 $Ra0.8 \sim Ra0.2\mu m$。

由于铣削的生产效率高，在大批量生产中铣削已经逐步取代了刨削。在成批生产中，中小件加工大多采用铣削，大件加工则铣刨兼用，一般都是粗铣、精刨。而在单件、小批量生产中，特别是在一些重型机器制造厂，刨平面仍被广泛采用。刨削不能获得足够的切削速度，故有色金属材料的平面加工几乎都用铣削。

（1）铣削过程

铣削过程与车削过程很类似，所不同的仅仅是以铣刀的旋转主运动代替了车削中工件的旋转主运动，而进给运动则是工件在垂直于铣刀轴线方向的直线运动，如图9.47所示。

【顺铣和逆铣】

（2）铣削方式

① 周铣。周铣是用铣刀圆周上的切削刃（图9.48）铣削工件的表面的一种加工方法。

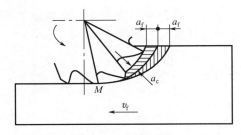

图 9.47　铣削过程

根据铣削时铣刀旋转方向和工件移动方向的相互关系，周铣分为逆铣和顺铣两种。

a. 逆铣。如图 9.49（a）所示，当铣刀在切入工件处的切削速度方向与工件的进给速度方向相反时，称为逆铣。在逆铣时，刀齿切入，切屑从薄到厚。开始时，刀齿不能切入工件，而是一面挤压工件表面，一面在其上滑行。这样不但使刀具磨损加剧，而且使加工表面产生冷硬现象和增加表面粗糙度。所以逆铣仅适用于粗加工。此外，逆铣时作用在工件上的垂直切削分力方向向上，有挑起工件的趋势，影响了工件夹紧的稳定性。但是，逆铣时刀齿是从切削层内部进行切削的，因此工件表面上的硬皮对刀齿没有直接影响。

图 9.48　周铣的刀具

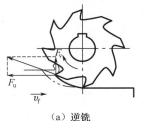

（a）逆铣　　　　　（b）顺铣

图 9.49　周铣方式

b. 顺铣。当铣刀在切入工件处的切削速度方向与工件的进给速度方向相同时，称为顺铣，如图 9.49（b）所示。顺铣时，刀齿的切削厚度从厚到薄，有利于提高加工表面质量，并容易切下切削层，使刀齿的磨损较少。一般情况下，逆铣比顺铣用得多。在精铣时，为了降低加工表面粗糙度，最好采用顺铣。此外，由于顺铣加工可提高刀具耐用度、节省机床动力消耗，在工件表面不带有硬皮的情况下（如切断薄壁件及加工塑料、尼龙件时），总是使用顺铣加工。

② 端铣。端铣是以端铣刀端面上的刀齿（图 9.50）铣削工件表面的一种加工方法。端铣有三种铣削方式。

a. 对称端铣。工件在端铣刀的对称位置（图 9.51），刀齿切入工件与切出工件时的切削厚度相同，称为对称铣削。此时，每个刀齿在切削过程中有一半是逆铣，一半是顺铣。当刀齿刚切入工件时，切屑较厚，没有滑行现象，在转入顺铣阶段中，对称端铣和圆柱铣刀顺铣方式一样，会使工作台顺着进给方向窜动，造成不良后果。生产中对称端铣非常适用于加工淬硬钢。因为它可以保证刀齿超越冷硬层切入工件，能提高端铣刀耐用度并获得粗糙度较均匀的加工表面。

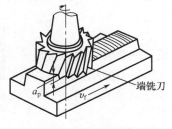

图 9.50　端铣的刀具

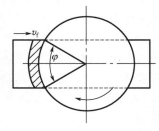

图 9.51　对称端铣

若铣削中，刀齿切入时的铣削厚度小于或大于切出时的切削厚度，称为不对称铣削。这种铣削方式又可分为不对称逆铣和不对称顺铣两种。

b. 不对称逆铣。端面铣刀轴线偏置于铣削弧长对称中心的一侧，并且逆铣部分大于顺铣部分，这种铣削方式称为不对称逆铣，如图9.52所示。刀齿切入工件时的切削厚度小于切出时的厚度。不对称逆铣在加工碳钢及高强度合金钢之类的工件时，可减少切入时的冲击。不对称逆铣还可减少工作台窜动现象，特别在铣削中采用大直径的端铣刀加工较窄平面时，切削很不平稳，若采用逆铣成分比较多的不对称端铣方式将是更有利的。

c. 不对称顺铣。其特征与不对称逆铣正好相反，如图9.53所示。铣削时刀齿以最大的切削厚度切入工件，以最小的切削厚度切出。不对称顺铣很少采用，但用于加工不锈钢、耐热合金钢和高温合金钢之类的工件时，可以减少硬质合金刀具剥落磨损。

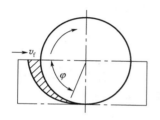

图9.52 不对称逆铣

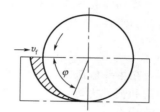

图9.53 不对称顺铣

端铣和周铣相比，由于端铣刀具有较多的同时工作的刀齿，又使用了硬质合金刀片和修光刃口，因此加工表面粗糙度较低，并且铣刀的耐用度、生产效率都比周铣高。但端铣适应性差，主要用于平面铣削；周铣能用多种铣刀，可以铣平面、沟槽、齿形和成形表面等，适应性广，因此生产中应用较多。

（3）铣削用量

铣削用量（图9.54）包含铣削深度 a_p、铣削宽度 a_e、铣削速度 v_c、铣削进给量。

① 铣削深度 a_p。平行于铣刀轴线测量的切削层尺寸为铣削深度。周铣时，铣削深度为被加工表面的宽度；端铣时，铣削深度为切削层深度。

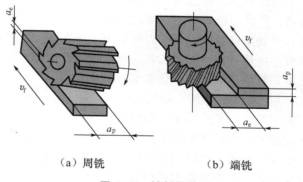

（a）周铣 （b）端铣

图9.54 铣削用量

② 铣削宽度 a_e。垂直于铣刀轴线测量的切削层尺寸为铣削宽度。周铣时，铣削宽度为切削层深度；端铣时，铣削宽度为被加工表面宽度。

③ 铣削速度 v_c。铣削速度是铣刀主运动的线速度，为

$$v_c = \frac{\pi d n}{1000} \text{(m/s 或 m/min)}$$

式中 n——转速（r/s 或 r/min）；

d——铣刀的直径（mm）。

④ 铣削进给量。

每齿进给量 f_z：铣刀每转一个刀齿间角时，工件与铣刀沿进给方向的相对位移，单位为 mm/z。

每转进给量 f_r：铣刀每转一转时，工件与铣刀沿进给方向的相对位移，单位为 mm/r。

进给速度 v_f：单位时间内工件与铣刀沿进给方向的相对位移，单位为 m/s 或 mm/min。

三者之间的关系为

$$v_f = f_r n = f_z z n$$

式中　　z——铣刀的刀齿数。

（4）铣削的特点

铣削是机械加工中常用的加工方法之一，主要包括平面铣削和轮廓铣削，也可以对零件进行钻、扩、铰和镗孔加工与攻螺纹等，适于采用数控铣削的零件有平面类零件、变斜角类零件和曲面类零件。

2. 刨削

刨削是刨刀在牛头刨床或龙门刨床上与工件做相对直线往复切削的加工方法。由于存在空行程、冲击和惯性力等，限制了刨削生产效率和精度的提高。

（1）刨削的特点

刨削可分为粗刨、半精刨和精刨。粗刨的加工公差等级可达 IT14～IT12 级，表面粗糙度值为 $Ra25$～$Ra6.3\mu m$；半精刨的加工公差等级可达 IT11～IT10 级，表面粗糙度值为 $Ra3.2$～$Ra1.6\mu m$；精刨的加工公差等级可达 IT10 级，表面粗糙度值为 $Ra0.8$～$Ra0.4\mu m$。

加工质量：刨削加工的精度和表面粗糙度与铣削大致相当，但刨削主运动为往复直线运动，只能中低速切削。当用中等切削速度刨削钢件时，易出现积屑瘤，影响表面粗糙度；而硬质合金镶齿面铣刀可采用高速铣削，表面粗糙度低。加工大平面时，刨削进给运动可不停地进行，刀痕均匀；而铣削时若铣刀直径（面铣）或铣刀宽度（周铣）小于工件宽度，需要多次走动，会有明显的接刀痕。

加工范围：刨削不如铣削加工范围广泛，铣削的许多加工内容是刨削无法代替的，如加工内凹平面、型腔、封闭型沟槽及有分度要求的平面沟槽等。但对于 V 形槽、T 形槽和燕尾槽的加工，铣削受铣刀尺寸的限制，一般适宜加工小型零件，而刨削可以加工大型工件。

生产效率：刨削的生产效率一般低于铣削，因为铣削是多刃刀具的连续切削，无空程损失，硬质合金面铣刀还可以高速切削。但加工窄长平面，刨削的生产效率则高于铣削，这是由于加工窄工件可减少刨削走刀次数，而铣削则不会。因此如机床导轨面等窄平面的加工多采用刨削。

加工成本：由于牛头刨床结构比铣床简单，刨刀的制造和刃磨比铣刀容易，因此一般刨削的成本比铣削低。

（2）刨削加工的应用

如图 9.55 所示，刨削主要用来加工平面（包括水平面、垂直面和斜面），也广泛用于加工沟槽，如加工直槽、燕尾槽和 T 形槽等；如果进行适当地调整和增加某些附件，还可用来加工齿条、齿轮、花键和以素线为直线的成形面等。

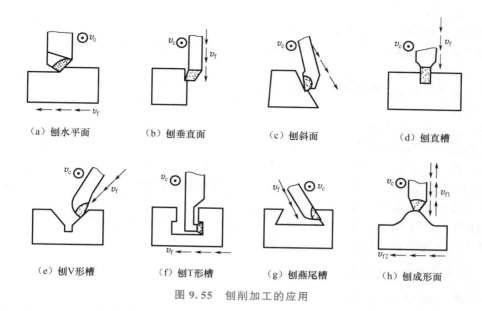

（a）刨水平面　（b）刨垂直面　（c）刨斜面　（d）刨直槽

（e）刨V形槽　（f）刨T形槽　（g）刨燕尾槽　（h）刨成形面

图 9.55　刨削加工的应用

9.2.4　成形面的加工

1. 成形面加工概述

随着科学技术的发展，机器的结构日益复杂，功能也日益多样化。在这些机器中，为了满足预期的运动要求或使用要求，有些零件的表面不是简单的平面、圆柱面、圆锥面或它们的组合，而是复杂的、具有相当加工精度和表面粗糙度的成形表面。例如，自动化机械中的凸轮机构，凸轮轮廓形状有阿基米德螺线形、对数曲线形、圆弧形等；模具中凹模的型腔往往由形状各异的成形表面组成。成形面就是指这些由曲线作为母线，以圆为轨迹做旋转运动或以直线为轨迹做平移运动所形成的表面。成形面的种类很多，按照其几何特征，大致可以分为以下四种类型。

（1）回转成形面

回转成形面［图 9.56(a)］是由两条母线（曲线）绕一固定轴线旋转而成的，如滚动轴承内、外圈的圆弧滚道，手柄等。

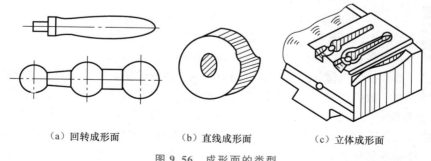

（a）回转成形面　（b）直线成形面　（c）立体成形面

图 9.56　成形面的类型

（2）直线成形面

直线成形面是由一条直母线沿一条曲线平行移动而成的。它可分为外直线曲面，如冷冲模的凸模和凸轮［图9.56(b)］等；内直线曲面，如冷却模的凹模型孔等。

（3）立体成形面

立体成形面的各个剖面具有不同的轮廓形状，如某些锻模［图9.56(c)］、压铸模、塑压模的型腔等。

（4）复合运动成形面

复合运动成形面是按照一定的曲线运动轨迹形成的，如齿轮的齿面、螺栓的螺纹表面等。

与其他表面类似，成形面的技术要求也包括尺寸精度、形状精度、位置精度及表面质量等方面，但成形面往往是为了实现某种特定功能而专门设计的，因此其表面形状的要求显得更为重要。成形面的加工方法很多，已由单纯采用切削加工方法发展到采用特种加工、精密铸造等多种加工方法。下面着重介绍各种曲面的切削加工方法。按成形原理，成形面加工可分为简单刀具加工和成形刀具加工。

2. 简单刀具加工成形面

（1）按划线加工成形面

这种方法是在工件上划出成形面的轮廓曲线，钳工沿划线外缘钻孔、锯开、修锉和研磨，也可以用铣床粗铣后再由钳工修锉。此法主要靠手工操作，生产效率低，加工精度取决于操作人员的技术水平，一般适用于单件生产，目前已很少采用。

（2）手动控制进给加工成形面

加工时由人工操纵机床进给，使刀具相对工件按一定的轨迹运动，从而加工出成形面。这种方法不需要特殊的设备和复杂的专用刀具，成形面的形状和大小不受限制，但要求操作人员具有较高的技术水平，而且加工质量不高，劳动强度大，生产效率低，只适宜在单件、小批量生产中对加工精度要求不高的成形面进行粗加工。

【用双手控制加工成形面】

① 回转成形面。一般需要按回转成形面的轮廓制作一套（一块或几块）样板，在卧式车床上加工，如图9.57所示，加工过程中不断用样板进行检验、修正，直到成形面基本与样板吻合为止。

② 直线成形面。将成形面轮廓形状划在工件相应的端面，人工操纵机床进给，使刀具沿划线进行加工，一般在立式铣床上进行。

（3）用靠模装置加工成形面

① 机械靠模装置。图9.58所示为在车床上用靠模法加工手柄，将车床中滑板上的丝杠拆去，将拉板固定在中滑板上，其另一端与滚柱连接，当床鞍做纵向移动时，滚柱沿着靠模的曲线槽移动，使刀具做相应的移动，车出手柄成形面。用机械靠模装置加工曲面，生产效率较高。加工精度主要取决于靠模精度。靠模形状复杂，制造困难，费用高。这种方法适用于成批生产。

【靠模法加工成形面】

② 随动系统靠模装置。随动系统靠模装置是以发送器的触点（靠模销）接收靠模外轮廓曲线的变化作为信号，通过放大装置将信号放大后，再由驱动装置控制刀具做相应的仿形运动。按触发器的作用原理，仿形装置可分为液压式、电感式等多种。按机床类型，主要有仿形车床和仿形铣床。仿形车床一般用来加工回转成形面，仿形铣床可用于加工直

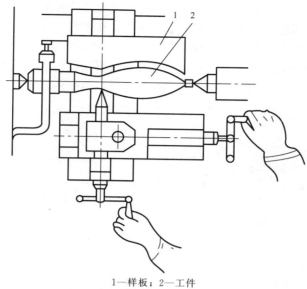

1—样板；2—工件

图 9.57 双手操作加工成形面

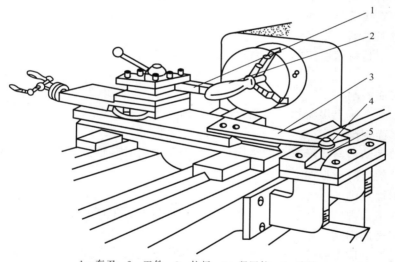

1—车刀；2—工件；3—拉板；4—紧固件；5—滚柱

图 9.58 在车床上用靠模法加工手柄

线成形面和立体成形面。随动系统靠模装置仿形加工有以下特点。

a. 靠模与靠模销之间的接触压力小（5～8MPa），靠模可用石膏、木材或铝合金等软材料制造，加工方便，精度高且成本低。但机床复杂，设备费用高。

b. 适用范围较广，可以加工形状复杂的回转成形面和直线成形面，也可以加工复杂的立体成形面。

c. 仿形铣床常采用指状铣刀，加工后表面残留刀痕比较明显，因此表面较粗糙一般需要进一步修整。

（4）用数控机床加工成形面（图 9.59）

用切削方法来加工成形面的数控机床主要有数控车床、数控铣床、数控磨床和加工中心等。在数控机床上加工成形面，只需将成形面的数控和工艺参数按机床数控系统的规定编制程序后，输入数控装置，机床即能自动进行加工。在数控机床上，不仅能加工二维平面曲线型面，还能加工出各种复杂的三维曲线型面。同时，由于数控机床具有较高的精度，加工过程的自动化避免了人为误差因素，因此可以获得较高精度的成形面，并可大大提高生产效率。数控机床加工已相当广泛，尤其适合模具制造中的凸凹模及型腔加工。

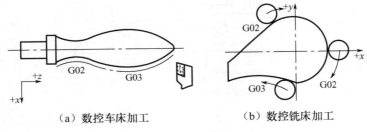

（a）数控车床加工　　　　　　　　（b）数控铣床加工

图 9.59　数控机床加工成形面

3. 成形刀具加工成形面

成形刀具加工成形面是指按工件表面轮廓形状制造刀具的切削刃，加工时刀具相对于工件做简单的直线进给运动。

（1）成形面车削

成形面车削是指用主切削刃与回转成形面母线形状一致的成形车刀加工内、外回转成形面。

（2）成形面铣削

一般在卧式铣床上用盘状成形铣刀进行铣削加工，常用来加工直线成形面。

（3）成形面刨削

成形刨刀的结构与成形车刀的结构相似。由于刨削时有较大的冲击力，因此一般用来加工形状简单的直线成形面。

（4）成形面拉削

拉削可加工多种内、外直线成形面，其加工质量好、生产效率高。

（5）成形面磨削

利用修整好的成形砂轮，在外圆磨床上可以磨削回转成形面，如图 9.60(a) 所示，在平面磨床上可以磨削外直线成形面，如图 9.60(b) 所示。

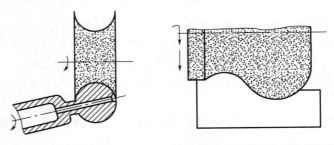

（a）成形砂轮磨削回转成形面　　　　（b）成形砂轮磨削外直线成形面

图 9.60　成形砂轮磨削成形面

利用砂带柔性较好的特点，砂带磨削很容易实施成形面的成形磨削（图 9.61），而且只需简单地更换砂带，便可在一台装置上完成粗磨、精磨，而且磨削宽度可以很大。

用成形刀具加工成形面，加工精度主要取决于刀具精度，而且机床的运动和结构比较简单，操作简便，故容易保证同一批工件表面形状、尺寸的一致性和互换性。成形刀具是宽刃刀具，同时参加切削的切削刃较长，一次切削行程就可切出工件的成形面，因而有较高的生产效率。此外，成形刀具可重磨的次数多，所以刀具的使用寿命长。但成形刀具的设计、制造和刃磨都较复杂，刀具成本高。因此，用成形刀具加工成形面，适用于成形面精度要求较高、零件批量较大且刚性好而成形面不宽的工件。

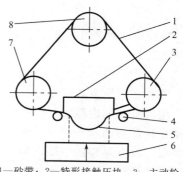

1—砂带；2—特形接触压块；3—主动轮；
4—导轮；5—工件；6—工作台；
7—张紧轮；8—惰轮

图 9.61 砂带成形磨削

9.2.5 螺纹面的加工

螺纹面指的是经过加工而形成螺纹的表面，而螺纹面的加工主要指的就是螺纹的加工。螺纹的加工方法很多，选择螺纹的加工方法时应考虑螺纹的材料、牙型、精度、表面粗糙度及生产批量等多种因素，见表 9-4。

表 9-4 常用的螺纹加工方法

螺纹类别	加工方法		加工精度	表面粗糙度 $Ra/\mu m$	适用生产范围	附　注
外螺纹	板牙套螺纹		IT8	6.3～3.2	各种批量	
	车削		IT8～IT4	3.2～0.4	单件、小批量	
	铣削		IT8～IT6	6.3～3.2	大批量	
	磨削		IT6～IT4	0.4～0.1	各种批量	可加工淬硬的外螺纹
	滚压	搓丝板	IT8～IT6	1.6～0.8	大批量	
		滚丝轮	IT6～IT4	1.6～0.2	大批量	
内螺纹	攻螺纹		IT7～IT6	6.3～1.6	各种批量	
	车削		IT7～IT4	3.2～0.4	单件、小批量	
	铣削		IT7～IT6	6.3～3.2	大批量	
	拉削		IT7	1.6～0.8	大批量	采用拉削丝锥，适于加工方牙及梯形螺孔
	磨削		IT6～IT4	0.4～0.1	单件、小批量	适用于直径大于 30mm 的淬硬内螺纹

1. 攻螺纹与套螺纹

单件或小批量生产时，常以手工方式进行攻螺纹与套螺纹；批量生产时，常在机床上进行加工。

（1）攻螺纹

用丝锥在孔中切削出内螺纹，称为攻螺纹。

用丝锥切削内螺纹时，每个切削刃除去切削作用外，还对材料产生挤压，因此螺纹的牙型在顶端会凸起一部分，材料塑性越大，则挤出的越多。此时如果螺纹牙型顶端与丝锥刀齿根部没有足够的空隙，就会使丝锥扎住，所以攻螺纹前的底孔直径必须大于螺纹标准中规定的螺纹小径。底孔直径的大小，要根据工件材料的塑性和钻孔的扩张量来考虑，使攻螺纹时既有足够的空隙来容纳被挤出的金属，又能保证加工出的螺纹得到完整的牙型。可用下式计算钻螺纹底孔所用钻头的直径。

加工塑性材料时

$$d_{钻} = D - P$$

式中　$d_{钻}$——底孔钻头的直径（mm）；

　　　D——螺纹大径（mm）；

　　　P——螺距（mm）。

加工脆性材料时

$$d_{钻} = D - (1.05 \sim 1.1)P$$

钻普通螺纹底孔所用的钻头直径也可查表选用。钻管螺纹底孔用的钻头直径可计算，但较麻烦，一般可查表选用。攻不通孔螺纹时，钻孔深度要大于螺孔的深度，一般增加$0.7D$的深度（D为螺纹大径）。

（2）套螺纹

用圆板牙在圆柱上切削出外螺纹，称为套螺纹。

套螺纹前圆杆的直径应小于螺纹大径的尺寸。一般圆杆直径用下式计算。

$$d_{杆} = D - (0.13 \sim 0.2)P$$

工作时，常通过查表选取不同螺纹的圆杆直径；套管螺纹时管子外径的计算较烦琐，一般可查表确定。

【车螺纹的操作步骤】

2. 车螺纹

车螺纹是螺纹加工中常用的方法。这是一种用成形车刀在车床上利用刀具与工件之间规律的相对运动，在工件表面切去金属，制成所需螺纹的方法。凡螺距在0.75mm以上的非淬硬材料的各种螺纹，均可用车削的方法获得。车螺纹在单件、小批量或中批量生产中应用。

3. 铣螺纹

在专用螺纹铣床上，或在普通卧式铣床上加附件用铣削的方法加工一般精度、未淬硬的螺纹，具有很高的生产效率。特别在专用螺纹铣床上铣削蜗杆时，生产效率高，工件表面质量好，劳动强度低，对操作人员的技术熟练程度要求不高。因此，凡有一定条件的工厂均可推广此工艺。

4. 磨螺纹

在螺纹磨床上磨削螺纹是螺纹加工的一种高精度、低粗糙度的切削方法。随着我国机械制造业的高速发展，尤其是高精度淬硬螺纹零件的广泛使用，磨螺纹更显现出优越性，而且应用日益普遍。

磨螺纹一般在螺纹磨床上进行，常用以下几种方法：用单线或多线砂轮进行单向磨削，用单线或多线砂轮进行双向磨削，以及用多线砂轮进行切入式磨削。

5. 滚压螺纹

滚压螺纹一般在滚丝机、搓丝机或在附装自动开合螺纹滚压头的自动车床上进行，适用于大批量生产标准紧固件和其他螺纹联接件的外螺纹。滚压螺纹的外径一般不超过25mm，长度不大于100mm。

9.3 机械加工工艺过程的基础知识

9.3.1 生产过程和工艺过程

1. 生产过程

生产过程是指从原材料变为成品的劳动过程的总和。它包括原材料的采购和保管，生产准备工作，毛坯制造，零件机械加工和热处理，产品的装配、调试、油封、包装和发运等工作。根据机械产品的复杂程度，其生产过程可以由一个车间或一个工厂完成，也可以由多个车间或多个工厂联合完成。

2. 机械加工工艺过程的基本组成

机械加工工艺过程是由一个顺序排列的加工方法（即工序）组成的。一个个排列的顺序加工称为加工工艺路线。

工序是组成加工工艺过程的基本单元，是指一个（或一组）工人，在一台机床（或一个工作地点），对同一工件（或同时对几个工件）所连续完成的那一部分工艺过程。工序由装夹、工位、工步和走刀组成。

（1）装夹。装夹即在加工前将工件正确地安放在机床或夹具上然后进行夹紧的过程。确定工件在机床上或夹具上占有正确位置的过程称为定位。保持工件定位后的位置在加工过程中不变的操作称为夹紧。一个工序中可进行多次装夹。

（2）工位。为了减少工件装夹次数，避免装夹误差，加工中采用回转工作台或移动夹具，使工件在一次装夹中，分几个不同位置进行加工，每一个位置称为一个工位。

（3）工步。工步即在加工表面（或装配时的连接面）和加工（或装配）工具不变的情况下，连续完成的那部分工序内容。为了提高生产效率，有时用几把刀具同时加工几个表面，此时也应视为一个工步，称为复合工步。

（4）走刀。在每一个工步内若被加工表面需切除的余量较大，可分几次切削，每次切削称为一次走刀。一个工步可以包括一次走刀或几次走刀。

图 9.62 所示为圆盘零件，材料为 45 钢，其单件、小批量生产时的机械加工工艺过程见表 9－5，中批量生产时的机械加工工艺过程见表 9－6。

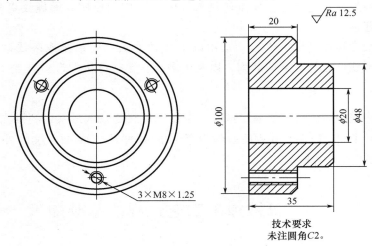

图 9.62　圆盘零件

表 9－5　圆盘零件单件、小批量生产时的机械加工工艺过程

工序号	工序名称	工位	工步	工序内容	设备
1	车削	I		（用自定心卡盘夹紧毛坯小端外圆）	普通车床
			1	车大端外圆至 φ100mm	
			2	车大端端面	
			3	钻 φ20mm 的孔	
			4	倒角	
		II		（工件调头，用自定心卡盘夹紧毛坯大端外圆）	普通车床
			1	车小端端面，保证尺寸 35mm	
			2	车小端外圆至 φ48mm，保证尺寸 20mm	
			3	倒角	
2	钻削	III		（先进行划线，继而用通用钻床夹具装夹工件）	普通钻床
			1	依次钻削三个 φ6.8mm 螺纹底孔	
			2	依次攻三个 M8 螺纹	
			3	在夹具中修去孔口的锐边及毛刺	

表 9－6　圆盘零件中批量生产时的机械加工工艺过程

工序号	工序名称	工位	工步	工序内容	设备
1	车削	I		（用自定心卡盘夹紧毛坯小端外圆）	普通车床
			1	车大端外圆至 φ100mm	
			2	车大端端面	
			3	钻 φ20mm 的孔	
			4	倒角	

工序号	工序名称	工位	工步	工 序 内 容	设 备
2	车削	Ⅱ		（以大端端面及可胀心轴定位夹紧）	普通车床
			1	车小端端面，保证尺寸 35mm	
			2	车小端外圆至 ϕ48mm，保证尺寸 20mm	
			3	倒角	
3	钻削	Ⅲ	1	用回转式钻模装夹工件，依次加工三个 ϕ6.8mm 螺纹底孔	普通钻床
			2	依次攻三个 M8 螺纹	
4	钳工		1	修整孔口的锐边及毛刺	手工

由表 9-5 可知，该零件的机械加工分车削和钻削两道工序。因为两者的操作人员、机床及加工的连续性均已发生了变化。在车削加工工序中，虽然含有多个加工表面和多种加工方法（如车、钻等），但其划分工序的要素未改变，故属同一工序。而表 9-6 分为四道工序，虽然工序 1 和工序 2 同为车削，但由于加工连续性已变化，因此应为两道工序；同样工序 4 修整孔口的锐边及毛刺，因为使用设备和工作地均已变化，因此也应作为另一道工序。依次加工三个 ϕ6.8mm 螺纹底孔需要三个工位。

3. 生产纲领

生产纲领是指企业在计划期内，应生产的产品产量和进度计划。企业应根据市场需求和自身的生产能力决定其生产计划，零件的生产纲领还包括一定的备品和废品数量。计划期为一年的生产纲领为年生产纲领，可按下式计算。

$$N = Qn(1+\alpha)(1+\beta)$$

式中　N——零件的年产量（件/年）；

　　　Q——产品的年产量（台/年）；

　　　n——每台产品中该零件数量（件/台）；

　　　α——备品百分率；

　　　β——废品百分率。

年生产纲领是设计或修改工艺规程的重要依据，是车间（或工段）设计的基本文件。

年生产纲领确定之后，还应根据车间（或工段）的具体情况，确定在计划期内一次投入或产出的同一产品（或零件）的数量，即生产批量，零件生产批量的计算公式为

$$n = \frac{NA}{F}$$

式中　n——每批的零件数量；

　　　N——年生产纲领规定的零件数量；

　　　A——零件应该储备的天数；

　　　F——一年工作日天数。

4. 生产类型

生产类型是企业（或车间、工段、班组、工作地）生产专业化程度的分类，一般分为单件生产、成批生产和大量生产三种类型。

（1）单件生产

在这种生产中，产品的品种很多，同一产品的产量很少，工作地点经常变换，加工很少重复。例如，重型机械、专用设备的制造及新产品的试制就是单件生产。

（2）成批生产

在这种生产中，各工作地点分批轮流制造几种不同的产品，加工对象周期性重复。一批零件加工完以后，调整加工设备和工艺装备，再加工另一批零件。例如，机床、电机和轮机的生产就是成批生产。

根据生产批量和产品特征，成批生产可分为小批生产、中批生产和大批生产三种。

（3）大量生产

在这种生产中，产品的产量很大，大多数工作地点按照一定的生产节拍重复进行某种零件的某一个加工内容，设备专业化程度很高。例如，汽车、拖拉机、轴承和洗衣机等生产就是大量生产。

小批生产接近单件生产，习惯上合称为单件小批生产；大批生产接近大量生产，习惯上合称为大批大量生产；中批生产介于单件生产和大量生产之间，习惯上成批生产就是指中批生产。

表9-7所示为各生产类型的划分依据。

表9-7 各生产类型的划分依据

生产类型		生产纲领/（台/年）或（件/年）		
		重型零件（30kg以上）	中型零件（4～30kg）	轻型零件（4kg以下）
单件生产		≤5	≤10	≤100
成批生产	小批生产	>5～100	>10～150	>100～500
	中批生产	>100～300	>150～500	>500～5000
	大批生产	>300～1000	>500～5000	>5000～50000
大量生产		>1000	>5000	>50000

生产类型不同，则无论是生产组织、生产管理、车间机床布置，还是在选用毛坯制造方法、机床种类、工具、加工或装配方法及工人技术要求等方面均有所不同。因此，在制订机械零件的机械加工工艺过程和机器产品的装配工艺过程时，都必须考虑不同生产类型的特点，以取得最大的经济效益。表9-8所示为各生产类型工艺过程的要求。

表9-8 各生产类型工艺过程的要求

具体要求	单件生产	成批生产	大量生产
加工对象	经常变换	周期性变换	固定不变
加工设备和布置	通用（万能）设备，按机群布置	通用和部分专用设备，按工艺路线布置成流水线	广泛采用高效率专用设备和自动化生产线
夹具和工具	极少用专用夹具和特种工具	广泛采用专用夹具和特种工具	广泛采用高效率专用夹具和特种工具
刀具和量具	一般刀具和通用量具	部分采用专用刀具和特种量具	高效率专用刀具和量具

续表

具体要求	单件生产	成批生产	大量生产
工艺规程	有简单的工艺路线卡	有工艺规程，对关键零件有详细的工艺规程	有详细的工艺规程
毛坯的制造方法及加工余量	铸件用木模手工造型，锻件用自由锻。毛坯精度低，加工余量大	部分铸件用金属模，部分锻件用模锻。毛坯精度中等，加工余量中等	铸件广泛用金属模机器造型，锻件广泛用于模锻。毛坯精度高，加工余量小
对生产人员要求	技术熟练工人	一定熟练程度工人	对加工人员技术要求较低，对加工设备调整人员技术要求较高

9.3.2　零件的机械加工工艺规程的制订

在生产过程中，采用各种方法（如切削加工、磨削加工、电加工、超声波加工等）直接改变生产对象的形状、尺寸、表面粗糙度、性能（包括物理性能、化学性能、力学性能等）及相对位置关系的过程称为工艺过程，而在工艺过程中用机械加工方法改变毛坯的形状、尺寸和相对位置，使之成为零件的全过程称为机械加工工艺过程。工艺规程则是将合理的工艺过程的有关内容进行记录，并用以指导生产的工艺文件。

1. 零件的机械加工工艺规程的作用

（1）工艺规程是生产准备工作的依据

在新产品投入生产以前，必须根据工艺规程进行有关的技术准备和生产准备工作。例如，原材料及毛坯的供给，工艺装备（刀具、夹具、量具）的设计、制造及采购，机床负荷的调整，作业计划的编排，劳动力的配备等。

（2）工艺规程是组织生产的指导性文件

生产的计划和调度、工人的操作、质量的检查等都是以工艺规程为依据的。按照它进行生产，就有利于稳定生产秩序，保证产品质量，获得较高的生产效率和较好的经济性。

（3）工艺规程是新建和扩建工厂（或车间）时的原始资料

根据生产纲领和工艺规程，可以确定生产所需的机床和其他设备的种类、规格、数量，车间面积，生产人员的工种、等级及数量，投资预算及辅助部门的安排等。

（4）便于积累、交流和推广行之有效的生产经验

已有的工艺规程可供以后制订类似零件的工艺规程时做参考，以减少制订工艺规程的时间和工作量，也有利于提高工艺技术水平。

2. 零件的机械加工工艺规程的制订步骤

（1）零件的机械加工工艺规程的设计原则

① 确保加工质量，可靠地达到产品图样所提出的全部技术条件。

② 提高生产效率，保证按期完成并力争超额完成生产任务。

③ 减少人力和物力的消耗，降低生产成本。

④ 尽量降低工人的劳动强度，使操作工人有安全良好的工作条件。

（2）零件的机械加工工艺规程的制订步骤和内容

① 分析研究产品的零件图。熟悉产品的性能、用途和工作条件，了解及研究各项技术条件制订的依据，找出其主要技术要求和关键技术问题等。

② 选择毛坯。

③ 拟订工艺路线。

工艺路线的拟订是制订工艺规程的总体布局，包括选择定位基准，确定加工方法，划分加工阶段，决定工序的集中与分散，加工顺序的安排，以及安排热处理、检验及其他辅助工序（去毛刺、倒角等）。它不但影响加工的质量和效率，而且影响工作人员的劳动强度、设备投资、车间面积、生产成本等。

因此，拟订工艺路线是制订工艺规程的关键性一步，必须在充分调查研究的基础上，提出工艺方案，并加以分析比较，最终确定一个最经济合理的方案。

④ 确定各工序所采用的设备。

⑤ 确定各工序所采用的工艺装备。

⑥ 确定各主要工序的技术要求及检验方法。

⑦ 确定各工序的加工余量、工序尺寸和公差。

⑧ 确定切削用量。正确地选择切削用量，对保证加工质量、提高生产效率、降低刀具的损耗和工艺成本都有很大的意义。

在单件小批生产中，为了简化工艺文件及生产管理，一般不规定具体的切削用量，由操作工人结合具体生产情况来确定。在大批大量生产中，对自动机床、仿形机床、组合机床及加工质量要求很高的工序，应科学地、严格地选择切削用量，以保证生产节拍和加工质量。

⑨ 确定工时定额。目前，工时定额主要按生产实践统计资料来确定。对于流水线和自动线，由于有具体规定的切削用量，部分工时定额可以通过计算得出。

⑩ 技术经济分析。

⑪ 填写工艺文件。

3. 零件图的工艺审查

零件图是制订工艺规程主要的原始资料，在制订工艺时，必须认真分析，先根据装配图了解零件的作用，然后对零件的加工要求和结构工艺性进行分析。

（1）产品的零件图的分析

通过认真地分析与研究产品的零件图，熟悉产品的用途、性能及工作条件，明确零件在产品中的位置和功用，找出主要技术要求与技术关键，以便在制订工艺规程时，采取适当的措施加以保证。在对零件工作图进行分析时，应主要从下面三个方面进行。

① 零件图的完整性与正确性。在了解零件形状与各表面构成特征之后，应检查零件视图是否足够，尺寸、公差、表面粗糙度和技术要求的标注是否齐全、合理，重点要掌握主要表面的技术要求，因主要表面的加工确定了零件工艺规程的大致路径。

② 零件技术要求的合理性。零件的技术要求主要指精度（尺寸精度、形状精度、位置精度），热处理及其他要求（如动、静平衡等）的标注等。要注意分析这些要求，在保证使用性能的前提下是否经济合理，在现有生产条件下能否实现等。

③ 零件的选材是否恰当。零件的选材要立足国内，在能满足使用要求的前提下尽量选用我国资源丰富的材料。

（2）零件的结构工艺性分析

零件的结构工艺性，是指所设计的零件在能满足使用要求的前提下制造的可行性和经济性。结构工艺性的问题比较复杂，涉及毛坯制造、机械加工、热处理和装配等各方面的要求。

4. 选择毛坯

毛坯制造是零件生产过程的一部分。根据零件（或产品）所要求的形状、尺寸等而制成的供进一步加工用的生产对象称为毛坯。毛坯选择是否合理不仅影响毛坯本身的制造工艺和费用，而且对零件机械加工工艺、生产效率和经济性也有很大的影响。因此选择毛坯时应从毛坯制造和机械加工两方面综合考虑，以求得到最佳效果。

（1）毛坯的种类及特点

毛坯的种类有轧制件、铸件、锻件、焊接件、冲压件、粉末冶金件和塑料压制件等。

① 轧制件主要包括各种热轧和冷拉圆钢、方钢、六角钢、八角钢等型材。热轧毛坯精度较低，冷拉毛坯精度较高。

② 铸件适用于形状较复杂的毛坯。其制造方法主要有砂型铸造、金属型铸造、压力铸造、熔模铸造、离心铸造等。较常用的是砂型铸造，当毛坯精度要求较低、生产批量较小时，采用木模手工造型法；当毛坯精度要求较高、生产批量很大时，采用金属型机器造型法。铸件材料主要有铸铁、铸钢及铜、铝等有色金属。

③ 锻件适用于强度要求高、形状较简单的毛坯。其制造方法有自由锻和模锻两种。自由锻毛坯精度低、加工余量大、生产效率低，适用于单件小批生产及大型零件毛坯。模锻毛坯精度高、加工余量小、生产效率高，适用于中批以上生产的中小型零件毛坯。锻件材料为中、低碳钢及低合金钢。

④ 焊接件是将型材或板料等焊接成所需的毛坯，简单方便，生产周期短，但常需经过时效处理消除应力后才能进行机械加工。

⑤ 其他毛坯，如冲压件、粉末冶金件和塑料压制件等。

（2）毛坯形状与尺寸的确定

当零件的精度和表面质量要求较高时，由于毛坯受制造技术限制，其某些表面需要留出一定的加工余量，以便通过机械加工的手段来达到要求。毛坯尺寸和零件图上相应的设计尺寸之差称为加工总余量（毛坯余量）。毛坯尺寸的公差称为毛坯公差。毛坯余量和毛坯公差与毛坯的制造方法有关，生产中可参考有关工艺手册和标准确定。毛坯余量确定后，将毛坯余量附加在零件相应的加工表面上，即可大致确定毛坯的形状和尺寸。在毛坯制造、机械加工及热处理时，还有许多工艺因素会影响毛坯的形状与尺寸，如凸台（也称工艺搭子，如图9.63所示）及整体毛坯（图9.64）、一坯多件等。

（3）选择毛坯时应考虑的因素

① 零件的材料及力学性能要求。某些材料由于其工艺特性决定了其毛坯的制造方法，如铸铁和有些金属只能铸造；对于重要的钢质零件，为获得良好的力学性能，应选用锻件毛坯。

② 零件的结构形状和尺寸。毛坯的形状和尺寸应尽量与零件的形状和尺寸接近。不同的毛坯制造方法对结构和尺寸有不同的适应性。例如，形状复杂和大型零件的毛坯多用铸造；薄壁零件不宜用砂型铸造；板状钢质零件多用锻造；轴类零件毛坯，各台阶直径相差不大时可选用棒料，各台阶直径相差较大时宜用锻件；对于锻件，尺寸大时可选用自由锻，尺寸小且批量较大时可选用模锻。

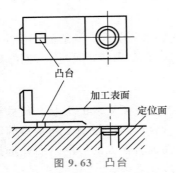

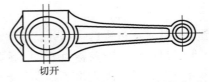

图 9.63 凸台　　　　　图 9.64 整体毛坯（发动机连杆锻造毛坯）

③ 生产纲领的大小。大批大量生产时，应选用精度和生产效率较高的毛坯制造方法，如模锻、金属型机器造型铸造等。单件小批生产时则应选用木模手工造型铸造或自由锻。

④ 现有生产条件。选择毛坯时，要充分考虑现有的生产条件，如毛坯制造的实际水平和能力、外协的可能性等。有条件时应积极组织地区专业化生产，统一供应毛坯。

⑤ 充分考虑利用新技术、新工艺、新材料的可能性。为节约材料和能源，随着毛坯专业化生产的发展，精铸、精锻、冷轧、冷挤压等毛坯制造方法的应用将日益广泛，为实现少切屑、无切屑加工打下良好的基础，这样可以大大减少切削加工量甚至不需要切削加工，大大提高经济效益。

5. 定位基准的选择

（1）定位基准的概念

定位基准指零件在加工过程中，用于确定零件在机床或夹具上的位置的基准。它是零件上与夹具定位元件直接接触的点、线或面。图 9.65 所示的齿轮零件，精车齿轮的大外圆时，为了保证它们对孔轴线 A 的圆跳动要求，零件以精加工后的孔定位安装在带锥度的心轴上，孔的轴线 A 为定位基准。

【工序基准与定位基准的关系】

图 9.66（a）所示的车床刀架座，要用平面磨床磨削顶平面，下平面吸合在磁力工作台上，下平面即为磨削顶平面工序的定位基准。图 9.66（b）所示的拉削齿轮坯中心孔，已加工过的中心孔对拉刀光轴部分导向并定位，齿轮坯中心孔的中心线即为拉孔工序的定位基准。图 9.66（c）所示支座工件加工孔工序的定位基准是靠在夹具定位元件 1、2 上的工件底平面 A 和侧平面 B。

在最初的零件加工工序中，只能选用毛坯的表面进行定位，这种定位基准称为粗基准。在以后各工序的加工中，可以采用已经加工过的表面进行定位，这种定位基准称为精基准。由于粗基准和精基准的用途不同，在选择时所考虑的侧重点也不同。

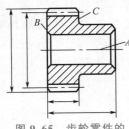

图 9.65 齿轮零件的定位基准

（2）粗基准的选择原则

选择粗基准时，考虑的重点是保证各加工表面有足够的余量，以及保证不加工表面与加工表面间的尺寸、位置符合零件图样的设计要求。粗基准的选择原则如下。

【粗基准】

① 重要表面余量均匀原则。必须首先保证工件重要表面具有较小而均匀的加工余量，应选择该表面作为粗基准。

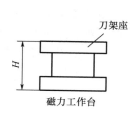
（a）车床刀架座定位基准

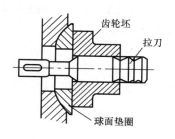
（b）拉削齿轮坯中心孔定位基准

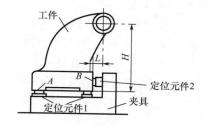
（c）支座工件加工孔工序的定位基准

图 9.66　工件加工时的定位基准

例如，车床导轨面的加工，由于导轨面是车床床身的主要表面，精度要求高，希望在加工时切去较小而均匀的加工余量，使表面保留均匀的金相组织，具有较高而一致的物理性能、力学性能，也可增加导轨的耐磨性。因此，应先以导轨面作为粗基准，加工床腿的底平面，如图 9.67（a）所示；再以床腿的底平面作为精基准加工导轨面，如图 9.67（b）所示。

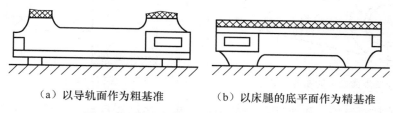

（a）以导轨面作为粗基准　　　　（b）以床腿的底平面作为精基准

图 9.67　重要表面余量均匀时粗基准的选择

② 工件表面间相互位置要求原则。必须保证工件上加工表面与不加工表面之间的相互位置要求，应以不加工表面作为粗基准。如果在工件上有很多不加工的表面，则应以其中与加工表面相互位置要求较高的不加工表面作为粗基准，以求壁厚均匀、外形对称等。

图 9.68 所示的零件，外圆是不加工表面，内孔为加工表面，若选用需要加工的内孔作为粗基准，可保证所切去的余量均匀。但零件壁厚不均匀［图 9.68（a）］，不能保证内孔与外圆的位置精度。因此，选不需加工的外圆表面作为粗基准来加工内孔，如图 9.68（b）所示。又如图 9.69 所示的拨杆，加工 $\phi22H8$ 的孔时，因其为装配表面，应保证壁厚均匀，即要求与 $\phi45mm$ 外圆同轴，因此应选择 $\phi45mm$ 外圆作为粗基准。

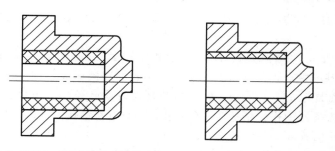

（a）需要加工的内孔作为粗基准　　（b）不需加工的外圆表面作为粗基准

图 9.68　选择不加工表面作为粗基准

③ 余量足够原则。如果零件上各个表面均需加工，则以加工余量最小的表面作为粗基准。

如图 9.70 所示的阶梯轴，$\phi100$mm 外圆的加工余量比 $\phi50$mm 外圆的加工余量小，所以应选择 $\phi100$mm 外圆为粗基准加工 $\phi50$mm 外圆，然后以已加工的 $\phi50$mm 外圆为精基准加工 $\phi100$mm 外圆，这样可保证在加工 $\phi100$mm 外圆时有足够的加工余量。如果以毛坯的 $\phi58$mm 外圆为粗基准，由于有 3mm 的偏心，则有可能因加工余量不足而使工件报废。

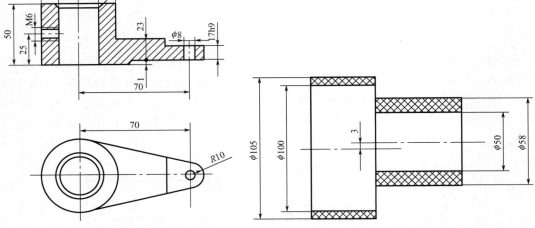

图 9.69　不加工表面较多时粗基准的选择　　　　图 9.70　各个表面均需加工时粗基准的选择

④ 定位可靠性原则。作为粗基准的表面，应选用比较可靠、平整光洁的表面，以使定位准确、夹紧可靠。

在铸件上不应该选择有浇冒口的表面、分型面、有飞翅或夹砂的表面作为粗基准；在锻件上不应该选择有飞边的表面作为粗基准。若工件上没有合适的表面作为粗基准，可以先铸出或焊上几个凸台，以它们作为粗基准，以后再去掉。

⑤ 不重复使用原则。粗基准的定位精度低，在同一尺寸方向上只允许使用一次，不能重复使用，否则定位误差太大。

（3）精基准的选择原则

在选择精基准时，考虑的重点是减少误差，保证加工精度和安装方便。精基准的选择原则如下。

① 基准重合原则。应尽可能选用零件设计基准作为定位基准，以避免产生基准不重合误差。

如图 9.71(a) 所示，零件的 A、B 面均已加工完毕。钻孔时若选择 B 面作为精基准，则定位基准与设计基准重合，尺寸（30±0.15）mm 可直接保证，加工误差易于控制，如图 9.71(b) 所示；如图 9.71(c) 所示，原先加工 B 面时就已经产生相对于 A 面的加工误差 ±0.1mm，若此时选择 A 面作为精基准进行钻孔，则只有将钻孔位置误差缩小至 ±0.05mm，才能满足要求。因此选择 A 面作为精基准，尺寸（30±0.15）mm 是间接保证的，会产生基准不重合误差，不仅与本工序钻孔的加工误差有关，还与前工序加工 B 面的加工误差有关。

② 基准统一原则。应尽可能选用统一的精基准定位加工各表面，以保证各表面之间的相互位置精度。

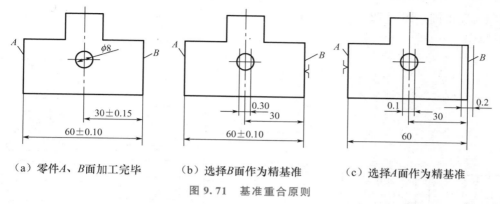

（a）零件A、B面加工完毕　　（b）选择B面作为精基准　　（c）选择A面作为精基准

图 9.71　基准重合原则

例如，加工车床主轴，当采用中心孔定位时，不但能在一次装夹中加工大多数表面，而且能保证各级外圆表面的同轴度要求及端面与轴心线的垂直度要求。

采用统一基准的好处：可以在一次安装中加工几个表面，减少安装次数和安装误差，有利于保证各加工表面之间的相互位置精度；有关工序所采用的夹具结构比较统一，简化夹具设计和制造，缩短生产准备时间；当产量较大时，便于采用高效率的专用设备，大幅度地提高生产率。

③ 自为基准原则。有些精加工或光整加工工序要求加工余量小而均匀，应选择加工表面本身作为精基准。

例如，在活塞销孔的精加工工序中，精镗销孔和滚压销孔，都是以销孔本身作为精基准的。此外，无心磨、珩磨、铰孔及浮动镗等都是自为基准的例子。

④ 互为基准反复加工原则。有些相互位置精度要求比较高的表面，可以采用互为基准反复加工的方法来保证。

例如，内、外圆表面同轴度要求比较高的轴、套类零件，先以内孔定位加工外圆，再以外圆定位加工内孔，如此反复。这样，作为定位基准的表面的精度越来越高，而且加工表面的相互位置精度也越来越高，最终可达到较高的同轴度。

⑤ 定位可靠性原则。精基准应平整光洁，具有相应的精度，确保定位简单准确、便于安装、夹紧可靠。

如果工件上没有能作为精基准选用的恰当表面，可以在工件上专门加工出定位基面，这种精基准称为辅助基准。辅助基准在零件的工作中不起任何作用，它仅仅是为加工的需要而设置的。例如，轴类零件加工用的中心孔，箱体零件上的定位销孔等。

基准的选择原则是从生产实践中总结出来的，必须结合具体的生产条件、生产类型、加工要求等来分析和运用这些原则，甚至有时为了保证加工精度，在实现某些定位原则的同时可能放弃另外一些原则。

6. 拟订工艺路线

拟订零件的机械加工工艺路线是制订工艺规程的一项重要工作，拟订工艺路线时需要解决的主要问题是，根据零件各表面的加工要求选择相应的加工方法，然后对加工阶段进行划分，安排合理的加工工序，同时确定工序的集中与分散程度。

（1）典型表面加工方法的选择

零件上的各种典型表面都有多种加工方法，每种加工方法都有相应的经济加工精度和表面粗糙度范围，图 9.72～图 9.74 表示了各种加工方法所能达到的经济加工精度和表面粗糙度。

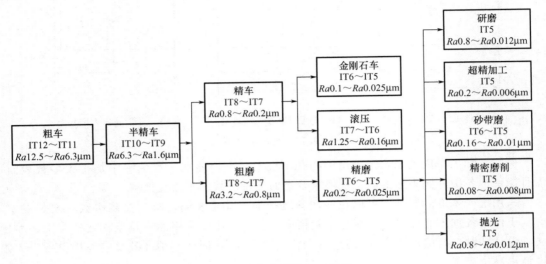

图 9.72 外圆表面的加工路线

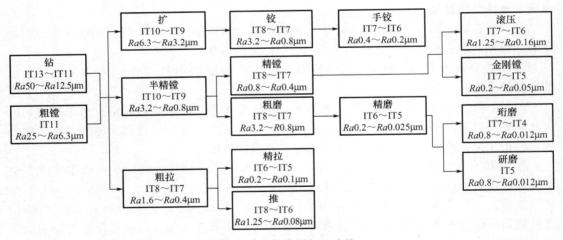

图 9.73 孔的典型加工路线

由图 9.72～图 9.74 可知以下内容。

① 同种表面有多种方法。同种表面可以选用各种不同的加工方法，但每种加工方法所能获得的加工质量、加工时间和所花费的费用却是各不相同的。工程技术人员的任务，就是要根据具体加工条件（生产类型、设备状况、工人的技术水平等）选用最适当的加工方法，加工出合乎图样要求的机器零件。

② 高质量表面需要多次加工。具有一定技术要求的加工表面，一般都不是只通过一次加工就能达到图样要求的，对于精密零件的主要表面，往往要通过多次加工（采用同种加工方法或多种加工方法）才能逐步达到加工质量要求。

③ 同质量表面可有多种加工方案。同种表面可以选用各种不同的加工方法加工，但

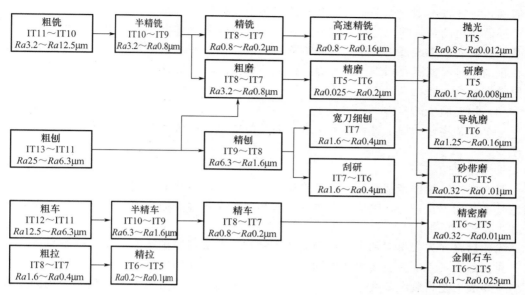

图 9.74　平面的加工路线

每种加工方法所能获得的加工质量、加工时间和所花费的费用却是各不相同的，要达到同样加工质量要求，其加工过程和最终加工方法可以有多个方案，不同的加工方案所达到的经济加工精度、生产效率和经济性也是不同的。

（2）加工阶段的划分

为了保证零件加工质量和合理使用设备、人力，一般把机械加工工艺过程分为粗加工、半精加工、精加工和光整加工阶段。

① 粗加工阶段。粗加工阶段主要去除各加工表面的大部分余量，使毛坯在形状和尺寸上接近成品，因此，应采取措施尽可能提高生产效率；同时要为半精加工阶段提供精基准，并留有充分均匀的加工余量，为后续工序创造有利条件。

② 半精加工阶段。半精加工阶段要减少粗加工阶段留下的误差，使加工表面达到一定的精度；并保证留有一定的加工余量，为主要表面的精加工做准备；并完成一些精度要求不高表面的加工（如紧固孔的钻削、攻螺纹、铣键槽等）；一般安排在热处理之前进行。

③ 精加工阶段。精加工阶段主要是保证零件的尺寸精度、形状精度、位置精度及表面粗糙度，是相当关键的加工阶段；大多数表面至此加工完毕，达到图样规定的质量要求；也为少数需要进行精密加工或光整加工的表面做准备。

④ 光整加工阶段。光整加工阶段采用一些高精度的加工方法（如精密磨削、珩磨、研磨、金刚石车削等），以进一步提高表面的尺寸精度和降低表面粗糙度为主，一般不用于提高形状精度和位置精度。

划分加工阶段有利于保证零件的加工质量，便于发现毛坯的缺陷，可以合理安排加工设备和操作人员，有利于延长精加工设备的使用寿命，便于安排热处理，精加工及光整加工安排在最后，可防止或减少已加工表面的损伤。

在拟订零件工艺路线时，一般应遵守划分加工阶段这一原则，但具体应用时还要根据零件的情况灵活处理。例如，对于精度和表面质量要求较低而工件刚性足够、毛坯精度较高、加工余量小的工件，可不划分加工阶段；对一些刚性好的重型零件，由于装夹吊运很费时间，也往往不划分加工阶段而在一次安装中完成粗、精加工。

还需指出的是，将工艺过程划分成几个加工阶段是对整个加工过程而言的，不能单纯从某一表面的加工或某一工序的性质来判断。例如，工件的定位基准，在半精加工阶段甚至在粗加工阶段就需要加工得很准确，而在精加工阶段中安排某些钻孔之类的粗加工工序也是常有的。

（3）加工顺序的安排

一个复杂零件的加工过程不外乎有下列几类工序：机械加工工序、热处理工序、辅助工序等。

① 机械加工工序。

基准先行：用作精基准的表面总是先加工，然后以精基准基面定位加工其他表面。如果精基准基面不止一个，则应该按照基面转换的顺序和逐步提高加工精度的原则来安排基面和主要表面的加工。

先粗后精：先安排粗加工，中间安排半精加工，最后安排精加工和光整加工。

先主后次：先安排主要表面的加工，后安排次要表面的加工。

主要表面是指装配基面、工作表面等；次要表面是指非工作表面（如紧固用的光孔和螺孔等）。因次要表面的加工余量较小，而且往往与主要表面有位置度的要求，因此一般应安排在主要表面达到一定精度（如半精加工）之后、最后精加工或光整加工之前进行。

先面后孔：先加工平面，后加工内孔。平面一般较大，轮廓平整，先加工平面便于加工孔时定位安装，利于保证孔与平面间的位置精度。

② 热处理工序。热处理是用来改善材料的性能及消除内应力的。热处理工序在工艺路线中的安排，主要取决于零件的材料和热处理的目的、要求。热处理工序在加工工序的安排如图 9.75 所示。

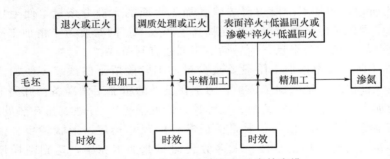

图 9.75 热处理工序在加工工序的安排

预备热处理：安排在机械加工之前，以改善切削性能、消除毛坯制造时的内应力为主要目的。例如，对于 $w_C > 0.5\%$ 的碳钢一般采用退火，以降低硬度；对于 $w_C < 0.5\%$ 的碳钢一般采用正火，以提高材料的硬度，使切削时切屑不粘刀，表面较光滑。通过调质处理可使零件获得细密均匀的回火索氏体组织，也用作预备热处理。

最终热处理：安排在半精加工以后和磨削加工之前（但有氮化处理时，应安排在精磨之后），主要用于提高材料的强度和硬度，如淬火、渗碳＋淬火。由于淬火后材料的塑性和韧性很差，有很大的内应力，易于开裂，组织不稳定，材料的性能和尺寸要发生变化等，因此淬火后必须进行回火。调质处理能使钢材既获得一定的强度、硬度，又有良好的冲击韧性等综合力学性能，常作为最终热处理。

去除应力处理：最好安排在粗加工之后、精加工之前，如人工时效、退火。但是为了避免过多的运输工作量，对于精度要求不太高的零件，一般把去除内应力的人工时效和退火放在毛坯进入机械加工车间之前进行。但是，对于精度要求特别高的零件（如精密丝杠），在粗加工和半精加工过程中，要经过多次去除内应力退火，在粗、精磨过程中，还要经过多次人工时效。

此外，为了提高零件的耐蚀性、耐磨性、抗高温能力和电导率等，一般都需要进行表面处理（如镀铬、锌、镍、铜及钢的发蓝等）。表面处理工序大多数应安排在工艺过程的最后。

③ 辅助工序。辅助工序包括工件的检验、去毛刺、去磁、清洗和涂防锈油等。其中检验工序是主要辅助工序，是监控产品质量的主要措施，除了各工序操作人员自行检验外，还必须在下列情况下安排单独的检验工序。

a. 粗加工阶段结束之后。

b. 重要工序之后。

c. 送往外车间加工的前后，特别是热处理前后。

d. 特种性能（磁力探伤、密封性等）检验之前。

除检验工序外，其余的辅助工序也不能忽视，如缺少或要求不严，将给装配工作带来困难，甚至使机器不能使用。例如，未去净的毛刺或锐边，将使零件不能顺利地进行装配，并危及工人的安全；润滑油道中未去净的金属屑，将影响机器的运行，甚至损坏机器。

（4）工序的集中与分散

工序集中与工序分散是拟订工艺路线的两个不同原则。工序集中是将零件的加工集中在少数几道工序里完成，而每道工序所包含的加工内容却很多。工序分散则相反，是将零件各个表面的加工分得很细，工序多，工艺路线长，而每道工序所包含的加工内容却很少。

① 工序集中的特点。

a. 便于采用高效专用机床和工艺装备，生产效率高。

b. 减少了设备数量，相应地减少了操作人员和生产面积。

c. 减少了工序数量，减少了运输工作量，从而简化了生产计划，缩短了生产周期。

d. 减少了工件安装次数，不仅有利于提高生产效率，而且由于在一次安装中加工许多表面，也易于保证它们之间的相互位置精度。

e. 因为采用的专用机床和专用工艺装备数量多而复杂，所以机床和工艺装备的调整、维修较困难，生产准备工作量很大。

② 工序分散的特点。

a. 采用比较简单的机床和工艺装备，调整容易。

b. 由于工序内容简单，有利于选择合理的切削用量，也有利于平衡工序时间，组织流水生产。

c. 生产准备工作量小，容易适应产品更换。

d. 对操作人员的技术要求低，或只需经过较短时间的训练。

e. 设备数量多，操作人员多，生产面积大。

在生产中，必须根据生产类型、零件的结构特点和技术要求、机床设备、工作人员的技术水平等具体生产条件，进行综合分析，以便决定是按工序集中还是工序分散来拟订工艺路线。

在一般情况下，单件小批生产中为简化生产计划工作，只能采用工序集中原则，但多应用普通机床；在大批大量生产中工序既可以集中，也可以分散。但从生产技术发展的要求来看，一般趋向于采用工序集中的原则来组织生产；在成批生产中，应尽可能采用多刀半自动车床、转塔车床等效率较高的机床使工序集中。工序分散主要用于缺乏专用设备的企业，在大批大量生产中利用原有普通机床组织流水生产线。

7. 加工余量的确定

【加工余量与工序公差的关系】

加工余量是指使加工表面达到所需的精度和表面质量而应切除的金属的厚度。加工余量分为加工总余量和工序（工步）余量两种。加工总余量是指毛坯尺寸与零件设计尺寸之差，也就是某加工表面上切除的金属层总厚度，即毛坯余量。工序（工步）余量是指相邻两工序（工步）的尺寸之差，也就是某道工序（工步）所切除的金属层厚度。工序（工步）余量有单边余量和双边余量之分。通常平面加工属于单边余量，回转面（外圆、内孔等）和某些对称平面（键槽等）加工属于双边余量。双边余量的各边余量等于工序（工步）余量的一半。

工序尺寸的公差带，一般规定在零件的入体方向，故对于被包容面（轴），基本尺寸即最大工序尺寸；而对于包容面（孔），基本尺寸是最小工序尺寸。毛坯尺寸的公差一般采用双向标注。

9.3.3　典型零件的机械加工工艺过程

1. 轴类零件机械加工工艺分析

（1）轴类零件定位基准与装夹方法的选择

在轴类零件的加工中，为保证各主要表面的相互位置精度，选择定位基准时，应尽可能使其与装配基准重合并使各工序的基准统一，而且要考虑在一次安装中尽可能加工出较多的面。

加工轴类零件时，精基准的选择通常有以下两种。

① 采用顶尖孔作为定位基准。这样可以实现基准统一，能在一次安装中加工出各段外圆表面及其端面，可以很好地保证各外圆表面的同轴度及外圆与端面的垂直度，加工效率高并且所用夹具结构简单。所以对于实心轴（锻件或棒料毛坯），在粗加工之前，应先打顶尖孔，以后的工序都用顶尖孔定位。对于空心轴，由于中心的孔钻出后，顶尖孔消失，可采用下面的方法确定定位基准。

第一种方法：在中心通孔的直径较小时，可直接在孔口倒出宽度不大于 2mm 的 60°锥面，用倒角锥面代替中心孔。

第二种方法：在不宜采用倒角锥面作为定位基准时，可采用带有中心孔的锥堵或带锥堵的拉杆心轴，如图 9.76 所示。锥堵与工件的配合面应根据工件的形状做成相应的锥形 [图 9.76(a)]，如果轴的一端是圆柱孔，则锥堵的锥度取 1∶500 [图 9.76(b)]。通常情况下，锥堵装好后不应拆卸或更换，如必须拆卸，重装后必须按重要外圆进行找正和修磨中心孔。

如果轴的长径比较大，而刚性较差，通常还需要增加中间支承来提高系统的刚性，常用的辅助支承是中心架或跟刀架。

② 采用支承轴颈作为定位基准。因为支承轴颈既是装配基准，又是各个表面相互位置的设计基准，这样定位符合基准重合的原则，不会产生基准不重合误差，容易保证关键表面间的位置精度。

（2）轴类零件中心孔的修研

作为定位基面的中心孔的形状误差（如多角形、椭圆等）会复映到加工表面上，中心

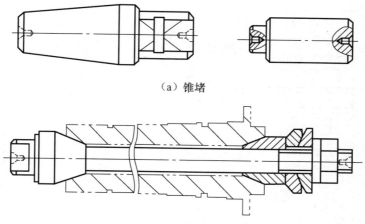

（a）锥堵

（b）带锥堵的拉杆心轴

图 9.76　锥堵与带锥堵的拉杆心轴

孔与顶尖的接触精度也将直接影响加工误差，因此，对于精密轴类零件，在拟订工艺过程时必须保证中心孔具有较高的加工精度。

　　单件小批生产时，中心孔主要是在卧式车床或钻床上钻出；大批大量生产时，均用铣端面钻中心孔机床来加工中心孔，其生产效率高，还能保证两端中心孔在同一轴线上且一批工件两端中心孔间距相等。

　　中心孔经过多次使用后可能磨损或拉毛，或者因热处理和内应力而使表面产生氧化皮或发生位置变动，因此在各个加工阶段（特别是热处理后）必须修研中心孔，甚至重新钻中心孔。修研中心孔常用的方法有用磨石或橡胶砂轮修研（不适合大批大量生产）、用铸铁顶尖修研、用硬质合金顶尖修研、用中心孔专用磨床磨削。

　　（3）轴类零件典型加工工艺路线

　　对于精度为 IT7 级、表面粗糙度值为 $Ra1\sim Ra0.5\mu m$ 的一般传动轴，其典型工艺路线如下。

　　正火—车端面、钻顶尖孔—粗车各表面—精车各表面—铣花键、键槽等—热处理—修研顶尖孔—粗磨外圆—精磨外圆—检验。

　　轴上花键、键槽等次要表面的加工，一般都在外圆精车之后、磨削之前进行。因为如果在精车前就铣出键槽，在精车时由于断续切削而易产生振动，影响加工质量，又容易损坏刀具，也难以控制键槽的尺寸要求；当然，它们的加工也不宜放在主要表面的磨削之后进行，以免划伤已加工好的主要表面。

　　在轴类零件的加工过程中，通常都要安排适当的热处理，以保证零件的力学性能和加工精度，并改善切削加工性。一般毛坯锻造后安排正火工序，而调质处理则安排在粗加工后，以消除粗加工产生的应力并获得较好的金相组织。如果工件表面有一定的硬度要求，则需要在磨削之前安排淬火工序或在粗磨后、精磨前安排渗氮工序。

　　（4）机床主轴加工工艺

　　机床主轴一般都是单一轴线的阶梯轴，工艺过程较长，定位和加工较复杂。下面以成批生产的 C6150 型车床主轴（图 9.77，材料为 45 钢）为例，说明主轴加工的工艺过程及检验方法。

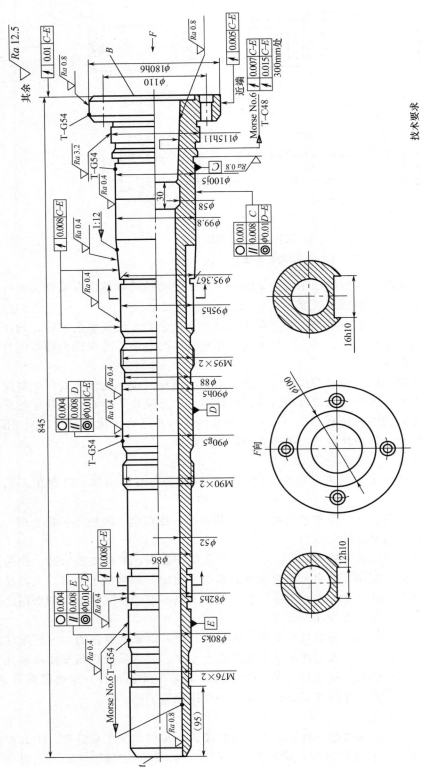

图 9.77 C6150型车床主轴简图

技术要求

1. 表面调质处理220～250HBW。
2. 未注圆角R2。
3. 锐边倒钝。

① C6150 型车床主轴机械加工工艺过程分析。

a. 加工阶段的划分：由于主轴是多阶梯带通孔的零件，切除大量金属后，会引起残余应力重新分布而变形，因此安排工序时，一定要粗、精加工分开。C6150 型车床主轴的加工就是以重要表面的粗加工、半精加工和精加工为主线，适当穿插其他表面的加工工序而组成的工艺路线，各阶段的划分大致以热处理为界。

b. 定位基准的选择：为避免引起变形，主轴通孔的加工不能安排在最后，所以安排工艺路线时不可能用主轴本身的中心孔作为统一的定位基准，而要使用中心孔和外圆表面互为基准。

用毛坯外圆表面作为粗基面，钻中心孔。

用中心孔定位，粗车外圆表面和端面。

用外圆表面定位，钻中心通孔。

用外圆表面定位，半精加工中心通孔，大端锥孔和小端圆柱孔（或锥孔）。

用带有中心孔的锥套心轴（图 9.78）定位，进行半精加工和精加工工序。

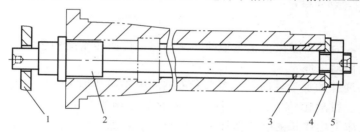

1—夹心；2—心轴；3—锥套；4—垫圈；5—螺母

图 9.78　锥套心轴

c. 工序顺序的安排：先安排定位基面加工。在主轴的加工过程中，不论在任何加工阶段，总是先安排好定位基面的加工，为加工其他表面做好准备，如粗加工阶段铣端面、半精加工阶段车小端面和内孔、精加工阶段精车端面。

后安排其他表面和次要表面的加工。对于主轴上的花键、键槽、螺纹等次要表面的加工，通常安排在外圆精车或粗磨后、精磨前进行，否则会在外圆终加工时产生冲击，不利于保证加工质量和影响刀具的使用寿命，或者会破坏主要表面已经获得的精度。

深孔的加工。为使中心孔能够在多道工序中使用，深孔加工应靠后安排。但深孔加工属于粗加工，余量大、发热多、变形大，所以不能放到最后加工。本例安排在外圆半精车之后，以便有一个较精确的轴颈作为定位基准，这样加工出的孔容易保证主轴壁厚均匀。

d. 主要表面加工方法的选择：主轴各外圆表面的车削通常划分为粗车、半精车、精车三个步骤。为了提高生产效率，不同生产条件下采用不同的机床设备：单件小批生产时，采用卧式车床；中批生产时，采用液压仿形车床、转塔车床或数控车床；大批大量生产时，常采用液压仿形或多刀半自动车床等。

一般精度的车床主轴精加工采用磨削，安排在最终热处理之后，用以纠正热处理中产生的变形，并最后达到精度和表面粗糙度要求。磨削主轴一般在外圆磨床或万能磨床上进行，前后两顶尖都采用高精度的固定顶尖，并注意顶尖和中心孔的接触面积，必要时要研磨顶尖孔，并对磨床砂轮轴的轴承也提出很高的要求。

e. 主轴锥孔的精加工：主轴锥孔的精加工是主轴加工的最后一个关键工序。C6150 型车床主轴的锥孔加工在改装的专用锥孔磨床上进行，采用两个支承轴颈表面作为定位基面，并以 ϕ82mm 轴肩作轴向定位。安装主轴支承轴颈的夹具有图 9.79 所示的三种，可根据生产类型和加工要求选用。

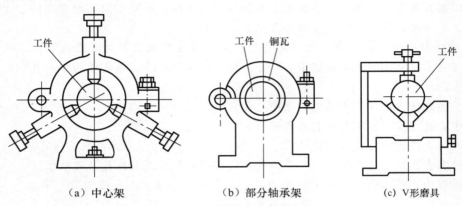

（a）中心架　　　　　（b）部分轴承架　　　　　（c）V形磨具

图 9.79　主轴锥孔的磨床夹具

锥孔磨削时，为减少磨床头架主轴的圆跳动对工件回转精度的影响，工件头架主轴必须通过浮动联接传动工件。

f. 主轴中心通孔的加工：C6150 型车床主轴的中心通孔加工属于深孔加工，使用的刀具细长、刚性差、排屑困难、散热条件差，因此加工困难，工艺较复杂。单件小批生产时，可在普通钻床上用接长的麻花钻加工。但要注意，加工中需要多次退出钻头，以便排屑和冷却钻头及工件。批量较大时，采用深孔钻床及深孔钻头，可以获得较高的加工质量和生产效率。

② C6150 型车床主轴机械加工工艺过程。C6150 型车床主轴成批生产机械加工工艺过程见表 9－9。

表 9－9　C6150 型车床主轴成批生产机械加工工艺过程

序号	加工工序	工 序 内 容	定 位 基 面	设备
1	锻造			
2	热处理	正火		回火炉
3	锯削	锯小端，保证总长（853±1.5）mm		锯床
4	铣削	铣端面，打中心孔	外圆	专用铣床
5	车削	粗车各外圆（均留余量 2.5～3mm），ϕ115mm 外圆只车一段	顶尖孔	C7225 液压仿形车床
6	车削	粗车 B 面、ϕ180mm 外圆，均留余量 2.5～3mm	小端外圆、ϕ100mm 外圆（搭中心架）	CW6163 车床
		粗车法兰后端面及 ϕ115mm 外圆，使 ϕ115mm 外圆与 ϕ180mm 外圆相接；半精车 ϕ100mm 外圆至 ϕ（102±0.05）mm（工艺要求）	大端外圆、小端中心孔	

续表

序号	加工工序	工序内容	定位基面	设备
7	热处理	调质处理，硬度 230～250HBW		
8	钻削	钻 ϕ50mm 中心导向孔	小端外圆，ϕ100mm 外圆（搭中心架）	CW6163 车床
9	钻削	钻 ϕ50mm 中心通孔	小端外圆，ϕ100mm 外圆（搭中心架）	深孔钻床
10	车削	车小端面，车内孔（光出即可，长度不小于 10mm），孔口倒角	大端外圆，ϕ80mm 外圆（搭中心架）	CW6163 车床
11	车削	半精车各外圆及 1∶12 锥面，留磨量 0.5～0.6mm，螺纹外径留磨量 0.2～0.3mm，ϕ80mm、ϕ100mm 外圆车至尺寸	大端外圆，小端孔口倒角	C7225 液压仿形车床
12	车削	半精车大端法兰，半精车莫氏锥孔，车内环槽 ϕ58mm×30mm	小端外圆，ϕ100mm 外圆（搭中心架）	CW6163 车床
		半精车法兰后端面，半精车 ϕ115mm 外圆，车各种槽及倒角	大端外圆，小孔口倒角	
13	扩孔	扩 ϕ52mm 中心通孔	大端外圆，ϕ80mm 外圆（搭中心架），径向圆跳动不大于 0.05mm	深孔钻床
14	热处理	按图中将 ϕ180mm、ϕ100mm、ϕ90mm、ϕ80mm 各部分进行高频淬火，经调质处理后，硬度 54HRC，B 端锥孔淬火，硬度 45～50HRC		
15	车削	精车 B 面及 ϕ100mm×1.5mm 内凹面	小端外圆，ϕ100mm 外圆（搭中心架）	CW6163 车床
		车小端 Morse No.6 锥孔（工艺用），精车端面，内外倒角	大端外圆，ϕ80mm 外圆（搭中心架）	
16	磨削	半精磨各外圆（留磨量 0.12～0.15mm）、1∶12 锥面（留磨量 0.2～0.3mm）、螺纹外圆、法兰外圆及后端面	用锥套心轴夹持，找正 ϕ80mm、ϕ100mm 外圆，径向圆跳动不大于 0.03mm	M1432 外圆磨床
17	铣削	铣键槽 16h10	ϕ95mm 外圆	万能铣床
		铣键槽 12h10	ϕ82mm 外圆	
18	钻削	钻法兰各孔，用冲头在孔口倒角	B 面，ϕ180mm 外圆及 16h10 键槽	专用钻床
19	车削	精车 M95×2、M90×2、M76×2 螺纹，粗车法兰后端面	大端外圆，小端孔口倒角；找正 ϕ100mm、ϕ80mm 外圆，径向圆跳动不大于 0.05mm	CW6163 车床

续表

序号	加工工序	工 序 内 容	定 位 基 面	设备
20	磨削	精磨各外圆（包括法兰外圆）及 1：12 锥面，表面粗糙度达到图样要求的 Ra0.4μm（法兰外圆表面粗糙度达到 Ra0.8μm）	锥套心轴夹持，找正 φ100mm、φ80mm 外圆，径向圆跳动不大于 0.01mm	M1432 外圆磨床
21	磨削	精磨大端锥孔	找正 φ100mm、φ80mm 外圆，径向圆跳动不大于 0.005mm，以 φ82mm 轴肩作轴向定位	专用磨床
22	检验	按图样要求检验		

2. 箱体类零件机械加工工艺分析

这里以卧式车床主轴箱箱体的加工为例，来说明单件小批生产箱体类零件的工艺过程。

（1）主轴箱箱体的结构特点和主要技术要求

卧式车床主轴箱箱体是车床主轴箱部件装配时的基准零件，在它上面装入由齿轮、轴、轴承和拨叉等零件组成的主轴、中间轴和操纵机构等组件，以及其他一些零件，构成主轴箱部件。装配后，要保持各零件正确的相互位置，保证部件正常地运转。

主轴箱箱体的结构特点是壁薄、中空、形状复杂。加工面多为平面和孔，它们的尺寸精度、位置精度要求较高，表面粗糙度较小。因此，其工艺过程比较复杂，下面仅就其主要平面和孔的加工，说明它的工艺过程。

图 9.80 所示为卧式车床主轴箱箱体剖视简图，主要技术要求如下。

① 作为装配基准的底面和导向面的平面度允差为 0.02～0.03mm，表面粗糙度值为 Ra0.8μm。顶面和侧面的平面度允差为 0.04～0.06mm，表面粗糙度值为 Ra1.6μm。顶面对底面的平行度允差为 0.1mm，侧面对底面的垂直度允差为 0.04～0.06mm。

② 主轴轴承孔的孔径精度为 IT6 级，表面粗糙度值为 Ra0.8μm；其余轴承孔的尺寸公差等级为 IT7～IT6 级，表面粗糙度值为 Ra1.6μm；非配合孔的精度较低，表面粗糙度值为 Ra12.5～Ra6.3μm。孔的圆度和圆柱度公差不超过孔径公差的 1/2。

③ 轴承孔轴线间距离的尺寸公差为 0.05～0.1mm，主轴轴承孔轴线与基准面距离的尺寸公差为 0.05～0.1mm。

④ 不同箱壁上同轴孔的同轴度允差为最小孔径公差的 1/2，各相关孔轴线间平行度允差为 0.06～0.1mm，端面对孔轴线的垂直度允差为 0.06～0.1mm。

⑤ 工件材料 HT200。

（2）工艺分析

工件毛坯为铸件，加工余量：底面 8mm，顶面 9mm，侧面和端面 7mm，铸孔 7mm。

在铸造后、机械加工前进行清理和退火处理，以消除铸造过程中产生的内应力。粗加工后，会引起工件内应力的重新分布。为使内应力分布均匀，应采取适当的时效处理。

在单件小批生产的条件下，该主轴箱箱体的主要工艺过程可做如下考虑。

① 底面、顶面、侧面和端面可采用"粗刨—精刨"工艺。因为底面和导向面的精度和粗糙度要求较高，又是装配基准和定位基准，所以在精刨后还应该进行精细加工——刮研。

② 直径小于 40～50mm 的孔，一般不铸出，可采用"钻—扩（或半精镗）—铰（或

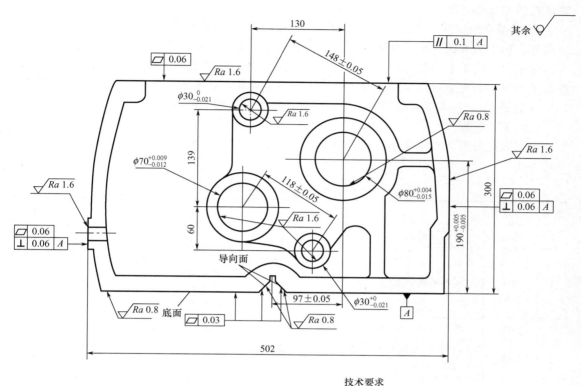

技术要求

1. 未注圆角R2。
2. 时效处理。
3. 各相关孔轴线间平行度允差为0.06~0.1mm。
4. 端面对孔轴线的垂直度允差为0.06~0.1mm。
5. 孔的圆度和圆柱度公差不超过孔径公差的1/2。

图 9.80 卧式车床主轴箱箱体剖视简图

精镗)"的工艺。对于已铸出的孔，可采用"粗镗—半精镗—精镗"的工艺。由于主轴轴承孔精度和粗糙度的要求皆较高，因此在精镗后还要用浮动镗刀片进行精细镗。

③ 其余要求不高的螺纹孔、紧固孔及油孔等，可放在最后加工。这样可以防止由于主要面或孔在加工过程中出现问题（如发现气孔、夹杂物或加工超差等），浪费这一部分的工时。

④ 为了保证箱体主要表面精度和粗糙度的要求，避免粗加工时由于切削量较大引起工件变形或可能划伤已加工表面，整个工艺过程分为粗加工和精加工两个阶段。

⑤ 整个工艺过程中，无论是粗加工阶段还是精加工阶段，都应遵循"先面后孔"的原则，就是先加工平面，然后以平面定位加工孔。这是因为：第一，平面常常是箱体的装配基准；第二，平面的面积较孔的面积大，以平面定位工件装夹稳定、可靠。因此，以平面定位加工孔，有利于保证定位精度和加工精度。

（3）基准的选择

① 粗基准的选择。在单件小批生产中，为了保证主轴轴承孔的加工余量分布均匀，并保证装入箱体中的齿轮、轴等零件与不加工的箱体内壁间有足够的间隙，以免互相干涉，常常先以主轴轴承孔和与之相距最远的一个孔为基准，兼顾底面和顶面的余量，对毛坯进行划线和检查；然后按所划的线进行找正粗加工顶面。这种方法，实际上就是以主轴

轴承孔和与之相距最远的一个孔为粗基准。

② 精基准的选择。以该箱体的装配基准——底面和导向面为统一的精基准，加工各纵向孔、侧面和端面，符合基准统一和基准重合的原则，利于保证加工精度。

为了保证精基准的精度，在加工底面和导向面时，以加工后的顶面为辅助的精基准。在加工和时效处理之后，又以精加工后的顶面为精基准，对顶面和导向面进行精刨和精细加工（刮研），进一步提高精加工阶段的精度，利于保证加工精度。

（4）工艺过程

根据以上分析，在单件小批生产中，该主轴箱箱体的机械加工工艺过程可按表 9-10 进行安排。

表 9-10　单件小批生产箱体的机械加工工艺过程

工序	工序名称	工序内容	定为基准	设备
1	铸造	清理，退火		
2	钳工	划各平面加工线	在兼顾底面和顶面的余量前提下，以主轴轴承孔和与之相距最远的一个孔为粗基准	钳工工作台
3	刨削	粗刨顶面，留精刨余量 2mm	底面	龙门刨床
4	刨削	粗刨底面和导向面，留精刨和刮研余量 2~2.5mm	顶面	龙门刨床
5	刨削	粗刨侧面和两端面，留精刨余量 2mm	底面和导向面	龙门刨床
6	镗削	粗加工纵向各孔，主轴轴承孔，留半精镗、精镗和精细镗余量 2~2.5mm，其余各孔留半精加工、精加工余量 1.5~2mm（小直径孔钻出，大直径孔用镗刀加工）	底面和导向面	卧式镗床（镗模）
7	热处理	时效处理		
8	刨削	精刨顶面至尺寸	底面和导向面	龙门刨床
9	刨削	精刨底面和导向面，留刮研余量 0.1mm	顶面	龙门刨床
10	钳工	刮研底面和导向面至尺寸（25mm×25mm 内 8~10 个点）	顶面	
11	刨削	精刨侧面和两端面至尺寸	底面和导向面	龙门刨床
12	镗削	半精加工各纵向孔，主轴轴承孔留精镗和精细镗余量 0.8~1.2mm，其余各孔留精加工余量 0.05~0.15mm（小孔用扩孔钻，大孔用镗刀加工）　精加工各纵向孔，主轴轴承孔留精细镗余量 0.1~0.25mm，其余各孔至尺寸（小孔用铰刀，大孔用浮动镗刀片加工）　精细镗主轴轴承孔至尺寸（用浮动镗刀片加工）	底面和导向面	卧式镗床

续表

工序	工序名称	工序内容	定为基准	设备
13	钳工	加工螺纹底孔、紧固孔及油孔等至尺寸 攻螺纹、去毛刺	底面	钻床
14	检验	按图样要求检验		

3. 其他典型零件的加工

（1）齿轮零件的机械加工工艺

一般齿轮加工的工艺路线可归纳为毛坯制造—齿坯热处理—齿坯加工—轮齿加工—轮齿热处理—轮齿主要表面精加工—轮齿的精整加工。

对于常见的盘形圆柱齿轮齿坯的加工，大批大量生产时采用"钻—拉—多刀车"的工艺方案；中批生产时常采用"车—拉—车"的工艺方案；单件小批生产时，内孔、端面、外圆的粗、精加工都可在通用车床上进行。

目前齿坯的大量生产中有两个发展趋势：一是向切削加工自动化方向发展，另一个是向少、无切削加工方向发展。无切削加工包括热轧齿轮、冷轧齿轮、精锻、粉末冶金等新工艺。这些工艺方法具有生产效率高、材料消耗少、成本低等一系列优点，但加工精度较低，生产批量小时成本高。

齿形的切削加工可分为仿形法（也叫成形法）和展成法（也叫范成法）两大类。仿形法的特点是所用刀具切削刃的形状与被切削齿轮齿槽的形状相同，常用的方法是铣齿和拉齿，主要用于单件小批生产和修配工作中加工精度不高的齿轮。展成法是应用齿轮啮合的原理来进行加工的，如滚齿、插齿、剃齿、珩齿和磨齿等，其中剃齿、珩齿和磨齿属于齿形的精加工方法。展成法的加工精度和生产效率都较高，刀具的通用性好，在生产中应用十分广泛。

【仿形法铣齿轮】

常见的齿形加工方法、加工精度和适用范围见表9-11。

表9-11　常见的齿形加工方法、加工精度和适用范围

齿形加工方法		刀具	机床	加工精度和适用范围
仿形法	铣齿	模数铣刀	铣床	加工精度及生产效率均较低，一般精度在IT9级以下
	拉齿	齿轮拉刀	拉床	加工精度和生产效率都较高，但拉刀制造困难，成本高，故只在大量生产时使用，主要用于拉内齿轮
展成法	滚齿	滚刀	滚齿机	通常常用于加工IT10～IT6级精度齿轮，最高能达IT4级，生产效率较高，通用性好，常用于加工直齿、斜齿的外啮合圆柱齿轮和蜗轮
	插齿	插齿刀	插齿机	通常能加工IT9～IT7级精度齿轮，最高到IT6级，生产效率较高，通用性好，适于加工内外啮合齿轮、扇形齿轮、齿条等
	剃齿	剃齿刀	剃齿机	能加工IT7～IT5级精度齿轮，生产效率高，主要用于滚齿、插齿后或淬火前齿面的精加工

齿形加工方法		刀 具	机 床	加工精度和适用范围
展成法	冷挤齿	挤轮	挤齿机	能加工 IT8～IT6 级精度齿轮，生产效率比剃齿高，成本低，多用于齿形淬硬前的精加工，以代替剃齿，属于无切屑加工
	珩齿	珩磨轮	珩磨机或剃齿机	能加工 IT7～IT6 级精度齿轮，多用于经过剃齿和淬火后齿形的精加工
	磨齿	砂轮	磨齿机	加工精度高，能加工 IT7～IT3 级精度齿轮，但生产效率低，加工成本高，多用于齿形淬硬后的精密加工

齿轮加工时的定位基准应尽可能与装配基准、测量基准相一致，符合"基准重合"原则，以避免基准不重合误差。同时为了实现基准统一，在齿轮加工的整个过程中（如滚、剃、珩）尽可能采用相同的定位基准；对于小直径轴齿轮，可采用两端中心孔或锥体作为定位基准；大直径的轴齿轮，通常采用轴颈定位，并以一个较大的端面作支承。

对于淬火齿轮，淬火后的基准孔存在一定的变形，需要进行修正。修正一般采用在内圆磨床上磨孔工序，也可采用推孔工序或采用精镗孔工序。

（2）套类零件的机械加工工艺

套类零件的主要加工表面有内孔、外圆和端面，其中内孔既是装配基准又是设计基准，加工精度和表面粗糙度一般要求较高；内、外圆之间的同轴度及端面与孔的垂直度也有一定技术要求。

由于结构形式、加工精度和基准使用情况的不同，套类零件的加工工艺也不一样。典型的工艺路线大致是调质处理（或正火）—粗车外圆、端面—钻孔、粗精镗孔—钻法兰小孔、插键槽等—热处理—磨外圆—磨端面、磨内孔。

外圆表面加工可以根据精度要求选择车削和磨削。孔加工方法的选择需要考虑零件的结构特点、孔径大小、长径比、精度和表面粗糙度要求及生产规模等各种因素，对于加工精度要求较高的孔，常用的方案是钻孔—半精车孔或镗孔—粗磨孔—精磨孔。

对于精基准的选择，主要是考虑如何保证内外圆的同轴度及端面与孔轴线的垂直度，常有以下两种方法。

① 以内孔作为精基准。通过内孔安装在心轴上，这种方法简单方便，刚性较好，应用普遍。

② 以外圆作为精基准。当内孔的直径太小或长度太短或不适于定位时，则先加工外圆，再以外圆定位加工内孔。这种方法一般采用卡盘装夹，动作迅速可靠。如果采用弹性膜片卡盘、液性塑料夹头等定心精度较高的专用夹具，可获得较高的位置精度。

套类本身的结构为薄壁件，夹紧时极易产生变形，所以在工艺上必须采取措施减小或防止变形，常采取的措施如下：①改变夹紧力方向，即改径向夹紧为轴向夹紧；②必须径向夹紧时，应尽可能使径向夹紧力均匀分布，如使用过渡套或弹簧套夹紧工件，或做出工艺凸边或用工艺螺纹来夹紧工件。

（3）叉杆零件的机械加工工艺

某拨叉（材料为 HT200）零件（图 9.81），装配基准面为 $\phi15.81$mm 的孔，因此选择定位基准时应该以该孔为主要的精基准,并辅以端面和其他表面定位,既能使大多数表面的位置精度要求符合"基准重合"原则,定位又比较稳定,夹具结构也比较简单。

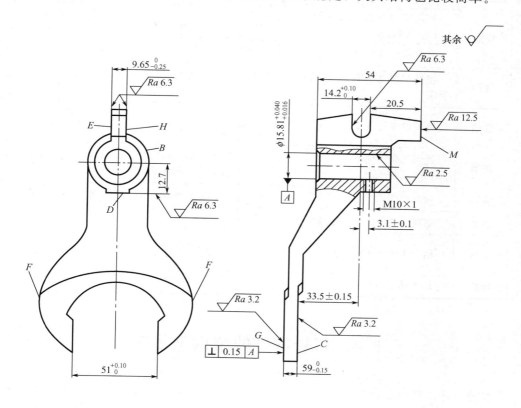

图9.81 拔叉零件简图

本例中 $\phi15.81\text{mm}$ 的孔加工一般有两种方案:当生产批量不太大时,常采用"钻—扩—铰"的典型方案,一次安装下把孔加工出来,孔的尺寸精度容易保证;当生产批量较大时,常采用"钻—拉"方案,以提高生产效率。平面和槽的加工一般采用"粗铣—精铣"方案,要求不太高时也可以一次铣出。该零件小批生产的机械加工工艺过程见表9-12。

表9-12 拔叉小批生产的机械加工工艺过程

序号	加工工序	工序内容	定位基面	设备
	铸造	铸造,清理		
1	钻削	钻、扩、铰 $\phi15.81\text{mm}$ 孔、孔口倒角	外圆轮廓 B 面	立式钻床
2	车削	粗车 M 端面,保证尺寸 54mm,孔口倒角	$\phi15.81\text{mm}$ 内孔	车床

续表

序号	加工工序	工序内容	定位基面	设备
3	铣削	粗铣叉口开档 51mm 尺寸，留余量 0.15～0.2mm 半精铣叉口开档	$\phi15.81$mm 内孔、G 面及外圆轮廓 F	卧式铣床
4	铣削	粗铣扁榫 E、H 面至 9.65mm 尺寸要求	$\phi15.81$mm 内孔、M 面及叉口开档	卧式铣床
5	铣削	铣键槽至尺寸 14.2mm	$\phi15.81$mm 内孔、M 面及叉口开档	卧式铣床
6	铣削	铣两叉角平面 C 铣两叉角平面 G	$\phi15.81$mm 内孔、14.2mm 槽及叉口外圆轮廓 F	卧式铣床
7	铣削	铣凸台面 D	$\phi15.81$mm 内孔、扁榫侧面 E	立式铣床
8	钳工	划线，划 M10×1 螺纹底孔线		钳工工作台
9	钻削	钻攻 M10×1 螺纹孔	$\phi15.81$mm 内孔、14.2mm 槽和叉脚外圆轮廓 F	立式钻床
10	检验	按图样要求检验		

9.4　机械零件的结构工艺性

零件的结构工艺性是指零件的设计结构在具体的生产条件下便于制造、可采用的最有效的工艺方法的可能性。零件的结构工艺性的好坏是相对的，随着技术发展和加工条件（如生产类型、设备条件）的不同而变化。为了获得良好的零件制造加工工艺性，设计人员不仅要了解和熟悉常见加工方法的工艺特点、典型表面的加工方案及工艺过程的基本知识等，还要在零件结构设计时，注意如下几项原则。

9.4.1　便于安装原则

便于安装就是便于准确地定位，可靠地夹紧，为便于安装，常用的零件工艺结构设计方法有以下几种。

1. 增加工艺凸台

刨削较大工件时，往往把工件直接安装在工作台上。为了刨削上表面，安装工件时必须使加工面水平。图 9.82（a）所示的零件较难安装，如果在零件上加一个工艺凸台 C ［图 9.82（b）］，便容易安装找正。必要时，精加工后再切除凸台。

2. 增设装夹凸缘或装夹孔

图 9.83（a）所示的平板，在龙门刨床或龙门铣床加工平面时，不便于用压板、螺钉将它装夹在工作台上。如果在平面侧面增设装夹用的凸缘或孔 ［图 9.83（b）］，便容易可靠地夹紧，同时也便于吊装和搬运。

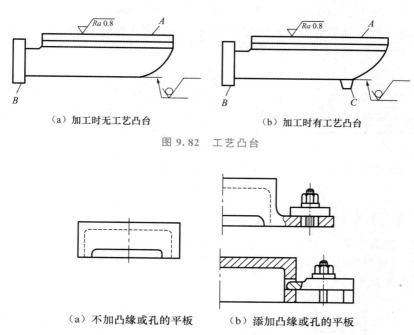

（a）加工时无工艺凸台　　　　　　　　（b）加工时有工艺凸台

图 9.82　工艺凸台

（a）不加凸缘或孔的平板　　　（b）添加凸缘或孔的平板

图 9.83　装夹凸缘和装夹孔

3. 改变结构或增设辅助安装面

图 9.84(a) 所示的轴承盖要加工 $\phi120\text{mm}$ 外圆及端面。如果想夹在 A 处，则因为一般卡爪伸出的长度不够，无法夹到；如果夹在 B 处，又因为是圆弧面，与卡爪是点接触，不能将工件夹牢。若把工件改为图 9.84(b) 所示的结构，使 C 处为圆柱面，便容易夹紧。还可以在毛坯上增加一个安装辅助面，如图 9.84(b) 中的 D 处，用它进行安装，也比较方便。必要时，零件加工后再将这个辅助面切除（辅助安装面也称为工艺凸台）。

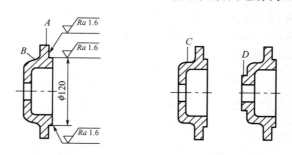

（a）不合理的轴承盖设计　　　　（b）合理的轴承盖设计

图 9.84　盖结构的改进

9.4.2　便于加工和测量原则

1. 刀具的引进和退出要方便

如图 9.85(a) 所示的零件，带有封闭的 T 形槽，但 T 形槽铣刀无法进入槽内，所以这种结构不能加工。如果把它改成图 9.85(b) 所示的结构，T 形槽铣刀可以从大圆孔中进入槽内，但不容易对刀，操作很不方便，也不利于测量。如果把它设计成开口的形状［图 9.85(c)］，则可方便地进行加工。

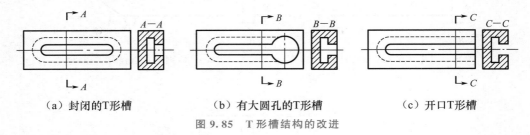

（a）封闭的 T 形槽   （b）有大圆孔的 T 形槽   （c）开口 T 形槽

图 9.85　T 形槽结构的改进

2. 尽量避免箱体内的加工面

箱体内安装轴承座的凸台［图 9.86(a)］的加工和测量是极不方便的。如果采用带法兰的轴承座，使它和箱体外面的凸台连接［图 9.86(b)］，则箱体表面的加工改为外表面的加工，带来很大方便。

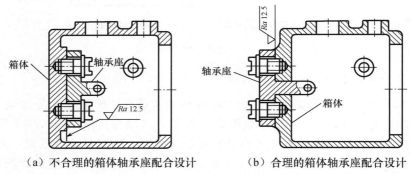

（a）不合理的箱体轴承座配合设计   （b）合理的箱体轴承座配合设计

图 9.86　外加工面代替内加工面

图 9.87(a) 所示箱体内端面需要加工，但比较困难，若改为图 9.87(b) 所示结构，采用轴套，避免了箱体内端面与齿轮端面的接触，也省去了箱体内端面的加工。

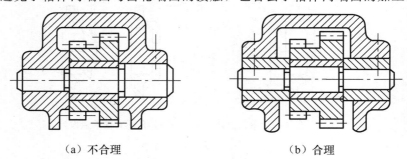

（a）不合理   （b）合理

图 9.87　避免箱体内表面加工

3. 凸缘上的孔要留出足够的加工空间

如图 9.88 所示，若孔的轴线距壁的距离 s 小于钻卡头外径 D 的一半，则难以进行加工。一般情况下，要保证 $s \geqslant D/2 + (2 \sim 5)$mm，才便于加工。

4. 尽可能避免弯曲的孔

如图 9.89(a) 所示，零件上弯曲的孔是不可能钻出的；当修改为图 9.89(b) 所示的结构时，孔中间那一段也是不能钻出的；只有修改为图 9.89(c) 所示的结构，才能加工出孔，但是加工过程中还要在中间一段附加一个柱塞，是比较费工的。所以，设计时，要尽量避免弯曲的孔。

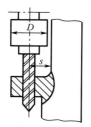

图 9.88　留够钻孔空间

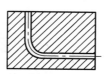

（a）不合理的孔设计1

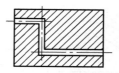

（b）不合理的孔设计2

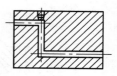

（c）合理的孔设计

图 9.89　避免弯曲的孔

5. 留出足够的退刀槽、空刀槽或越程槽

必要时，应留出足够的退刀槽、空刀槽或越程槽等，其具体尺寸参数可查阅《机械零件设计手册》等。

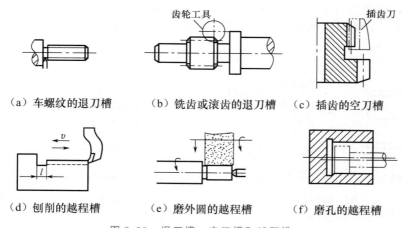

（a）车螺纹的退刀槽　　　　（b）铣齿或滚齿的退刀槽　　　（c）插齿的空刀槽

（d）刨削的越程槽　　　　（e）磨外圆的越程槽　　　　（f）磨孔的越程槽

图 9.90　退刀槽、空刀槽和越程槽

9.4.3　利于保证加工质量和提高生产效率原则

1. 尽可能减少安装次数

有相互位置精度要求的表面，最好能在一次安装中加工，这样既有利于保证加工面间的位置精度，又可以减少安装次数及所用的辅助时间。

图 9.91(a) 所示轴套两端的孔需两次安装才能加工出来，若改为图 9.91(b) 所示的结构，则可在一次安装中加工出来。

图 9.92(a) 所示的轴承盖上的螺孔设计成倾斜的，既增加安装次数，又使钻孔和攻螺纹底孔都不方便，可改成图 9.92(b) 所示结构。

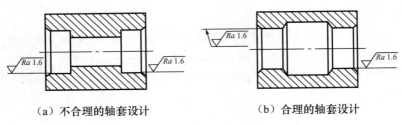

（a）不合理的轴套设计　　（b）合理的轴套设计

图 9.91　避免两次安装

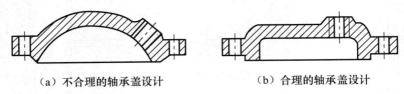

（a）不合理的轴承盖设计　　（b）合理的轴承盖设计

图 9.92　孔的方位应一致

2. 要有足够的刚度

足够的刚度可以减少工件在夹紧力或切削力作用下的变形。如图 9.93（a）所示的薄壁套筒，在卡盘卡爪夹紧力的作用下容易变形，车削的形状误差较大。若改成图 9.93（b）所示的结构，可增加刚度，提高加工精度。又如图 9.94（a）所示的床身导轨，加工时切削力使边缘挠曲，产生较大的加工误差。若增设加强肋板［图 9.94（b）］，则可大大提高其刚度。

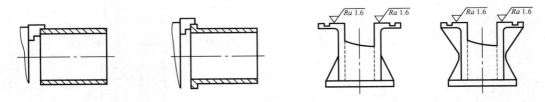

（a）不合理的薄壁套筒设计　（b）合理的薄壁套筒设计　（a）不合理的床身导轨设计（b）合理的床身导轨设计

图 9.93　增设凸缘　　　　　　　　　图 9.94　增设加强肋板

3. 孔的轴线应与其端面垂直

如图 9.95（a）所示的孔，由于钻头轴线不垂直于进口或出口的端面，钻削时钻头容易产生偏斜或弯曲，甚至折断。因此，应尽量避免在曲面或斜壁上钻孔，可以采用图 9.95（b）所示的结构。同理，轴上的油孔，应避免斜孔［图 9.96（a）］，可采用图 9.96（b）所示的结构。

4. 同类结构要素应尽量统一

加工图 9.97（a）所示的阶梯轴上的退刀槽、过渡圆弧、锥面和键槽时要用多把刀具、并增加了换刀和对刀次数。若改成图 9.97（b）所示的结构，既可减少刀具的种类，又可节省换刀和对刀的辅助时间。

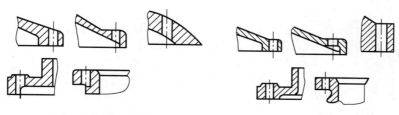

（a）不合理的孔设计　　　　（b）合理的孔设计

图 9.95　避免在曲面或斜壁上钻孔

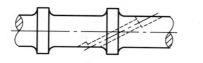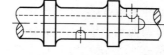

（a）不合理的轴上油孔设计　　　（b）合理的轴上油孔设计

图 9.96　避免斜孔

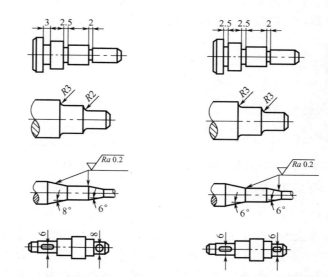

（a）不合理的同类结构要素安排　　（b）合理的同类结构要素安排

图 9.97　同类结构要素应统一

5. 尽量减少加工量

（1）采用标准型材。设计零件时，应考虑标准型材的利用，以便选用合适的形状和尺寸的型材作材料，这样可大大减少加工的工作量。

（2）简化零件结构。图 9.98（b）中零件 1 的结构比图 9.98（a）中零件 1 的结构简单，可减少切削的工作量。

（3）减少加工面积。图 9.99（b）所示支座的底面与图 9.99（a）所示结构相比，既可减少加工面积，又能保证装配时零件间很好的结合。

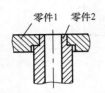
（a）较复杂的零件结构

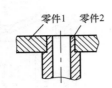
（b）较简单的零件结构

图 9.98　简化零件结构

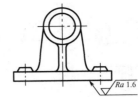
（a）不合理的支座底面设计

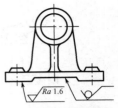
（b）合理的支座底面设计

图 9.99　减少加工面积

（4）尽量减少走刀次数。铣牙嵌离合器时，由于离合器齿形的两侧面要求通过中心，呈放射形（图 9.100），这就使奇数的离合器在铣削加工时比偶数的省工。如铣削一个五齿离合器的端面齿，只要五次分度和走刀就可以铣出［图 9.100（a）］；而铣一个四齿离合器，却要分八次分度和走刀才能完成［图 9.100（b）］。因此，牙嵌离合器设计成奇数齿为好。

如图 9.101（a）所示的零件，当加工这种具有不同高度的凸台表面时，需要逐一将工作台升高或降低。如果把零件上的凸台设计为等高［图 9.101（b）］，则能在一次走刀中加工所有的凸台表面，这样可节省大量的辅助时间。

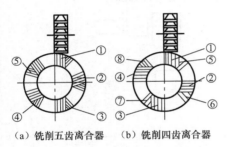
（a）铣削五齿离合器　　（b）铣削四齿离合器

图 9.100　牙嵌离合器应采用奇数齿

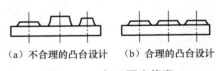
（a）不合理的凸台设计　　（b）合理的凸台设计

图 9.101　加工面应等高

（5）便于多件一起加工。如图 9.102（a）所示的拨叉，沟槽底部为圆弧形，只能单个地进行加工。若改为图 9.102（b）所示的结构，则可实现多件一起加工，利于提高生产效率。又如图 9.102（c）所示的齿轮，轮毂与轮缘不等高，多件一起滚齿时，刚度较差，并且轴向进给的行程增长。若改为图 9.102（d）所示的结构，既可增加加工时的刚度，又可缩短轴向进给的行程。

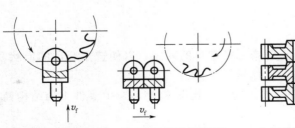
（a）不合理的拨叉设计　　（b）合理的拨叉设计

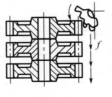
（c）不合理的齿轮设计

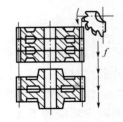
（d）合理的齿轮设计

图 9.102　便于多件同时加工

9.4.4 提高标准化程度原则

1. 尽量采用标准件

设计时，应尽量按国家标准、行业标准或厂家标准选用标准件，以利于产品成本的降低。

2. 应能使用标准刀具加工

零件上的结构要素（如孔径及孔底形状、中心孔、沟槽宽度或角度、圆角半径、锥度、螺纹的直径和螺距、齿轮的模数等），其参数值应尽量与标准刀具相符，以便能使用标准刀具加工，避免设计和制造专用刀具，降低加工成本。

例如，被加工的孔应具有标准直径，不然需要特制刀具。当加工不通孔时，由一直径到另一直径的过渡最好做成与钻头顶角相同的圆锥面［图 9.103(a)］，因为与孔的轴线相垂直的底面［图 9.103(b)］或其他角度的锥面，将使加工复杂化。

又如图 9.104(b) 所示的零件的凹下表面，可以用端铣刀加工，在粗加工后其内圆角必须用立铣刀清边，因此其内圆角的半径必须等于标准立铣刀的半径。如果设计成如图 9.104(a) 所示的形状，则很难加工出来。零件内圆角半径越小，所用立铣刀的直径越小，凹下表面的深度越大，则所用立铣刀的长度也越大，加工越困难，加工费用越高。所以在设计凹下表面时，圆角的半径越大越好，深度越小越好。

  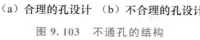 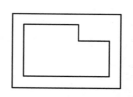

（a）合理的孔设计　（b）不合理的孔设计　　（a）不合理的凹下表面设计　（b）合理的凹下表面设计

图 9.103　不通孔的结构　　　　　图 9.104　凹下表面的形状

9.4.5 其余几项重要原则

1. 合理规定表面的精度等级和粗糙度的数值

零件上不需要加工的表面，不要设计成加工表面。在满足使用要求的前提下，表面的精度越低、粗糙度越大，越容易加工，成本也越低。所规定的尺寸公差、几何公差和粗糙度，应按国家标准选取，以便使用通用量具进行检验。

2. 合理采用零件的组合

一般来说，在满足使用要求的条件下，所设计的机器设备，零件越少越好，零件的结构越简单越好。但是，为了加工方便，合理地采用组合件也是适宜的。例如，轴带动齿轮旋转［图 9.105(a)］，当齿轮较小、轴较短时，可以把轴和齿轮做成一体（称作齿轮轴），如图 9.105(b) 所示；当轴较长、齿轮较大时，做成一体则难以加工，必须分成三件，即轴、齿轮、键，分别加工后再装配到一起，这样加工很方便。所以，这种结构的工艺性是好的。

轴与键的结合中，如轴与键做成一体［图 9.105(c)］，则轴的车削是不可能的，必须分为两件［图 9.105(d)］，分别加工后再进行装配。

图 9.105(e) 所示的零件，其内部的球面凹坑很难加工。如改为图 9.105(f) 所示的结构，把零件分为两件，凹坑的加工变为外部加工，就比较方便。

图 9.105(g) 所示的零件，滑动轴套中部的花键孔，加工是比较困难的。如果改为图 9.105(h) 所示的结构，圆套和花键套分别加工后再组合起来，则加工比较方便。

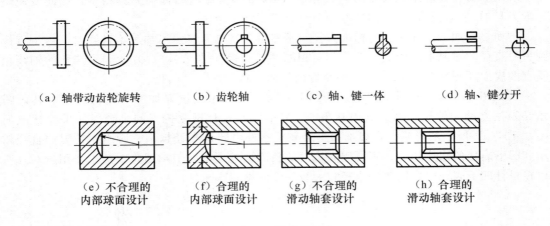

（a）轴带动齿轮旋转　　（b）齿轮轴　　　　（c）轴、键一体　　　（d）轴、键分开

（e）不合理的　　　（f）合理的　　　（g）不合理的　　　（h）合理的
　内部球面设计　　　内部球面设计　　　滑动轴套设计　　　滑动轴套设计

图 9.105　零件的组合

3. 因地制宜

加工时既要结合本单位的具体加工条件（如设备和工作人员的技术水平等），又要考虑与先进的工艺方法相适应。

9.5　现代制造技术及发展趋势

9.5.1　现代制造技术的特征

现代制造技术是在传统制造技术的基础上，不断吸收机械、电子、信息、材料、能源及现代管理等多方面的成果，并将其综合应用于产品设计、制造、检测、管理、售后服务等机械制造全过程，实现优质、高效、低耗、清洁、灵活生产，提高对动态多变的产品市场的适应能力和竞争能力的各种现代制造技术的总称，是面向 21 世纪的技术。

现代制造技术这一概念是美国为增强制造业的竞争力，夺回制造工业的优势，促进国家经济的发展，而提出的一个专有名词。从技术的角度来看，以计算机为中心的新一代信息技术的发展，使制造业技术达到了从未有过的新高度，现代制造技术的提出也是这种进程的反映。"现代制造技术"一经提出，立即获得欧洲各国、日本及亚洲新兴工业化国家的响应。相对于传统制造技术，现代制造技术具有以下特征。

1. 现代制造技术的实用性

现代制造技术重要的特点在于，它首先是一项面向工业应用具有很强实用性的新技术。从现代制造技术的发展过程到其应用范围，特别是达到的目标与效果，无不反映这是一项对国民经济的发展可以起重大作用的实用技术。现代制造技术的发展往往是针对某一具体的制造业（如汽车制造、电子工业）的需求而发展起来的现代、适用的制造技术，有明确的需求导向的特征；现代制造技术不是以追求技术的高新为目的，而是注重产生最好的实践效果，以提高效益为中心，以提高企业的竞争力和促进国家经济增长及综合实力为目标。

2. 现代制造技术应用的广泛性

在应用范围上，传统制造技术通常只是指各种将原材料变成成品的加工工艺，而现代制造技术虽然仍大量应用于加工和装配过程，但由于其组成中包括了设计技术、自动化技术、系统管理技术，因而将其综合应用于制造的全过程，覆盖了产品设计、生产准备、加工与装配、销售使用、维修服务甚至回收再生的整个过程。

3. 现代制造技术的动态特征

由于现代制造技术本身是在针对一定的应用目标，不断地吸收各种高新技术逐渐形成、不断发展的新技术，因此其内涵不是绝对的和一成不变的。反映在不同的时期，现代制造技术有其自身的特点；反映在不同的国家和地区，现代制造技术有其本身重点发展的目标和内容。

4. 现代制造技术的集成性

传统制造技术的学科、专业单一独立，相互界限分明；现代制造技术由于专业和学科间的不断渗透、交叉、融合，界限逐渐被淡化甚至消失，技术趋于系统化、集成化，已发展成为集机械、电子、信息、材料和管理技术为一体的新型交叉学科，因此可以称其为"制造工程"。

5. 现代制造技术的系统性

传统制造技术一般只能驾驭生产过程中的物质流和能量流。随着微电子、信息技术的引入，现代制造技术还能驾驭信息生成、采集、传递、反馈、调整的信息流动过程。现代制造技术是可以驾驭生产过程的物质流、能量流和信息流的系统工程。一项现代制造技术的产生往往要系统地考虑制造的全过程，如并行工程就是集成地、并行地设计产品及其零部件和相关各种过程的一种系统方法。

6. 现代制造技术的环保性

现代制造技术特别强调环境保护，既要求其产品是"绿色商品"（对资源的消耗最少、对环境的污染最小甚至为零、对人体的危害最小甚至为零、报废后便于回收利用、发生事故的可能性为零、所占空间最小），又要求产品的生产过程是环保型的（对资源的消耗最少、对环境的污染最小甚至为零、对人体的危害最小甚至为零）。

现代制造技术的核心是优质、高效、低耗等基础制造技术。面对复杂多变的产品市场，现代制造技术的最终目标是保持较高的适应能力和竞争能力，并不断提高，确保生产和经济效益持续稳步增长，对市场变化做出更灵敏的反应。

现代制造技术比传统的制造技术更加重视技术与管理的结合，更加重视制造过程组织和管理体制的简化及合理化，从而产生了一系列先进的制造模式。随着世界自由贸易体制的进一步完善，以及全球交通运输体系和通信网络的建立，制造业将形成全球化与一体化的格局，新的现代制造技术也必将是全球化的模式。

现代制造工艺技术

1. 特种加工技术

各种新材料、新结构、形状复杂的精密机械零件大量涌现，用通常的金属切削加工方法来加工这些零件已十分困难，甚至无法加工，这对机械制造业提出了一系列迫切需要解决的新问题。于是一种本质上区别于传统加工的特种加工于 20 世纪 40 年代应运而生。特种加工是将电能、磁能、声能、光能、化学能等能量或其组合施加在工件的被加工部位上，从而实现材料的去除、变形、改变性能或被镀覆等的非传统加工方法。

（1）特种加工的分类

特种加工与传统加工的区别在于用以切除材料的能量形式不同。特种加工主要利用电能、声能、光能、化学能和热能等来去除材料。特种加工的类别很多，根据所采用的能源，可以分为以下几类。

① 力学加工。力学加工应用机械能来进行加工，如超声波加工、喷射加工、水射流加工等。

② 电物理加工。电物理加工利用电能转换为热能、机械能和光能等进行加工，如电火花成形加工、电火花线切割加工、电子束加工、离子束加工等。

③ 电化学加工。电化学加工利用电能转换为化学能进行加工，如电解加工、电镀、刷镀、镀膜和电铸加工等。

④ 激光加工。激光加工利用激光光能转换为热能进行加工，如激光焊接、激光切割、激光打孔和激光热处理等。

⑤ 化学加工。化学加工利用化学能或光能转换为化学能进行加工，如化学铣削和化学刻蚀（即光刻加工）等。

⑥ 复合加工。将机械加工和特种加工叠加在一起就形成复合加工，如电解磨削、超声电解磨削等。目前，已经有四种加工方法叠加在一起的复合加工，如超声电火花电解磨削。

（2）特种加工的特点

① 不是主要依靠机械能。有些特种加工方法，如激光加工、电火花加工、等离子弧加工、电化学加工等，是利用热能、化学能、电化学能等。这些加工方法与工件的硬度、强度等力学性能无关，故可加工各种硬、软、脆、热敏、耐蚀、高熔点、高强度、特殊性能的金属和非金属材料。

② 属于非接触加工。特种加工不一定需要工具，有的虽使用工具，但与工件不接触，因此，工件不承受大的作用力，工具硬度可低于工件硬度，故使刚性极低的元件及弹性元件得以加工。

③ 属于微细加工，工件表面质量高。有些特种加工，如超声、电化学、水喷射、磨料流等，加工余量都是微小的，故不仅可加工尺寸微小的孔或狭缝，还能获得高精度、极小表面粗糙度的加工表面。

④ 不存在加工中的机械应变或大面积的热应变，可获得较小的表面粗糙度。其热应力、残余应力、冷作硬化等均比较小，尺寸稳定性好。

⑤ 两种或两种以上的不同类型的能量可相互组合形成新的复合加工，其综合加工效果明显并且便于推广使用。

⑥ 特种加工对简化加工工艺、变革新产品设计及零件结构工艺性等产生积极的影响。

（3）特种加工的应用范围

常用的特种加工方法有电火花加工、激光加工、电子束加工、超声波加工等，其比较见表 9-13。

【电火花加工原理】　【线切割加工过程】

表 9-13　常用特种加工方法的比较

加工方法	适用材料	工（刀）具损耗率/(%)（最低/平均）	加工速度/(mm²/min)（平均/最高）	尺寸精度/mm（平均/最高）	表面粗糙度值 $Ra/\mu m$（平均/最高）	适用范围
电火花加工	导电金属材料（如硬质合金、耐热钢、不锈钢、淬火钢、钛合金等）	0.1/10	30/300	0.03/0.003	10/0.04	微小孔槽到大型模具、异形孔、弯孔、冲、锻、压铸模、表面强化涂覆等
线切割		较小	20/200	0.02/0.002	5/0.32	制作各种冲模、塑料模、粉末冶金模等二维及三维直纹面组成的模具及零件，切割磁钢、硅钢及钼、钨、半导体、贵重金属等
电解加工		无损耗	100/10000	0.1/0.01	1.25/0.16	微小到大型工件、模具、异形孔，抛光、去毛刺等
电解磨削		1/50	1/100	0.02/0.001	1.25/0.04	硬质合金材料、刀具、量具，超精光整研磨、珩磨
激光加工	任何材料	不损耗	瞬时高，平均不高	0.01/0.001	10/1.25	加工精密小孔、狭缝、成形孔，切割石棉、纺织品、纸张等，焊接、热处理
电子束加工						难加工材料上打微孔，刻蚀，焊接，常用于中大规模集成电路器件
离子束加工		很低		—/0.01μm	0.01	零件表面超精密、超微细加工，抛光，刻蚀，镀覆等

续表

加工方法	适用材料	工（刀）具损耗率/(%)（最低/平均）	加工速度/（mm²/min）（平均/最高）	尺寸精度/mm（平均/最高）	表面粗糙度值 Ra/μm（平均/最高）	适用范围
超声波加工	脆硬材料如玻璃、石英、陶瓷、金刚石、宝石等，导电硬质金属如淬火钢、硬质合金，不能加工橡胶	0.1/10	1/50	0.03/0.005	0.63～0.16	适于加工、切割脆硬材料，成形孔加工
超高压水射流加工	各种金属、非金属、硬脆韧性材料。脆性材料如石材，塑性材料如钢材		速度不高	精度较低		适于加工很薄很软及较厚材料。雕刻建筑装潢材料，切割汽车内饰件、航空碳纤维、食品、多层布料等

2. 快速成形制造技术

快速成形制造技术是一种基于离散和堆积原理的崭新制造技术。它将零件的 CAD 模型按一定方式离散成可加工的离散面、离散线和离散点，然后采用物理手段或化学手段，将这些离散的面、线段和点堆积而形成零件的整体形状。快速成形制造技术集材料科学、信息科学、控制技术、能量光电子技术等于一体，是快速产品开发和制造的一种重要技术，主要技术特征是成形的快捷性，被认为是近 20 年制造技术领域的一次重大突破，其对制造业的影响可与数控技术的影响相媲美，是目前制造业信息化最直接的体现，是实现信息化制造的典型代表。

各种快速成形制造技术的过程包括 CAD 模型建立、前处理、原型制作和后处理四个步骤。快速成形制造技术的具体工艺不下 30 余种，根据采用材料及对材料处理方式的区别，主要方法有光固化法、叠层法、激光选区烧结法、熔融沉积法。

3. 精密加工与超精密加工技术

精密加工是加工精度在 $0.1～10\mu m$，表面粗糙度值为 $Ra0.3～Ra0.03\mu m$ 的加工技术，如金刚车、金刚镗、研磨、珩磨、超精加工、砂带磨削、镜面磨削和冷压加工等。它适用于精密机床、精密测量仪器等产品中的关键零件的加工，如精密丝杠、精密齿轮、精密蜗轮、精密导轨、精密轴承等。超精密加工是加工精度不低于 $0.1\mu m$，表面粗糙度值小于 $Ra0.05\mu m$ 的加工技术，如金刚石刀具超精密切削、超精密磨料加工、超精密特种加工和复合加工等。它适用于精密元件、计量标准元件、大规模和超大规模集成电路的制造。目前，超精密加工的精度正处在亚纳米级，正在向纳米级发展。纳米加工是加工精度达到 $0.001\mu m$，表面粗糙度值小于 $Ra0.005\mu m$ 的加工技术，加工方法大多已不是传统的机械加工方法，而是如原子分子单位加工等方法。实际上，纳米加工是超精密加工的一种特殊形式。

4. 超高速加工技术

超高速加工技术是指采用超硬材料刀具、磨具和能可靠地实现高速运动的高精度、高自动化、高柔性的制造设备，以极大地提高切削速度来达到材料切除率、加工精度和加工质量的现代制造加工技术。在通常情况下，高速切削时主轴转速要比普通切削时高 5～10 倍。

对于不同加工方法和不同加工材料，超高速切削的切削速度各不相同。通常认为超高速切削各种材料的切削速度范围：铸铁为 900～5000m/min，钢为 600～3000m/min，铝合金为 2000～7500m/min。对加工工种而言，超高速切削的车削速度为 700～7000m/min，铣削速度为 300～6000m/min，钻削速度为 200～1100m/min，磨削速度为 150m/s 以上。

5. 微纳技术

计算机技术、电子技术、航空技术发展对许多装置提出了微型化的要求，使零部件的尺寸日趋微型化，这些需求导致 20 世纪 70 年代起出现了微细加工和纳米制造技术，习惯上统称微纳技术。

9.5.3　自动化加工技术

1. 计算机辅助设计

计算机辅助制造（Computer Aided Manufacting，CAM）通常可定义为利用计算机完成从毛坯到产品制造过程中的直接和间接制造工作，包括计算机辅助工艺规程设计、计算机辅助工装设计与制造、计算机辅助数控程序编制、生产作业计划和工时定额及材料定额的编制，还可包括质量控制，以及加工、装配、检验、输送和保存等物流过程的运行控制等内容。狭义计算机辅助制造是指工艺准备或其中的某个活动应用计算机辅助工作，如在 CAD/CAM 系统中常指数控程序的自动编制。

目前认为计算机辅助制造技术主要集中在数字化控制、生产计划、机器人和工厂管理四个方面。典型的计算机辅助制造技术包括计算机数控制造和编程、计算机控制的机器人制造和装配、柔性制造系统。计算机辅助制造的应用可分为计算机辅助制造直接应用和计算机辅助制造间接应用。

2. 数控技术

数控技术就是以数字量编程实现控制机械或其他设备自动工作的技术。它是一种可编程的自动控制方式，所控制的量一般是位移、厚度、转速等机械量，也有温度、压力、流量、颜色等物理量，其控制过程以数字形式描述，工作过程在程序控制下自动进行。数控机床、数控火焰切割机、数控激光切割机、数控绘图机、数控冲剪机、三坐标测量机等都是属于这个范围的自动化设备。

3. 工业机器人技术

"机器人"一词出自捷克文，意为劳役或苦工。20 世纪 50 年代末，美国在机械手和操作机的基础上，采用伺服机构和自动控制等技术，研制出有通用性的、独立的工业用自动操作装置，并将其称为工业机器人。工业机器人是一种由计算机进行控制，无人参与的具有柔性的自动化控制系统，能自动定位控制，可重复编程的、多功能的、多自由度的操作机，能搬运材料、零件或操持工具，以完成各种作

【工业机器人工作原理】

业。由于工业机器人具有一定的通用性和适应性，能适应多品种中、小批量的生产，20 世纪 70 年代起常与数控机床结合在一起，成为柔性制造单元或柔性制造系统的组成部分。

【柔性制造技术简介】

4. 柔性制造技术

柔性制造技术是一种主要用于多品种中、小批量或变批量生产的制造自动化技术，是对各种不同形状加工对象进行有效的且适应性的转化而得到成品的各种技术总称。随着人们对商品的需求不断增长，自 20 世纪 60 年代以来为适应多品种、小批量的需要而兴起的柔性自动化制造技术得到了迅速发展。

柔性制造系统是柔性制造技术最具代表性的具体应用。在我国的有关标准中，柔性制造系统的定义如下：柔性制造系统是由数控加工设备、物料运储装置和计算机控制系统等组成的自动化制造系统。它包括多个柔性制造单元，能根据制造任务或生产环境的变化迅速进行调整，以适应多品种、中小批量生产。它是集数控技术、计算机技术、机器人技术及现代生产管理技术于一体的现代制造技术。柔性制造系统的工艺基础是成组技术，它按照成组的加工对象确定工艺过程，选择相适应的数控加工设备和工件、工具等物料的储运系统，并由计算机进行控制，故能自动调整并实现一定范围内多种工件的成批、高效生产（即具有"柔性"）。柔性制造系统兼有加工制造和部分生产管理两种功能，因此能综合地提高生产效益。

按柔性制造系统的规模，可将柔性制造分为柔性制造单元、柔性制造系统、柔性制造生产线和柔性制造工厂四类。

小　结

机械加工，是由工作人员操作机床来完成切削加工，主要加工方法有车、铣、刨、磨、钻等。切削运动是指刀具与工件之间的相对运动。按金属切削的实现过程和连续进行的关系，切削运动可分为主运动和进给运动。切削过程中，切削速度、进给量和背吃刀量称为切削三要素。切削三要素中切削速度对刀具使用寿命的影响最大，其次是进给量，背吃刀量对刀具使用寿命的影响最小。各种类型刀具的切削刃口都可以看作由外圆车刀的刀头部分演化而来，可归纳为"三面、两刃、一尖"。在车刀设计、制造、刃磨及测量时，必须考虑的主要角度有前角、后角、主偏角、副偏角和刃倾角。对于中等复杂程度的零件，无论是轴、套还是箱体，拟订零件的机械加工工艺路线都是制订工艺规程的一项重要工作。拟订工艺路线时需要解决的主要问题是，根据零件各表面的加工要求选择相应的加工方法，然后对加工阶段进行划分，安排合理的加工工序，同时确定工序的集中与分散程度。

自　测　题

一、填空题（每空 1 分，共 42 分）

1. 切削用量包括＿＿＿＿、＿＿＿＿和＿＿＿＿。

2. 切屑的种类通常分为节状切屑、＿＿＿＿切屑和＿＿＿＿切屑。

3. 切削刀具角度测量中，在正交平面内测量的＿＿＿＿与＿＿＿＿之间的夹角称为后角 α_o。

4. 最常用的刀具材料有_____及_____两类。

5. 机床传动系统中常用的传动副有_____、_____、丝杠螺母等。

6. 普通车床进给运动传动链是从_____到_____。

7. 单件小批生产各种轴、盘、套类零件多选用适应性广的_____车床或_____车床进行加工，直径大而长度短的重型零件多用_____车床加工；中批生产外形较复杂，并且具有内孔及螺纹的中小型轴、套类零件应选用_____车床进行加工；大批大量生产形状复杂的中小回转件多选用_____和_____车床进行加工。

8. 硬质合金车刀有_____和_____两种结构形式。

9. 根据圆柱铣刀旋转方向与工件移动方向之间的相互关系，铣削可分为_____和_____两种方法。

10. 铣削时，_____是主运动，_____的运动是进给运动。

11. 钻削时，由钻床主轴带动钻头旋转是_____运动，钻头轴向移动是_____运动。

12. 钻床上常用的刀具有_____、_____、铰刀和丝锥等。

13. 在无心外圆磨床上磨外圆时，工件不用顶尖装夹，而是置于_____与_____之间的托板上。

14. 纵磨法磨削外圆时，_____向磨削力比_____向磨削力大。

15. 激光加工可用于打孔、_____、_____、雕刻和表面处理。

16. 常用的特种加工方法有_____、_____等。

17. 按基准的作用，基准可分_____基准和_____基准两大类。

18. 加工轴类零件时，通常用两端中心孔作为定位基准，这符合_____和_____的原则。

19. 在机械加工车间里，常见的工艺文件有_____和_____。

二、选择题 （每小题 1 分，共 20 分）

1. 车削细长轴时，车刀的主偏角应取（　　）。

A. 30° 　　　　 B. 45° 　　　　 C. 60° 　　　　 D. 90°

2. 积屑瘤对粗加工有利的原因是（　　）。

A. 保护刀具，增大实际前角 　　　 B. 提高工件加工精度

C. 提高加工表面质量 　　　　 D. 加大背吃刀量

3. 在切削平面中测量的主切削刃与基面之间的夹角是（　　）。

A. 前角 　　　 B. 后角 　　　 C. 主偏角 　　　 D. 刃倾角

4. P 类硬质合金刀具主要用于加工（　　）。

A. 钢 　　　 B. 铸铁 　　　 C. 陶瓷 　　　 D. 金刚石

5. 机床型号中通用特性代号"G"表示（　　）。

A. 高精度 　　　 B. 精密 　　　 C. 仿形 　　　 D. 自动

6. 在机床型号规定中，磨床的代号是（　　）。

A. C 　　　 B. Z 　　　 C. L 　　　 D. M

7. 车削螺纹时，常用开倒车退刀，其主要目的是（　　）。

A. 防止崩刀 　　　 B. 减少振动 　　　 C. 防止乱扣 　　　 D. 减少刀具磨损

8. 在车床上安装工件时，能自动定心的附件是（　　）。

A. 花盘 　　　 B. 四爪单动卡盘 　　　 C. 三爪自定心卡盘 　　 D. 中心架

9. 在铣床上铣矩形直槽用（　　　）。

A. 圆柱铣刀　　　　B. 面铣刀　　　　　　C. 三面刃盘铣刀　　D. 角铣刀

10. 制造圆柱铣刀的材料一般采用（　　　）。

A. 高速钢　　　　　B. 硬质合金　　　　　C. 陶瓷　　　　　　D. 人造金刚石

11. 加工复杂的立体成形表面，应选用的机床是（　　　）。

A. 立式升降台铣床　B. 卧式万能升降台铣床　C. 龙门铣床　　　　D. 数控铣床

12. 麻花钻起导向作用的部分是（　　　）。

A. 副后刀面　　　　B. 螺旋形棱边　　　　C. 螺旋槽　　　　　D. 前刀面

13. 下列加工方法中，能加工孔内环形槽的是（　　　）。

A. 钻孔　　　　　　B. 扩孔　　　　　　　C. 铰孔　　　　　　D. 镗孔

14. 砂轮的硬度是指（　　　）。

A. 磨粒的硬度　　　　　　　　　　　　　B. 黏结剂的硬度

C. 黏结剂黏结磨粒的牢固程度　　　　　　D. 磨粒和黏结剂硬度的总称

15. 在外圆磨床上磨削高精度轴类零件时，磨床头架主轴前端所装的前顶尖应（　　　）。

A. 与工件一起同速转动　　　　　　　　　B. 不转动，但拨盘转动

C. 与拨盘一起同速转动　　　　　　　　　D. 与拨盘一起均固定不动

16. 电火花线切割加工利用的是（　　　）。

A. 电能和热能　　　B. 电化学能　　　　　C. 光能　　　　　　D. 特殊机械能

17. 工步是指（　　　）。

A. 在一次装夹过程中所完成的那部分工序内容

B. 使用相同的刀具对同一个表面所连续完成的那部分工序内容

C. 使用不同刀具对同一个表面所连续完成的那部分工序内容

D. 使用同一刀具对不同表面所连续完成的那部分工序内容

18. 精基准是用（　　　）作定位基准的。

A. 已经加工过的表面　　　　　　　　　　B. 未加工的表面

C. 精度最高的表面　　　　　　　　　　　D. 粗糙度值最低的表面

19. 零件机械加工工艺过程组成的基本单元是（　　　）。

A. 工步　　　　　　B. 工序　　　　　　　C. 安装　　　　　　D. 进给

20. 套类零件以心轴定位车削外圆时，其定位基准是（　　　）。

A. 工件外圆柱面　　B. 工件内圆柱面　　　C. 心轴外圆柱面　　D. 心轴中心

三、判断对错（每小题 1 分，共 12 分）

1. 后角的主要作用是减少刀具主后刀面与切削平面之间的摩擦。　　　　　　（　　　）

2. 车削塑性材料时，切削热从切屑、刀具、工件和周围介质中传散，其中切屑带走的热量最多。　　　　　　　　　　　　　　　　　　　　　　　　　　　　（　　　）

3. 切削温度一般是指工件表面上的平均温度。　　　　　　　　　　　　　　（　　　）

4. 粗车长径比为 4～10 的细长轴类零件时，因工件刚性差，宜用一顶一卡安装。（　　　）

5. 车削锥面时，刀尖移动的轨迹与工件旋转轴线之间的夹角应等于工件锥面锥角的两倍。（　　　）

6. 拉刀一次行程就能把该工序中的待加工表面加工完毕，故其生产效率较高。（　　　）

7. 刨刀在切入工件时受到较大的冲击，因此刨刀的前角较小、刀尖圆弧较大。（　　　）

8. 拉削加工只有一个主运动，生产效率很高，适于各种批量的生产。　　　（　　）

9. 钻孔既适用于单件生产，又适用于大批量生产。　　　　　　　　　（　　）

10. 铰孔既能提高孔的尺寸精度、降低表面粗糙度，也能纠正原有孔的位置误差。（　　）

11. 成批生产时，轴类零件机械加工第一道工序一般安排为铣两端面、打中心孔。（　　）

12. 第一道工序用毛坯面作为定位基准，称为粗加工基准。　　　　　　　（　　）

四、问答题（每小题 2 分，共 14 分）

1. 何谓材料的切削加工性？评定材料切削加工性的主要指标有哪些？

2. 粗车、精车时切削用量三要素应该如何选择？

3. 试说明高速钢拉刀制造过程中的最终热处理方法和热处理后的组织，以及应达到的硬度。

4. 为什么扩孔钻扩孔比钻头扩孔的加工质量要好？

5. 磨削加工有何特点？

6. 粗基准的选择原则有哪些？

7. 选择零件表面加工方法应考虑哪些问题？

五、加工工艺方案的编制（12 分）

图 9.106 所示圆柱齿轮精度等级为 6 级，齿轮模数 m＝2，齿数 z＝30，零件材料为 HT200，试制订其单件小批生产机械加工工艺过程。（要求写清工序号、工序名称、工序内容和所用设备）

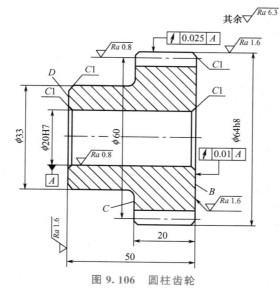

图 9.106　圆柱齿轮

【第 9 章　自测题答案】

模块4

综 合 案 例

第10章 综合案例分析

教学要点

1. 熟悉不同生产周期要求的支撑架的机械加工工艺编制。
2. 熟悉汽车发动机的曲柄连杆机构和配气机构的主要零部件的作用、成形方式、常用材料和热处理方法。
3. 掌握传动轴与轴套的工艺编制。
4. 熟悉常用的工程材料、毛坯成形方式及热处理方法，具备编制中等复杂程度零件的工艺过程的能力。

引言

任何一个零件都是由各个表面组合而成的一个统一的整体，各种表面又有不同的加工方法。这些加工方法中又穿插着热处理工艺。本章将根据支撑架、汽车发动机的主要零部件、传动轴与轴套的结构特征、使用性能要求，利用前面各章学过的知识，进行从选材、成形方式、热处理方法到中等复杂程度零件的工艺编制综合训练。

10.1 支撑架的工艺编制

图 10.1 所示的支撑架，材料为 ZG230-450，单件生产，试编制其工艺。如果要求生产周期比较紧，应如何编制工艺？

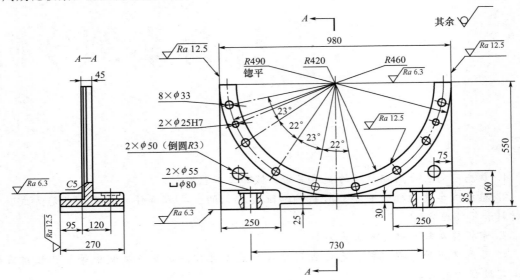

图 10.1 支撑架零件图

毛坯制造方案的选择与分析

1. 毛坯制造方案的比较

支撑架主要起支撑作用，如果承载力不大，多选用灰铸铁，可根据需要选择 HT100～HT350。设计者没有选择灰铸铁，而是选择了碳素铸钢 ZG230-450，其屈服强度最低值为 230MPa，抗拉强度最低值为 450MPa，说明该支撑架承载较大。因此，可选用铸造毛坯或者钢板焊接毛坯，表 10-1 为四种方案的比较。

表 10-1 支撑架毛坯制造方案的比较

序号	方案名称	内　　容	特　　点	应用	生产周期
1	铸造	如图 10.2 所示，分型面Ⅰ为水平分型面（指的是造型时分型面处于水平位置），水平浇注，即平做平浇	操作方便，但 270 尺寸一部分位于上腔，充型能力差，铸件质量难以保证	单件	长

续表

序号	方案名称	内　容	特　点	应用	生产周期
2	铸造	采用平做立浇工艺，即分型面与水平面垂直。为方便造型工艺，造型时仍然采用图10.2所示Ⅰ分箱、分模面，水平造型。然后对上下砂箱用卡子夹紧，将造型完毕的砂箱竖起来，使270尺寸朝上，然后完成浇注	充型能力强，铸件质量有保证。由于采用的是平做立浇工艺，砂箱立起来后要有直浇道和冒口的位置，从而完成金属液流入、型腔排气、冒口补缩等铸件浇注和凝固过程。需要在270尺寸的上面留出浇道和冒口的空间，所以要设计专用砂箱，单件成本高	中批量	长
3	铸造	与图10.2所示Ⅰ分型面垂直，选270尺寸分型面，即图10.2中分型面Ⅱ。由于型芯较短，可以在A—A剖面图的右端（即工件的后面）将型芯固定，即采用悬臂芯	操作方便，充型能力强，铸件质量好。但是要做型芯盒，操作工时增加	大批量	长
4	焊接	采用Q235钢板，焊接生产，将其分为立板、上底板、下底板三部分，如图10.3所示。图10.4～图10.6分别为立板、上底板、下底板零件图	与铸造方法比，操作方便，可以以小拼大，气密性好，不需要重型和专用设备，材料利用率高。但焊接毛坯抗振性差，容易变形	单件	较短

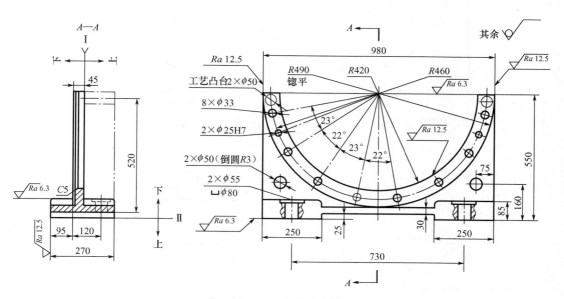

图10.2　支撑架铸造分型面

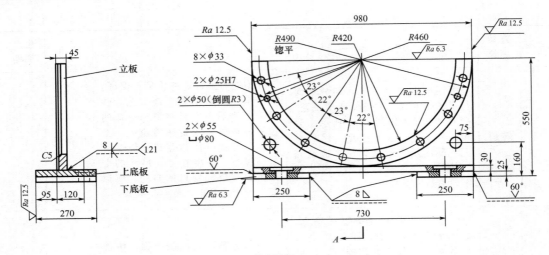

技术要求

1. 除图中注明的焊接方法外，其余全部焊缝均采用焊条电弧焊。
2. 铸件退火处理。
3. 未注圆角R3～R5。
4. 加工时在R490范围内刀具锪平。
5. 未注孔的粗糙度为Ra12.5μm。

图 10.3　支撑架焊接结构总图

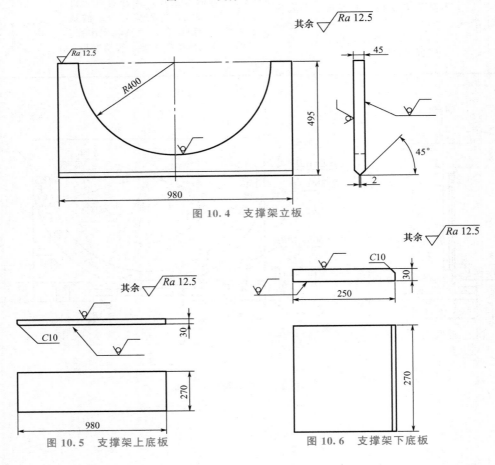

图 10.4　支撑架立板

图 10.5　支撑架上底板

图 10.6　支撑架下底板

图 10.3 所示的支撑架焊接结构总图中，上底板与下底板焊接，内外焊缝采用不同的坡口，上底板与下底板焊接后再与立板焊接，图中的焊接符号及含义见表 10-2。

表 10-2　常用的焊接符号（摘自 GB/T 324—2008）

序号	符号及含义	示意图	标注示例	标注解释
1	V 形焊缝	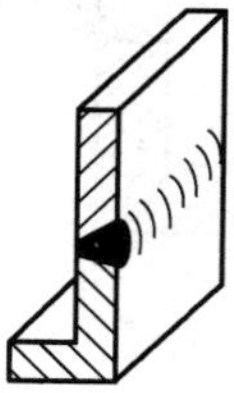	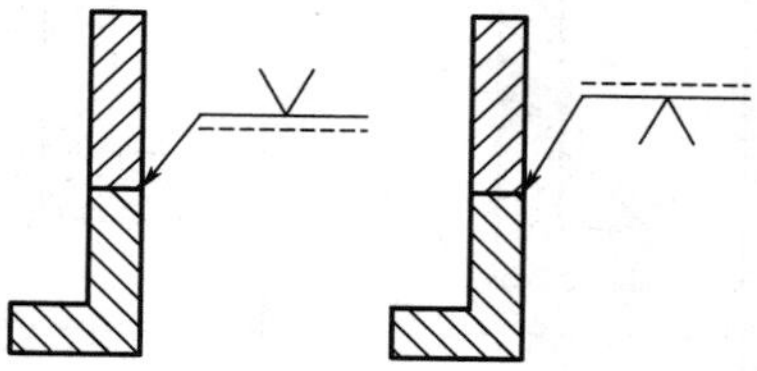	焊缝在接头的箭头侧。注意：如果基本符号"∨"在虚线侧，则表示焊缝在非箭头侧
2	 带钝边 U 形焊缝	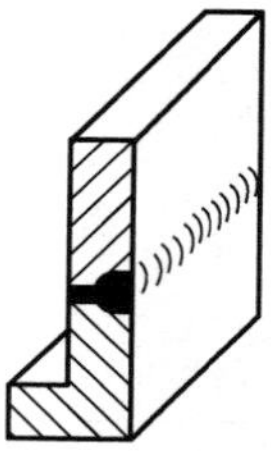	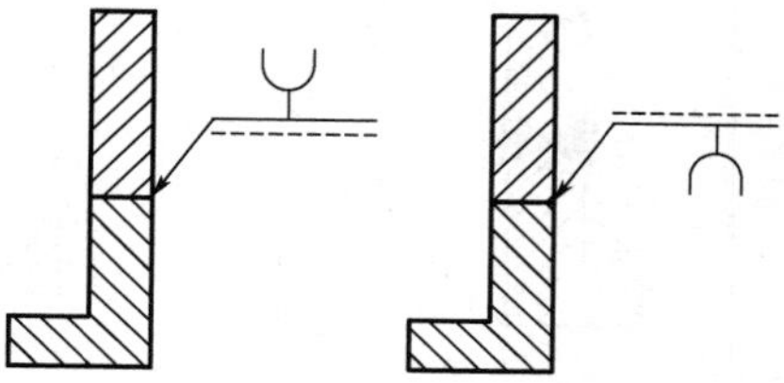	焊缝在接头的箭头侧
3	 角焊缝	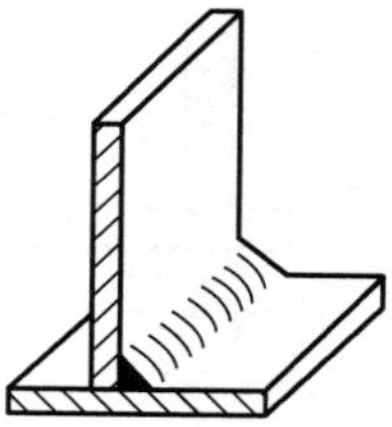	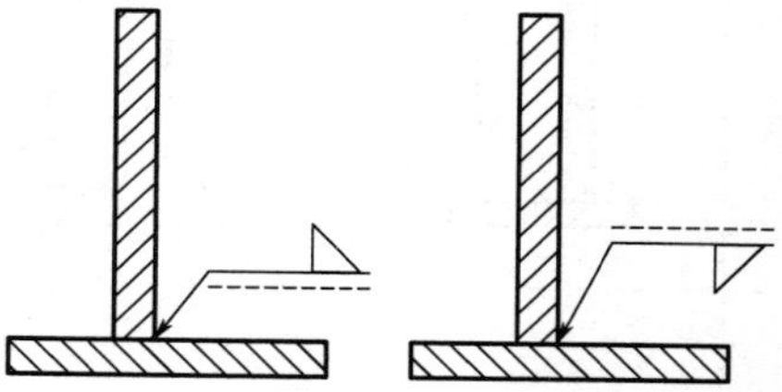	焊缝在接头的箭头侧
4	 双面 V 形焊缝（X 焊缝）	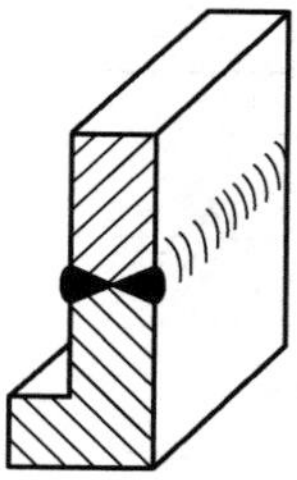	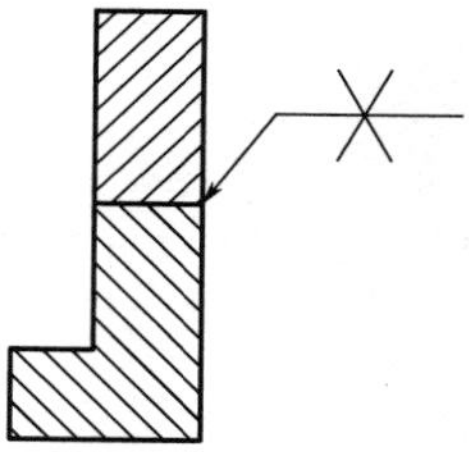	对称焊缝省略虚线
5	 双面单 V 形焊缝（K 焊缝）	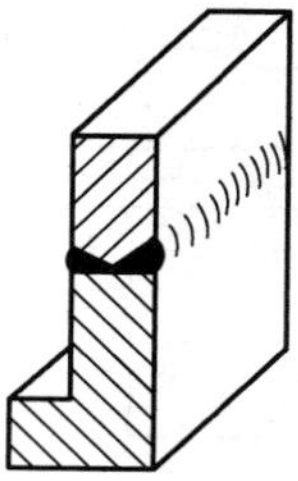	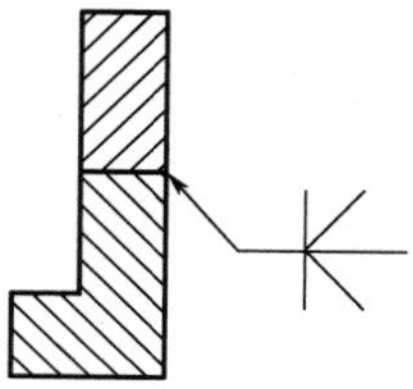	对称焊缝省略虚线

序号	符号及含义	示意图	标注示例	标注解释
6	平齐的 V 形焊缝和封底焊缝			平齐的 V 形焊缝在接头的箭头侧；封底焊缝在接头的非箭头侧
7	凸起的双面 V 形焊缝			对称焊缝省略虚线
8	凹陷的角焊缝			焊缝在接头的箭头侧
9	带钝边的 V 形对接焊缝；S：焊缝有效厚度			在焊缝符号中标注尺寸
10	连续角焊缝；K：焊角尺寸			在焊缝符号中标注尺寸
11	α 坡口角度			

续表

序号	符号及含义	示 意 图	标 注 示 例	标注解释
12	$K \triangleright \quad n \times l \quad (e)$ $K \triangleright \quad n \times l \quad (e)$ 交错断续角焊缝。 l：焊缝长度； e：间距； n：焊缝段数； K：焊角尺寸			在焊缝符号中标注尺寸
13	(符号图)	当焊接方法的尾部标注内容较多时，按下列顺序排列，每个款项用"/"隔开，即相同焊缝的数量/焊接方法代号/缺欠质量等级/焊接位置/焊接材料/其他 为了简化图样，也可将上述有关内容包含在某文件中，采用封闭尾部给出该文件的编号，如 A1	代号 111 表示焊条电弧焊（涂料焊条熔化极电弧焊）；代号 121 则表示丝极埋弧焊

2. 单件生产（不要求生产周期）时毛坯方案的选择

单件生产（不要求生产周期）时选择表 10-1 中方案 1。浇注系统如图 10.7 所示，直浇道一个，横浇道一个，内浇道两个。在图 10.2 所示 A—A 剖面图的右端面（即铸件的后面）上共开设四个冒口，分别是工艺凸台上两个，270 尺寸的右端面上两个。

3. 单件生产且生产周期较短时毛坯方案的选择

单件生产且生产周期短时选择表 10-1 中方案 4 的焊接毛坯，其结构图如图 10.3 所示。焊接结构图实质上是装配图，对于复杂的焊接构件，应单独画出主要构成件的零件图，由板料弯曲成形者可附有展开图，个别小构件仍附于结构总图上。支撑架是简单的焊接构件，按规定不需要画出各构成件的零件图，而在结构图上标出各构成件的全部尺寸（图 10.3）。但为了便于理解，仍然画出其构成件的零件图，如图 10.4～图 10.6 所示。备齐立板、上底板与下底板，检查各件的加工余量。图 10.4 所示支撑架立板 $R400mm$ 为图 10.3 中 $R420mm$ 留余量 20mm；495mm 为图 10.3中的粗糙度为 $Ra6.3\mu m$ 表面留余

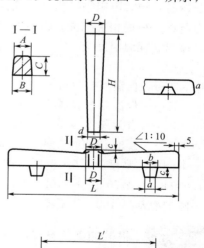

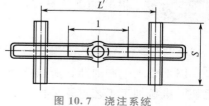

图 10.7 浇注系统

工程材料及机械制造基础 ■■■■■■■■■■■■■■■■■■

量 5mm。注意，加工时，先加工顶面（圆心 O_1 被切削掉），保证表面粗糙度为 $Ra6.3\mu m$，然后镗削 $R420mm$，镗削中心为 O_2，如图 10.8 所示。

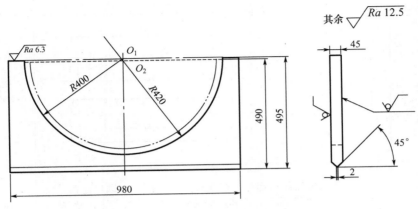

图 10.8　镗削中心

图 10.6 所示支撑架下底板中 30mm 是为图 10.3 中的粗糙度 $Ra6.3\mu m$ 表面留余量 5mm。将上底板放在焊接平台上，找正后将下底板四角点固其上。将上底板和下底板翻转 $180°$，找正后将立板四角点固定在上底板上。然后按照对称焊接的顺序间断焊接各焊缝。为了减少焊接应力和变形，焊后迅速敲击焊缝并且校正，焊后进行机械加工达到图 10.3 要求。

10.1.2　热处理工艺

设备：箱式电阻炉。为了消除铸造或焊接后工件的内应力，稳定工件尺寸，应进行去应力退火。根据相关标准，将炉温预热到 700℃ 后，将工件装入炉中。加热到 890~910℃ 后，保温。保温时间为

$$T=KD$$

式中　T——保温时间（min）；

K——保温系数，碳素钢为 1.5~1.8；

D——有效厚度（mm），轴类件取直径，盘类件取厚度，套类件取高度（高度≤1.5×壁厚）或壁厚（高度≥1.5×壁厚）。

本例中，高度≥1.5×壁厚，即 550≥1.5×70，故 D 取 70。因此保温时间 $T=KD=[(1.5~1.8)×70]min=105~126min$。实际保温时间取 110min。

随炉冷却到 400℃ 以后空冷。

10.1.3　机械加工工艺过程

1. 支撑架单件生产（不要求生产周期）机械加工工艺过程

因不要求生产周期，所以选择表 10-1 中方案 1 的铸造毛坯。支撑架单件生产（铸造毛坯）机械加工工艺过程见表 10-3。

表 10 - 3　支撑架单件生产（铸造毛坯）机械加工工艺过程

序号	工序名称	工序内容	设备
1	钳工	划 550mm、980mm、270mm 各尺寸线，划 R420mm 尺寸线	钳工工作台
2	铣削	铣削 550mm、980mm、270 mm 至尺寸	X2010A 龙门铣床
3	镗削	镗削 R420mm，倒角 C5mm	T6211 镗床
4	镗削	镗削 R490mm 至尺寸	X2010A 龙门铣床
5	钳工	划各孔中心线	钳工工作台
6	钻削	钻削（锪）各孔	Z3050 摇臂钻床
7	钳工	切除工艺平台，去毛刺	钳工工作台
8	检验	按图样要求检验	

2. 支撑架单件生产且生产周期较短机械加工工艺过程

因为生产周期较短，所以选择表 10-1 中方案 4 的焊接毛坯。因此立板、上底板与下底板在下料后要检查各件的加工余量，然后将立板、上底板与下底板分件加工后焊接（图 10.3），对焊接后的工件再进行机械加工。

（1）支撑架立板机械加工工艺过程

支撑架立板机械加工工艺过程见表 10-4。

表 10 - 4　支撑架立板机械加工工艺过程

序号	工序名称	工序内容	设备
1	钳工	划各尺寸线，留量 20mm。按图样划 980mm 至 1000mm，划 495mm 至 515mm，划 R420mm 圆弧至 R400mm	钳工工作台
2	气割	气割工序 1 各尺寸	氧气乙炔气割设备
3	刨削	刨削 980mm 至尺寸，刨削 495mm 至尺寸，刨削 45° 倒角，并保证 2mm 尺寸，去毛刺	B2010 龙门刨床
4	检验	按图样要求检验	

（2）支撑架上底板机械加工工艺过程

支撑架上底板机械加工工艺过程见表 10-5。

表 10 - 5　支撑架上底板机械加工工艺过程

序号	工序名称	工序内容	设备
1	钳工	划各尺寸线，留量 10mm。按图样划 270mm 至 280mm，划 980mm 至 990mm	钳工工作台
2	气割	气割工序 1 各尺寸	氧气乙炔气割设备
3	刨削	刨削 980mm×270mm 至尺寸，去毛刺	B2010 龙门刨床
4	检验	按图样要求检验	

（3）支撑架下底板机械加工工艺过程

支撑架下底板机械加工工艺过程见表 10－6。

表 10－6　支撑架下底板机械加工工艺过程

序号	工序名称	工序内容	设　备
1	钳工	划各尺寸线，留量 10mm。划 250mm 至 260mm，划 270mm 至 280mm	钳工工作台
2	气割	气割工序 1 各尺寸	氧气乙炔气割设备
3	刨削	刨削 250mm×270mm 至尺寸，倒角 C10mm 至尺寸，去毛刺	B2010 龙门刨床
4	检验	按图样要求检验	

（4）支撑架焊接后机械加工工艺过程

支撑架焊接后机械加工工艺过程见表 10－7。

表 10－7　支撑架焊接后机械加工工艺过程

序号	工序名称	工序内容	设　备
1	刨削	粗、精刨底面尺寸至 550mm	B2010 龙门刨床
2	钳工	划 $R420$ mm 尺寸线	钳工工作台
3	车削	刀具划平 $R490$ mm 至尺寸，粗车、半精车 $R420$ mm 至尺寸	C5112 立式车床
4	钳工	划各孔中心线	钳工工作台
5	钻削	钻削（锪）各孔	Z3050 摇臂钻床
6	铰削	铰 $2×\phi25H7$ 孔，去毛刺	Z3050 摇臂钻床
7	检验	按图样要求检验	

10.2　汽车发动机零件材料及工艺

发动机是汽车的"心脏"，是汽车的动力装置。往复式发动机的工作原理是向气缸中喷入燃油和空气的混合气体并点火，混合气体燃烧时体积膨胀，产生的能量推动活塞移动，再通过曲轴将活塞的上下移动转变为旋转运动，使发动机运转。几乎所有汽车都采用该类发动机。

发动机由两大机构（曲柄连杆机构、配气机构）和五大系统（燃油供给系统、冷却系统、润滑系统、起动系统和点火系统）组成。下面以曲柄连杆机构和配气机构为例，对其主要零部件的作用、成形方式、常用材料和热处理方法进行介绍。

10.2.1　曲柄连杆机构

曲柄连杆机构包括机体组、曲轴飞轮组和活塞杆组，如图 10.9 所示（图中无机体组）。

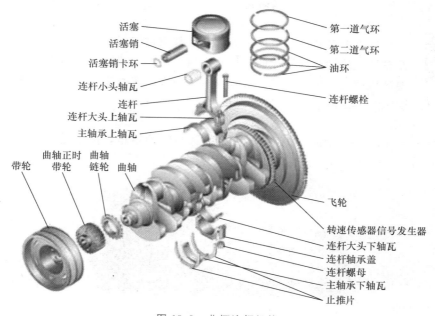

活塞

活塞销

活塞销卡环

连杆小头轴瓦

连杆

连杆大头上轴瓦

主轴承上轴瓦

第一道气环

第二道气环

油环

连杆螺栓

带轮　曲轴正时带轮　曲轴链轮　曲轴

飞轮

转速传感器信号发生器

连杆大头下轴瓦

连杆轴承盖

连杆螺母

主轴承下轴瓦

止推片

图 10.9　曲柄连杆机构

1. 机体组

机体组（图 10.10）主要由气缸体、气缸盖、气缸垫、油底壳、气缸盖罩及主轴承盖等组成。

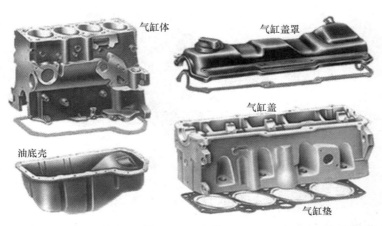

气缸体

气缸盖罩

气缸盖

油底壳

气缸垫

图 10.10　机体组

【气缸体】

（1）气缸体

气缸体是发动机的主体，将各个气缸和曲轴箱连为一体，是安装曲轴、活塞及其他零部件和附件的骨架。气缸指的是气缸体内的圆筒形部件，燃油和空气的混合气体是在气缸中燃烧的。因为混合气体在气缸内燃烧会导致压力和温度迅速上升，所以气缸需要有足够的强度来承受高压和高温。活塞要在气缸内上下移动，因此气缸是圆筒形的。混合气体燃烧时产生的热量和活塞移动时产生的热量都会转移到气缸体内。

气缸体通常铸造而成，常用材料是 HT200、ZAlSi9Mg。

（2）气缸盖

【气缸盖】

气缸盖安装在气缸体上方，其上装有进气门、排气门、控制气门开闭的凸轮及凸轮轴。气缸盖的作用是密封气缸，与活塞共同形成燃烧室，承受高温高压燃气压力。气缸盖形状复杂，通常铸造而成，常用材料为 HT200、合金铸铁（如高磷铸铁）、ZAlSi9Mg。

（3）油底壳

油底壳（图 10.11）的主要作用是储存机油并封闭曲轴箱，由于受力很小，常采用薄钢板冲压而成。

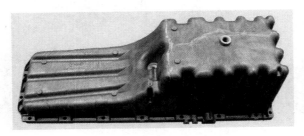

图 10.11　油底壳

2. 曲轴飞轮组

曲轴飞轮组（图 10.12）主要由曲轴、飞轮、带轮与正时齿轮等组成，安装在气缸体上面。

【曲轴飞轮组】

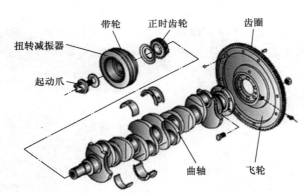

图 10.12　曲轴飞轮组

曲轴是发动机重要零部件之一。曲轴通过连杆接受活塞传递来的上下移动，并将其转变为旋转运动。连杆将上下移动传递到曲轴上距离旋转中心偏移的部位，因此需要曲轴具有较大的刚性。曲轴将旋转运动传递到飞轮上，成为发动机的驱动力。曲轴运转的同时，气门也将随着正时带（正时链条）的联动而开启和关闭。

曲轴一般由主轴颈、连杆轴颈、曲柄、平衡块、前端和后端等组成，如图 10.13 所示。一个主轴颈、一个连杆轴颈和一个曲柄组成一个曲拐。

曲轴工作时要承受很大的转矩和交变的弯曲应力，其主要失效形式是疲劳断裂和轴颈严重磨损，对曲轴的材料要求是具有优良的综合机械性能，有高的强度和韧性；高的抗疲劳能力和良好的耐磨性，以防止疲劳断裂并提高使用寿命。

【曲轴及其
工作过程】

图 10.13　曲轴

曲轴一般选用强度高、耐冲击和耐磨性好的优质中碳结构钢、优质中碳合金钢或者高强度的球墨铸铁。对于汽油机曲轴，由于功率较小，曲轴毛坯一般采用球墨铸铁铸造而成，常用材料有 QT600-2、QT700-2、QT800-2、QT900-6、QT800-6 等温淬火球墨铸铁。柴油机曲轴毛坯一般采用调质钢或非调质钢锻造而成，调质钢常用材料有 45、40Cr 或42CrMo，非调质钢常用材料有 48MnV、C38N2、38MnS6。

主轴颈和连杆轴颈是发动机关键的滑动配合副，一般均进行表面淬火，轴颈过渡圆角处还要进行滚压强化等工艺，以提高其抗疲劳强度。

3. 活塞连杆组

活塞连杆组（图 10.14）主要由活塞、活塞环、活塞销、连杆、连杆轴瓦和连杆轴瓦盖等组成。

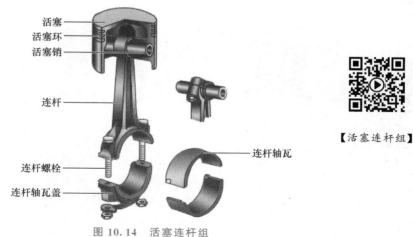

【活塞连杆组】

图 10.14　活塞连杆组

（1）活塞

活塞（图 10.15）是发动机气缸中往复运动的机件，分为顶部、头部和裙部。其中活塞顶部是组成燃烧室的主要部分。活塞主要是铸造而成；所用材料主要是铸造铝硅合金，如 ZAlSi12Cu1、ZAlSi9Cu2Mg。硅的含量越高，热膨胀系数越小，磨损越小，但制造工艺性较差。

（2）活塞销

活塞销（图 10.16）用来连接活塞和连杆，把活塞承受的气体作用力传给连杆。活塞销主要是切削加工而成，常用材料为 **20 钢**、**20Cr**、**20CrMnTi** 等，热处理方法为渗碳（渗

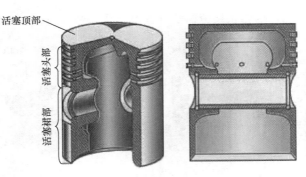

图 10.15　活塞

氮、碳氮共渗）后，淬火和低温回火。

（3）活塞环

活塞环是嵌入活塞槽沟内部的金属环，分为气环和油环。活塞环主要是铸造而成，常用材料为 HT200、HT250 或耐磨合金铸铁（如高磷铸铁、磷铜钛铸铁、铬钼铜铸铁），表面处理常为镀多孔性铬、磷化、热喷涂耐磨合金、激光淬火等。

（4）连杆

连杆（图 10.17）是连接活塞和曲轴的棒状零部件。连杆的小端连接活塞，大端连接偏移曲轴的旋转部位，因此，将活塞的往复运动变为曲轴的旋转运动。与活塞相同，为了提高效率，要求连杆的材料要具有良好的综合力学性能（强度、刚度、韧性）及工艺性能。

图 10.16　活塞销　　　　　　　　　　图 10.17　连杆

【连杆】　　部分连杆毛坯采用连杆体、连杆盖分离铸造的形式。钢制连杆的毛坯一般都是锻造生产，其毛坯形式有两种：一种是体、盖分开锻造；另一种是将体、盖锻成一体，即整体式锻造，在加工过程中再切开或采用胀断工艺将其胀断。例如，EQ6100、EQ6102 发动机连杆毛坯均为整体式锻造毛坯，小头孔不锻出；康明斯 6C、dCi11 发动机连杆毛坯均为整体式锻造毛坯，小头孔锻出。为避免毛坯出现缺陷，要求对其进行 100% 的硬度测量和探伤。

连杆的材料大多采用高强度的 45 钢、40Cr 等，并经调质处理以改善切削性能和提高抗冲击能力，硬度要求 45 钢为 217～293HBW，40Cr 为 223～280HBW。连杆材料也可采用球墨铸铁，可降低毛坯成本。以下是常用的连杆材料。

碳素调质钢：通过调质处理来满足材料的力学性能，调质硬度为 220～260HBW，主要用于小功率发动机连杆，如 45 钢、55 钢调质。

合金调质钢：合金调质钢加入铬、锰、钼、硼元素，调质硬度可达到 300HBW，主要用于大功率发动机连杆，如 40Mn、40Mn2S、40MnB 等。

非调质合金钢：非调质合金钢加入钒、钛、铌微合金元素，通过一定的过程控制，不经过调质处理，力学性能即可满足要求，锻造成本较低，如 35MnVS、48MnV 等。

10.2.2　配气机构

配气机构是按照发动机每个气缸内进行的工作循环和发火次序的要求，定时开启和关闭气缸的进、排气门，使新鲜可燃混合气（汽油机）或空气（柴油机）得以及时进入气缸，废气得以及时从气缸排出。配气机构主要包括气门组（图 10.18）、传动组和驱动组。

【气门、弹簧及气门弹簧座】

气门组是配气机构非常重要的组成部分，其结构主要由气门（图 10.19）、气门弹簧、气门锁夹等组成。气门的工作条件非常恶劣。首先，气门直接与高温燃气接触，受热严重，而散热困难，因此气门温度很高。其次，气门承受气体力和气门弹簧力的作用，而且配气机构运动件的惯性力使气门落座时受到冲击。最后，气门在润滑条件很差的情况下以极高的速度启闭并在气门导管内做高速往复运动。此外，气门由于与高温燃气中有腐蚀性的气体接触而受到腐蚀。

【发动机配气相位图】

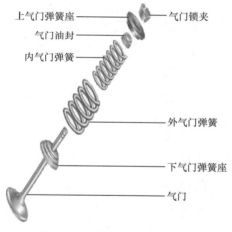

图 10.18　气门组的基本组成

上气门弹簧座　气门锁夹　气门油封　内气门弹簧　外气门弹簧　下气门弹簧座　气门

图 10.19　气门

根据发动机结构，气门分为进气门和排气门。进气门的作用是将空气吸入发动机内，与燃料混合燃烧；排气门的作用是将燃烧后的废气排出并散热。进气门的工作温度一般为 300～400℃，常采用中碳合金钢制造（如铬钢、铬钼钢和镍铬钢等），热处理为调质处理。排气门的工作温度一般为 780～980℃，采用耐热合金钢制造（如硅铬钢、硅铬钼钢、硅铬锰钢等），热处理一般为淬火和高温回火。由于气门形状相对简单，因此毛坯成形方式主要为锻造。

气门弹簧必须承受气门关闭过程中气门及传动件产生的惯性力，也必须克服配气机构因高速运转时产生的振动而引起的附加负荷，因此需具有足够的刚度。气门弹簧的常用材料为高锰钢、铬钒钢（如 50CrV 等），热处理一般为淬火和中温回火，成形方法为冷卷成形。

10.3　传动轴与轴套工艺编制

10.3.1　传动轴

【单件小批
生产阶梯轴
加工工艺】

图 10.20 所示的传动轴，单件小批生产，试选择合适的材料并编制其加工工艺。

1. 选材分析

轴是机械设备的基础零件之一，一切回转运动的零件都装在轴上。轴类零件是机器中用来支承齿轮、带轮等传动零件并传递扭矩的零件，是常见的典型零件之一。

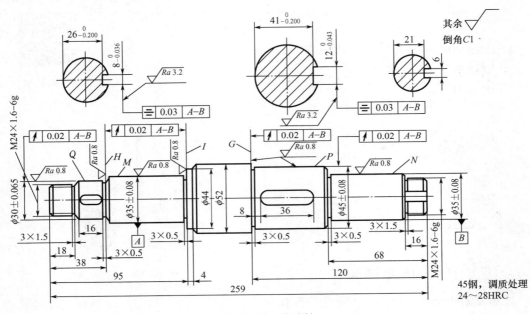

图 10.20　传动轴

（1）轴的工作条件

轴传递扭矩，承受交变扭转载荷，往往也承受交变弯曲应力；轴颈处承受较大的摩擦作用；同时轴还承受一定的过载和冲击载荷。

（2）轴类零件的失效形式

轴类零件的失效形式有疲劳断裂、过载断裂、磨损和过量变形等。

（3）轴的性能要求

根据轴的工作条件和失效分析，轴的材料必须具有良好的综合力学性能，即强度、塑性和韧性的良好配合，以防止过载和冲击断裂；应有高的疲劳强度，防止疲劳断裂；同时有良好的耐磨性，防止轴颈磨损；此外，还应考虑刚度、切削加工性、热处理工艺性和成本等。

（4）轴类零件的选材

轴类零件选材时主要考虑强度，同时兼顾材料的冲击韧性和表面耐磨性。

显然，作为轴的材料，若选用高分子材料，弹性模量小，刚度不足，极易变形，所以不合适；若用陶瓷材料，则太脆，韧性差，也不合适。因此，作为较重要的轴，几乎都选用金属材料，其中钢铁材料最为常见。根据轴的种类、工作条件、精度要求及轴承类型等，可选择具体成分的钢或铸铁作为轴的合适材料。

① 锻钢。锻造成形的优质中碳钢或中碳合金调质钢是轴类材料的主体：35钢、40钢、45钢、50钢（其中45钢最常见）等碳钢具有较高的综合力学性能且价格低，故应用广泛；对受力不大、尺寸较大、形状复杂的重要轴，可选用综合力学性能更好的合金调质钢来制造，如40Cr、40MnB、30CrMnSi、35CrMo、40CrNiMo等，对其中精度要求较高的轴要采用渗氮钢（如38CrMoAlA）制造。中碳钢的热处理：先正火或调质处理，保证轴的综合力学性能（强韧性）；然后对易磨损的相对运动部位进行表面强化处理（表面淬火、渗氮或表面辊压、形变强化等）。

考虑到轴的具体工作条件和性能要求，少数情况下还可选用低碳钢或高碳钢来制造轴类零件。如当轴受到强烈冲击载荷作用时，宜用低碳钢（如20Cr、20CrMnTi）渗碳制造；而当轴所受冲击作用较小而相对运动部位要求更高的耐磨性时，则宜用高碳钢（如GCr15、9Mn2V等）制造。

② 铸钢。对形状极复杂、尺寸较大的轴，可采用铸钢来制造，如ZG230-450。应注意的是，铸钢轴比锻钢轴的综合力学性能（主要是韧性）要低一些。

③ 铸铁。由于大多数轴很少以冲击过载而断裂的形式失效，因此近几十年来越来越多地采用球墨铸铁（如QT700-2）来代替钢作为轴（尤其是曲轴）的材料。与钢轴相比，铸铁轴的刚度和耐磨性不低，而且具有缺口敏感性低、减振减摩性好、可加工性好且生产成本低等优点。

具体钢种的选用应根据具体情况，全面分析，综合考虑，主要根据载荷的类型和淬透性来决定。

① 以刚度为主要要求的、轻载的非重要轴，为降低成本，可选用碳钢（如45钢）、球墨铸铁（如QT700-2），甚至普通碳素结构钢（如Q275）制造。一般进行正火或调质处理，若需提高相对运动部位的耐磨性，可对其进行表面淬火。

② 以耐磨性为主要要求的轴，可选碳含量较高的钢（如65Mn、9Mn2V）或低碳钢（如20Cr、20CrMnTi）渗碳制造，对其中精度有极高要求的轴，则应选38CrMoAlA渗氮制造。

③ 主要受弯曲或扭转载荷的轴，其应力分布具有表面较大、心部较小的特点，故无需选淬透性高的钢种，一般用45钢、40Cr即可；而对于受拉-压载荷的轴，特别当其尺寸较大、形状较复杂时，应选淬透性较高的钢种，如40CrNiMo。

④ 主要受明显、强烈冲击的轴，宜用低碳钢渗碳制造。

选择材料时，必须同时考虑热处理工艺，轴类零件通常需经调质处理，获得回火索氏体组织具有高强度的同时，还有较高的韧性。为了提高轴颈处的耐磨性，调质处理后还需进行高频表面淬火或氮化处理，以提高表面硬度。承受弯曲载荷和扭转载荷的轴，应力分布由表面向中心递减，因此可不必用淬透性很高的钢种。承受拉、压载荷的轴，应力沿轴的截面均匀分布，因此应选用淬透性高的钢。

本例中的传动轴承受交变弯曲与扭转的复合应力，但载荷和转速均不高，冲击载荷也

工程材料及机械制造基础

不大，所以一般水平的综合力学性能即可满足要求。由材料知识可知，中碳钢或中碳合金钢经过调质处理有良好的综合力学性能。但轴颈处有摩擦，要求有较高的硬度和耐磨性，需要在调质处理后，进行高频感应表面淬火加低温回火。在众多调质钢中，能满足强度设计的许用应力要求的材料很多，由于本例中对轴的冲击性能要求不高，为降低成本，采用碳钢即可。在碳素调质钢中，45钢来源广泛，是非常常见的钢种，故根据以上分析，该传动轴的材料可选用45钢。

2. 毛坯制造方案的选择与分析

(1) 毛坯制造方案的选择应考虑的因素

① 零件的材料及力学性能要求。当零件的材料选定后，毛坯的类型就大体确定了。例如，材料为铸铁的零件，应选择铸造毛坯；而对于重要的钢质零件，力学性能要求高时，可选择锻造毛坯。

② 零件的结构和尺寸。形状复杂的毛坯常采用铸件，但形状复杂的薄壁件一般不能采用砂型铸造；一般用途的阶梯轴，如果各段直径相差不大、力学性能要求不高，可选择棒料作毛坯，倘若各段直径相差较大，为了节省材料，应选择锻件。

③ 生产纲领及批量。当零件的生产批量较大时，应采用精度和生产效率都比较高的毛坯制造方法，这时毛坯制造增加的费用可由材料耗费减少的费用及机械加工减少的费用来补偿。

④ 现有生产条件。选择毛坯类型时，要结合本企业的具体生产条件，如现场毛坯制造的实际水平和能力、外协的可能性等。

⑤ 充分考虑利用新技术、新工艺和新材料的可能性。为了节约材料和能源，减少机械加工余量，提高经济效益，只要有可能，就尽量采用精密铸造、精密锻造、冷挤压、粉末冶金和工程塑料等新工艺、新技术和新材料。

(2) 毛坯制造方案的分析

① 与锻造成形的钢轴相比，球墨铸铁有良好的减振性、切削加工性及低的缺口敏感性；此外，它的力学性能较高，疲劳强度与中碳钢相近，耐磨性优于表面淬火钢，经过热处理后，还可使其强度、硬度或韧性有所提高。

铸造成形的轴最大的不足之处是它的韧性低，在承受过载或大的冲击载荷时，易产生脆断。

因此，对于主要考虑刚度的轴及主要承受静载荷的轴（如曲轴、凸轮轴等），可采用铸造成形的球墨铸铁来制造。目前部分负载较重但冲击不大的锻造成形轴已被铸造成形轴代替，既满足了使用性能的要求，又降低了零件的生产成本，取得了良好的经济效益。

以球墨铸铁铸造成形的轴的热处理主要是正火。为了提高轴的力学性能也可采用调质处理或正火后进行表面淬火、贝氏体等温淬火等工艺。球墨铸铁轴和锻钢轴一样均可碳氮共渗处理，使疲劳极限和耐磨性大幅度提高。与锻钢轴相比，球墨铸铁轴所得碳氮共渗层较浅，硬度较高。

② 对于一般用途的阶梯轴，如果各段直径相差不大、力学性能要求不高，可选择棒料作毛坯；如果各段直径相差较大，为了节省材料，应选择锻件。

对于以强度要求为主的轴，特别是在运转中伴随一定冲击载荷的轴，大多采用锻造成形。锻件适用于强度要求高、形状比较简单的零件毛坯。与其他加工相比，锻造生产效率

320

高，锻件的形状、尺寸稳定性较好，并有较高的力学性能。锻件的强韧性好，纤维组织性能好，因此被广泛利用。锻件的优势是金属材料经过塑性变形后，消除了内部缺陷（如打碎碳化物、非金属夹杂物），并使之沿着变形方向分布，改善或消除了成分偏析等，得到了均匀、细小的组织，因而性能得到提高。

锻造成形的轴常用材料为中碳钢或中碳合金调质钢。这类材料的锻造性能较好，锻造后配合适当的热处理，可获得良好的综合力学性能、高的疲劳强度及耐磨性，从而有效地提高轴抵抗变形、断裂及磨损的能力。

锻造方法有自由锻和模锻两种。自由锻件是在锻锤或压力机上用手工操作而成形的锻件。它的精度低，加工余量大，生产效率也低，适用于单件小批生产及大型锻件。模锻件是在锻锤或压力机上，通过专用锻模锻制成形的锻件。它的精度和表面粗糙度均比自由锻件的好，可以使毛坯形状更接近工件形状，加工余量小。同时，由于模锻件的材料纤维组织分布好，因此锻件的机械强度高。模锻的生产效率高，但需要专用的模具，而且锻锤的吨位也要比自由锻的大，主要适用于批量较大的中、小型零件。

由于本例中传动轴的轴径变化不大，如果对力学性能要求不高，可选择棒料作毛坯；如果对强度要求较高，应采用锻造成形。单件小批生产时，选择自由锻；批量较大时，宜选用模锻。

3. 锻造工艺

若对轴的强度要求较高，则采用锻造成形。本例中传动轴为单件小批生产，故选择自由锻工艺。由于该传动轴为中小型件，坯料选择钢坯。

（1）绘制锻件图

图 10.21 所示为传动轴锻件图。

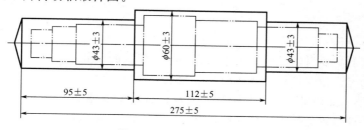

图 10.21　传动轴锻件图

（2）确定变形工步

本例中的传动轴为简单的轴杆类，主要变形工步是拔长。

（3）计算坯料的质量和尺寸

① 坯料的质量。

$$m_{坯} = m_{锻} + m_{烧} + m_{芯} + m_{切}$$

式中各物理量的含义参见 7.3.1 节。

锻件质量：根据锻件图得出

$$m_{锻} = V_{锻} \rho$$

式中　ρ——钢的密度。所以

$$m_{锻} = [(0.6^2 \times 1.12 + 0.43^2 \times 1.63)\pi/4 \times 7.85]\text{kg} \approx 4.34\text{kg}$$

烧损质量：传动轴为轴杆类件，一次加热即可，故取烧损率 $K_1 = 2.5\%$

$$m_{烧} = K_1 m_{锻} = 0.025 \times 4.34\text{kg} \approx 0.11\text{kg}$$

冲孔芯料质量：传动轴不需冲孔，故 $m_\text{芯}=0$

切头损失质量：传动轴取棒料钢锭作为坯料，所用锻造设备为锻锤，故取

$$m_\text{切}=1.8D^3=(1.8\times0.43^3)\text{kg}\approx0.14\text{kg}$$

所以坯料的质量为

$$m_\text{坯}=m_\text{锻}+m_\text{烧}+m_\text{芯}+m_\text{切}=(4.34+0.11+0.14)\text{kg}\approx4.6\text{kg}$$

② 坯料的尺寸。

以钢材或钢坯等轧材为坯料的锻件，锻造比可取 1.3～1.5。本例中传动轴采用拔长方式锻造，拔长后的最大截面部分应达到规定的锻造比要求，即

$$A_\text{坯}\geqslant YA_\text{max}$$

式中　$A_\text{坯}$——坯料截面面积；

　　　A_max——经过拔长后的最大截面面积；

　　　Y——规定的锻造比。

因此，采用圆截面坯料时

$$D_\text{计}^2\geqslant YD_\text{max}^2$$

式中　$D_\text{计}$——圆截面坯料的计算直径；

　　　D_max——经过拔长后的最大直径。

代入公式得出 $D_\text{计}\geqslant68.4\text{mm}$。查热轧圆钢标准直径表，取坯料直径为 70mm。故坯料长度为 153mm。

因此下料 $\phi70\text{mm}\times153\text{mm}$，坯料质量 4.6kg。锻造温度：始锻温度 1200℃，终锻温度 860℃。锻造设备用 0.25t 空气锤。

4. 热处理工艺

(1) 预备热处理

预备热处理的主要目的是使锻造组织均匀化，消除锻后的组织缺陷及残余应力，调整硬度便于切削加工。依据钢材含碳量和合金元素的种类、数量，可进行正火处理（碳及合金元素含量较低，如 45 钢），退火处理（碳及合金元素含量较高，如 42CrMo），或者正火＋高温回火处理（淬透性高的调质钢，如 40CrNiMo）。故本例中传动轴的预备热处理采用正火处理，加热温度 840℃。经正火处理后，需检验硬度及组织是否合格，如发现硬料或软料现象，应重新正火进行返修，否则不利于进行大进给、大走刀量的粗切削加工。

(2) 最终热处理

正火处理后的组织是片状的索氏体，硬而脆的片层状渗碳体分割铁素体基体，易产生脆性。对于本例中的传动轴，不但有强度要求，还有一定的韧性要求。为此，粗加工后尚需进行调质处理（淬火＋高温回火）。调质处理可获得回火索氏体，具有较高的韧性。淬火后必须通过硬度检验，考核淬火是否合格。45 钢的淬火最高硬度为 48～52HRC。如果淬火后硬度低于此值，表明淬火工艺有缺陷，应重新淬火进行返修。淬火硬度合格者再经高温回火即可获得回火索氏体组织，硬度为 220～250HBS，具有良好的强韧性。

通过调质处理使整体轴的强韧性满足了要求，但是轴颈处在工作中有摩擦，要求耐磨，故应有较高的硬度，还应采取局部表面硬化措施。表面感应淬火、表面火焰淬火、渗碳化学热处理、氮化化学热处理及表面镀铬、渗硼等都可实现表面硬化。本例中传动轴选用 45 钢，基体含碳量已经很高，表层若再经渗碳，易使轴的韧性下降。一般来说，渗碳

硬度比表面淬火高得多，但渗碳时间很长，没有特殊需要尽可能不选；而且渗碳过程中尚需要对非渗碳部分进行镀锡保护，渗碳后又需要电解去除锡镀层，工艺复杂，故不选用。在表面淬火中，火焰淬火设备简单，但淬火质量不如感应加热淬火，而且感应加热淬火还便于实现机械化、自动化。故最终选用高频感应表面淬火。表面淬火后需消除淬火应力，因此需进行低温回火。传动轴性能满足要求后再进行精磨。

综上所述，其工艺路线为下料→锻造→正火→粗加工→淬火＋高温回火→精加工→轴颈高频感应表面淬火＋低温回火→精磨。

5. 机械加工工艺

（1）技术要求分析

① 轴的主要加工表面分析：轴颈 P 和 Q 开有键槽，用于安装齿轮，传递运动和动力；轴颈 M 和 N 是轴的两个支承面；轴肩 G、H 和 I 是齿轮的安装面或轴本身的安装面，它们的精度要求很高，表面粗糙度较低（$Ra0.8\mu m$）。所以，轴颈 P、Q、M 和 N 及轴肩 G、H 和 I 为主要加工表面。

② 各段配合圆柱表面对轴线的径向圆跳动允差为 0.02 mm。

③ 工件材料为 45 钢，热处理（调质处理）硬度为 24～28HRC。

（2）工艺分析

① 轴的各配合表面除本身有一定精度和表面粗糙度要求以外，对轴线的径向圆跳动还有一定的要求。

根据对各表面的具体要求，可采用如下工艺方案：粗车→调质处理→半精车→粗磨→精磨。

② 轴上的键槽可在立式铣床上用键槽铣刀铣出。

【大批量生产
阶梯轴加工
工艺】

（3）基准选择

根据基准重合与基准统一原则，可选用轴两端中心孔作为粗、精加工的定位基准。这样既有利于保证各配合表面的位置精度，又有利于提高生产效率。另外，为了保证基准的精度和表面粗糙度，热处理后应修研中心孔。

（4）机械加工工艺过程

轴的毛坯选用 ϕ70mm 45 钢。在单件小批量生产中，其机械加工工艺过程见表 10－8。

表 10－8　传动轴机械加工工艺过程

序号	工种	工序内容	加工简图	设备
1	下料	ϕ70mm×153mm		锯床
2	锻造	将 ϕ70mm×153mm 坯料锻造成 ϕ60mm×275mm 的锻件毛坯	$\phi43\pm3$　$\phi60\pm3$　$\phi43\pm3$ 95±5　112±5 275±5	0.25t 空气锤
3	车削	（1）车端面，钻中心孔 （2）车另一端面，钻中心孔		车床

续表

序号	工种	工 序 内 容	加 工 简 图	设备
4	车削	（1）粗车外圆 （2）调头 （3）粗车另一端		车床
5	热处理	调质处理 24～28HRC		
6	钳工	修研两端中心孔	手握	车床
7	车削	（1）半精车一端外圆 （2）切槽 （3）倒角 （4）掉头 （5）半精车另一端外圆 （6）切槽 （7）倒角		车床

序号	工种	工序内容	加工简图	设备
7	车削	（8）车螺纹 （9）调头 （10）车另一螺纹	M24×1.6-6g　Ra 3.2	车床
8	钳工	（1）划两键槽加工线 （2）划止动垫圈槽加工线		钳工工作台
9	铣削	（1）铣两键槽 （2）铣止动垫圈槽		立式铣床
10	钳工	修研中心孔	手握	钳工工作台
11	磨削	磨各端外圆	N P G M Q　Ra 0.8　Ra 0.8　$\phi35\pm0.08$　$\phi16\pm0.08$　$\phi35\pm0.08$　$\phi30\pm0.065$	外圆磨床
12	终检	按图样要求检验		

图 10.22 所示的轴套，单件小批生产，试选择合适的材料并编制其加工工艺。

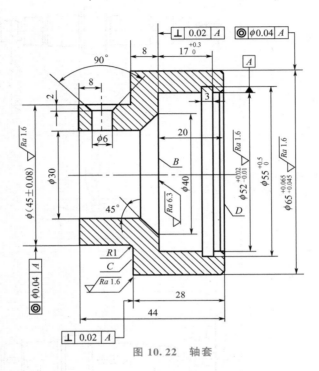

图 10.22 轴套

1. 选材分析

轴套是机器中经常遇到的典型零件之一。它主要用来支承传动零部件，传递扭矩和承受载荷，属于典型的盘套类零件。轴套在转轴上起到定位或保护轴的作用。根据使用要求，轴套的材料可以是铸铁、铸青铜、轴承合金，还可以用非金属材料如聚酰胺纤维、聚四氟乙烯等。转速快、负荷大的轴套用轴承合金，反之可用铸铁或非金属材料。普通设备的轴套用铸青铜做轴瓦的居多。本例中轴套对力学性能没有提出特殊要求，故选择工件材料为 **HT200**，毛坯为铸件。

2. 毛坯制造方案的选择与分析

（1）铸型种类及造型方法

因为轴套是单件小批生产，所以可用湿砂型。该件可供选择的分型面较多，与之相适应的造型方法也各不相同。

（2）浇注位置和分型面

可供选择的铸造方案主要有如下四种，如图 10.23 所示。

① 方案Ⅰ：如图 10.23(a) 所示，中心线为水平位置，分型面在最大截面处，采用两箱分模带芯造型。造型、下芯、合箱等工艺操作方便。该方案的主要缺点是铸件质量沿圆周不是均匀一致的，上半型不如下半型组织致密，不符合该零件使用性能的要求；而且有

可能产生错型缺陷。

② 方案Ⅱ：如图 10.23(b) 所示，中心线为垂直位置，分型面在大头端面处，采用两箱整模带芯造型。该方案的主要缺点是顶注式浇注系统对底部型腔及型芯有冲击，但由于铸件高度不大，冲击力不会很大。

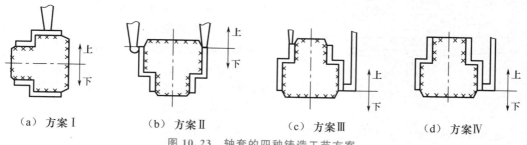

（a）方案Ⅰ　　　　（b）方案Ⅱ　　　　（c）方案Ⅲ　　　　（d）方案Ⅳ

图 10.23　轴套的四种铸造工艺方案

③ 方案Ⅲ：如图 10.23(c) 所示，与方案Ⅱ不同的是大端朝下，分型面仍在大头端面处，采用底注式浇注系统。该方案的主要缺点是型芯、型腔均在上箱造型，合型不方便，合型时检查型腔尺寸较难，有可能产生偏芯缺陷。

④ 方案Ⅳ：如图 10.23(d) 所示，与方案Ⅲ不同的是将铸件加长到砂型上平面，铸件加长部分作为冒口。该方案的突出优点是排气、补缩条件好；缺点是型芯不够稳定，必须采取相应措施，而且铁液浪费较多。

综合分析比较以上四种方案，方案Ⅱ比较合适，故选择此方案。查表选择加工余量，浇道开设位置设在分型面处，绘制铸造工艺图，如图 10.24 所示。

3. 机械加工工艺

盘套类零件是机器中使用最多的零件。盘套类零件一般由孔、外圆、端面和沟槽等组成，其位置精度主要有外圆轴线对内孔轴线的同轴度（或径向圆跳动）、端面对内孔轴线的垂直度（或端面圆跳动）等。

（1）技术要求分析

① $\phi 65^{+0.065}_{+0.045}$mm 轴线和 $\phi(45\pm0.08)$mm 轴线对 $\phi 52^{+0.02}_{-0.01}$mm 轴线的同轴度允差为 $\phi 0.04$mm。

② 端面 B 和 C 对 $\phi 52^{+0.02}_{-0.01}$mm 轴线的垂直度允差为 0.02mm。

③ 工件材料为 HT200，毛坯为铸件。

（2）工艺分析

① 该零件的主要表面是孔 $\phi 52^{+0.02}_{-0.01}$mm、外圆面

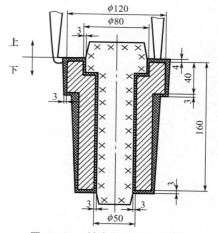

图 10.24　轴套的铸造工艺图

$\phi 65^{+0.065}_{+0.045}$mm 和 $\phi(45\pm0.08)$mm、台阶端面 C 和内端面 B。孔和外圆面除本身要求精度较高、粗糙度较低外，还有一定的位置精度要求。端面 B 和 C 也有粗糙度和位置精度的要求。

② 根据工件材料的性质、具体零件精度和表面粗糙度的要求，可采用"粗车→半精车→精车"加工方案。

采用一次安装保证 $\phi 65^{+0.065}_{+0.045}$mm 轴线对 $\phi 52^{+0.02}_{-0.01}$mm 轴线的同轴度，以及端面 B 和 C 对 $\phi 52^{+0.02}_{-0.01}$mm 轴线的垂直度要求。采用图 10.25 所示可胀心轴安装工件，加工 $\phi(45\pm0.08)$mm

外圆面，可胀心轴保证 $\phi(45\pm0.08)$mm 轴线对 $\phi52^{+0.02}_{-0.01}$mm 轴线的同轴度的要求。

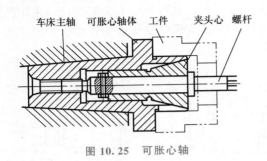

图 10.25　可胀心轴

（3）基准选择

① 根据基准先行的原则，以毛坯大端外圆面作为粗基准，粗车小端外圆面和端面。

② 以粗车后的小端外圆面和台阶端面 C 为定位基准（精基准），在一次安装中加工大端各表面，以保证所要求的位置精度。

③ 以孔 $\phi52^{+0.02}_{-0.01}$mm 和大端面为定位基准，利用可胀心轴安装工件，精车小端外圆。

（4）工艺过程

在单件小批生产中，该轴套的机械加工工艺过程见表 10-9。

表 10-9　单件小批生产轴套的机械加工工艺过程

工序号	工种	工序内容	加工简图	设备
1	铸造	铸造，清理	$\phi71$　$\phi51$　34　50	锯床
2	车削	（1）粗车小端外圆和端面 （2）钻孔 （3）调头 （4）粗车大端外圆和端面 （5）镗通孔 （6）镗大端孔与粗车内端面 （7）倒内角 （8）精车大端外圆和端面 （9）精镗大端孔与精车内端面 （10）切槽、倒角	$Ra\,12.5$　$\phi28$　$\phi47$　16 其余 $Ra\,12.5$　倒角 C1 $Ra\,1.6$　$\phi30$　$\phi40$ $Ra\,6.3$　$\phi52^{+0.02}_{-0.02}$ $Ra\,1.6$　$\phi55^{+0.05}_{0}$　$\phi65^{+0.065}_{-0.045}$　45°　$3^{+0.2}_{0}$　$17^{+0.2}_{0}$　20　29　$Ra\,1.6$	车床

续表

工序号	工种	工序内容	加工简图	设备
3	车削	（1）精车小端外圆 （2）精车两端面 （3）倒角	Ra 1.6 C1 φ45±0.08 Ra 12.5 Ra 1.6 28 44	车床
4	钳工	划径向孔加工线		工作台
5	钻削	钻孔	90° 8 2 φ6 Ra 12.5	钻床
6	终检	按图样要求检验		

小　结

各种类型的机械零件，由于其结构形状、精度、表面质量、技术条件和生产批量等要求各不相同，因此针对某种零件的具体要求，在生产实际中要综合考虑材料、成形方式、机床设备、生产类型及经济效益等诸多因素，确定一个合适的冷热加工方案，并合理地安排机械加工工序，以制造出符合图样的形状、尺寸及技术要求的零件。

自　测　题

1. 图 10.26 所示的油杯，材料为 HT150，试选择其铸造工艺方案，制订机械加工工艺过程（要求写清工序号、工序名称、工序内容）。（50 分）

2. 图 10.27 所示的滑动套，材料为 HT200，试选择其铸造工艺方案，制订其单件小批生产的机械加工工艺过程（要求写清工序号、工序名称、工序内容）。（50 分）

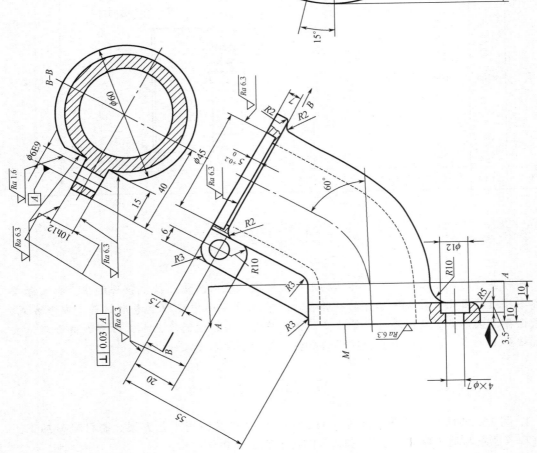

图 10.26 油杯

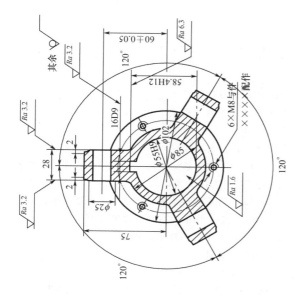

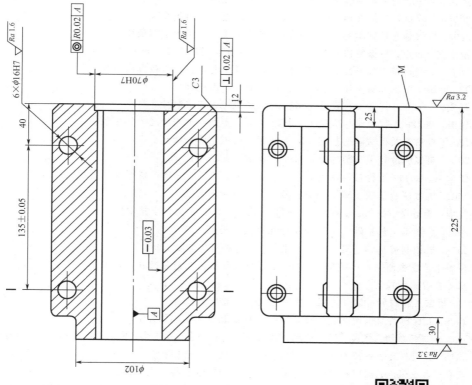

图10.27 滑动套

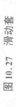

【第10章 自测题答案】

参 考 文 献

白云峰，2006. 钛合金冷坩埚电磁定向凝固传输过程耦合模型与数值计算 [D]. 哈尔滨工业大学.

陈国桢，肖柯则，姜不居，1996. 铸件缺陷和对策手册 [M]. 北京：机械工业出版社.

陈明，2012. 机械制造工艺学 [M]. 北京：机械工业出版社.

陈培里，2015. 工程材料及热加工 [M]. 2 版. 北京：高等教育出版社.

陈玉琨，赵云筑，1997. 工程材料及机械制造基础Ⅲ：机械加工工艺基础 [M]. 北京：机械工业出版社.

崔忠圻，2011. 金属学与热处理 [M]. 2 版. 北京：机械工业出版社.

戴枝荣，张远明，2006. 工程材料及机械制造基础Ⅰ：工程材料 [M]. 2 版. 北京：高等教育出版社.

邓文英，郭晓鹏，邢忠文，2017. 金属工艺学：上册 [M]. 6 版. 北京：高等教育出版社.

董世柱，唐殿福，2006. 热处理工实际操作手册 [M]. 沈阳：辽宁科学技术出版社.

付华，张光磊，2018. 材料科学基础 [M]. 北京：北京大学出版社.

国家自然科学基金委员会，1998. 先进制造技术基础 [M]. 北京：高等教育出版社.

侯书林，朱海，2011. 机械制造基础上册：工程材料及热加工工艺基础 [M]. 2 版. 北京：北京大学出版社.

胡赓祥，蔡珣，戎咏华，2010. 材料科学基础 [M]. 3 版. 上海：上海交通大学出版社.

黄宗南，洪跃，2010. 先进制造技术 [M]. 上海：上海交通大学出版社.

蒋清亮，2011. 工程材料与热处理 [M]. 北京：北京邮电大学出版社.

京玉海，2006. 机械制造基础学习指导与习题 [M]. 重庆：重庆大学出版社.

京玉海，董永武，2006. 机械制造基础 [M]. 2 版. 重庆：重庆大学出版社.

鞠鲁粤，2007. 工程材料与成形技术基础：修订版 [M]. 北京：高等教育出版社.

李超，1995. 金属学原理 [M]. 哈尔滨：哈尔滨工业大学出版社.

李弘英，赵成志，2005. 铸造工艺设计 [M]. 北京：机械工业出版社.

李辉，张建国，2012. 工程材料与成型工艺基础 [M]. 上海：上海交通大学出版社.

林江，2013. 工程材料及机械制造基础 [M]. 北京：机械工业出版社.

林艳华，2010. 机械制造技术基础 [M]. 北京：化学工业出版社.

吕广庶，张远明，2011. 工程材料及成形技术基础 [M]. 2 版. 北京：高等教育出版社.

宁生科，2004. 机械制造基础 [M]. 西安：西北工业大学出版社.

潘强，朱美华，童建华，2005. 工程材料 [M]. 2 版. 上海：上海科学技术出版社.

钱继锋，2006. 热加工工艺基础 [M]. 北京：北京大学出版社.

乔世民，2014. 机械制造基础 [M]. 3 版. 北京：高等教育出版社.

清华大学金属工艺学教研室，严绍华，2010. 工程材料及机械制造基础Ⅱ：热加工工艺基础 [M]. 2 版.
　北京：高等教育出版社.

沈莲，2011. 机械工程材料 [M]. 3 版. 北京：机械工业出版社.

苏子林，2009. 工程材料及机械制造基础 [M]. 北京：北京大学出版社.

谭德睿，2010. 中国传统铸造图典 [M]. 杭州：第 69 届世界铸造会议组委会，中国机械工程学会铸造分会.

汤漾平，2015. 机械制造装备技术 [M]. 武汉：华中科技大学出版社.

汪传生，刘春延，2008. 工程材料及应用 [M]. 西安：西安电子科技大学出版社.

王俊昌，王荣声，2013. 工程材料及机械制造基础Ⅱ：热加工工艺基础 [M]. 北京：机械工业出版社.

王章忠，2007. 机械工程材料 [M]. 2 版. 北京：机械工业出版社.

魏汝梅，2004. 锻造工 [M]. 北京：化学工业出版社.

温建萍，刘子利，2007. 工程材料与成形工艺基础学习指导 [M]. 北京：化学工业出版社.

相瑜才，孙维连，2013. 工程材料及机械制造基础Ⅰ：工程材料 [M]. 北京：机械工业出版社.

闫文平，于涛，2010. 机械制造技术 ［M］. 天津：天津大学出版社 .

于骏一，邹青，2009. 机械制造技术基础 ［M］. 2 版 . 北京：机械工业出版社 .

于文强，汤长清，2016. 机械制造基础 ［M］. 2 版 . 北京：清华大学出版社 .

张铁军，2011. 机械工程材料 ［M］. 北京：北京大学出版社 .

赵雪松，任小中，于华，2009. 机械制造装备设计 ［M］. 武汉：华中科技大学出版社 .

朱张校，姚可夫，2011. 工程材料 ［M］. 5 版 . 北京：清华大学出版社 .

祖方遒，2016. 材料成形基本原理 ［M］. 3 版 . 北京：机械工业出版社 .

Kalpakjian S，Schmid S R，Musa H 著，王先逵改编，2011. 制造工程与技术：热加工（英文版·原书第
    6 版）［M］. 北京：机械工业出版社 .